LE MAITRE JARDINIER

MANUEL COMPLET

D'HORTICULTURE

A L'USAGE

DES HABITANTS DES VILLES ET DES CAMPAGNES

Contenant

LA THÉORIE ET L'APPLICATION DES CONNAISSANCES
NÉCESSAIRES A LA CULTURE :

1° du jardin potager ;
2° des arbres fruitiers et des pépinières, de la taille et de la greffe ;
3° du jardin d'agrément, culture spéciale des plantes
de collection et d'amateur ;
4° du jardin des fenêtres et des appartements ;
5° le calendrier du jardinier.

PAR

Gontier de Chabanne

Ex-Instituteur, Professeur d'horticulture et de botanique.

DEUXIÈME ÉDITION.

PRIX : 5 FR.

SAINTES,

CHEZ FONTANIER, LIBRAIRE-ÉDITEUR.

1857.

LE MAITRE JARDINIER

MANUEL COMPLET

D'HORTICULTURE.

Cet ouvrage étant ma propriété, je poursuivrai les contrefacteurs, et seront réputés contrefaits tous les exemplaires non revêtus de ma signature.

Poitiers. — Impr. de A. Dupré.

LE MAITRE JARDINIER

MANUEL COMPLET

D'HORTICULTURE

A L'USAGE

DES HABITANTS DES VILLES ET DES CAMPAGNES

Contenant

LA THÉORIE ET L'APPLICATION DES CONNAISSANCES
NÉCESSAIRES A LA CULTURE :

1° du jardin potager ;
2° des arbres fruitiers et des pépinières , de la taille et de la greffe ;
3° du jardin d'agrément , culture spéciale des plantes
de collection et d'amateur ;
4° du jardin des fenêtres et des appartements ;
5° le calendrier du jardinier.

PAR

Gontier de Chabanne

Ex-Instituteur , Professeur d'horticulture et de botanique.

DEUXIÈME ÉDITION.

SAINTES,

CHEZ FONTANIER, LIBRAIRE-ÉDITEUR.

1857.

AVIS DE L'ÉDITEUR.

Lorsque nous publiâmes, l'année dernière, la première édition de ce manuel de jardinage, nous étions loin de nous attendre assurément à la voir s'écouler avec autant de promptitude et de facilité. Ce résultat cependant ne devait pas nous surprendre, car nous avions compris la nécessité d'un manuel théorique et pratique du jardinage ; et nous savions que l'auteur donnerait à son travail tous les soins désirables. Nous connaissions depuis longtemps son savoir agricole, nous comptions, avec juste raison, sur son zèle à propager l'horticulture, qu'il cultive avec autant de passion que de succès. Là était véritablement le secret du succès de son livre.

En effet, ce manuel de jardinage, essentiellement portatif, et que nous pourrions même appeler véritablement un manuel de poche, initie aux pratiques de la culture en général, et du jardinage en particulier, les personnes encore peu familiarisées avec les travaux d'horticulture; elles y puisent abondamment les notions les plus sûres de l'expérience, avantage précieux pour les commençants. Mais ce n'est pas seulement à celles-là que notre manuel est avantageux : les amateurs eux-mêmes les plus versés dans les connaissances horticoles peuvent souvent le consulter avec fruit. Ils y trouvent, rapidement résumé, un petit traité du jardinage, embrassant dans un cadre restreint tous les travaux antérieurs publiés sur la matière par nos devanciers.

En horticulture comme en toutes choses, peut-être même plus qu'en aucune autre chose, nous voyons le progrès poursuivre incessamment sa marche, tantôt rapide, tantôt lente, et entraîner à sa suite le perfectionnement, l'économie et le bien-être; chaque année, et, qui plus est, chaque jour apporte avec lui sa découverte. S'il en est ainsi dans toutes choses, que doit-ce être en horticulture, où le travail et le caprice multiplient les variétés à l'infini? Cette pensée nous avait d'abord fait songer à donner de notre manuel une deuxième édition revue, corrigée, et *considérablement* augmentée, comme l'on dit ordinairement; mais nous n'avons pas tardé à nous apercevoir qu'en agissant de la sorte, nous nous écarterions nécessairement du but que nous nous étions proposé en publiant le *Maître Jardinier*. Un manuel ne doit-il pas être la quintessence de tout ce qu'embrasse le sujet qu'il traite ? et puisqu'il y a en horticulture des faits à jamais acquis par la science et consacrés par la pratique, ne valait-il pas mieux les réunir en faisceaux et les offrir, en les coordonnant d'une manière simple et facile, à tous les amis du jardinage?

Tel était notre but encore une fois, et l'accueil bienveillant que le public a fait à notre livre nous fait supposer légitimement que nous ne nous en sommes pas trop éloigné. C'est pour l'auteur aussi bien que pour nous la plus douce et la plus précieuse des récompenses. Aussi l'auteur a-t-il, en revoyant l'édition du manuel, conservé scrupuleusement le fond et la forme qu'il lui avait primitivement donnés.

FONTANIER.

PREMIÈRE PARTIE.

THÉORIE DU JARDINAGE.

PREMIÈRE DIVISION.

CHAPITRE PREMIER.

§ Ier. *Connaissance du sol.*

Cette connaissance, la première et la plus nécessaire de toutes celles que doit posséder un bon horticulteur, est absolument indispensable pour l'établissement le plus convenable des jardins. Pour cela, il faut connaître la nature minéralogique des terrains, qui influe si puissamment sur les résultats définitifs des opérations du jardinage; car tous les terrains ne sont pas également propres à l'horticulture : celui-ci, par exemple, va produire naturellement sans beaucoup d'efforts et de dépenses, tandis que celui-là ne réalisera les espérances du jardinier, et ne le dédommagera de ses fatigues qu'à force de travail et d'engrais. De là découle la nécessité de connaître les différentes sortes de terre. Pour acquérir cette connaissance si précieuse du sol, il n'est pas absolument indispensable d'être un savant chimiste; s'il en était ainsi, la plupart de ceux qui s'occupent de jardinage, même avec un grand succès, devraient y renoncer, car ils se trouveraient arrêtés dès le début. L'on peut donc, sans le secours de la chimie, faire venir d'excellents légumes, cultiver les plus belles fleurs de nos jardins, obtenir les plus beaux et les plus délicieux fruits de nos vergers.

Cependant il existe certaines connaissances pratiques indispensables à quiconque veut se mêler de toucher une pioche et de remuer la terre, soit pour son seul agrément, soit pour en retirer un profit. Pour cela, il ne faut que distinguer les unes des autres les différentes variétés du sol, qui est d'autant plus propre au développement des plantes, qu'il permet davantage aux racines d'y pénétrer aisément, en livrant un accès facile au passage de l'air et de l'humidité.

On peut diviser en deux grandes catégories principales les matériaux inorganiques constituant essentiellement la nature des terres : les *sables* et les *argiles*. Tout sol uniquement ou trop exclusivement formé de l'une de ces deux substances serait à peu près impropre à l'horticulture. Mais on trouve entre ces deux extrêmes un nombre assez grand d'intermédiaires, ce qui détermine la nature de chaque terrain. Voici les noms qu'on leur a donnés en horticulture :

Terre franche. Quand l'argile, le calcaire, le sable et l'humus se trouvent mêlés en de justes proportions, il en résulte la terre franche : c'est la meilleure pour les jardins. On lui donne aussi le nom de *terre normale*, dénomination qui lui convient parfaitement, car elle est la terre par excellence.

Terre forte. Dans celle-ci domine l'argile. La chaux, le sable et l'humus s'y trouvent en moindre proportion. Voilà ce qui fait qu'en général le jardinage n'y réussit convenablement qu'à force de travail et d'engrais.

Terre légère. Il y a des sables légers, sablonneux, qui contiennent plus de sable et de chaux. Cette espèce de terre a peu ou point d'argile. Mais, pour que le jardinage réussisse bien dans cette sorte de terre, l'eau à discrétion est indispensable.

Terre de bruyère. Cette espèce se compose de silice en poussière, de carbonate de chaux et d'humus ou terreau. Cette dernière terre, dont l'usage est si fréquent et si indispensable en agriculture, est le produit de la décomposition des végétaux et des animaux à l'air. Si cette décomposition de végétaux a lieu à une certaine profondeur dans la terre, il se forme des *lignites*, et dans l'eau, il en résulte de la *tourbe;* mais on n'emploie pour le jardinage que le terreau formé sous l'influence de l'air, ou *l'humus*.

L'argile, le sable, le carbonate de chaux et l'humus ou terreau forment donc les parties intégrantes de chaque espèce de sol. Les proportions seules de ces quatre substances, et spécialement le degré de finesse ou de divisibilité des trois premières, déterminent les particularités des diverses espèces de terrain ; et il ne s'agit, en définitive , pour l'horticulteur qui sait observer et qui veut connaître et choisir le terrain où il établira son jardin , que de les rapprocher en les comparant à celle d'une terre reconnue d'excellente qualité. Or le moyen le plus sûr, comme aussi le plus simple, d'apprécier approximativement les qualités propres d'un terrain quelconque, c'est, avant tout, l'examen des végétaux dont il est couvert, sans tenir compte toutefois de ces plantes communes qui croissent à peu près partout et dans toute sorte de terre. Voici quelques-unes de celles qui pourront lui servir dans cette étude, avec le nom des terrains qu'elles caractérisent :

SOL CALCAIRE.	SOL ARGILEUX.	SOL SILICEUX.
Véronique.	Tussilage.	Arénaire.
Sainfoin.	Argentine.	Vipérine.
Clématite.	Pigamon.	Ornithopus.
Viorne.	Jonc.	Herniaire.
Épine-vinette.	Saponaire.	Spergule.

Les données de ce tableau ne sont que de simples indications.

Les plantes les plus concluantes sont, pour le sol calcaire, le sainfoin, qui naturellement ne croît bien que dans les terrains dépourvus de chaux ; et pour le sol argileux, le tussilage, qu'on ne rencontre sauvage que sur ceux où l'argile domine.

§ II. *Exposition des jardins.*

Si l'étude du sol est importante pour le jardinage, celle des différentes expositions ne l'est guère moins. Les horticulteurs n'en admettent que quatre en général ; elles correspondent aux quatre points cardinaux.

1° *Midi.* Cette exposition est la plus avantageuse pour les arbres et les plantes qui ont besoin de beaucoup de chaleur : tels que le figuier, le pêcher, quelques poiriers, le muscat, les melons et les primeurs de toutes sortes ; mais plusieurs plantes y languiraient par trop de chaleur et de sécheresse, si on les cultivait à cette exposition.

2° *Nord.* Celle du nord convient davantage aux pommiers, à beaucoup d'arbres verts, aux plantes de terre de bruyère, à beaucoup d'arbres forestiers, et, d'autre part, plusieurs fruits ne peuvent y mûrir et n'y acquièrent que peu de qualité. Les légumes du printemps n'y viennent que dans l'été.

3° *Est*. Le levant jouit d'une partie des avantages de l'exposition du midi; mais les gelées tardives y causent souvent de grands ravages, quand le soleil luit en se levant.

4° *Ouest*. Enfin l'exposition du couchant est plus tardive que la précédente; elle ne craint pas les gelées printanières, parce que la glace est fondue lorsque le soleil y darde ses rayons; cependant, d'un autre côté, elle souffre des vents d'ouest qui règnent en automne.

Chaque exposition, comme on le voit, présente donc ses avantages et ses inconvénients. C'est à l'horticulteur lui-même à les peser entre eux, et s'il ne peut agir en toute liberté pour le choix de ses expositions, il suppléera à celles qu'il n'a pas en en créant d'artificielles au moyen des murs, des palissades, des massifs et des talus.

§ III. *Préparation du sol.*

La culture des plantes potagères, des arbres fruitiers et des fleurs, demandant une préparation spéciale, comme aussi une exposition et un choix propre de sol, nous traiterons particulièrement ce sujet quand nous parlerons du potager, du verger et des fleurs.

Aussi nous contenterons-nous ici d'indiquer sommairement les principales opérations, celles qui conviennent généralement aux divers genres de culture. Leur but est de fertiliser la terre sans y ajouter de nouveaux éléments nutritifs.

1° *Défoncement*. Après avoir sondé un terrain dont on veut faire un jardin, à la profondeur d'un mètre, si l'on ne rencontre ni tuf, ni argile en blanc, ni nappe d'eau, on peut y pratiquer le défoncement. Si l'on ne voulait y mettre que des plantes herbacées ou des arbrisseaux, 50 centimètres de profondeur suffiraient. Pour les arbres, il en faudrait 80, à moins que l'on ne pratiquât des trous de cette profondeur, mais larges de 1 m. 30 c. Voici du reste la meilleure manière de défoncer un terrain.

On ouvre d'abord une tranchée, c'est-à-dire un fossé large de 70 à 80 c. et de la profondeur convenable à la nature du sol. L'on porte la terre qu'on en extrait à l'endroit où doit se terminer l'opération.

Quand cette première tranchée est vide, on la remplit avec la terre extraite d'une autre semblable, que l'on ouvre immédiatement à côté en mettant la terre de dessus dans le fond du premier fossé. Il faut bien diviser le tout, et ôter les pierres et les racines que l'on trouve en défonçant. L'on continue de la sorte jusqu'à la fin du carré où se trouve la terre de la première tranchée, dont on comble le dernier fossé.

2° *Labours*. Tous les labours ordinaires peuvent se faire avec la houe et surtout avec la bêche. On donne les labours pour préparer et ameublir la terre en la retournant.

3° *Binage*. Cette espèce de labour se renouvelle plusieurs fois dans l'année. Il est peu profond, et a pour but de détruire les plantes d'une mauvaise nature ou inutiles, de rompre la surface croûteuse de la terre qui résulte du contact de l'air, de l'eau de pluie et des arrosements, et d'y faciliter l'accès des gaz atmosphériques. On conçoit que les terres compactes ont besoin d'être binées bien plus souvent que les terres légères. Comme le binage se donne lorsque le terrain est garni de plantes, il faut y apporter beaucoup de soin pour ménager les racines et leur collet, ne pas froisser leur feuillage ou écorcher leur tige. Le binage ne doit se faire que lorsque l'état de l'atmosphère est favorable à la végétation, et la profondeur est réglée sur la nature des plantes, selon que leurs racines vivent plus ou moins rapprochées de la surface du sol.

4° *Serfouissage*. Cette opération, dont les effets sont les mêmes que ceux de la précédente, se fait le plus souvent plus superficiellement, mais toujours par le même temps. Elle est surtout utile pour la perméabilité de la terre.

5° *Sarclage*. C'est un serfouissage fait à la main sur les planches ou plates-bandes d'un jardin occupées par des plantes trop rapprochées pour l'emploi d'un instrument. On sarcle par un temps humide, ou à la suite d'un arrosement.

§ IV. *Des outils et instruments de jardinage.*

1° Outils propres aux défoncements et aux labours.

Houe à lame carrée. Cet outil est très-employé dans le jardinage. Le manche est court, et il forme avec la lame un angle de 45 degrés. Il y en a qui sont à lame triangulaire pour les terrains compactes, et d'autres qui n'ont que deux dents pour les terrains pierreux.

Pioche. Espèce de petite houe à deux lames, l'une tranchante et droite, l'autre finissant en pointe comme un pic.

Binette. Autre petite houe à lame moins courbée, de 16 cent. de longueur sur 10 de largeur.

Serfouette. Petite binette à lame double, dont l'une est tranchante et l'autre à deux dents, pour ouvrir la terre dans les endroits où la binette est trop large.

Sarcloir. Petite ratissoire pour détruire les mauvaises herbes entre les plantes délicates.

Bêche. C'est l'outil principal et le plus indispensable du jardinage: c'est le meilleur de tous pour retourner et ameublir la terre en lui donnant de profonds labours ; il est suffisamment connu.

Déplantoir. C'est une bêche plus petite, servant à retourner la terre entre les plantes rapprochées, et plus souvent à faire des trous pour la transplantation des plantes vivaces.

2º Outils propres à la plantation et à la transplantation.

Plantoir. C'est tout uniment un piquet de bois pointu à son extrémité inférieure. On en fait de différentes grandeurs et à pointe garnie ou non de fer ou de cuivre. C'est un outil dont on ne fait guère usage que dans la culture maraîchère, quand on a de nombreux repiquages à faire.

Transplantoir simple. Il consiste dans une lame de fer longue de 16 à 20 c., formant un demi-tube, dont l'extrémité est droite et aiguisée; il sert à soulever les plantes que l'on veut arracher.

Le transplantoir double se compose de deux demi-tubes dont les manches sont réunis comme dans des tenailles. On l'enfonce en terre de manière à envelopper la plante qu'on veut enlever, et dont la tige se trouve au milieu du tube. Cela fait, on rapproche les deux poignées pour serrer les demi-cylindres, on donne une secousse à l'instrument en l'inclinant un peu, et on soulève la plante. Cet instrument n'est utile que pour les végétaux délicats qu'on enlève avec leurs mottes, et pour les oignons à fleur.

3º Outils pour l'entretien des jardins.

Râteau. Tout le monde connaît cet instrument. Les dents sont en bois ou en fer, plus ou moins rapprochées.

Ratissoire à tirer. On s'en sert en reculant. Elle se compose d'une lame en fer de 20 à 25 c. de largeur.

Ratissoire à pousser. Dans celle-ci, la lame, qui a la même dimension que la précédente, suit la direction du manche.

Échenilloir. C'est un instrument composé d'une lame de sécateur pour couper les branches élevées où se trouvent des nids de chenilles. Il est monté sur un manche très-long, et la lame joue au moyen d'une ficelle.

Ciseaux à tondre. Ce sont de grands ciseaux. Les lames sont longues de 40 c. On s'en sert pour tondre les gazons, les haies, les bordures, etc.

Faux. N'est utile que pour faucher les grandes pièces de gazon.

Émoussoirs. Petits instruments de diverses formes pour enlever la mousse sur les arbres fruitiers.

Rouleau. Instrument employé pour raffermir les allées et les routes dans les jardins ; il est fait en bois pesant, en fonte creuse ou pleine, ou en pierre.

Échelles. Il en faut de plusieurs grandeurs, tant doubles que simples.

4º Outils pour greffer et pour tailler.

Greffoir. Instrument indispensable pour les greffes en écusson et toutes celles qui exigent des incisions à l'écorce. La lame doit être en acier fin, très-acérée. Le manche doit être en matière rugueuse et se terminer par une spatule.

Serpette. Cet instrument est très-précieux pour la taille des arbres, et beaucoup de cultivateurs le préfèrent. Il faut que la lame soit en acier, très-tranchante, d'une courbe allongée, et que le manche soit d'une matière rugueuse, pour qu'elle ne glisse pas dans la main.

Sécateur. On en fait de plusieurs modèles. Il est d'un bon usage pour la taille des rosiers, des arbrisseaux épineux. On l'emploie surtout pour la taille de la vigne. Il ne fait pas la plaie assez nette quand il est mal confectionné.

Scie à main. On en fait de diverses formes et de force

variée. Toutes servent, pour la greffe, à couper la tête des sujets ou l'extrémité des branches, et dans la taille, à démonter les grosses branches.

Serpe. Instrument commode pour couper les grosses branches d'arbres dans les élagages et recépages, et à différents usages assez fréquents en horticulture.

5° Outils pour les arrosements.

Arrosoirs. Ils sont ordinairement en fer-blanc ou en zinc. Les grands arrosoirs ont plusieurs têtes de rechange, dont les pommes, de grandeur différente, sont percées de trous plus ou moins fins.

Seringue. Instrument commode dans une orangerie pour arroser les plantes que l'arrosoir ne peut atteindre. Pour cela, on ajoute à son sommet un tuyau de grandeur différente. Quand il s'agit de bassiner les feuilles, on remplace le tuyau par une tête percée de petits trous.

6° Outils divers.

Pelles de diverses formes et grandeurs, employées au maniment de la terre.

Fourche. Trident en fer garni d'un manche comme une bêche. On l'emploie surtout au chargement et remaniement des fumiers.

Brouette. Tout le monde connaît ce moyen de transport en usage.

Civière. Autre ustensile de transport qui exige deux hommes.

Hotte. Ustensile pour le transport des fumiers et détritus, à dos d'homme.

Claie. Ustensile à claire-voie en bois ou en fer, plus ou moins rapprochée, pour nettoyer la terre qu'on jette dessus à la pelle, de tous les corps étrangers dont on veut la purger.

Tamis. On en fait en osier et en fil de fer. Employé à passer les terres-composées pour les plantes délicates.

Étiquettes. On en fait de toutes formes et de toutes grandeurs.

Pots. Ils doivent être bien cuits, sonores, plus étroits d'un cinquième en bas qu'en haut.

Caisses pour cultiver les plantes que l'on rentre l'hiver. Elles sont ordinairement carrées; cependant on en fait de rondes qui sont plus commodes , plus maniables et d'un service plus durable ; mais elles coûtent davantage.

CHAPITRE II.

§ Iᵉʳ. *Des engrais.*

Pas de culture sans engrais. C'est là véritablement le nerf de la végétation ; et pourtant, en France, nous sommes encore bien loin de recueillir, de conserver et de produire des engrais comme cela se pratique en Angleterre, en Belgique et en Hollande. Dans ces pays rien n'est perdu : les mauvaises herbes, les feuilles des arbres, les balayures des rues, la suie et les cendres, les déjections et les cadavres des animaux, tous les débris enfin des êtres organisés, sous quelque forme qu'ils se présentent, sont soigneusement recueillis, classés avec ordre, et soumis partout à plusieurs manipulations. Chez nous, au contraire, les villages à la campagne sont inabordables à cause des fumiers qu'on y dépose, et les fumiers provenant des écuries et des étables ne sont l'objet d'aucun soin. Aussi le *purin* (le *jus* du fumier, comme on dit ordinairement), cette partie qui en est la quintessence, s'écoule librement dans les ruisseaux, où il se perd après avoir corrompu l'atmosphère et souvent engendré plusieurs espèces de maladies. Sans fumier et sans engrais, il faut bien se le rappeler, c'est folie d'attendre quelque chose de la culture, surtout du jardinage. C'est la force motrice du mouvement végétal. Le jardin qui appartient à un bon jardinier ne doit en aucun temps se reposer ; à peine une récolte est-elle enlevée qu'une autre la remplace. De là découle la nécessité de fumer sans cesse, de toujours refumer. Le jardinier a donc le plus grand intérêt à apporter tout son soin à cette partie fondamentale de la culture des jardins. Comme cependant, en général, les amateurs de jardinage, aussi bien que les jardiniers par état, ne peuvent trouver dans leurs écuries ou leurs étables le fumier nécessaire à leur consommation, ils doivent y aviser en utilisant les engrais végétaux, qu'on se procure toujours aisément.

1° *Engrais végétaux.* Tous les terrains produisent des plantes qui peuvent servir à la fabrication d'un excellent

1.

engrais. Le jardinier ramassera donc, autant qu'il le pourra, des plantes fraîches qu'il enfouira dans la terre avant qu'elles soient desséchées, et ce sera là un excellent engrais. Les plantes aquatiques surtout, qui sont aux bords des pièces d'eau, grossièrement divisées avec la bêche, et déposées dans les jardins potagers, les vergers ou les plates-bandes du parterre, peuvent être utilisées comme engrais. Dans les terrains secs, leur effet est même supérieur à celui du fumier sur la végétation.

Quand un terrain neuf est destiné à faire un jardin, c'est un excellent procédé que d'y semer du colza fort épais, que l'on retourne lorsqu'il commence à fleurir. Par ce moyen on graisse la terre, et on la débarrasse en même temps des insectes dont elle était peuplée, surtout des vers blancs ou turcs, qui sont le fléau du jardinage. Il paraît que l'âcreté du suc des plantes crucifères est un véritable poison pour eux.

Les végétaux enfouis à l'état frais constituent l'engrais végétal proprement dit. Les arbres fruitiers et la vigne épuisés par l'âge, ou fatigués par une production trop abondante, en reçoivent une nouvelle vigueur, les plantes contenant en grande quantité des principes azotés qui communiquent au sol la fertilité dont il a besoin pour produire. Les plantes les plus riches d'azote sont les *légumineuses* : pois, vesces, lupins, trèfles, sainfoins, ajoncs, genêts, et un grand nombre d'autres. Comme engrais, on peut se servir du sainfoin pour les terres calcaires, des *ornithopus* pour les sols siliceux et légers, du *lathyrus pratensis* pour les terres argileuses, et du *lathyrus palustris* pour les terrains marécageux. Tous ces végétaux sont de véritables condensateurs d'azote. Mais, pour opérer avec succès, il faut enfouir ces plantes avant qu'elles aient formé leurs graines, car alors l'azote qu'elles contiennent est disséminé dans toute la plante. Les engrais végétaux, qu'on peut toujours se procurer si aisément, donnent donc une excellente fumure, qu'on peut toujours obtenir très-aisément.

2° *Engrais animalisés*. De tous les engrais ayant pour base les substances animales, les plus riches en principes actifs sont le noir animal et la poudrette.

Noir animal. Cet engrais est le résidu de la clarification des sirops dans les raffineries. On l'emploie beaucoup dans la grande culture et peu dans le jardinage, ce qui, selon nous, est une faute, car c'est la meilleure fumure pour les terrains froids et argileux ou maigres. Une quantité même médiocre de noir animal fait pousser rapidement les crucifères, les choux, choux-fleurs, navets, betteraves, scorsonères, etc. Un de ses grands avantages est de pouvoir être employé utilement à faible dose et d'occuper peu de place.

Poudrette. Si la poudrette a moins d'énergie que le noir animal, elle a le grand avantage de coûter beaucoup moins cher ; cependant il est juste de dire que cette substance communique aux produits les plus délicats de potager une saveur peu agréable, notamment aux fraises et à la salade. La même chose n'a pas lieu pour les oignons, les choux et les racines. Mais il faut convenir aussi qu'il y a une prévention bien marquée contre cette espèce d'engrais.

Fumier d'écurie. C'est celui qui provient des chevaux plus spécialement, comme aussi celui de l'âne et du mulet, etc. Cet engrais, à lui seul, peut remplacer tous les autres ; il est surtout propre à la construction des couches, et le seul qui puisse être employé pour celles à champignons. Beaucoup de jardiniers trouvent le fumier d'écurie trop chaud pour les terrains naturellement arides et brûlants qui contiennent des substances calcaires en abondance. C'est là un préjugé sans fondement ; car on peut modifier cette espèce d'engrais à volonté, selon la nature du terrain où il doit être enfoui, en le laissant fermenter plus ou moins longtemps. Un moyen sûr et prompt d'activer la fermentation du fumier d'écurie lorsqu'on est pressé de s'en servir, c'est de défaire les tas après les avoir humectés et comprimés, et de les refaire après que le fumier a pris l'air une couple d'heures. Ce fumier avance plus ainsi dans sept ou huit jours qu'il ne l'eût fait sans cela dans l'espace d'un mois. Dans les terrains compactes, froids et argileux, c'est le meilleur des engrais ; seulement il faut alors avoir soin de l'enfouir avant qu'il ait fini de fermenter, au moment de sa plus grande chaleur.

Fumier d'étable. Cet engrais, qui vient des bêtes à cornes, est le moins employé par les jardiniers ; il n'est pas aussi actif que celui d'écurie ; cependant il convient par excellence dans les terrains calcaires, gypseux, sablonneux et qui s'échauffent trop aisément. Les fraisiers et les melons ont particulièrement besoin de fumier de cheval ou de mouton ; celui des bêtes à cornes ne leur convient pas.

Fumier de bergerie. Cet engrais, qui provient des moutons et des chèvres, est réputé très-chaud, et par cela même il peut remplacer le fumier d'écurie. Dans certaines contrées, **on** l'emploie beaucoup après l'avoir mélangé avec celui d'étable. Il paraît que le fumier de lapin jouit de la même propriété.

Colombine. Les déjections des pigeons et autres oiseaux de basse-cour sont l'engrais le plus actif dont on puisse disposer en horticulture. Mêlée à d'autres fumiers, mais à petites doses, la colombine produit des effets très-remar-quables, surtout sur les cucurbitacées. La colombine se conserve à l'état pulvérulent; on l'emploie souvent dé-layée dans l'eau, dont on arrose les plantes lorsqu'on désire hâter leur croissance; mais il faut en user avec pré-caution, car beaucoup de plantes ne peuvent la supporter sans mélange; souvent même il faut la mélanger, pour l'affaiblir, avec de bonne terre de jardin passée à la claie.

Fumier de porc. On dit partout, et sans motif, que le fumier de porc est très-froid et capable de faire mourir les plantes. C'est une erreur profonde; cet engrais est plus actif que celui des bêtes à cornes. La manière la plus avantageuse de l'utiliser pour le jardinage est de le mêler avec du fumier d'écurie ou de bergerie.

Purin. On connaît sous ce nom, en agriculture, l'en-grais liquide provenant des tas de fumier d'étable ou d'é-curie. Dans la culture des plantes potagères, cet engrais produirait une saveur désagréable. Pour les plantes de parterre, on pourrait l'employer avec avantage; mais l'o-deur infecte de cet engrais en interdit l'usage dans le parterre comme dans le potager. On s'en sert pour hâter la décomposition des substances végétales et pour se pro-curer promptement du terreau.

Urine. L'urine des animaux, et notamment celle de l'homme, constitue un des engrais les plus précieux que l'on connaisse; cependant il n'en est pas que l'on perde avec autant d'insouciance. L'activité prodigieuse qu'elle communique à la végétation, lorsqu'elle est employée con-venablement, est due tout à la fois aux substances salines dont elle est chargée, et aussi à un principe azoté, l'*urée,* qui caractérise essentiellement ce liquide.

Terreau. Au bout de deux ans, le fumier des couches se trouve réduit en terreau. C'est l'engrais le plus nécessaire et le plus maniable de nos jardins. Il se conserve indéfini-ment sans subir d'altération. Le bon terreau est noir, doux au toucher et aussi menu que s'il eût été passé à la claie. Dans les terrains chauds et légers, on répand une poignée de ce terreau dans les trous où l'on plante les pois, les haricots et autres légumineuses ; mais cet engrais ne convient pas aux terrains froids. Le terreau végétal, formé des débris de végétaux, est excellent pour le jardinage, surtout quand on l'a arrosé avec du purin ou jus de fumier.

§ II. *Des amendements.*

On entend par amendements les substances inorganiques, comme le sable, la marne et la chaux, qui modifient le sol sans nourrir la plante.

Suie. La suie est un amendement fort utile, en ce qu'elle détruit les insectes nuisibles à la végétation. On s'en sert à petite dose en la délayant dans l'eau comme la colombine, pour la répandre sous forme d'arrosage. Si l'on peut disposer d'une certaine quantité de suie, on la mêle avec les terres blanches où domine la craie ou l'argile blanchâtre. La suie est un des amendements les plus efficaces que l'on puisse employer.

Cendres. Considérées comme amendements, les cendres peuvent se répandre sur toute espèce de terrains, car la potasse qu'elles contiennent toujours active la végétation, ce qui ne doit pas dispenser le jardinier de donner la fumure ordinaire. Dans les terrains chauds, les cendres sont trop excitantes, et il faut se servir de la *charrée*, c'est-à-dire des cendres qui ont été à la lessive et qui ont perdu une partie de la potasse qu'elles contenaient primitivement. La charrée doit être employée sèche, bien pulvérisée, en quantité trois ou quatre fois plus grande que les cendres neuves.

Compost. On entend par ce mot, d'origine britannique, des mélanges de terres, d'engrais et de différentes sortes de plantes dont la réunion convient davantage à certaine culture. L'engrais Jauffret n'est autre chose qu'un compost composé d'un mélange de chaux, de végétaux secs ou frais en monceaux, arrosé avec une lessive alcaline. Les composts les plus utiles en jardinage sont la terre à oranger et la terre de bruyère artificielle.

Terre à oranger. Il faut que cette terre soit substantielle pour offrir à l'oranger une nourriture suffisante, légère pour livrer un accès facile à la chaleur du soleil, et poreuse pour l'écoulement facile de l'eau des arrosages. Le compost le plus convenable pour les orangers est formé de la sorte :

Terre franche. . . . . 5 parties.
Fumier d'écurie demi-consommé. . . 2
Terreau végétal 1re qualité. 3

Ce mélange doit être parfaitement fait, et il ne faut l'employer que lorsque la fermentation est terminée. Ce compost convient à toutes les plantes d'orangerie. L'ancienne recette de la terre d'oranger est reconnue de nos jours non moins ridicule qu'inutile ; c'est , comme l'a dit fort spirituellement un de nos jardiniers, la thériaque du jardinage

Terre de bruyère factice. Rien ne peut remplacer exactement la terre de bruyère naturelle, et cependant certaines plantes et quelques arbustes ne peuvent s'en passer. Ce compost est formé de sable siliceux et de terreau végétal. On peut, pour le former, se servir d'ajoncs coupés en pleine fleur, décomposés par la fermentation et réduits en terreau. On en prend trois portions que l'on mêle à une portion de sable fin provenant de débris de grès pilés. Le terreau d'ajoncs se rapproche beaucoup de celui de bruyère.

§ III. *De l'eau et des arrosements.*

L'eau n'est pas moins indispensable que les engrais et les amendements pour obtenir de bons résultats en horticulture. C'est la trinité indispensable du jardinier.

Eaux de pluie. Elles sont les meilleures de toutes pour les arrosages, à cause des principes dont elles ont été saturées dans l'atmosphère. Ces eaux sont légères, dissolvent parfaitement le savon et cuisent très-bien les légumes. Il faut les recueillir avec soin au moyen des gouttières, et les amener dans des réservoirs pour s'en servir au besoin.

Eaux courantes. On appelle ainsi les eaux des ruisseaux et des rivières. Elles sont généralement bonnes, d'autant meilleures qu'elles coulent depuis plus longtemps et que leur volume est plus considérable; car alors les principes qu'elles contiennent sont nécessairement plus divisés.

Eaux stagnantes. Ce sont celles qui n'ont ni courant ni mouvement sensible; exposées au soleil et aux influences de l'atmosphère, elles se peuplent d'animaux et de plantes qui les corrompent bientôt par leur décomposition ; ils les rendent impotables et même mortelles pour l'homme, mais excellentes pour arroser les végétaux.

Eaux de source. Les eaux portent ce nom quand elles jaillissent en sortant naturellement de la terre pour former les fontaines et les ruisseaux. Ces eaux sont froides, et il est bon de les exposer au soleil avant de les employer. Comme elles ont traversé plusieurs sortes de terres et de minéraux avant de sourdre à la surface du sol, il arrive ordinairement qu'elles tiennent en dissolution beaucoup de substances différentes, les unes favorables et les autres nuisibles à la végétation. C'est au jardinier observateur d'étudier leurs effets sur les plantations.

Eaux de puits. Ce sont les plus mauvaises de toutes, et cependant les plus employées. On a l'habitude, et elle est excellente, de les exposer à l'air avant de s'en servir pour le jardinage.

Bouillon. On a imaginé, pour activer la végétation, de faire macérer dans l'eau divers fumiers, et de se servir, pour arroser, du liquide ainsi chargé des parties solubles de l'engrais. C'est principalement pour les plantes en pots ou en caisses que l'on se sert de cette dissolution, qu'il faut employer avec prudence à l'égard de celles qui sont souffrantes.

Dans les jardins, l'eau se distribue ordinairement avec des arrosoirs. Les uns sont à pommes percées de trous fins pour faire tomber l'eau en rosée, afin de ne pas tasser la terre sur les semis, et de n'en donner que la quantité suffisante ; d'autres à pommes percées de trous plus gros, pour la verser en plus grande abondance. Enfin on a des arrosoirs à bec plus ou moins allongé, pour la porter sur les pots ou la verser au pied des plantes dont on ne veut pas mouiller les feuilles.

Quand le temps est frais, on arrose le matin vers les 9 ou 10 heures, afin que la chaleur de la journée s'oppose au refroidissement qui pourrait en résulter ; s'il fait chaud, on mouille le soir pour rendre l'évaporation moins prompte. Quant aux cultures maraîchères, qui, pour donner de très-bons résultats, demandent beaucoup d'eau, on les arrose à toute heure. Il est quelquefois utile, dans les grandes sécheresses, de secourir les arbres fruitiers en versant un arrosoir d'eau à leur pied. Mais il faut avoir soin de mouiller, la veille au soir, avec une pompe ou une seringue à pomme fine, les feuilles, qui pourraient tomber sans cela. Il est d'ailleurs très-souvent nécessaire d'arroser le feuillage des arbustes. Dans certaines contrées où les eaux sont abondantes, on arrose par irrigation au moyen de rigoles que l'on distribue à volonté dans les jardins suivant la pente naturelle du terrain. C'est là une excellente manière, utile surtout dans le potager. D'ailleurs l'arrosage à la main est un travail toujours pénible, et si la nature des lieux permet de le remplacer par l'irrigation, il faut le faire.

Dans les Alpes, où les torrents et les ruisseaux qui proviennent de la fonte des neiges et des glaciers sont si nombreux, nous avons admiré une foule de canaux alimentant des milliers de rigoles qui distribuent l'eau non-seulement pour la grande culture, mais encore pour le jardinage. Pas une parcelle de terre labourable, même de celles qui sont le plus élevées, n'est dépourvue de son conduit d'irrigation, et, dans les jardins, tout l'arrosage se fait en majeure partie par irrigation.

CHAPITRE III.

§ Ier. *Des abris.*

Dans nos pays, les froids rigoureux de l'hiver, si nuisibles à beaucoup de plantes, ont nécessité l'emploi de plusieurs moyens naturels ou artificiels pour les garantir des gelées et des intempéries qui les feraient périr. Les abris naturels sont : les ados, les murs, les palissades d'arbres verts; et les artificiels : les paillassons, serres, bâches, orangeries, châssis et cloches.

Ados. On appelle ainsi la pente dirigée du nord au sud. Les ados favorisent les primeurs: on y sème des salades, des radis, des pois; on y plante les fraisiers des quatre-saisons, etc. La végétation s'y développe beaucoup mieux que sur un terrain horizontal.

Murs. Les murs dirigés de l'est à l'ouest remplissent deux fonctions opposées. Du côté du midi, ils hâtent la maturité des fruits et des légumes, ils protégent les plantes méridionales contre les atteintes du froid, et de l'autre côté ils défendent les plantes alpines et boréales des rayons brûlants du soleil.

Palissades d'arbres verts. Ce sont d'excellents abris

pour les plantes qui, tout en demandant de l'air, redoutent néanmoins un soleil trop ardent. On emploie généralement le *thuia* d'Orient, dont cependant le feuillage est trop épais pour certaines plantes; le peuplier d'Italie, qui fait très-bien pendant 5 ou 6 ans, et la vigne palissée en contre-espalier, qui abrite parfaitement les plantes à pots. En Angleterre, l'if est très-usité. Tels sont les abris naturels. Passons maintenant aux artificiels.

Serre chaude. La serre chaude, qui est fort simple et peu dispendieuse, doit réunir trois conditions indispensables pour remplir le but qu'on se propose, c'est-à-dire qu'il y faut de la chaleur, de la lumière et de l'air. La chaleur doit y être constamment maintenue à 25 degrés, si elle est destinée, par exemple, aux plantes tropicales, dont les plus délicates restent toute l'année plongées dans la tannée d'une couche chaude.

Serre tempérée. Elle ne diffère de la précédente qu'en ce que la température y est maintenue à 10 ou 12 degrés seulement, et que les plantes n'y restent pas toute l'année.

Orangerie. L'orangerie doit être très-sèche, éclairée par de grandes croisées sans panneaux et faciles à lever. Il suffit qu'il n'y gèle pas, et la température ne doit jamais s'y élever au delà de 4 ou 5 degrés.

Bâche. La bâche tient le milieu entre la serre et le châssis. Les panneaux vitrés sont un peu plus inclinés que dans le châssis et beaucoup moins que dans la serre. Quelquefois on y établit un fourneau et une couche chaude, si on veut y faire des primeurs ou des ananas.

Châssis. On appelle ainsi un coffre sans fond en bois, large d'un mètre 25 ou 60 centimètres, et recouvert tout uniment d'un panneau vitré qui s'ouvre et se ferme à volonté. On le transporte facilement où l'on veut, et on le pose sur la couche chaude, si mieux on n'aime établir la couche dedans, après avoir creusé la terre à une profondeur suffisante. L'hiver, on l'entoure de réchauds.

Cloche. Celle-ci est en verre poli ou dépoli. Elle est indispensable pour couvrir les jeunes semis, et surtout pour priver d'air les boutures; sa crémaillère est un morceau de planchette avec des crans qui soutiennent la cloche d'un côté, pendant qu'elle porte de l'autre sur le sol, lorsqu'on veut donner de l'air aux plantes ou aux boutures abritées.

Cage. La cage en osier a pour unique but de défendre

les graines des plantes précieuses contre la voracité des oiseaux.

Contre-sol ou *pot coupé*. Le contre-sol est très-utile pour abriter les plantes très-délicates contre la pluie, le vent du nord et les rayons du soleil.

Parmi les abris artificiels, il faut encore ranger les *paillassons* dont on recouvre les plantes herbacées ou ligneuses pendant les nuits froides ; la *litière* et les *feuilles*, qui remplissent le même but ; les *paillis*, couche de litière courte ou de fumier non consommé, épaisse de 1 ou 2 doigts, que l'on étend sur les planches avant ou après les avoir plantées ; les *mousses*, qui servent à couvrir les planches de terre de bruyère au nord, où sont les petites plantes alpines et boréales délicates ou d'une conservation difficile ; et les *toiles*, qui ne garantissent pas des grands froids, mais dont on peut se servir contre le vent, la pluie, les gelées blanches et le soleil.

§ II. *Couches.*

A côté des engrais et des amendements se placent naturellement les couches. Ce sont des planches que l'on forme avec divers fumiers, des feuilles, des mousses, et généralement toutes substances fermentescibles, pour développer et entretenir la chaleur. On les recouvre de terreau ou de terre mélangée, selon la nature des végétaux auxquels elles sont destinées.

Couche chaude. Pour monter une couche chaude, on dépose sur le terrain que l'on a choisi une couche de fumier qui soit bien égalisée ; on la masse avec les pieds, et l'on arrose le fumier pour qu'il fermente plus vite, s'il est sec ; on couvre ensuite de terreau ou de terre préparée, puis on pose les coffres, et par-dessus les panneaux vitrés. La longueur des couches dépend du nombre de châssis dont on peut disposer.

Couches sourdes. Celles-ci se font dans des tranchées larges d'un mètre trente centimètres, dont la profondeur varie selon la nature du terrain. On y range de la même manière le fumier, de façon cependant qu'il fasse le dos d'âne, et on le couvre entièrement de terre : celle de la tranchée le plus ordinairement. Ces couches conviennent aux cultures sous cloches ; quelquefois on y pose des châssis.

Les couches ont d'autant plus de chaleur qu'elles sont plus épaisses ; celles d'hiver, ou chaudes, ont 66 centimètres d'élévation ; celles de printemps, ou tièdes, 50 centimètres, et celles en tranchées ne dépassent le sol que de 20 à 30 centimètres.

Voici un tableau qui indiquera la température chaude des matières employées dans l'établissement des couches et la durée de cette température :

	Degrés.	Mois.
Fumier de mouton.	60 à 70	6
Fumier d'âne, cheval, mulet. . .	50 à 60	6
Fumier de bêtes à cornes. . . .	35 à 45	8
Le tan.	35 à 40	6
Feuilles sèches. . . . . , . .	35 à 40	12
Marc de plantes oléagineuses. . .	35	15 à 18
Résidus de raisins, pommes, poires, dont on a extrait le jus.	50	15 à 18

On peut augmenter la chaleur des couches composées de substances végétales seules , que l'on saupoudre de chaux vive pulvérisée ; mais alors la durée est moindre.

La poudrette, la colombine et la fiente des volailles peuvent élever la chaleur des substances végétales, auxquelles on les mêle dans la proportion d'un tiers, jusqu'à la température du fumier de cheval.

Les couches d'hiver doivent être faites parallèlement et à 50 centimètres les unes des autres, disposition qui permet de les chauffer en remplissant de fumier neuf les sentiers qui les séparent. C'est ce fumier ainsi appliqué qu'on nomme *réchaud*.

Souvent, aussitôt leur confection, les couches développent un degré de chaleur assez élevé pour tuer les graines et les jeunes plantes dont on les garnit. Cet inconvénient se produit surtout aux couches faites avec du fumier de cheval ; alors il faut attendre quelquefois jusqu'à huit jours pour que la chaleur soit abaissée. On pratique alors ce qu'on appelle des *ventouses*, en tirant des flancs de la couches quelques poignées de fumier et en laissant les trous pour le passage de l'air.

§ III. *Influences atmosphériques.*

Quand on a reconnu la nature du sol sur lequel on a établi son jardin, que l'exposition est bonne que les engrais et les amendements ont été préparés convenablement, et que l'on est sûr d'avoir de l'eau en quantité suffisante, tout n'est pas fini en jardinage, et l'on verrait les plantes languir et mourir même si l'atmosphère n'était pas assez chaude et humide, si elle n'était pas suffisamment éclairée, si enfin elle ne contenait pas en dissolution, ou plutôt sous forme de vapeurs ou de gaz, différentes substances dont les unes sont des stimulants et les autres des éléments nutritifs de la plante. Étudions donc rapidement les effets de la chaleur humide, de la lumière et de l'air sur la végétation.

Chaleur humide. La végétation ne peut avoir lieu sans chaleur et sans humidité. Si ces deux agents ne sont pas convenablement équilibrés, la végétation souffre ou s'arrête absolument. Une chaleur de quelques degrés suffit à la végétation de quelques plantes; mais le plus grand nombre s'accommode fort bien de 20 à 30 degrés. Toutes les fois que les plantes souffrent de la chaleur, c'est une preuve que l'humidité de la terre ou de l'atmosphère n'est plus assez grande. C'est d'après cette observation que la théorie des arrosements est basée.

Lumière. Toutes les graines germent parfaitement sans lumière; cependant elles périraient bientôt pour la plupart si elles en étaient longtemps privées. Sa bienfaisante influence est reconnue de tous les hommes pratiques, et si l'on ne peut expliquer la manière dont elle s'exerce, l'on n'ignore pas que c'est à la lumière que les végétaux doivent leurs couleurs les plus vives, les fleurs leurs parfums les plus doux, et les fruits leurs saveurs les plus exquises. Cependant il ne faudra pas oublier que beaucoup de semis et de boutures ont impérieusement besoin d'*ombre* pour réussir, et que certaines plantes redoutent la trop grande lumière. On se rappellera aussi que les champignons croissent et se développent fort bien dans l'obscurité.

Air. Après la chaleur humide et la lumière, vient l'air, qui n'est pas moins indispensable pour la végétation des plantes. Il leur fournit une partie de leur nourriture au moyen des gaz et des autres substances dont il est chargé. Un air stagnant, quel qu'il soit, devient fatal aux plantes en pleine végétation. Un air sec est toujours nuisible; il épuise les plantes et ne leur apporte rien à respirer. L'air humide et chaud leur est au contraire favorable, surtout s'il est saturé d'électricité, comme dans les moments d'o-

rage. C'est alors que la végétation acquiert un développement prodigieux : le champignon seul paraît en souffrir.
Les exhalaisons marécageuses, si funestes à l'homme, sont
au contraire très-avantageuses à la végétation.

DEUXIÈME DIVISION.

CHAPITRE PREMIER.

ANATOMIE VÉGÉTALE.

§ Ier. *Des éléments primitifs.*

Le cadre que nous nous sommes tracé ne nous permet pas, on le comprend, de nous étendre longuement sur l'anatomie végétale ; aussi nous contenterons-nous d'indiquer sommairement dans ce manuel, essentiellement pratique, les notions élémentaires indispensables à tout ouvrage sur le jardinage.

Les végétaux, comme les animaux, sont des êtres organisés et vivants, mais privés de facultés locomotives et sensoriales. Si l'on examine à la loupe ou au microscope l'organisation d'un végétal, on y découvre : 1° des utricules ou cellules vasculaires ; 2° des tubes ou vaisseaux cylindriques, tantôt épars, tantôt réunis en faisceaux fibreux.

C'est là ce qui constitue dans la botanique les éléments organiques des végétaux.

Solides. Tissu cellulaire. Les cellules sont bien évidemment l'élément primitif par excellence, puisqu'un seul de ces utricules, placé dans des circonstances favorables, reproduit autour de lui d'autres utricules semblables qui, se propageant eux-mêmes, forment une masse qu'on appelle tissu cellulaire. Ce tissu existe dans toutes les parties de la plante, mais les parties molles en contiennent abondamment. On le retrouve donc surtout dans les feuilles, les fruits charnus, les racines, les herbes, les jeunes pousses, et spécialement dans la moelle des végétaux. Ces cellules sont douées de la propriété d'absorber les liquides, et sont destinées à élaborer les sucs nourriciers de la plante.

Tissu vasculaire ou fibreux. Il se compose de cellules allongées, tubuleuses, d'une grande ténacité et de beaucoup plus de résistance que le tissu cellulaire. Il forme les *vaisseaux* et les *trachées*. Ces dernières s'observent principalement autour de la moelle, dans les tiges et les nervures des feuilles. Le bois ne présente que de fausses trachées qu'on appelle vaisseaux *lymphatiques*; ils servent au transport de la séve ascendante. Dans l'écorce se trouve une sorte de vaisseaux nommés *vaisseaux propres*.

Parenchyme. On appelle ainsi la partie d'un végétal qui est molle et succulente. Outre le parenchyme et les fibres, il faut encore distinguer l'*épidermé*, sorte de membrane mince et transparente analogue à l'épiderme des animaux, et qui recouvre toutes les parties des végétaux, du moins dans le jeune âge. La surface présente dans toutes les parties exposées à l'air et à la lumière de petites ouvertures nommées *stomates,* qui correspondent toujours à des cavités remplies d'air.

Toutes ces parties élémentaires des plantes se combinent entre elles de diverses manières, pour former les organes composés des végétaux, dont les principaux et les seuls qui doivent nous occuper ici sont : la tige, les fleurs, les fruits et les graines. Mais, avant de parler de ces organes, disons un mot des liquides, que l'on divise en deux classes, la séve et les sucs propres.

1° *Séve.* C'est le liquide nourricier par excellence, le sang des végétaux. La séve circule dans les tissus et les vaisseaux des plantes par leur contractilité ou en vertu des lcis de la capillarité. Elle suit deux mouvements, l'un ascendant, qui l'entraîne du sol vers l'extrémité de la plante ; l'autre descendant, qui la ramène en sens contraire.

La séve *ascendante* circule par le système vasculaire ; le mouvement commence aux racines et s'arrête aux feuilles.

La séve *descendante* prend son origine à la circonférence extérieure, et surtout aux feuilles. Elle donne naissance à l'écorce, tandis que la séve ascendante dépose les agents de nutrition et de végétation au centre de la plante et autour de la moelle.

On peut donc considérer la marche des deux séves comme semblable, mais s'opérant en sens contraire et dans des tissus différents.

2° *Sucs propres.* Ils sont élaborés par certains organes, et produits par certaines parties et dans certains temps. Tous ont un but particulier, le plus souvent celui de favoriser, d'accompagner, de faire naître la fructification ou la floraison.

Ce sont les sucs propres qui, dans leur état naturel ou

après quelques préparations, fournissent les huiles essentielles, les odeurs, les poisons, les médicaments végétaux, les gommes, les résines, les sucres, les acides, etc. Ce sont eux enfin qui donnent à chaque plante sa saveur particulière. Leur formation n'est souvent que temporaire, et leur absence en général ne paraît pas nuire à la vie de l'individu ; ils sont en un mot des produits accessoires.

§ II. *Organes de la végétation.*

Racine. La racine sert à fixer les plantes dans le sol et à les nourrir. On y distingue ordinairement 3 parties : 1° une supérieure que l'on nomme *collet*, et qui est la base de la racine ou le plan qui la sépare de la tige ; 2° une partie moyenne qui est le corps ou l'axe, et ressemble à un tronc ou à une tige renversée ; 3° une partie inférieure, le chevelu, qui est formé lui-même par les radicelles.

Les *racines pivotantes* sont celles dont le corps unique à la base est très-développé et s'enfonce perpendiculairement dans le sol comme un pivot (rave, carotte). Les *racines fibreuses* ont bien un corps unique, mais il est peu développé et se divise en une multitude de fibres plus ou moins grêles, et ont un chevelu très-abondant (les palmiers). Enfin il y a une troisième espèce de racines appelées *fasciculées :* ce sont celles qui se forment de fibres plus ou moins renflées dans leur milieu, et sortant en faisceaux d'une base commune qui se confond avec le collet de la plante (poirée).

Quelques racines portent des tubercules formés de tissus cellulaires ou de matière nutritive (les crobis); d'autres enfin ont une bulbe ou oignon (lis, jacinthe, ail).

Enfin les racines sont classées en *annuelles*, *bis-annuelles* ou *vivaces*, suivant qu'elles subsistent une, deux ou plusieurs années.

Tige. La tige est la partie du végétal qui croît en sens contraire de la racine, s'élève verticalement et sert de support aux feuilles, aux fleurs et aux fruits. Tous les végétaux à fleurs ont une tige ; mais il ne faut pas confondre avec elle la *hampe* ou le support qui soutient les fleurs. Les plantes vivaces ont quelquefois des tiges souterraines ou horizontales qu'on nomme *souches*.

La tige qui est tendre, verte et meurt chaque année avant de durcir, s'appelle *herbacée*. Elle est *demi-ligneuse*, quand sa base durcit et persiste un grand nombre d'années, ses rameaux herbacés ne périssant que tous les ans : tels sont les sous-arbrisseaux. La tige *ligneuse* est d'une consistance solide et persiste après son endurcissement. Les plantes ligneuses se divisent en trois classes : 1° les *arbustes* qui poussent des branches dès leur base sans porter de boutons ; 2° les *arbrisseaux* qui poussent dès leur base des branches et des boutons ; 3° les *arbres* dont la tige est simple et nue dans sa partie inférieure et se ramifie seulement vers le haut.

La tige est *noueuse*, si d'espace en espace elle a des nœuds, comme le blé et les autres graminées ; elle est au contraire *articulée*, si d'espace en espace on trouve des renflements moins solides que le reste de la tige, comme dans les œillets. Les tiges sont le plus souvent revêtues de feuilles ; on y trouve aussi des *poils*, des *aiguillons* et des *épines*. Une tige est *pubescente* quand elle est couverte de poils, et *glabre* quand elle en est dépourvue.

Le tronc se compose de deux systèmes de couches, le corps *ligneux* et l'écorce ; au centre est la moelle.

Les *bourgeons* ne sont autre chose que le jeune état d'une tige ou d'un rameau qui porte des feuilles et souvent même des fleurs. On appelle spécialement *bouton*, celui qui forme une fleur au lieu de s'allonger. Les bourgeons sont de deux sortes : les réguliers (*yeux*), qui ne se développent qu'à l'extrémité des branches ou à l'aisselle des feuilles ; les bourgeons adventifs sont ceux qui naissent accidentellement et sans ordre, après l'évolution de la tige et des feuilles, dans les racines, au milieu du bois, sur le bord ou sur la surface des feuilles.

Les bourgeons radicaux, qui naissent du collet de la racine, sont encore appelés *turions*, quand ils viennent à des plantes vivaces (asperges), et *bulbes* ou *oignons*, quand ils sont souterrains et formés d'écailles imbriquées ou de membranes concentriques.

Feuilles. Les feuilles sont des organes de respiration et d'évaporation destinés à absorber et à exhaler les fluides propres ou devenus inutiles à la vie du végétal. Les feuilles sont fixées aux plantes par un prolongement appelé pétiole.

Organes de la reproduction.

Tous les végétaux ont fait primitivement partie d'un

corps de même espèce qu'eux, soit à l'état de branches, boutures ou tubercules, soit à l'état de germes dont le développement a exigé une opération qu'on nomme *fécondation*, et qui leur a donné une vie propre et indépendante. Dans ce dernier cas, il faut donc des organes qui produisent les germes et d'autres qui les fécondent: ce sont les *pistils* et les *étamines*. La combinaison de ces organes avec d'autres qui les entourent et les protégent constitue la fleur.

De la fleur. C'est un appareil composé des organes de la fructification et de leurs enveloppes. C'est dans les fleurs que se manifeste l'existence et la nécessité des deux sexes dans la plupart des végétaux, comme dans la plupart des animaux, pour opérer la reproduction. Les anciens avaient bien entrevu cette découverte; mais ce fut Linné qui la démontra clairement.

Les fleurs, et par suite les fruits, proviennent de bourgeons particuliers et en forment toujours la terminaison, elles sont ou réunies en paquets, en grappes, en corymbes, en ombelles, en chatons, en hampes, etc., ou isolées et ayant chacune son pédicule commun à un grand nombre de fleurs rapprochées et réunies sur un réceptacle commun. Les parties qui composent les fleurs sont :

1º Le *réceptacle*, épanouissement du pédoncule qui sert de support à la fleur et au fruit ;

2º Le *calice*, prolongement de l'écorce destiné à protéger et défendre les organes délicats de la fructification : il est ordinairement vert, et présente des formes et des divisions très-variées ; plusieurs de ces formes lui ont valu des dénominations spéciales, et un grand nombre d'épithètes caractéristiques sont tirées de sa position et de ses divisions ;

3º La *corolle*, renfermant les organes de la fructification, et qui paraît destinée à assurer l'œuvre importante de la reproduction ; ordinairement colorée des plus vives couleurs, odorante, gracieuse, elle est la partie la plus apparente de la fleur ; ses formes varient à l'infini, et les botanistes y ont établi beaucoup de distinctions qui n'ont d'utilité que pour la classification ; c'est sur elle qu'est basé le système de Tournefort ;

4º Les *nectaires* sont des parties propres à certaines fleurs, renfermées dans la corolle, et dont les fonctions sont à peu près inconnues ;

5º Les *étamines*. C'est le mâle des végétaux ; elles sont

formées d'un *filet* qui supporte une capsule appelée *anthère*, laquelle contient une poussière le plus souvent jaune, appelée *pollen* : c'est la matière fécondante. La position, la forme et le nombre des étamines varient beaucoup, selon les genres de plantes ;

6° Le *pistil*, la femelle des plantes. Dans cet organe, placé au centre de la fleur, on trouve ordinairement à la base l'*ovaire*, renfermant le germe des semences ; en prolongement de l'ovaire, un ou plusieurs filets appelés *styles*, terminés par une ou plusieurs ouvertures qu'on nomme *stigmates*, lesquelles reçoivent le pollen ou la substance fécondante du mâle : c'est là que se passe le grand acte de la génération.

Fécondation. Dans un grand nombre de végétaux, les deux sexes sont réunis sur la même fleur, et ces fleurs sont appelées *hermaphrodites*. D'autres ont les sexes séparés, mais sur la même tige, et sont dits *dioïques*. Le rapprochement des sexes n'est donc pas toujours nécessaire ; il suffit que le pollen contenu dans les anthères parvienne au pistil. Cela a lieu tantôt directement et tantôt indirectement, soit par l'intermédiaire des insectes et des vents, soit par l'industrie humaine, comme pour les palmiers cultivés. Les végétaux, à l'époque de la floraison, comme les animaux au temps des amours, subissent des changements et des modifications remarquables ; toutes les forces de la plante paraissent concentrées vers ce but important. Partout la nature, par ses constants efforts, assure la propagation et la conservation des êtres. Deux des phénomènes les plus caractérisques sont la chaleur et l'odeur particulière qui se manifestent à cette époque dans certaines plantes. C'est sur la considération des organes sexuels qu'est établi le système botanique de Linné.

Le fruit. Les parties qui composent le fruit sont :

1° Le *péricarpe*, qui est l'enveloppe extérieure des semences ; il manque quelquefois, et est alors remplacé par le calice. Ses formes, sa substance et ses divisions sont nombreuses. Les uns sont secs, et d'autres charnus. La plupart des fruits à manger sont des *péricarpes* charnus.

2° Les *graines* sont les parties destinées à perpétuer et à multiplier les plantes ; c'est pour les engendrer que la nature a développé tout cet appareil d'organes ; aussi voyons-nous un grand nombre de plantes périr après avoir acquitté cette dette. Les formes, les enveloppes, les parties extérieures et intérieures des semences sont trop nombreuses et d'une étude trop délicate, pour tenter de les décrire dans un manuel d'horticulture essentiellement pratique; nous dirons donc seulement que toute graine contient la plante en rudiment. Deux filets sont le germe de la tige et de la racine; d'autres corps nommés *cotylédons* doivent alimenter la plante au moment de sa naissance, en formant ce qu'on appelle les feuilles *séminales*. Le tout constitue l'*embryon*.

La plante à l'état de graine est un œuf qui n'attend que des circonstances favorables pour développer son germe et produire un individu semblable à celui qui lui a donné naissance. Ces circonstances sont une douce chaleur mêlée d'humidité. Quant aux causes de ce développement, elles sont aussi obscures et tout aussi inconnues que celles de la génération des animaux, devant lesquelles l'intelligence humaine doit se courber et confesser son impuissance.

Nous terminerons ici ces réflexions sommaires sur l'anatomie végétale, préférant nous étendre un peu plus sur la physiologie horticole, qui comprend la reproduction des plantes par graines, bouturage, greffe, marcotte, et autres manières différentes.

CHAPITRE II.

PHYSIOLOGIE VÉGÉTALE.

§ Ier. *De la reproduction des plantes par graines.*

Il existe une loi pour la reproduction et la conservation des plantes sous le climat et dans les lieux qui conviennent à leur organisation. C'est par les graines que s'opère cette reproduction. Des excroissances qui surviennent à certains végétaux, ou les positions dans lesquelles se trouvent certaines de leurs parties, déterminent encore naturellement la reproduction d'un nouvel individu; cela arrive par les drageons, les rejetons, les marcottes, etc. Enfin l'homme met à profit la faculté dont beaucoup de végétaux sont doués de produire un individu parfait par le moyen des boutures et des greffes.

1° Des semis.

Cette voie pour multiplier les végétaux, la seule qui donne naissance à de nouveaux individus, est la plus naturelle comme aussi la plus certaine. Les plantes provenant de semis sont ordinairement d'une belle venue, croissent beaucoup mieux et plus rapidement, sont d'une santé plus robuste et d'une plus longue durée que celles que l'on reproduit par les autres moyens de multiplication. Disons quelques mots des conditions dans lesquelles doivent se trouver les graines que l'on confie à la terre pour y germer, ainsi que des diverses manières de semer.

Conservation des graines. Quand vous avez choisi de bonnes graines parfaitement mûres, ce qui se reconnaît aisément par leur poids, leur apparence et leur grosseur, il ne s'agit plus que de les conserver avec soin jusqu'au moment où vous les confierez à la terre. Il y a des graines qui jouissent indéfiniment de la propriété germinative, tandis que d'autres ne tardent pas à la perdre. Il est d'usage, pour conserver sûrement les graines, de les mêler à de la terre ou du sable fin que l'on renferme dans des boîtes hermétiquement fermées, ou dans des bouteilles que l'on bouche de façon à les garantir du contact de l'air. On les sème, au moment venu, sans les séparer de la terre à laquelle on les mélange. Quant aux graines que l'on veut conserver longtemps, il faut absolument les mettre à l'abri du contact de l'air et les serrer dans un lieu sec qui ne soit ni humide ni trop chaud.

Préparation des graines. Les graines nues n'ont pas besoin de précaution pour être semées également. Il n'en est pas ainsi pour les graines aigrettées, velues et membraneuses, qu'il faut frotter dans ses mains avec du sable très-fin ou de la cendre avant de les semer, pour qu'elles ne s'attachent ni ne se pelotonnent ensemble. Les graines très-fines se mêlent avec de la terre sèche bien tamisée.

Stratification. La stratification est un moyen de hâter la germination des graines, notamment celle des noyaux. Elle consiste à les mettre dans du sable humide en automne et à les placer ainsi dans une cave. Elles germent pendant l'hiver, et au printemps, lorsqu'on les met en place, elles ont déjà développé leur radicule, ce qui avance de beaucoup la végétation. On a soin d'entretenir une légère humidité dans la terre ou le sable qui contient les graines et les noyaux ainsi stratifiés.

En règle générale, les graines lèvent mieux dans le terreau et dans les terres légères que partout ailleurs; et plus elles sont fines, moins il faut les enterrer.

Manières de semer. Elles varient selon la nature des végétaux, le volume des graines, la nature du sol et la délicatesse des plantes que l'on veut cultiver. Si l'on sème avec l'intention de *repiquer* ou de *replanter*, il faut choisir une terre douce, fertile, très-divisée et bien fraîche, afin d'enlever la tige avec son chevelu, ce qui assure le succès de l'opération. Si l'on sème en place, il est nécessaire au préalable de défoncer le terrain, et cela d'autant plus profondément que les plantes doivent s'enfoncer davantage dans le sol. En définitive, la terre doit être toujours bien ameublie, amendée et composée convenablement. Souvent il est nécessaire d'abriter au moyen du *paillage* les graines qu'on ne peut, à cause de leur délicatesse, presque pas enfoncer en terre. Cette opération consiste à répandre à la surface du sol, par-dessus les graines, des matières légères, telles que de la paille divisée, de la mousse, etc. Enfin il y a plusieurs genres de semis.

Semis à la volée. On répand les graines à la main en les jetant également sur le sol, puis on passe le rateau pour égaliser le terrain. Il faut beaucoup d'habitude pour semer avec uniformité. On éclaircit plus tard à la main les semis trop épais.

Semis en rayons. On sème de la sorte les plantes qui demandent à être binées et sarclées; on tire au cordeau des rayons de 4 à 6 centimètres, on y jette la graine, et l'on recouvre avec la terre déplacée.

Semis en potelets et pochets. On fait des trous de distance en distance, et l'on dépose les graines dans ces trous, plus ou moins profondément, suivant la nature de la plante qu'on veut semer.

Semis en pépinière. Les pépins se sèment à la volée, et les noyaux se placent un à un dans des trous à la distance voulue. On fait ce semis en automne. Les pépins doivent être enfoncés à 3 centimètres, et les noyaux à 6. Il faut couvrir avec de la paille ou des feuilles pendant les fortes gelées.

Semis en terrines et en pots. Il se fait avec les mêmes précautions que les autres semis pour les plantes délicates.

Les terrines ou les pots dans lesquels on a semé des graines très-fines et qui aiment l'humidité se placent dans un vase plein d'eau. L'eau s'insinue par-dessous et humecte suffisamment la terre.

Semis sur couches. On sème, comme en pleine terre, sur couches simplement ou sous cloches, toutes les graines dont on veut hâter la germination, ou d'autres trop délicates pour la pleine terre.

Repiquage. Cette opération favorise la croissance d'un jeune semis. On lève la terre à nu, si les plantes ne sont pas délicates, ou bien en motte, ce qui est préférable, et on les *repique* dans le terrain qui est convenablement préparé pour les recevoir. On repique ainsi les fleurs annuelles d'automne. Les plantes délicates, les arbres et les arbrisseaux de serre se repiquent en terrine ; et quand les tiges sont assez fortes pour être séparées, on les lève en motte pour les mettre chacune dans un pot.

Plantation à demeure. Quand un jeune plant elevé en pépinière est suffisamment fortifié, on le plante à demeure. Les arbrisseaux en touffe ont ordinairement des racines nombreuses et un chevelu abondant ; leur reprise ne manque presque jamais. La même chose n'a pas lieu pour les arbres que l'on plante en automne dans les terres sèches et légères, et en mars dans les terrains humides ou froids. Il faut toujours avoir des trous profonds, rafraîchir légèrement les racines et décharger la tête en les plantant.

Rempotage des plantes de serre. Le meilleur moment pour rempoter une plante est celui où elle est près de rentrer en végétation. Quelques-unes de ces plantes demandent à être rempotées tous les ans, d'autres tous les deux ou trois ans seulement, et même à de plus longs intervalles : on juge qu'une plante a besoin d'être rempotée quand elle ne pousse plus convenablement.

§ II. *De la reproduction naturelle des plantes.*

Dans cette division, nous allons passer successivement en revue les différents modes de multiplication des végétaux autres que les graines et la fécondation ; c'est le moyen, dans beaucoup de cas, de conserver un grand nombre d'espèces et de variétés qui se perdraient. Cependant il est bon de dire que les plantes ainsi reproduites dégénèrent le plus habituellement, et quelquefois même perdent la faculté de se reproduire par semence. Mais, d'un autre côté, ces moyens et ceux tout à fait artificiels sont les seuls pour multiplier les individus ne donnant pas de graines, dont on ne laisse pas mûrir les semences, ainsi que les fleurs doubles et les fruits améliorés par la culture. En outre, ils donnent plus promptement des fleurs et des fruits. Ces différentes voies de multiplication se font au moyen des racines, des rejetons, des drageons, des œilletons, des stolons, des caïeux et des soboles.

1° *Les racines.* Les arbres, les arbustes et les plantes vivaces sont journellement multipliés par les racines. Il suffit de relever une racine dont on expose l'extrémité supérieure à l'air, pour y faire pousser des bourgeons ; au bout d'un ou deux ans, on sépare cette racine du tronc et on la transplante. On peut encore en arrachant une racine, en la replantant et en laissant à l'air la partie supérieure, multiplier les plantes. Dans les plantes vivaces, il suffit de diviser les racines qui forment touffe, et l'on obtient le même résultat pour les *bulbes*, les *tubercules*, les *griffes* et pattes que fournissent certains végétaux.

2° Les *rejets* ou *rejetons* se confondent avec les moyens précédents. Les procédés pour faciliter la production des rejetons sont de blesser l'écorce des racines, ou d'y faire une ligature, ou d'en enlever un anneau. Ces opérations, arrêtant la séve, donnent naissance à des bourgeons qui forment de jeunes plantes ; mais il ne faut les enlever que lorsqu'elles ont du chevelu. Quelques végétaux produisent si facilement des rejetons, qu'il faut absolument les faire périr au moment de leur apparition, si l'on ne veut pas que la plante s'épuise et que le jardin soit infesté.

3° *Les drageons* diffèrent peu des rejetons ; mais on comprend spécialement sous ce nom les pousses extraordinaires qui se font au collet de la racine et même au-dessus, tandis que les rejetons partent des racines mêmes. Il faut *chausser* ou *butter* les drageons, c'est-à-dire couvrir leur base de terre, pour qu'il y ait un chevelu. Les drageons épuisent beaucoup les plantes. Les *gourmands* sont des drageons qui viennent sur le tronc, à une certaine distance du collet de la racine.

4° Les *œilletons* sont encore des espèces de drageons ; mais on désigne sous ce nom les pousses latérales qui viennent au collet de la racine dans les plantes vivaces.

Voici le meilleur procédé pour œilletonner : au labour d'hiver ou de printemps, on déchausse la touffe et on la sépare en plusieurs parties à la main ou à la bêche. Chaque fragment planté à part donne une nouvelle touffe. Les artichauts, les fraisiers sans filets se multiplient par de véritables œilletons qui croissent à côté du collet.

5° Les *stolons* sont des productions particulières à certains végétaux, qu'on appelle vulgairement *filets, fouets, coulants, traces*. Les stolons sortent communément à peu de distance de la racine, et ces filets forment de distance en distance des nodosités qui produisent des racines et des bourgeons à feuilles. Quelques plantes se produisent ainsi d'une façon fort gênante, et l'on est obligé de les réprimer continuellement.

De même que toutes les multiplications précédentes, les pieds multipliés par stolons ne se reproduisent pas aussi sûrement que par les graines, et les plantes ainsi propagées plusieurs fois de suite sont presque stériles.

6° Les *caïeux* sont des renflements particuliers aux plantes bulbeuses et tuberculeuses. Ce sont de petits oignons ou bulbes qui croissent autour du gros, de petites excroissances des racines tubéreuses qui jouissent de la faculté de reproduire la plante qui les a fournis. C'est le meilleur moyen de conserver exactement les variétés précieuses de plantes. Les plantes qui en proviennent donnent des fleurs beaucoup plus tôt que celles qui proviennent de semence. On ne doit séparer les caïeux qu'au moment de les planter. Les petites pattes ou griffes qui croissent sur les grosses (les asperges, renoncules, anémones, dahlias), et qui servent à les multiplier, sont des caïeux d'une espèce particulière.

7° Les *soboles* sont de petites bulbes qui, au lieu de naître sur la racine, croissent à la place des graines dans plusieurs espèces de plantes et servent à les multiplier. Du reste, à cette différence près, elles ont les mêmes caractères que les caïeux et sont employées dans le même cas; peu de plantes en produisent, mais on en rencontre souvent sur les lis et sur le fruit de l'ananas.

§ III. — *Des marcottes.*

Le marcottage, moyen de reproduction très-usité en horticulture, est une opération par laquelle les jardiniers forcent les branches ou les rameaux à émettre des racines qui leur permettent de produire un nouvel individu lorsqu'ils ont été séparés de leur mère. Les marcottes, aussi bien que les drageons, ne fournissent pas des plantes aussi belles et d'une aussi longue durée que celles qu'on obtient par semence. Mais, à côté de ces inconvénients minimes, elles offrent des avantages si marqués, que leur emploi est généralisé dans tous les jardins. C'est le moyen de multiplier certains végétaux qui ne se propagent pas avec leur caractère distinctif par la voie des semences; c'est surtout et spécialement un procédé sûr et prompt de se procurer, avec une grande économie de temps, les végétaux qui, par semis, demandent pour croître et produire quelquefois plusieurs années.

Tous les moyens employés dans les marcottes consistent à déterminer les rameaux marcottés à pousser des racines, et à fournir ainsi de nouveaux sujets doués de toutes les qualités de leur souche. Cette production de racines est assez facile quand le bois est tendre; car on y obtient aisément cette stagnation de la séve qui produit des bourrelets, des nodosités, des glandes corticales, où naissent des bourgeons produisant des racines; mais, quand le bois est dur, les racines se développent moins facilement, et l'on est obligé de pratiquer des incisions, des fentes, des plaies annulaires. L'époque la plus favorable au marcottage est le printemps, parce qu'alors la séve se met en mouvement. La terre où l'on fait cette opération doit être très-substantielle, très-douce et conserver aisément l'humidité. On se sert habituellement de limon des étangs ou de terreau pur qu'on recouvre de mousse, substance très-propre à conserver l'humidité. Voici les marcottes principales:

1° *Marcottes par butte*. — Cette marcotte consiste à former autour de la touffe une butte arrondie de terre grasse et susceptible de conserver l'humidité. La plupart des végétaux qu'on multiplie de cette manière sont fournis de racines au bout d'une année.

2° *Marcottes par courbure*.—Pour opérer cette marcotte, on établit un petit fossé devant la branche que l'on veut marcotter; on y courbe cette branche en ayant bien soin de ne pas la casser, on l'y maintient au moyen de crochets enfoncés dans le sol, et l'on recouvre la branche avec de la terre. Les rameaux ainsi enterrés doivent être rognés à leur extrémité libre qui sort de terre, mais à quelques pouces du sol. Les marcottes obtenues de cette manière fournissent quelquefois assez de racines la première année; mais certaines plantes n'en donnent que la seconde. On doit autant que possible laisser les marcottes en place

encore un an après qu'on les a séparées de la souche
mère ; car, s'il n'est pas dangereux de les séparer du tronc
dès qu'elles ont des racines, il l'est au moins de les enlever de place aussitôt leur séparation.

3° *Marcottes par étranglement.* Cette manière est employée pour les végétaux ligneux. Elle consiste à arrêter la
séve par des ligatures, par la lésion ou l'enlèvement d'une
partie de l'écorce. Ces sortes de marcottes se pratiquent
ordinairement à l'air, dans des paniers, des sacs ou des
pots à marcotter. Dans tous les cas, il faut que la terre
contenue dans les paniers, les sacs ou les pots fabriqués
spécialement pour cet usage, soit très-meuble, très-humide, très-riche et entretenue dans un état d'humidité
continuelle.

Le procédé le plus simple pour activer la production
des racines est la torsion de la branche : on disjoint ainsi
les fibres du parenchyme, ce qui donne lieu à l'extravasion
de la séve, et, par suite, à la formation de bourrelets et
de racines.

Un autre procédé également très-usité consiste dans
l'emploi des ligatures, que l'on pratique le plus souvent
avec du fil de fer ou de laiton. La ligature doit être placée
au milieu du vase à marcotter. La séve, arrêtée par cet
obstacle, forme des nodosités et produit les racines.

Le marcottage qui se fait en incisant l'écorce ou en enlevant un anneau de cette écorce s'emploie également
pour les végétaux difficiles à marcotter. Ce procédé produit aussi des nodosités et des racines ; il réussit pour les
bois très-durs ; seulement ces sortes de marcottes sont
quelquefois fort longtemps à prendre.

4° *Marcottes par incision.* C'est le procédé employé pour
marcotter les végétaux les plus rebelles ; mais souvent il
faut beaucoup de temps pour la reprise de ces marcottes.
La théorie de cette opération est celle de toutes les autres
marcottes. Il s'agit d'arrêter la séve et de produire des
racines.

L'incision simple consiste à fendre longitudinalement
la tige avec un canif et à interposer dans la fente un petit
caillou ou un morceau d'ardoise pour empêcher le rapprochement des deux lèvres de l'incision. Ce procédé est
le plus utile pour les œillets. Il convient à toutes les marcottes, parce qu'il hâte la formation des racines. *L'incision
compliquée* se pratique sur les arbres très-durs ; elle consiste à couper la moitié de la tige, et à faire deux ou trois

incisions perpendiculaires à la première incision. On place
ensuite dans ces dernières fentes des corps durs pour maintenir l'écartement.

Mais la condition essentielle pour le succès de ces
marcottes difficiles, c'est que la terre soit douce, très-riche
et toujours humide. Pour les marcottes très-importantes,
on emploie quelquefois la terre de bruyère, et quand les
plantes mères ne sont pas trop élevées, on les met sous
châssis, afin de mieux conserver une chaleur humide. Ces
châssis ne doivent pas être exposés au soleil. Enfin, ter-
minons ce qui a trait au marcottage en disant que dans les
serres on le pratique toute l'année.

§ IV. — *Des boutures.*

La bouture est un rameau ou toute autre partie d'un végétal détaché de l'individu, déposé en terre et produisant
des racines propres à former un nouvel individu. Cette
partie de l'horticulture est peut-être la plus intéressante
et la plus féconde en résultats immédiatement satisfaisants et remplis de jouissances pour l'amateur de jardin,
sans parler des avantages dont elle est la source pour
ceux qui font leur profession de l'horticulture. Aussi les
jardiniers ont-ils découvert une foule de procédés pour
multiplier par le bouturage les végétaux cultivés dans les
jardins.

La bouture, comme la marcotte, est un prolongement de
la vie de l'individu qui l'a fournie, et elle offre, à peu
de chose près, les mêmes avantages et les mêmes inconvénients que les marcottes.

S'il est vrai que toutes les terres ne conviennent pas à
une même plante, on conçoit, à plus forte raison, que le
même sol ne convient pas à toutes les boutures. Il est incontestable néanmoins que la même terre suffit à un grand
nombre d'espèces. Cela est vrai pour tous ceux de nos arbres indigènes qu'on reproduit par bouture ; mais, s'il s'a-
git de bouturer les plantes d'agrément et surtout les plantes
exotiques, il faut ordinairement faire un compost.

Pour les boutures ordinaires que l'on fait à l'air libre,
les terres franches, sablonneuses et douces au toucher suffisent. S'il s'agit au contraire de boutures qui demandent
une température élevée, on préfère la terre de bruyère,
qu'on a même soin d'amender en raison des espèces de
boutures qu'on veut lui confier.

Nous ne parlerons pas de nos plantes indigènes, qu'il suffit de piquer en terre, sans aucune autre précaution que celle d'entretenir une humidité convenable, comme pour le saule, la vigne, le peuplier, etc. Mais il n'est pas aussi facile de bouturer les plantes exotiques et même quelques-unes de nos climats. Aussi les horticulteurs ont-ils inventé plusieurs appareils pour forcer les boutures à émettre des racines: tels sont les serres à multiplication, les couches sourdes, les cloches et les pots à boutures.

Les serres à multiplication ne se trouvent que chez les riches amateurs ou les jardiniers par état. Or, comme ce n'est point surtout à ces personnes, ordinairement versées dans les connaissances théoriques ou pratiques d'horticulture que notre manuel est destiné, nous ne parlerons pas de la serre à multiplication. Il existe d'ailleurs un moyen de la remplacer et d'obtenir, à peu de chose près, les mêmes résultats sans beaucoup de dépenses. La *bâche* à multiplication, en effet, peut remplir ce but; elle diffère peu de la bâche ordinaire.

Les couches recouvertes de châssis sont très-employées pour bouturer. On les emploie pour reproduire les plantes qui ne peuvent s'enraciner à l'air libre, et qui demandent une chaleur douce et uniforme. On place les petits pots contenant les boutures dans le terreau dont la couche est recouverte.

Cloches, verrines. Les cloches, celles dont on se sert pour les melons, sont très-usitées pour bouturer. Elles limitent la quantité d'air dont la bouture est enveloppée et empêchent la transpiration. Il y en a de toutes les grandeurs, et, pour de très-petites boutures, un verre à boire peut remplir la même indication.

Les pots à boutures, les *godets* qu'on emploie doivent avoir une très-petite dimension; des amateurs se servent même de fourneaux de terre qui n'ont pas servi. Une chose essentielle pour les pots et godets de bouturage, c'est qu'ils aient la partie supérieure évasée, afin que, lorsqu'on a besoin de renverser le pot pour examiner si la bouture a émis des racines, on puisse le faire sans rompre la motte et la remettre de même dans le pot sans accident.

Le succès des boutures dépend de la formation des racines dans la portion mise en terre, et de celle des feuilles dans l'autre partie. De là résulte la nécessité de bouturer au moment où la séve est le plus abondamment accumulée dans les rameaux. Ce moment, on le comprend du reste, variera suivant les climats , la température et l'espèce des végétaux. En règle générale, on peut dire que la fin de l'hiver convient aux arbres et arbustes en pleine terre, le printemps aux végétaux d'orangerie, et la fin de l'automne aux arbres résineux. Enfin le moment le plus favorable est celui qui précède le mouvement de la séve dans les végétaux ; et lorsqu'on a coupé avant le temps les rameaux destinés à faire des boutures, on doit les conserver en bottes dans un lieu humide, et couverts de terre, en attendant le moment de les planter. Quelquefois, pour diminuer la déperdition de la séve, on enduit les extrémités de la bouture de suif, de cire ou d'argile, on en coupe la tête et on enlève les feuilles.

La profondeur à laquelle on doit planter les boutures varie selon les espèces et selon leur grosseur. On les enfonce depuis 5 jusqu'à 80 et quelques centimètres. Les petites boutures doivent s'enfoncer dans la terre sans trou préalable. Quant à celles qui doivent être déposées plus profondément, il faut faire le trou avec précaution , sans se servir du plantoir, qui durcit la terre. Après ces détails préliminaires qui étaient indispensables, nous allons passer rapidement en revue les principales espèces de boutures.

1° *Boutures par racines.* Cette méthode fort ancienne est très-facile à employer. Beaucoup de plantes reprennent ainsi avec la plus grande facilité, et cependant elle est fort peu usitée. On la pratique avec des tronçons de racines de cinq à six pouces de long, qu'on place horizontalement dans une bonne terre et à peu de distance de la surface du sol. Le plus souvent ils fournissent des racines et des bourgeons en plusieurs endroits. Quand les boutures sont bien reprises, on sépare chaque bourgeon et on a de la sorte plusieurs individus.

2° *Boutures par rameaux.* Cette bouture se fait avec un rameau de la dernière pousse de longueur variable, auquel on laisse une portion de la pousse précédente, qui forme le bourrelet et facilite le développement des racines. L'instrument dont on se sert pour détacher le rameau doit être assez tranchant pour l'enlever sans déchirure.

3° *Boutures en plançon.* Cette bouture est la plus facile de toutes à exécuter; on l'emploie surtout pour les arbres qui croissent au bord des eaux, comme les saules, les osiers, les peupliers, etc. C'est par ce moyen que l'on forme les *têtards,* c'est-à-dire des arbres destinés à fournir des échalas et des ramées en coupe réglée. On choisit des branches de deux à trois mètres de longueur. Le bout inférieur doit être taillé en pointe qu'on enfonce dans un trou préparé avec un pieu, ou, ce qui est préférable, dans un trou plus large que la bouture, et qu'on remplit ensuite de terre en la tassant quand cette bouture est en place.

4° *Boutures par rameaux enterrés et couchés.* Ces boutures renferment celle qu'on nomme par *ramée* et la bouture en crossettes.

La première consiste en rameaux chargés de leurs ramilles et de leurs bourgeons que l'on met dans une terre riche et humide, en laissant sortir l'extrémité que l'on coupe à un ou deux yeux. Une modification de cette bouture, qui ne convient qu'à peu d'espèces, consiste à enterrer les ramilles supérieures et à faire sortir le gros bout. La bouture en *fascine* ne diffère des précédentes qu'en ce qu'elle est complétement enterrée; elle est formée d'une botte de rameaux, ramilles et bourgeons.

La bouture en *crossettes* est surtout en usage pour les vignes et les oliviers. Ces boutures se déposent couchées horizontalement, en ne laissant sortir que deux ou trois yeux hors de terre. Elles conviennent extrêmement pour toutes les plantes à tiges sarmenteuses.

5° *Boutures par étranglement.* Quand on fait les boutures précédentes au moyen des ligatures et des incisions, elles déterminent la formation de bourrelets qui facilitent la production des racines. Mais ces étranglements ne sont guère employés que pour quelques végétaux très-rebelles, auxquels il faut donner en outre beaucoup de soins, des abris, des châssis, des cloches.

Enfin on fait venir des boutures dans l'eau ; on en fait avec des feuilles et des fruits ; mais ces procédés, fort délicats, ont pour but de satisfaire plutôt la curiosité que d'atteindre un résultat utile. Cependant il faut noter ici que les plantes *grasses* se multiplient fort bien par des boutures faites avec leurs feuilles et les supports de leurs fleurs.

CHAPITRE III.

DE LA GREFFE.

§ Ier. *Théorie de la greffe.*

La greffe est l'opération par laquelle on rapporte un

végétal sur un autre pour obtenir une plante dont les branches, les fleurs et les fruits sont d'une autre espèce que celle des racines et de la tige. La greffe est une des parties les plus importantes de l'horticulture.

Le but de la greffe est de forcer un *œil* ou un *scion* enlevé sur une plante à croître sur une autre plante déjà enracinée, de sorte que toutes deux n'en forment pour ainsi dire plus qu'une.

Voici la théorie de la greffe expliquée par M. A. Dubreuil dans son savant ouvrage sur l'horticulture :

« L'expérience a démontré que les boutures ou scions peuvent modifier la séve qui leur est fournie par dés racines étrangères, de manière a la faire servir à leur accroissement. La greffe pourra donc vivre sur le sujet, toutes les fois que la partie tronquée des vaisseaux de celui-ci destinés à charrier les fluides séveux de la racine aux feuilles pourra être mise en contact immédiat avec la partie tronquée des vaisseaux séveux de la greffe. De cette manière, les orifices de ces vaisseaux se trouvant appliqués les uns sur les autres, les sucs nourriciers du sujet arriveront dans la greffe sans rencontrer d'obstacles. Bientôt les bourgeons de la greffe laisseront échapper les premières feuilles ; celles-ci transformeront en cambium les fluides séveux fournis par le sujet. Alors les vaisseaux descendants, soit ligneux, soit corticaux, naîtront de la base de chaque feuille et passeront de la greffe dans ce sujet, en suivant la voie humide existante entre l'aubier et l'écorce ; enfin une partie du cambium, dans son mouvement de descente, déposera en passant une quantité de matière suffisante pour souder les bords de la plaie, et la reprise de la greffe sera opérée. »

Ainsi, il ne faut pas l'oublier, pour que la greffe réussisse, il est indispensable de faire coïncider parfaitement les vaisseaux séveux du sujet avec ceux de la greffe.

Il est une autre condition non moins essentielle à remplir, c'est qu'il y ait une analogie suffisante entre le sujet et la greffe. Ainsi on ne pourra greffer l'une sur l'autre que des variétés de la même espèce ou des espèces du même genre. Toutes les espèces ou variétés de pommiers, par exemple, peuvent se greffer l'une sur l'autre ; mais on ne réussirait pas si on voulait greffer le pommier sur le poirier.

La greffe des arbres fruitiers offre trois avantages précieux : 1° elle augmente la qualité des fruits et hâte l'époque de la maturité ; 2º elle avance de plusieurs années la fructification des arbres ; 3º enfin, à l'aide de la greffe, on peut faire croître dans un sol une espèce qui n'y viendrait pas franche de pied. Il suffit pour cela de la greffer sur une espèce qui s'accommodera de la nature du terrain.

Mais ici, comme presque partout, les avantages sont accompagnés de quelques inconvénients. Ainsi les arbres greffés paraissent vivre moins longtemps que ceux qui ne l'ont pas été. Cela doit être surtout attribué à la difficulté qui résulte pour la séve de circuler librement des racines vers les feuilles, et des feuilles vers la tige.

Les instruments dont on se sert pour greffer sont peu nombreux. Le principal est le greffoir, espèce de petit couteau dont la lame est un peu arrondie à son extrémité antérieure, et dont le talon du manche porte une petite spatule en buis, en ivoire ou en os ; puis la *serpette*, que tout le monde connaît, et enfin la *scie à main*. On joint à ces instruments un petit maillet en bois destiné à frapper sur le dos de la serpette pour fendre verticalement les grosses tiges des sujets afin d'y placer la greffe. On doit être également muni d'un petit *coin* en bois dur, à l'aide duquel on maintient la fente entr'ouverte pendant l'opération.

Les ligatures dont on se sert pour maintenir les greffes en place et les préserver du contact de l'air sont en filasse de chanvre, en laine, etc. L'étoupe de chanvre fait des ligatures solides ; mais elle a l'inconvénient de serrer trop exactement le sujet opéré, de l'étrangler, en quelque sorte et de nuire à la reprise. La meilleure matière à ligature est la laine grossièrement filée et peu tordue. Elle est élastique et se prête ainsi au grossissement du sujet, ce qui empêche les étranglements.

Une condition non moins essentielle, c'est de garantir de l'action de l'air les plaies occasionnées par la greffe. Dans ce but, on emploie le *mastic à greffer*, qui a pour base la résine, ou l'*onguent de Saint-Fiacre*, qui se compose en grande partie de terre argileuse. Les onguents de Saint-Fiacre ont l'inconvénient de se fendiller par la sécheresse et d'être entraînés par l'action des pluies. D'autre part, ils servent de refuge à certains insectes, et notamment au *puceron lanigère*, qui nuisent considérablement au succès de l'opération. Les mastics à greffer sont donc préférables, en ce qu'ils offrent une plus grande solidité, et que les insectes ne peuvent s'y réfugier. Voici la composition d'un des meilleurs mastics de ce genre :

Poix noire,	28 gr.
Poix de Bourgogne,	28
Cire jaune,	16
Suif,	14
Cendres tamisées,	14
	100

Pour employer ce mélange, il faut qu'il soit liquide, et pour cela on le fait chauffer ; mais il faut bien prendre garde qu'il ne soit trop chaud, car il altérerait les tissus de l'arbre. Le degré de chaleur convenable est à peu près celui que peut supporter la main. On étend le mastic sur les plaies à l'aide d'une brosse ou d'un pinceau.

Il existe aujourd'hui plus de deux cents manières de greffer. Nous nous garderons bien de les passer toutes en revue. Notre manuel étant essentiellement pratique, nous ne parlerons que des greffes les plus usitées, et dans l'ordre où elles sont le plus communément employées.

§ II. *De la greffe en fente.*

Les conditions pour que cette greffe, qui est certainement le plus en usage, réussisse, sont bien faciles à remplir. Il faut un sujet sain et vigoureux dont on coupe la tête au moyen de la scie, et on fait une fente longitudinale. On a eu soin de choisir sur l'arbre que l'on veut multiplier une branche de l'année précédente dont le bois soit parfaitement mûr ; on taille ensuite en biseau et des deux côtés la partie inférieure de la greffe, que l'on raccourcit de manière à ne lui laisser que deux ou trois yeux ; puis on l'insère dans la fente du sujet, que l'on tient ouverte avec la pointe de la serpette. La condition indispensable pour le succès de l'opération est que les parties intérieures de l'écorce du sujet et de la greffe soient en contact immédiat. Quand le sujet est gros, on y place plusieurs greffes en le fendant de plusieurs côtés, puis on ligature et on garantit les plaies du contact de l'air avec de la cire à greffer.

On a cru longtemps que la greffe en fente ne pouvait réussir qu'au printemps ; mais l'expérience a démontré qu'on peut aussi la pratiquer en septembre avec succès. À cette époque, il n'y a plus assez de séve pour faire pousser la greffe, mais ce qui reste est suffisant pour la souder au sujet et l'empêcher de se dessécher ; c'est ce qu'on appelle *greffe en fente à œil dormant*. On distingue plusieurs variétés de greffes en fente, dont voici les principales :

1º *Greffe en fente à double V*, particulièrement convenable pour la vigne et les arbres à moelle volumineuse.

2º *Greffe en fente Lée*, dans laquelle on ne fend pas le sujet, se contentant de pratiquer une entaille triangulaire qui pénètre jusque dans l'aubier, et de tailler triangulairement la greffe de manière à l'enchâsser dans cette espèce de rainure.

3º *Greffe en fente anglaise*. On coupe la tête du sujet en biseau très-allongé ; on fait une fente vers le milieu de la longueur de la plaie, et on répète la même opération sur la greffe, mais en sens inverse, après l'avoir taillée en biseau des deux côtés. Ceci achevé, on l'insère dans la fente du sujet, en faisant bien coïncider toutes les parties. Cette greffe présente une très-grande solidité.

4º *Greffe herbacée*. Dans cette sorte de greffe, ce sont des parties herbacées que l'on réunit. Les tissus élémentaires s'agglutinent facilement, et la reprise a lieu en peu de jours. C'est particulièrement pour la multiplication des arbres résineux qu'on l'emploie.

La condition à observer, c'est que la partie du sujet sur lequel on opère soit herbacée, ainsi que la greffe. Voici, du reste, comment il faut s'y prendre :

Lorsque le bourgeon terminal d'un arbre vert, tel que pin, sapin, mélèze, avancaire, etc., a atteint 6 à 10 centimètres de longueur, on le coupe et on le taille en coin à sa base ; on coupe le bourgeon terminal du sujet, mais dans la partie encore herbacée ; on fait sur l'aire de la coupe une entaille triangulaire que l'on prolonge en descendant au milieu de la tige, et l'on insère la greffe dans l'entaille du sujet de manière à la remplir exactement. Cette greffe a sur toutes les autres l'avantage d'être très-solide, car elle se soude au sujet par toutes les fibres du bois. On peut effectuer cette greffe non-seulement sur les arbres verts, mais encore sur tous les végétaux, arbres ou herbes, qui poussent une tige verticale et principale.

§ III. *Greffe en couronne.*

Dans la greffe en couronne, le corps ligneux n'est pas incisé, et elle se fait à une époque plus tardive. Il y a deux variétés principales :

· 1º *Greffe en couronne ordinaire.* On coupe le sujet, on fend l'écorce verticalement jusqu'à l'aubier sur une longueur de 8 centimètres environ ; on taille les greffes en bec de flûte, en laissant un cran à la partie supérieure de l'entaille ; puis, soulevant l'écorce sur les bords de l'incision faite au sujet, on y glisse la greffe de manière que le collet entaillé soit appliqué sur l'aubier. On peut ainsi placer autant de greffes sur la coupe de la même tige ou de la même branche que leur périmètre le permet.

Cette greffe est très-employée pour les arbres fruitiers déjà avancés en âge dont on veut changer la nature des fruits. Elle est très-facile à pratiquer.

2º *Greffe en couronne Varin.* Cette greffe, ainsi nommée du nom de son inventeur, diffère seulement de la précédente en ce qu'on pratique sur la partie amputée du sujet une entaille dans laquelle doit s'ajouter une saillie ou dent correspondante de la greffe. Cette greffe n'est applicable qu'aux très-jeunes sujets ; mais elle présente beaucoup de solidité et donne de grandes chances de succès.

3º *Greffe de côté Richard.* On taille en biseau prolongé la base de la greffe ; on fait au sujet une entaille en forme de T, au-dessus de laquelle on pratique, avec la pointe du greffoir, une entaille qui pénètre jusqu'au-dessous de la première couche d'aubier, et qui a pour but d'arrêter la séve descendante au-dessus de la greffe, dont elle gênerait la reprise. On soulève ensuite l'écorce incisée avec la spatule du greffoir, et on introduit la greffe.

Greffe de côté en navette. Pour la pratiquer, on taille la greffe en forme de navette, de telle sorte que le côté qui porte le bouton soit plus large que la face opposée. On incise latéralement avec le greffoir la branche du sujet, de manière à pouvoir y introduire la greffe, puis on ligature comme à l'ordinaire.

§ IV. *Greffe en écusson.*

Cette greffe est une des plus faciles et des plus usitées ;

elle convient à tous les arbres dont l'écorce est épaisse et facile à détacher. Si on la pratique au printemps, elle est dite à *œil poussant;* au mois d'août, elle se nomme à *œil dormant.* L'écusson, qui doit son nom à la forme d'un écu qu'il a empruntée aux armoiries, consiste dans une plaque d'écorce garnie vers son milieu d'un œil bien constitué, accompagné de la portion du pétiole conservée, et à laquelle adhère en dessous une couche très-mince d'aubier. Cette plaque d'écorce s'obtient aisément en faisant sur le rameau greffé une incision au-dessus de l'œil choisi, à l'aide de la lame du greffoir que l'on glisse entre l'écorce et l'aubier. Il est essentiel que l'œil de l'écusson ne soit pas vidé dans cette opération, ce que l'on reconnaît à la petite saillie qu'il doit former en dedans. Si, au lieu de cette saillie, il y avait une cavité, il faudrait rejeter l'écusson, car on ne grefferait que de l'écorce. On fait en même temps sur l'écorce du sujet une incision horizontale, puis une seconde perpendiculaire à celle-ci, ce qui forme un T. On glisse sous les lèvres de ces incisions la spatule du greffoir pour les détacher de l'aubier; puis, tenant l'écusson par la portion conservée du pétiole, on l'introduit sous ces lèvres. On coupe la partie corticale de l'écusson au niveau de l'incision horizontale; on rabat sur l'écusson les deux lèvres du dernier, qu'on appuie avec les deux pouces de chaque côté de l'œil; on ligature ensuite avec de la laine; enfin on lute avec la cire à greffer.

⸹ V. *Greffe en approche.*

Cette greffe réussit sur toutes sortes d'arbres, pourvu qu'ils soient assez voisins pour pouvoir se toucher. On ne l'emploie guère que pour les arbustes délicats, qui, étant en pots ou en caisses, donnent la facilité non-seulement de les rapprocher, mais encore de mettre et retenir au niveau et à portée les branches que l'on veut greffer, ou, pour mieux dire, souder ensemble. Autant que possible, on les choisit de grosseur égale; on les entame toutes deux à mi-moelle, et après les avoir appliquées l'une sur l'autre et avoir bien fait coïncider les écorces, on les retient par des liens convenables d'osier, d'écorce ou de laine, selon leur force. Quand on s'est assuré qu'elles sont parfaitement soudées, on coupe au-dessus de la soudure, mais de jour en jour, jusqu'à section complète, la branche de l'arbre que l'on veut propager. Pour que cette greffe réussisse, il ne faut pas remuer les arbres pendant le travail de la soudure, et plus tard il ne faut le faire qu'avec beaucoup de précaution.

Ici se termine ce que nous voulions dire de l'art de greffer, qui embrasse encore une foule de manières. Nous avons indiqué les principales, celles qui suffisent pour la majorité des horticulteurs. Les autres procédés ne sont guère employés que par les horticulteurs émérites, et ce n'est pas à ceux-là que notre manuel est destiné.

CHAPITRE IV.

MALADIES DES PLANTES.

Les plantes sont sujettes à diverses sortes de maladies qui déterminent fréquemment chez elles de véritables lésions organiques. Les deux principales causes de ces lésions résident dans la présence des plantes parasites qui vivent aux dépens des végétaux auxquels elles sont attachées, ou bien dans une perturbation des fonctions organiques du végétal. Ces maladies des plantes sont fort nombreuses, et comme l'esprit des horticulteurs ne s'est point endormi, ils ont inventé une foule encore plus nombreuse de remèdes. Il en est résulté de véritables inconvénients. Le plus grave de tous, c'est que la pluralité de ces moyens est appliquée au hasard. Pourrait-il en être autrement, puisque tous ces remèdes en général ne sont que le résultat de quelques expériences isolées, peu concluantes, ou plutôt d'une routine des plus aveugles? La cause principale de cet empirisme, il faut bien l'avouer, est le peu de progrès qu'a fait jusqu'à présent la médecine végétale. Nous allons passer en revue les principales maladies des végétaux.

1º Le *blanc*, *lèpre* ou *meunier* est une espèce de poussière ou de moisissure blanchâtre qui se montre à l'extrémité de jeunes pousses du pêcher, et envahit progressivement les feuilles, les fruits et les branches. On suppose que cette maladie est causée par les changements trop brusques de température, et que par conséquent on pourrait en prévenir le développement par une bonne exposition et des abris.

On a remarqué que la maladie se manifestait particulièrement sur les pêchers dépourvus de glandes pétiolaires;
aussi les *pêchers Madeleine*, qui en sont privés, sont plus
fréquemment sujets à cette maladie.

2° Le *rouge* est une maladie particulière au pêcher, et
regardée jusqu'à présent comme incurable : le jeune bois
prend une teinte rougeâtre qui devient de plus en plus
dense, et l'arbre périt ordinairement de la 2ᵉ à la 5ᵉ
année. Cette maladie s'attaque aux pêchers *royal* et *admirable*.

3° La *rouille* a beaucoup d'analogie avec le blanc. Elle
se manifeste par des taches rousses, saillantes, sur les
feuilles et les jeunes pousses. Elle fait tomber les feuilles et
développe des pousses à contre-saisons. On croit qu'elle
est produite par des pluies froides de l'été, par des coups
de soleil ou des piqûres d'insectes; mais on ne sait pas
mieux la guérir que la précédente.

1° La *cloque* affecte encore le pêcher à la pousse. Les
feuilles deviennent boursoufflées, épaisses, ternes, crispées et contournées. Les bourgeons cessent de croître et se
tuméfient. Les pucerons et les fourmis viennent augmenter
le mal. Les jeunes pousses ainsi attaquées restent rabou-
gries quand elles ne meurent pas, et sont peu propres à
donner des fruits l'année suivante. Cette maladie est attri-
buée aux vents froids qui surviennent après quelques jours
de chaleur. On ne doit pas se presser d'extraire les parties
attaquées; mieux vaut attendre la fin de la crise et le moment de la reprise du cours de la séve; quand la saison est
peu avancée, on rabat les bourgeons sur les yeux sains, et
assez souvent il en pousse de nouveaux qui ont encore le
temps de s'aoûter.

5° La *gomme* attaque particulièrement les arbres fruitiers à noyau. Ce sont des dépôts de séve viciée qui se forment entre l'écorce et le bois, et désorganisent ces parties,
surtout si elles ne peuvent se faire jour au dehors. Il faut,
avec la serpette, ouvrir les dépôts, rafraîchir le bois jusqu'au vif, et, après avoir bien nettoyé la plaie et supprimé
toute l'écorce attaquée, appliquer sur elle de l'onguent de
Saint-Fiacre maintenu avec un linge. Quand la gomme
attaque des parties qui peuvent être retranchées sans dan-
ger, le plus court est de couper au-dessous du dépôt de
gomme.

6° Le *chancre* est une ulcération quelquefois sèche et
quelquefois fluente, qui ronge et exfolie les parties au point

d'entraîuer la perte de l'arbre. Il faut enlever jusqu'au vif avec un instrument tranchant toute la portion infectée, et, après l'avoir bien nettoyée, la couvrir de cire à greffer, et non d'onguent de St-Fiacre, qui entretiendrait une humidité pernicieuse.

7° Les *loupes* sont des excroissances qui résultent de la déchirure des tissus corticaux et de la déviation du cambium. Comme elles finiraient par s'ulcérer, on les ampute et on les traite comme le chancre.

8° Les *crevasses* de l'écorce, quelles que soient leurs causes, doivent être couvertes de cire à greffer lorsqu'elles sont saines. Dans le cas contraire, il faut nettoyer la plaie avant d'appliquer la cire.

9° L'*étiolement* ou la chlorose est une maladie qui s'annonce par le manque de couleur verte, l'allongement, la faiblesse des bourgeons et des rameaux. Souvent l'étiolement provient de la privation de l'air et de la lumière. Il ne s'agit alors que de lui rendre l'un et l'autre avec précaution, à cause de la délicatesse des parties étiolées. Mais, lorsqu'il y a chlorose ou absence de chlorophylle, matière verte qui colore les feuilles, cela dépend généralement de la mauvaise qualité du terrain, et alors c'est à l'améliorer ou à le changer qu'il faut porter ses soins. Chose étrange, les préparations ferrugineuses, et notamment le sulfate de fer, employé à 8 grammes par arrosoir pour arrosement au pied, et à 2 grammes seulement pour bassiner les feuilles, donnent d'excellents résultats. Ce fait, rapproché de ce qui se passe en médecine, où le fer joue un si grand rôle chez les personnes lymphatiques et chloro-anémiques, est des plus remarquables.

10° La *langueur* et la *chute des feuilles* est une maladie qui a pour cause la mauvaise qualité du terrain. Elle s'annonce par un alanguissement de la végétation, par la jauneur et la chute des feuilles; quelquefois elle est occasionnée par une affection des racines. En tout cas, il faut toujours les visiter pour retrancher celles qui auraient de la pourriture ou des lésions, et améliorer ou changer la terre dans laquelle on replante. Cet état maladif peut encore provenir de l'excès ou du défaut d'arrosement, et il faut se rendre compte de ses effets.

11° Les *brûlures* ou *coups de soleil* tuent, quelquefois en peu d'heures, les plantes délicates tenues longtemps à l'ombre ou en serre, et exposées subitement au soleil. Le moyen d'éviter ces accidents, qu'on ne guérit point, est d'ombrer les plantes auxquelles le soleil serait nuisible.

12º La *gelée* produit un effet analogue, mais par une cause opposée. Lorsqu'une plante est entièrement gelée, il n'y a qu'à l'arracher; mais, lorsque des branches ou rameaux seulement sont atteints, on parvient le plus souvent à les sauver, si on peut les faire dégeler hors la présence du soleil, qui achèverait de les désorganiser. Il faut donc, quand on s'en aperçoit, les abriter immédiatement par des toiles ou des paillassons, et les laisser dégeler lentement.

§ Iᵉʳ. *Maladies produites par les plantes parasites.*

1º *Mousse.* Tout le monde a vu des arbres dont l'écorce est couverte de cette végétation qui les affaiblit, et finirait par les asphyxier en fermant tous les pores de l'écorce, si on n'y portait remède. Le meilleur et le plus simple est de couvrir d'un lait de chaux toute l'écorce immédiatement après la taille.

2º *Gui.* La graine de cette plante parasite est apportée dans les vergers par les oiseaux; elle se développe sur l'écorce des arbres, dont elle épuise la séve. Il faut le couper avec sa racine qui pénètre dans l'écorce, et recouvrir avec de la cire à greffer la plaie que cette opération occasionne.

3º *Champignons.* C'est l'un des fléaux les plus funestes à l'horticulture.

L'*oïdium tuckeri* est le champignon qui, depuis quelques années, fait un si grand ravage dans les vignes. Il s'attache au bois, aux feuilles et aux grappes, fait pourrir et éclater les grains et détruit complétement la récolte. L'eau de goudron et la fleur de soufre mêlée à l'eau ont été inutilement employées; mais un moyen inventé par M. Gontier, horticulteur à Montrouge, réussit complétement à guérir cette maladie. Au moyen d'une pompe à main, il asperge les feuilles, les bois et les grappes de la vigne; puis, à l'aide d'un soufflet inventé pour cet usage, et que l'on trouve chez tous les marchands d'ustensiles d'horticulture, il lance de la fleur de soufre sèche qui va se fixer sur toutes les parties mouillées, se répartit en couche mince et rompt tous les filaments de l'oïdium. La maladie est arrêtée instantanément, la végétation reprend son cours, et le raisin arrive à sa maturité. Un kilogramme de soufre suffit pour 100 mètres superficiels de vigne.

§ II. *Des animaux et des insectes nuisibles en horticulture.*

Nous abordons un des sujets les plus importants en jardinage.

Il est difficile de se faire une idée exacte des ravages, quelquefois considérables, causés par les insectes qui s'attaquent aux plantes de nos jardins. Ce sont eux que nous allons étudier dans autant de paragraphes consacrés à l'histoire succincte des divers *ennemis des plantes.*

1° Du hanneton et du ver blanc.

Que n'a-t-on pas dit et écrit sur le hanneton! Le fait est que c'est le premier et le plus grand ravageur des jardins ; il attaque toutes les plantes : arbres, céréales, plantes potagères et fourragères, tout lui est bon. C'est lorsqu'il est à l'état de larve (et alors on l'appelle communément *ver blanc*, *man*, *turc*) qu'il ravage les plantes en rongeant les racines avec une prodigieuse activité. Plus les terres sont douces et légères, plus elles se prêtent à la multiplication des hannetons. Un fait constaté par l'observation, c'est l'apparition en plus grand nombre des hannetons tous les trois ans ; ce qui tient à ce qu'il leur faut trois ans pour se développer.

La larve du hanneton, destinée à vivre dans le sol, ne se montre jamais au dehors. Les vers blancs vivent trois ans ; c'est surtout la seconde et la troisième année qu'ils font le plus de ravages, aux mois d'avril, mai, juin et juillet ; alors ils attaquent et dévorent les racines des plantes de jardins, qui sèchent et meurent sur pied.

A l'état de hannetons, ces insectes dévastent les vergers et attaquent les feuilles.

Le moyen de les détruire le plus en usage consiste à secouer les arbres sur lesquels ils sont placés dans le milieu du jour ; on secoue, ils tombent, et on les écrase. Quand on soupçonne la présence des vers blancs dans un carré, il faut y planter quelques pieds de fraisiers ou de laitues, qu'ils aiment beaucoup. Bientôt on voit ces plantes se faner ; on fouille à leurs pieds, et l'on y trouve un ou plusieurs vers blancs.

2° Chenilles.

Les chenilles sont assurément le fléau le plus redoutable

des jardins. Il en est qui se multiplient au delà de toutes mesures, et qui ne vivent qu'aux dépens des végétaux; aussi on ne saurait employer trop de soins et de vigilance pour en empêcher la propagation. Le moyen le plus sûr d'atteindre ce but est d'écheniller soigneusement les arbres et les arbustes; pour cela, on coupe tous les bouts de branches où se trouvent les nids, et on les brûle. Il faut aussi détruire les anneaux d'œufs déposés sur des branches, soit en coupant celles-ci, soit en écrasant et râclant les œufs avec la serpette. Il est également utile de faire la chasse aux chenilles isolées et de détruire les papillons. Plusieurs oiseaux chassent les chenilles et en font une grande destruction.

3º Perce-oreille ou forficule.

Cet insecte, dont l'on a cru pendant longtemps qu'il entrait dans les oreilles, est l'ennemi le plus redoutable des pêchers, dont il attaque successivement les bourgeons, les fleurs et les fruits. Rien n'est plus facile que de détruire ces insectes. Comme ils fuient la lumière et ne sortent que la nuit, on leur tend un piége en suspendant, de distance en distance sur l'espalier, des bottillons d'herbe, dont la fraîcheur les attire; ou bien on place entre l'espalier et le mur des pommes de terre creusées d'un côté, ou des troncs de choux privés de leur moelle : le mieux est de se procurer des sabots de bœufs; car l'odeur de la corne leur plaît et les attire. Chaque matin, on peut faire ainsi une grande destruction de perce-oreilles. Ces insectes ne sont pas moins friands des boutons d'œillets, et si l'on n'y faisait pas attention, il arriverait quelquefois qu'on n'en verrait pas fleurir un seul.

4º Courtilière ou taupe-grillon.

La courtilière est encore un des plus cruels ennemis de l'horticulture. Elle ne détruit pas seulement les végétaux dont elle ronge les racines, mais ses dégâts se compliquent des innombrables galeries souterraines qu'elle pousse dans tous les sens avec une incroyable activité, et tout ce qui se trouve sur le passage de ces galeries est coupé. Ces conduits, étant toujours assez voisins de la surface du sol, sont surtout funestes aux semis au moment de la germination des graines. La forme des pattes de devant, recourbées et armées de dents d'une grande force, offre quelque analogie avec les pattes de la taupe ; mais ce nom de taupe-grillon dérive du travail de cet insecte plutôt que de son apparence. Cet insecte élit son domicile surtout dans les couches et dans les tas de fumier.

Le meilleur moyen de détruire les courtilières consiste à les attaquer dans les galeries souterraines qu'elles se creusent, en y versant de l'eau sur laquelle surnage un peu d'huile ; l'eau gagne le fond des trous et l'huile reste à la surface, et lorsque la courtilière veut se sauver pour échapper à l'inondation, elle rencontre l'huile, qui la tue, pour ainsi dire, instantanément.

Ce moyen est insuffisant quand les courtilières abondent. Dans ce cas, on doit, au mois de septembre, creuser de petites fosses de 20 à 30 centimètres de profondeur, qu'on remplit de fumier ; les courtilières s'y portent en masse, et il est facile alors d'en tuer un très-grand nombre.

La femelle dépose ses œufs dans une motte de terre grosse comme le poing, presque à fleur de terre. Quand on rencontre ces nichées, c'est une excellente occasion pour en détruire beaucoup à la fois.

5º Pucerons.

Les pucerons sont de petits insectes qui vivent sur la plupart des végétaux. Ils piquent les parties vertes, surtout les feuilles, qu'ils déforment. Les exsudations de séve et la substance mielleuse de leurs excréments y attirent les fourmis en masse, autre fléau des plantes. Les fumigations de tabac brûlé et les aspersions de l'eau fétide de Talin sont les meilleurs moyens à employer contre ces petits mais nombreux ennemis.

On détruit de la même manière les *cæcus*, les *kermès*, le *tigre* et la *grise*, qui se rapprochent beaucoup des pucerons et nuisent également aux plantes.

6º Fourmis.

Nous venons de voir que la présence des pucerons et la nature de leurs sécrétions sont principalement la cause qui attire les fourmis sur les arbres. L'eau produit le même effet sur la fourmi que sur la courtilière. On peut donc inonder les fourmilières avec de l'eau et un peu d'huile. Si l'on peut aisément y verser de l'eau bouillante, c'est un bon moyen d'extermination. Si leur position s'y oppose, on suspend aux arbres de petites bouteilles d'eau miellée où elles viennent se noyer. On empêche les fourmis de monter dans les arbres en entourant les troncs d'un anneau de glu ou de peinture à l'huile, et en le renouvelant quand il est desséché.

Il est un excellent moyen de chasser et de détruire les fourmis : c'est de prendre une dissolution de sulfure de potasse dans les proportions de deux grammes par litre d'eau, et d'en arroser les plantes. On peut, sans rien craindre pour les plantes, employer le sulfure de potasse à la dose indiquée, et l'on est sûr que non-seulement les fourmis disparaîtront immédiatement, mais que de long-temps même on n'aura à craindre leur retour dans les terrains ainsi arrosés. Quand on emploie la solution de potasse, il faut, si cela est possible, se servir d'un arrosoir de zinc.

7° Limaces et colimaçons.

Les limaces et colimaçons rongent les légumes et les jeunes pousses des plantes. Ils se multiplient surtout dans les terrains bas et humides, dans le voisinage des fontaines et des cours d'eau. Quelquefois ils dévorent complétement les semis. C'est surtout dans les temps pluvieux qu'ils voyagent. En temps ordinaire, ils ne se promènent que la nuit, et il est très-facile de les atteindre. On les écrase, ou on les coupe avec de gros ciseaux. Un excellent moyen de détruire les limaces dans les localités où elles abondent, c'est de leur tendre des piéges comme l'on fait pour les perce-oreilles. On place à cet effet, de loin en loin, dans les plates-bandes qu'elles attaquent, des navets ou des troncs de choux creusés, dans lesquels elles se retirent pendant le jour pour y chercher de l'ombre et de la fraîcheur.

8° Taupes, rats, loirs, souris, mulots.

Les taupes nuisent dans un jardin non parce qu'elles rongent les racines, comme le croient plusieurs personnes, mais parce qu'elles bouleversent la terre et arrachent les jeunes plantes. Par contre, elles rendent service en détruisant quelques larves. Néanmoins, leur présence dans un jardin étant plus nuisible qu'utile, on doit les détruire toutes les fois qu'on en trouve. L'on a inventé des piéges pour leur destruction ; ils sont très-commodes et remplissent parfaitement leur but. Quand on a la patience de les épier pendant leur travail, qui se fait ordinairement au commencement, au milieu et à la fin du jour, on les surprend aisément et on les enlève avec la bêche ou la houe : c'est à la taupinière la plus récente qu'il faut se mettre au guet.

Les souris et les mulots dévorent les graines, les unes dans les appartements, les autres dans la terre, et il n'est pas rare de voir des semis d'arbres fruitiers, de melons, de courges et autres plantes, déterrés par ces animaux. Le plus simple est de leur tendre les piéges que tout le monde connaît, tels que *quatre-de-chiffre*, *souricières*, etc. La même observation s'applique aux rats et aux loirs, qui, comme l'on sait, causent les plus grands dégâts sur les espaliers au moment de la maturité des fruits.

TROISIÈME DIVISION.

CHAPITRE PREMIER.

CALENDRIER DE L'HORTICULTEUR.

La connaissance des époques auxquelles les différents travaux du jardinage doivent s'exécuter est indispensable à celui qui veut s'occuper d'horticulture. De cette connaissance, en effet, dépendent la richesse, la bonté de ses produits, et l'existence des végétaux qu'il cultive. Cependant il est difficile de préciser d'une manière absolue l'époque fixe de chaque opération ; car les mois, les saisons et les années ne se succèdent pas invariablement dans les mêmes conditions atmosphériques. Il arrive très-souvent, en effet, que la séve parte franchement une année dès les premiers jours de l'année, tandis que d'autres fois elle n'est en mouvement que vers le mois d'avril.

Assez généralement les petites gelées assurent les primeurs du jardinage, tandis que les gelées plus fortes ont ordinairement pour résultat immédiat le retard de la végétation. L'expérience est donc le meilleur, on pourrait presque dire le seul maître à cet égard. Aussi il est rare qu'un bon horticulteur ne prévoie pas les circonstances qui influent sur son jardin. Un excellent principe en jardinage, comme en beaucoup d'autres choses, c'est de ne jamais renvoyer au lendemain ce que l'on peut faire le jour même. Que de fois les travaux sont arrêtés tout à coup par un changement de vents, un orage ou une série de jours pluvieux ! Ici donc il faut suivre attentivement les phénomènes de la végétation. On observera avec le plus grand avantage le moment où certaines fleurs s'épanouissent, où d'autres sortent de terre, et où quelques arbres bourgeonnent ; l'horticulteur y trouve l'indication pour entreprendre ou terminer chaque travail de jardinage. Le passage même, l'arrivée ou le départ de certains oiseaux, comme aussi la disparition de certains animaux terrestres qui se cachent à l'approche des frimas, peuvent fournir d'excellentes indications. Tout, en un mot, dans la nature et autour de lui, doit guider l'horticulteur. C'est ainsi que l'apparition, le mouvement et les cris de certains animaux à l'approche des orages, d'un temps pluvieux, seront pour lui de véritables oracles.

Lorsque ces observations, et beaucoup d'autres qu'il est impossible de rappeler ici, auront été faites dans une contrée, elles fourniront les plus précieuses, on pourrait presque dire les meilleures indications pour la gouverne d'un jardin. Ces notions générales sommairement rappelées en passant, nous allons successivement passer en revue les travaux propres à chaque mois de l'année, ayant soin, pour simplifier la matière, de passer en revue ceux qu'il faut exécuter dans le jardin potager, le verger et le jardin fleuriste.

Janvier.

Ce mois, à proprement parler, n'ouvre pas l'année pour le jardinier; aussi doit-il se hâter d'achever les travaux intérieurs indiqués pour l'hiver. Cependant le soleil reste un peu plus longtemps à l'horizon, les bourgeons de quelques arbres s'allongent, grossissent et changent de teinte. La feuille même de quelques arbres commence à se manifester.

Potager. Le jardinier continuera les défoncements, et, s'il craint que de fortes gelées n'arrêtent cette opération, il recouvrira la terre qui doit être défoncée avec de la paille ou une légère couche de fumier. Alors il amènera sur les carrés le fumier et les engrais qu'il doit enterrer en donnant le premier labour. Si le temps est doux et pluvieux, il écartera la litière et les feuilles qui couvraient les artichauts, le céleri et les autres plantes délicates; mais il n'oubliera pas de les recouvrir dès qu'il craindra le retour des gelées. Vers la mi-janvier, quand les jours grandissent et sont un peu moins froids, il finira ses labours d'hiver, il préparera les planches destinées à être semées en oignons en février, il fera des couches pour les melons et les primeurs; enfin il transplantera ou repiquera les melons, concombres, etc.

Puis on sèmera sur couches, sous châssis et paillassons : cardons de Tour, carottes jaunes et courtes, céleri, cerfeuil, chicorée frisée, chicorée sauvage et frisée, choux brocolis hâtifs, choux-fleurs tendres, concombres hâtifs blancs et jaunes, cresson alenois et frisé, choux de Bonneuil, petits choux frisés hâtifs, petits choux pommés, choux hâtifs d'Angleterre, fève à châssis, fève julienne, fraisiers des mois, laitues, grosse allemande, cocasse, grosse crête, dauphine, gothe, perpignane, royale, sanguine, Versailles; melons cantaloups hâtifs et du Cap, melongènes, pois michaux, pois suisses, pourpier vert, radis blancs et rouges, raves roses et blanches.

Productions. On a en pleine terre, en jauge, au grenier ou dans la serre à légumes : choux pommés, Milan, de Bruxelles, choux-fleurs, épinards, mâche, raiponce, persil, cerfeuil, cardons, céleri, chicorées, escaroles, carottes, navets, oignons rouges, poireaux, ciboules, salsifis blancs, scolymes, potirons, courges, giraumonts; et sur couches : asperges, barbes-de-capucin, radis, laitues, oseille, persil, estragon. Il faut avoir eu soin, en décembre, de repiquer sur couches, et tout près les uns des autres, de vieux pieds de ces trois dernières plantes.

Verger. Il faut continuer la plantation des arbres dans les terrains secs, transporter les terres, transplanter quelques plantes vivaces, commencer la taille des arbres en espalier et en quenouille, et réparer les clôtures, C'est dans ce mois de janvier que l'on distribue ordinairement son terrain et qu'on le défonce, qu'on élève la terre en tombe, qu'on transporte les curures et les marnes, que l'on creuse les fossés et les rigoles, que l'on doit planter, enfin, les arbres et les arbustes.

Fleurs. Il faut couvrir les plantes délicates à la veille du mauvais temps, et sans attendre que la terre soit endurcie par la gelée. Les fleurs sont rares dans ce mois: les influences locales et l'état de la température avancent ou retardent leur développement. Quand l'atmosphère est douce, plusieurs narcisses émettent leurs boutons; les violettes, les primevères et plusieurs bengales donnent quelques fleurs.

Février.

Au mois de février, la nature engourdie commence à se réveiller; les fortes gelées ont disparu, mais le froid des nuits menace encore les tendres bourgeons, dont les premières évolutions sont souvent contrariées par une température inconstante. Aussi l'horticulteur prévoyant doit-il profiter encore avec réserve de ces premiers beaux jours, où les bourgeons des arbres grossissent le plus, où la tige des plantes s'allonge, où les feuilles des arbrisseaux se développent, où les gazons reverdissent, et où l'on voit déjà briller quelques primevères et les fleurs dorées du pissenlit, du tussilage, de la renoncule et de plusieurs autres fleurs printanières.

Potager. Quand de continuelles ou trop fortes gelées ont empêché les travaux du mois de janvier, il faut se hâter de faire ce qui ne l'a pas été dans ce premier mois. Pourtant, si l'on a pu profiter de quelques belles journées en janvier, il faut se mettre aux travaux du moment. On rechaussera donc les anciennes couches, on en établira de nouvelles ; on fera des couches demi-sourdes, pour placer, vers le 15, les pois semés en novembre ; on mettra sur couches des asperges et des fournitures de salade ; on transplantera, on repiquera les jeunes semis et plants ; on donnera le second labour pour semer les haricots : on repiquera, pour porte-graines, des oignons, carottes, betteraves et autres qui ont été en serre ou en cave pendant l'hiver, et l'on sèmera les mêmes graines qu'en janvier.

On sèmera sur couche sans châssis : basilic, concombres, laitues à couper, romaines, mousseronnes, brunes, grosses blondes ; chicons verts, rouges, panachés ; choux frisés nains, cabages et autres ; melons des carmes, maraîchers, cantaloups, langeais, etc. ; pourpiers, radis, raves. .

On sèmera encore en mannequin ou épais, pour replanter sur une seconde couche, fèves à châssis, julienne, pois de Hollande, michaux à châssis ; — sur couche et sous paillassons : carottes, navets ; — sur ados : chicorées, escarole : — en place, par rayons ou poquets : fève julienne et autres : — à la volée : oignons de toute espèce. L'oignon demande à être semé épais pour rester petit, être levé en novembre et replanté en février, ce qui donne l'oignon de primeur. — On repiquera : choux-fleurs d'octobre, laitues semées sur ados, et on laissera des porte-graines.

Productions. Outre celles dont on jouit en janvier, on a de plus le crambe et la romaine.

Verger. Si l'année est précoce, dans les terres légères, sablonneuses et bien exposées, la végétation s'annonce. Il est alors grandement temps de planter les arbres fruitiers dans les terres naturellement humides, de tailler le pêcher, l'abricotier, le prunier, le cerisier, la vigne et les arbustes. Alors on fera les boutures des arbres que l'on veut multiplier, et l'on mettra en terre les graines et les noyaux que l'on a stratifiés dans le sable pendant l'hiver. Vers la fin du mois, on plantera les arbustes verts.

Les chatons du noisetier paraissent, ainsi que ceux de

quelques saules, et l'on voit pousser les feuilles du sureau et du groseillier.

Fleurs. Il est essentiel d'avoir pour les fleurs en général les mêmes précautions qu'au mois de janvier. Au commencement de ce mois, on sème sur couche les plantes tardives à porter dans nos contrées leurs fleurs ou leurs fruits, comme les balsamines, la pomme-d'amour, le datura, la canne d'Inde, la pomme d'Éthiopie, la pomme dorée, l'amarante. Mais il faut bien avoir soin de les préserver rigoureusement des gelées en les couvrant, quand elles sont levées, avec des cloches en verre, comme l'on fait pour les melons et les concombres.

Mars.

Mars est le mois des plus grandes variations atmosphériques, des giboulées, comme l'on dit. Les coups de soleils sont mortels; ils fanent et dessèchent les végétaux. Aussi l'horticulteur ne saurait-il avoir trop de prudence. Le vent d'ouest amène des nuages chargés de vapeurs, qui crèvent dans les airs et tombent sur la terre en pluies torrentielles ou en grêle dévastatrice; puis le vent passe à l'est tout à coup, ce qui refroidit l'atmosphère et détermine un froid piquant qui arrête la végétation et dessèche la terre. Quand le vent tourne au sud, de son haleine rafraîchissante il adoucit la température, amène l'éclosion des fleurs et le développement des bourgeons. Les oiseaux, par leurs chants mélodieux, préludent au retour du printemps. C'est le moment le plus favorable pour la culture des jardins.

Potager. On fera des couches neuves pour les melons de janvier, que l'on mettra en place, ainsi que les concombres. Il faut les tailler huit jours avant de les planter, et continuer la taille huit jours après, sans oublier de mettre du terreau sec sur les plaies de la taille. Si la racine chancit, on renfoncera le pied pourqu'il produise de nouvelles racines. On le préservera des coups de soleil et on arrosera en plein, tant qu'il n'y a pas de fruits noués. Plantez laitues et romaines entre les melons; découvrez un peu les artichauts; ramez et arrêtez les pois hâtifs; éclaircissez les carottes de septembre; repiquez les laitues, chicorées, cardons de janvier; plantez les choux-fleurs d'août, la pimprenelle de juillet; plantez les fraisiers aubinés en novembre; replantez les porte-graines de panais, poireaux, navets, choux, raiforts, conserves en serre ou cave; réservez des mâches et raiponces pour graines; retournez les couches de navets pour planter les melons et concombres de février.

On sèmera sur couche : radis, raves, cerfeuil, melongènes; — en pleine terre, par rayons, épinards; — à la volée : carottes, poirée; — en planches : oignons de toute espèce, carottes jaunes et rouges, panais, navets ronds, navets hâtifs; — en poquets ou rayons et planches, pois de Marly et autres, pois carrés blancs, pois goulus.

On plantera les œilletons déchirés et caïeux, ciboules vivaces, ciboulettes, estragon et oseille.

Productions. La pleine terre fournit brocolis, choux de Vaugirard, crambe, cerfeuil, épinards, laitues, patisson, mâche, oseille, persil. On a dans la serre à légumes: choux-fleurs, carottes, navets, pommes de terre, et sur couches, de plus qu'en février, des carottes courtes et des choux-fleurs semés en automne, des petits pois, ainsi que des haricots.

Verger. Il est déjà bien tard pour planter des arbres, à moins que ce ne soit des arbres verts, ou que le sol ne soit très-humide. On peut continuer, si l'on n'a pas eu le temps de la terminer plus tôt, la taille des arbres fruitiers, et l'on peut greffer en fente. On fait les semis d'arbres verts et des arbres dont on n'a pas besoin de stratifier les semences : acacia, faux ébénier, arbre de Judée, baguenaudier, etc. Floraison du daphné mézéréon ou bois gentil, du pêcher, de l'abricotier, du bouleau, du groseillier épineux, de quelques saules, du mélèze et de quelques lilas.

Fleurs. En mars, on ôte les couvertures des plantes après le dix ou le douzième jour, ou même plus tard, si l'on craint encore quelques gelées. Il vient assez fréquemment de grands vents ou hâles qui dessèchent la terre, et, pendant qu'ils règnent, il faut bien se garder de semer ni de transplanter. A la mi-mars, on peut replanter, si l'on veut, les plantes fibreuses : violettes, hépatiques, pâquerettes, primevères, ellébores, matricaires, camomilles et autres semblables, et aussi les jacinthes tuberculeuses. On sème sur couche diverses sortes de graines : œillets, giroflées, basilic, œillet d'Inde, marjolaine, phaséole, nacarat d'Inde, merveille du Pérou ou herbe à Suisse, cresson d'Inde, souci double, volubilis des trois espèces, poivre d'Inde, lentisque, myrthe, carouge, etc. Il faut mettre les œillets, giroflées, myrthes et autres plantes qu'on sort de terre, à l'ombre pendant une huitaine, afin de les renforcer pour supporter les chaleurs qui commencent.

On transplante les arbrisseaux qui craignent le froid : jasmins d'Espagne, orangers, myrthes, lauriers-roses, les cyclamens automnaux. C'est la meilleure saison pour planter les buis en compartiments, pour marcotter les alaternes et autres arbrisseaux. Il vient quelquefois des gelées tardives de nuit qui se fondent le lendemain au soleil, et durent quelques nuits. Pour parer à cet inconvénient, on couvre soigneusement les belles tulipes, ainsi que les anémones, oreilles-d'ours, chaméiris, jacinthes brumales et cyclamens printaniers.

Avril.

La nature entière est complétement débarrassée du triste cortége de l'hiver, et ressent les fécondes influences du printemps. La terre ouvre son sein, et de toutes parts s'en échappent la vie et la végétation. Déjà la température est plus douce et plus uniforme ; le ciel est plus pur et plus serein, le soleil plus bienfaisant et plus chaud. Les fleurs exhalent dans les airs leurs parfums les plus suaves. On remarque surtout la floraison des pruniers, des poiriers et des autres fruits à noyaux.

Potager. Il est temps de découvrir entièrement les artichauts et de les œilletonner pour l'automne, de rechausser les fèves de marais de février, de planter en terre les primeurs élevées sur couches : haricots suisses, céleri, choux-fleurs d'août ; de visiter les œilletons pour voir s'ils ont besoin d'eau, de lever les châssis et cloches pendant le jour, et de les baisser le soir, les recouvrant même de paillassons dans les apparences de gelée.

On sèmera : à la volée, dans les planches de salades : radis, raves, pourpier doré ; — sur couche élevée ou sourde : melons blancs, chicorée sauvage, laitue de Versailles et d'Italie, batavia, céleri, chou frisé nain, chou à tête longue, chou brocoli ; — en pots : cardons, potirons, melon blanc, giraumont ; — en planches ou rayons : betteraves, carottes jaunes, panais, persil, pimprenelle, poirée, salsifis, scorsonère ; — en poquets ou rayons : fèves, haricots, pois carrés, pois goulus, blé de Turquie.

Productions. La pleine terre fournit de l'oseille, du persil, du cerfeuil et autres fournitures ; de l'oignon blanc, des choux d'York et cabages, des brocolis, du crambe, des asperges, des épinards, et quelquefois des pois et des fèves.

Les couches produisent plusieurs laitues, chicorée frisée, pois, haricots, choux-fleurs et melons.

Verger. On plante les arbres verts : pins, sapins, mélèzes, cèdres, épicéas, ifs, etc., surtout les arbres résineux, qui ne prospèrent pas quand ils sont plantés plus tôt. Lorsque l'année est tardive, et que la séve n'est pas encore mise en mouvement, on peut greffer des poiriers et des pommiers. La greffe en couronne, celles en flûte et à l'écusson se pratiquent alors avec les rameaux coupés en février et conservés fraîchement en terre, à l'ombre, dans un lieu sain ; et l'on fait des marcottes d'arbustes. On tire de l'orangerie les plantes qui peuvent supporter la température de ce mois ; toutefois il est prudent de les rentrer ou de les couvrir la nuit, surtout quand il y a crainte de gelée.

Feuillaison du lilas, du troène, du groseillier à grappes, du mérisier, de l'aubépine, du prunellier, du poirier, du pêcher, du prunier, du cerisier, des groseilliers et des cassis.

Fleurs. Le commencement d'avril est la saison la plus propice pour la transplantation des plantes fibreuses spécifiées au mois précédent. On sort alors toutes les plantes qui craignent le froid, si on ne l'avait pas fait au mois de mars. Il faut arroser avec soin les anémones et les renoncules, si la terre est desséchée, ainsi que toutes les plantes qui garnissent les pots et les caisses. Il faut encore préserver des pluies, des vents et d'un soleil trop ardent, les oreilles-d'ours, les anémones, les renoncules et les autres belles fleurs, et pour cet effet préparer et tenir des couvertures prêtes dès le commencement de cette saison.

Mai.

C'est en mai que fleurissent les plus belles et les plus nombreuses fleurs de nos jardins. C'est pendant le plus beau des douze mois de l'année que la nature déploie avec profusion toutes les richesses de la végétation. La terre étale avec complaisance ses richesses, les prairies sont émaillées de mille couleurs, l'air est embaumé de parfums délicieux, et une température douce et caressante fortifie et vivifie tous les êtres organisés. Aussi les habitants des villes favorisés des dons de la fortune viennent-ils à la campagne pour chercher la gaîté et les délassements que procurent les champs.

Potager. On fera les dernières couches de melons, des

couches sourdes avec du vieux fumier ; s'il gelait, ce qui arrive quelquefois, on couvrirait d'un peu de litière les artichauts qui marque. On arrête les fèves en fleurs, on on rabat les fèves cueillies afin qu'elles repoussent, on coupe le vieux persil en réservant des porte-graines, et l'on réserve également les porte-graines du pourpier.

Il faut semer : radis, raves ordinaires, pourpier doré et vert, betteraves, pois carrés et cul-noir en poquets ou rayons ; pois verts d'Angleterre, haricots blancs et autres couleurs en terre forte ; concombres en poquets de fumier ou en pleine couche, pour repiquer ; potirons en poquets de fumier ou en pleine couche ; giraumonts et patissons, céleri, raves, choux-fleurs, choux pancaliers, chicorée sauvage, chicorée fine, chicorée de Meaux et escarole.

Productions. Tous les légumes sont abondants dans ce mois, pourvu qu'on ne ralentisse pas les arrosements. Les asperges sont rares ; elles finissent avec le mois. Les petits pois sont abondants ; le céleri blanc commence à donner ; le chou cœur-de-bœuf remplace le choux d'York, les tomates commencent à être en rapport.

Verger. Floraison du lilas, de l'arbre de Judée, de l'aubépine, du néflier, du cognassier et du pommier. On greffe en flûte le châtaignier et le figuier. On sème quelques graines d'abord d'agrément, tels que l'arbre de Judée, l'acacia blanc, le saphora. Les arbres d'orangerie sont enfin exposés, mais avec précaution, au grand air, auquel on les a accoutumés par degrés en ouvrant de temps en temps le jour, puis enfin jour et nuit, l'appartement qui les renfermait. C'est ordinairement vers le 15 mai, quand le temps est beau, qu'on met les orangers en plein air.

Fleurs. On transplante les cyclamens automnaux, si on veut les changer de place. En ce mois, la graine d'anémone est mûre, on la recueille pour la garder en un lieu sec jusqu'au temps où on doit la semer. On départ les giroflées musquées doubles, dites juliennes, pour les multiplier. Les différentes sortes de graines de plantes annuelles qu'on veut avoir durant l'été doivent être semées : souci double, thalaspi de Candie, muscipula, scabieuse veloutée, cyanus de toutes sortes, pensées de jardins. Les iris bulbeux fleurissent vers la fin de ce mois. A la fin de ce mois, on commence à déplanter les tulipes les plus hâtives qui sont desséchées.

Juin.

Au mois de juin, la campagne, bien qu'aussi brillante et beaucoup plus riche qu'au mois précédent, a déjà perdu quelques-uns de ses agréments. Le soleil est devenu brûlant, et la chaleur est accablante. Adieu, la douce haleine de l'atmosphère. Le feuillage vert tendre des arbres se rembrunit, l'herbe des prairies se durcit et monte en graine, les gazons sont moins frais, surtout si la sécheresse se prolonge et si les arrosements se ralentissent.

Potager. De jour en jour, l'espoir du jardinier se réalise; ses travaux sont récompensés, car le temps du profit est arrivé. Toutefois il sème encore des fournitures, des radis, des laitues, des romaines, des chicorées, du pourpier, des raiponces, des épinards, des choux-fleurs, des choux-navets, des navets, des carottes, des fèves, des pois, des haricots hâtifs pour l'automne. On sarcle les artichauts, on les œilletonne après la première récolte, on les rabat pour en obtenir une seconde, si la saison est favorable, ce que fourniront, dans tous les cas, les œilletons du printemps. Déjà on profite des produits de la pomme de terre de neuf semaines; on a de petites carottes et de petits oignons, qui servent en même temps à éclaircir des semis. On éclaircit aussi les betteraves et les salsifis. On continue également le repiquage des choux, des choux-fleurs, brocolis, choux verts, choux de Bruxelles, des poirées, des cardons, du céleri, des salades, des chicorées, des oignons et des poireaux; dans les planches déjà récoltées, on réserve les porte-graines toujours parmi les plus beaux pieds et en tenant éloignés les individus de variétés différentes: pois, fèves, choux-fleurs, brocolis, choux de toute espèce, etc.

Verger. Floraison du troène, de quelques pommiers tardifs, du chèvrefeuille, du sureau. On sarcle, on arrose, on éclaircit les plants trop serrés. On ébourgeonne la vigne et les arbres fruitiers, dont on palisse les nouveaux jets. On tond les buis et les haies; on greffe en écusson à la pousse des arbres qui produisent des fruits à noyaux.

Fleurs. Il est encore temps de semer diverses sortes de graines de plantes annuelles pour en avoir des fleurs tout le reste de l'été et en automne. Il faut recueillir les graines mûres: jacinthe orientale, narcisses, oreilles-d'ours, renoncules, etc., et les garder en lieu sec pour les semer chacune en sa saison. On déplante les tulipes et on replante aussitôt celles qui sont dépouillées ou qui semblent se dessécher, fort avant dans la terre, à moins qu'elle ne soit très-fraîche, puis on les arrose légèrement pour entretenir la fraîcheur.

A mi-juin, on commence d'enter en écusson les jasmins, orangers, rosiers et autres arbrisseaux. Il faut déplanter les anémones et renoncules après les pluies qui viennent vers la fin de ce mois, non avant. On peut aussi lever les plantes qui ne veulent pas demeurer longtemps hors de terre, et les replanter de suite : cyclamens printaniers, jacinthe orientale et autres jacinthes, bulbeuses, iris, fritillaires, couronne impériale, muscaris, hémérocalles, martagons et plusieurs autres semblables.

Juillet.

La chaleur augmente encore dans ce mois, et devient souvent insupportable; quelquefois elle arrête le cours de la séve et paralyse entièrement la végétation. En effet, si les vents du nord règnent le plus fréquemment, le sol se dessèche, il est frappé de stérilité, et les plantes sont dévolues à la mort.

Potager. Le jardinier soigneux ne doit pas oublier de renouveler les semis du mois précédent, en semant en lieu abrité des chaleurs, pour être repiqués à l'automne à bonne exposition, des carottes, des panais, des oignons, des choux et des choux-fleurs. Il continue les semis de radis, de mâches, d'épinards, de salades, de fournitures, de navets; il sarcle, il ratisse, il arrose, il récolte une foule de graines mûres.

Productions. Elles sont abondantes. On récolte melons, concombres, cornichons, chicorées fines et demi-fines, romaines blondes et grises, laitues grises et rouges, choux, choux-fleurs, carottes, tomates, aubergines, céleri coupé, oseille, poirée, poireau, radis, persil, épinards, tétragone, pommes de terre hâtives et cerfeuil qu'il faut arroser largement.

Verger. Floraison du châtaignier, du figuier, etc. On continue d'ébourgeonner, de palisser; on écussonne à œil dormant sur églantier, sur prunier, sur épine et sur poirier. On recueille soir et matin la fleur d'oranger.

Fleurs. On lève les oignons et bulbes qui doivent rester en terre pour les débarrasser des caïeux et les transplanter : lis, fritillaires, martagons, narcisses. On sème pour l'année suivante la plupart des fleurs bisannuelles, ou qu'on veut avoir au commencement du printemps : mauves, giroflées, campanules, onagres, nigelles, digitales, sainfoin d'Espagne. On sème en caisse les graines de tulipes et d'anémones, on marcotte les œillets. C'est dans ce mois, où l'on jouit de la plupart des fleurs des plantes et des arbustes des jardins, que les fleuristes font leurs échanges et leurs achats.

Août.

Dans ce mois, les chaleurs de juillet sont surpassées le plus ordinairement en persistance et en élévation. Quand elles sont accompagnées des vents de sud-ouest, elles produisent les effets les plus désastreux dans nos jardins, où elles jaunissent les plantes, font tomber les feuilles et les fruits de celles que l'on ne peut arroser constamment.

Potager. C'est le moment de planter des fraisiers et d'en mettre en pots pour serrer en châssis, de mettre ceux des mois sur les vieilles couches et sur des ados, pour la récolte d'hiver. On place des tuiles sous les melons.

On fait sécher les meules de la litière pour couvrir en décembre ce que la gelée forte endommage. Dans les derniers jours du mois, on sèmera ciboules en place à la volée, cerfeuil, mâche, épinards, navets de toute espèce, pois Michaux, poirée, chicorée à planter en septembre et octobre, choux-fleurs en baquets à conserver dans la serre ou dehors sous châssis, choux frisés hâtifs à repiquer en octobre pour planter en mars, chou cabage, qui se traite comme le chou frisé hâtif; chou de Bonneuil, qui se traite comme le chou frisé; chou de Strasbourg à repiquer en octobre pour planter en mars, oignon blanc hâtif à planter en octobre, oignon d'Espagne à planter en février, laitue crêpe à planter sur couche.

Productions. Elles se composent de tous les légumes du mois précédent, plus le chou de Poméranie, les artichauts, les cardous, le céleri.

Verger. On découvre un peu, pour leur faire prendre couleur et saveur, les fruits qui sont trop couverts de feuilles. C'est le temps d'écussonner à œil dormant sur l'abricotier, le cognassier, le poirier, le doucin et paradis, l'amandier, le mérisier, le cerisir, le mahaleb ou Ste-Lucie, etc., si la séve est en bonne activité.

Fleurs. Au commencement de ce mois, on sème les graines d'anémones, les couvrant légèrement et les arro-

sant souvent. On plante aussi les anémones simples pour
en avoir des fleurs en automne et tout l'hiver ; c'est la
saison pour semer les graines de narcisses et de jacinthes
orientales.

Septembre.

Le soleil avance à grands pas vers l'équateur ; la température devient supportable, les nuits commencent à
être froides, et, si le ciel est pur et serein, nous avons
les gelées blanches à redouter ; si au contraire il est couvert, nous sommes assaillis par des brouillards épais qui
pourrissent les fruits et les graines qui achèvent de mûrir.

Potager. On arrose le matin ; on mouille souvent et
abondamment les artichauts qui marquent, ne leur laissant qu'une tête, si le pied n'est pas très-fort ; on plante
le fraisier des bois, l'estragon, le chervis, la lavande,
l'hysope, le thym, le cran, le topinambour, la sauge et le
romarin ; on place des fraisiers des mois sur les vieilles
couches, on recueille les graines des fraises de tous les
mois ; on coupe la poirée et l'oseille vierge, ainsi que le
persil, en ayant soin d'en laisser une partie, qui résistera
mieux à la gelée ; on fait sécher les feuilles de persil cou-
pées pour tenir lieu du frais. On coupe les tiges à graines
des chervis de l'année, qui n'en donnent de bonnes que la
seconde.

Il faut semer : radis seuls ou dans la chicorée, raves
seules ou mêlées, cerfeuil en rayons ou à la volée, épinards, panais par rayons, pour biner au printemps, pois
Michaux en mannequins, et mâches.

Productions. Aussi abondantes qu'en août, elles s'augmentent encore des patates, des potirons, courges, giraumonts, etc. On récolte les derniers melons.

Verger. On termine ou l'on refait de nouveau le palissage des arbres fruitiers pour découvrir les fruits ; on récolte ceux d'automne, dont la maturité s'accomplira sur
les planches du fruitier. Si le mois est chaud et humide,
les fruits passent vite. Les greffes faites en août doivent
être visitées, afin de desserrer les ligatures de toutes celles
qui pourraient couper l'écorce du sujet. On greffe les arbres qui étaient trop vigoureux, on donne un dernier sarclage dans les pépinières.

Fleurs. Le moment est venu de transplanter les orangers, les myrthes, jasmins, lauriers-roses, et toutes les
autres espèces d'arbrisseaux sensibles à la gelée ou tou-

jours verts , ainsi que les plantes fibreuses : hépathiques ,
oreilles-d'ours , ellébores , capillaires , matricaires.

Il faut semer les graines d'oreilles-d'ours , renoncules ,
alaternes , iris , couronne impériale , martagons , hémérocalles , pieds d'alouette , nigelle , thalaspi de Candie , pavots , et généralement de plantes annuelles qui ne sont pas
sujettes à la gelée. C'est la meilleure saison pour œilletonner
les œillets , giroflées , aurone , aspic et autres plantes ligneuses. On plante toutes sortes d'anémones après les premières pluies qui viennent en ce mois , et aussi les renoncules de Tripoli ; on peut commencer à planter les tulipes ;
mais il vaut mieux les mettre en terre en novembre , parce
qu'alors elles ne s'avancent pas tant pour pousser l'hiver ,
et sont moins sujettes à se pourrir.

Octobre.

Les feuilles tombent , les gazons se flétrissent , les fruits
se dépouillent de leurs fleurs , la température diminue
sensiblement ; les gelées blanches commencent , le règne
des brouillards est arrivé , et leur présence , accompagnée
de frimas , anéantit les fleurs , le feuillage et les fruits.
Octobre , cependant , nous apporte la réalisation des espérances que le printemps nous avait fait concevoir. Quelle
abondance ! quelle richesse ! Pour nous , comme pour le
vieillard dont parle Virgile ,

Chaque fleur du printemps est un fruit de l'automne.

Potager. On plante des œilletons d'artichauts pour rapporter le printemps suivant , les arrosant peu ; les oignons
blancs , la chicorée et escarole , pour grainer au printemps.
On nettoie et rechausse les fraisiers ; on continue d'empailler les cardons , pour les mettre à l'abri du froid et les
déposer à la cave dans le sable. On commence à manger
les cardes d'artichauts liés depuis une quinzaine ; on butte
le céleri. On nettoie l'aspergerie et les plants d'artichauts ;
on y apporte des feuilles dont on les couvrira à la moindre
apparence de gelée. Enfin , on défait toutes les vieilles
couches , et on emploie pour engrais le terreau et le fumier qui en proviennent. Bientôt de nouvelles couches
seront nécessaires pour les légumes , et , en général , pour
toutes les cultures d'hiver ; mais on devra les abriter de
bons châssis ou les placer en bâches.

Productions. On a encore les mêmes légumes qu'au mois
précédent , moins les fèves et les pois , qui manquent dans

beaucoup de localités. On a de plus les choux de Bruxelles, salsifis, scorsonères, pommes de terre, betteraves, etc.

Verger. Effeuillaison du tilleul, panachure des feuilles du mérisier. Il est temps de rentrer dans la serre, et même dans l'orangerie, les arbres, les arbustes et les plantes qui craignent la gelée et le froid. On ouvre déjà les fosses et les tranchées pour les plantations d'arbres ; mais on ne met en terre à cette époque, et jusqu'en janvier, que dans les terrains secs. Ce n'est qu'en février, et même en mars, qu'on peut planter dans un sol humide. On cueille les fruits à mesure qu'ils mûrissent, et on ne les dépose dans la fruiterie que lorsqu'ils sont bien secs et qu'ils ont passé huit jours à l'abri de l'air extérieur, des courants d'air dans des appartements que l'on ouvre seulement le jour et par une température sèche.

Fleurs. On peut encore planter et semer toutes les plantes et graines indiquées au mois précédent. Il faut mettre dans la serre, et par un beau temps, sur la fin de ce mois, les arbrisseaux qui craignent la gelée, comme orangers, myrthes, jasmins, lauriers-roses et autres semblables, en laissant toutes les portes et fenêtres ouvertes jusqu'à ce que la gelée s'y puisse faire sentir, et l'on ne ferme qu'alors.

Novembre.

C'en est fait des agréments de la campagne ! Les champs et les bois prennent l'aspect de l'hiver, leur nudité devient de plus en plus complète ; la plupart des végétaux à feuilles caduques s'en sont dépouillés, et les vents emportent les dernières feuilles des arbres. A peine voit-on encore dans les jardins les fleurs de l'anthémis et du laurier-thym.

Potager. Il faut arroser à midi ce qui en a besoin, exécuter tout ce qui est conseillé en octobre, quand le temps doux a permis de le différer, ou quand on n'a pas eu le temps de le faire, c'est-à-dire couper les montants des asperges et les labourer, couper l'estragon, les ciboulettes, les terreauter, fumer les jeunes asperges, couper les feuilles d'artichauts, traiter de même les cardons pour graines. On ensablera à couvert les navets, la chicorée sauvage, les cardons, les chicons, betteraves, scorsonères, salsifis, les racines de gros persil, la ciboulette et les pieds d'artichauts ; on lèvera les pommes de terre ; on portera dans la serre les têtes d'artichauts avec longues tiges, qu'on enfonce dans le sable humide ; on ensablera les salsifis pour le temps des fortes gelées ; on aubinera les choux-pommes à l'air, la tête tournée au nord, les fraisiers tirés des pépinières pour les planter en mars; on fera les couches à asperges, oseilles et autres légumes hors de saison; on entrera les caisses ou baquets de choux-fleurs dans les serres, où il ne gèle pas.

Il faut semer sur couche : radis et raves, laitue crêpe, pois Michaux et de Hollande semés dans des caisses ou mannequins pour mettre en serre lors des fortes gelées, et en mars sur couche sous châssis; pois Michaux et de Hollande sur côtières bien fumées : il faut avoir grand soin de garantir la couche du froid, des pluies froides, de la réchauffer, de ne lever les paillassons que lorsqu'il fait soleil ou que le temps est doux, de les mettre doubles ou triples, à proportion du froid, surtout la nuit.

Enfin on sème en pleine terre : pois Michaux en terre un peu humide, pois baron, pois verts d'Angleterre en terre forte, pois sans parchemin en pleine terre et un peu clair.

Lorsque le temps se maintient doux, la pleine terre fournit les mêmes ressources qu'en octobre; mais, s'il menace de la gelée, il faut recourir à la serre des légumes, qu'on doit s'empresser d'approvisionner. On doit avoir, en outre, des asperges vertes et des blanches chauffées sur place.

Verger. On ne sème plus guère en ce mois, mais on continue de planter dans les terrains secs; on empaille sainement les figuiers pour les préserver de la gelée; on émousse les arbres après un jour de pluie, qui permet de les nettoyer plus facilement.

Fleurs. Il faut préparer les couvertures pour les plantes qui sont sujettes au froid, afin de les couvrir lorsque le temps sera disposé à la gelée. On plante les rosiers, l'althéa-frutez, le lilas, le seringat, le rosier gueldre, le cytise, et généralement tous les arbres et arbrisseaux qui perdent leur verdure et ne sont pas sujets à la gelée, comme aussi les pivoines et autres plantes robustes. On peut planter et semer encore les plantes fibreuses et les graines marquées au mois de septembre. Il faut d'ailleurs observer toutes les précautions que nous avons indiquées au mois de janvier. Le mois de novembre est la saison la plus favorable pour la plantation des belles tulipes panachées, surtout dans les petits jardins renfermés de hautes murailles qui n'ont guère de soleil.

Décembre.

Décembre est le mois le plus triste et le plus ingrat de l'année pour l'horticulteur. Le dépouillement complet des végétaux, les longues nuits, le froid ou les brouillards humides, l'absence totale des rayons du soleil, les pluies fréquentes et les gelées subites arrêtent complétement la végétation et font de nos jardins des lieux sans agrément. Ils sont alors jonchés de paille, de feuilles mortes et de tous les débris végétaux que le jardinier met à contribution pour atténuer les effets et l'intensité des gelées qui sévissent chaque fois que l'air, plus pur et plus vif, dissipe les nuages.

Potager. On charge les artichauts, on ensable les carottes, on aubine le poireau long, on dépose le céleri dans le terreau ou le sable, dans la serre ou autre abri ; on coupe une partie de l'oseille à fleur en vierge, on couvre de terre et on terreaute l'autre partie de paille longue ou de paillassons sur treillages. Il faut étendre des ramées entre les pois et les recouvrir légèrement avec de la paille. Enfin, on sème au hasard de la saison les fèves de marais grosse espèce, pois suisses et pois communs en pleine terre.

On a en pleine terre, en jauge, dans la serre à légumes ou au grenier : choux pommés à grosses côtes, Milan, de Bruxelles, choux-fleurs, épinards, mâche, raiponce, persil, cerfeuil, cardon, céleri, chicorée, escaroles, carottes, navets, oignons rouges, poireaux, ciboules, salsifis blancs, scolyme, potirons, courges, giraumonts ; et sur couche : asperges, barbes-de-capucin, radis, laitues, etc.

Verger. On taille la plupart des poiriers, et l'on met à stratifier les noyaux et les pépins d'arbres. Il est très à propos surtout de visiter fréquemment les plantations pour les débarrasser des nids de chenilles et d'insectes qui leur portent dommage.

Fleurs. L'agriculteur, au mois de décembre, doit se conformer aux préceptes indiqués pour celui de janvier.

CHAPITRE II.

PRONOSTICS RURAUX.

Par la seule expérience, sans instruments et sans études

préliminaires, l'on peut, en étudiant avec un peu d'attention certains faits qui se passent continuellement autour de nous, prévoir les principales variations de l'atmosphère. On sait que les bergers, les laboureurs et les marins, par l'inspection du ciel et la marche des vents ou des nuages, aussi bien que par le cri de quelques oiseaux, l'état des plantes ou le coucher du soleil, prédisent avec une certaine exactitude le temps qu'il doit faire. Cette connaissance est des plus précieuses pour le jardinier, et il ne doit pas la négliger, même quand il a à sa disposition un bon baromètre et les autres instruments d'observations météorologiques.

1º Pronostics tirés de l'atmosphère.

Été humide, — automne serein.
Été très-sec, — hiver rigoureux.
Automne brillant et hiver sec, — printemps humide.
Hiver doux en commençant, — rude à la fin.
Printemps chaud, — fruits verreux en automne.
Printemps pluvieux, — beaucoup de foin et peu de blé.
Printemps sec, — été humide.
Printemps froid, — récoltes tardives.

2º Pronostics tirés du soleil.

Si le soleil est pâle en se levant, accompagné de taches, caché par des nuages épais; s'il est rouge et teint en cette couleur les nuages et le brouillard qui l'environnent, — c'est de la pluie.

Soleil pâle à son midi et à son couchant, — vent pour le lendemain.

S'il est brillant à son lever et chasse devant lui les vapeurs, — journée superbe.

S'il est d'une couleur dorée à son coucher, et légèrement rougeâtre, sans vapeur, — continuation de beau temps.

Si un anneau blanchâtre l'environne, — orage, tempête ou ouragan.

Si les rayons forment de longs faisceaux qui se croisent inégalement, — pluie abondante.

Si, à son lever, les faisceaux se montrent à l'horizon avant lui, ou si les nuages qui l'environnent sont teints des couleurs de l'arc-en-ciel, — encore pluie abondante.

3º Pronostics tirés de la lune.

Lune pâle, pluie; — rouge, vent; — brillante, temps serein.

Lune paraissant plus grande que de coutume et ovale, entourée d'une auréole blanchâtre, au premier quartier, — pluie certaine.

Si, au 3e, 4e ou 5e jour de la nouvelle et pleine lune, le vent est est et le temps serein, — beau temps pour plusieurs jours.

Si la lune se refait dans l'eau, c'est-à-dire pendant la pluie, — trois jours après, le ciel est pur.

Si, au contraire, la lune se refait par un beau temps, — la pluie ne tarde pas.

4º Pronostics tirés des étoiles.

Étoiles vives et scintillantes : en été, beau temps; — en hiver, grand froid.

Si les étoiles paraissent plus grandes et plus rapprochées qu'à l'ordinaire, — changement de temps.

Si elles sont immergées au milieu d'une vapeur blanche, — pluie très-prochaine.

Si elles perdent leur clarté sans que le ciel paraisse nuageux, — orage.

5º Pronostics tirés des nuages.

Nuages moutonnés, — vent pendant l'été, nuage durant l'hiver.

Nuages bas après la pluie, — beau temps.

Petits nuages blancs passant devant le soleil lorsqu'il va disparaître à l'horizon, en se colorant en rouge, en vert, en jaune, etc., — pluie.

Nuages grands, noirs, gris, formant nappe ou amoncelés en montagne, — orage.

6º Pronostics tirés des vents.

Les vents qui commencent à souffler pendant le jour sont plus forts et durent plus longtemps que ceux qui commencent la nuit.

Vents de sud-ouest, le plus souvent de la pluie; — est, beau temps et froid.

Si les vents changent souvent de direction, — bourrasque.

Vents opposés au cours du soleil, — mauvais temps.

Les vents baissent et s'apaisent ordinairement vers le milieu du jour.

Les vents du nord durent 3, 6 ou 9 jours.

Le vent du sud, quand il tombe, — pluie.

Les vents d'est sont froids; quand les gelées commencent sous leur influence, elles durent longtemps.

Les vents des équinoxes sont impétueux; le jardinier doit toujours se tenir en garde contre leurs désastreux effets.

7° Pronostics divers.

Quand la cognée crie en fendant le bois, — froid intense.

Quand, après plusieurs jours de gelée, il survient un froid extrême, — dégel.

Quand le ciel est gris, le vent nord et le froid pénétrant, — neige.

Neige fine et sèche, — froid continu.

Neige floconneuse, légère, à cristaux irrégulièrement groupés, — cessation du froid.

Les vrais dégels sont toujours accompagnés de pluie ou de grands vents.

Redoublement de froid, scintillement des étoiles, givre abondant, vapeurs rouges du ciel vers le sud, — prochain dégel.

Les brouillards du matin, en été, annoncent une journée chaude.

Si le brouillard s'élève au lieu de tomber en rosée, — signe certain de pluie.

Les brouillards d'hiver se changent souvent en brumes fort nuisibles aux végétaux.

Pendant le mauvais temps, le brouillard annonce le retour au beau temps.

Si le temps est chaud, les nuages accumulés en masses grises et noirâtres, — pluie d'averse.

Quand il pleut en août, il pleut miel et bon moût, dit le proverbe.

Une forte rosée se dissipant promptement au lever du soleil indique de la pluie dans le jour.

Les pluies d'orage augmentent beaucoup la végétation.

Tonnerre et éclairs en hiver sont des signes de neige; — en mars, c'est le retour des gelées.

Lorsque la suie se détache et tombe des cheminées, c'est un signe infaillible de pluie.

La chouette qui crie pendant la pluie annonce le retour du beau temps ; les corbeaux qui croassent le matin annoncent la même chose.

Lorsque les canards et les oies crient et plongent dans l'eau, c'est signe de pluie.

Les poules qui se roulent dans la poussière et les coqs qui chantent le soir à des heures insolites annoncent un changement ne temps.

L'arrivée des oiseaux de passage dans nos climats indique le froid.

Si les hirondelles volent très-près de terre, c'est un signe de pluie.

Si les araignées filent tranquillement et étendent leurs rets, c'est un indice de beau temps.

Si les mouches piquent et deviennent plus importunes que de coutume, c'est un signe d'orage.

Enfin, quand le temps doit passer à la pluie, tous les animaux donnent des marques évidentes d'inquiétude : les moineaux, les perdrix, les oiseaux de basse-cour s'épluchent, fardent leurs plumes, s'ébattent dans la poussière ; les bestiaux, surtout les brebis, sont plus tenaces à la pâture qu'à l'ordinaire ; les chauves-souris ne sortent pas, les bœufs se rassemblent, les vaches hument l'air, les moutons et les chèvres se querellent, les pourceaux éparpillent leur manger, les chats se brossent la tête, se lèchent les pattes, et les chiens grattent la terre, mangent l'herbe et grognent en aboyant.

VOCABULAIRE

DES

PRINCIPAUX TERMES D'HORTICULTURE.

—————

Acotylédon. Qui manque de cotylédons.

Acuminé. Qui finit en pointe allongée.

Ados. Terre en pente vers le midi ; ce qui est favorable aux primeurs.

Adventif. Bouton qui naît ailleurs que dans l'aisselle d'une feuille.

Affranchir. Un arbre greffé s'affranchit quand de l'endroit greffé il produit des racines qui s'enfoncent dans la terre. L'affranchissement, qui augmente la vigueur de l'arbre, diminue la qualité du fruit.

Aigrette. Touffe de poils soyeux qui surmonte certaines graines.

Aile. Portion de la corolle d'une fleur papilionacée.

Aisselle. Intérieur de l'angle formé par une feuille avec un rameau, un rameau avec une branche, ou une branche avec une tige.

Alpines (plantes). Non-seulement les végétaux qui croissent dans les Alpes, mais encore tous ceux qui croissent sur les montagnes élevées.

Alternes. Rameaux ou feuilles placés alternativement des deux côtés d'une branche ou d'une tige.

Amplexicaule. Feuille dont la base embrasse la tige.

Anthère. Capsule de l'étamine renfermant le *pollen* ou poussière fécondante.

Aoûté. Se dit des jeunes branches qui ont atteint leur maturité pour résister à l'hiver.

Apétale. Fleur dépourvue de pétales, et par conséquent sans corolle.

Articulé. Muni de nœuds comme la tige des graminées.

Aubier. Les couches les plus extérieures du bois dans les arbres dicotylédons.

Axillaire. Qui part de l'aisselle.

Bacciforme. En forme de baie.

Baie. Fruit mou et succulent contenant les semences nichées dans la pulpe.

Bassiner. Arroser très-légèrement en pluie fine.

Bifide. Fendu profondément en deux.

Bilobé. Divisé en deux lobes.

Biloculaire. Qui a deux loges.

Biner. Donner un second labour. En jardinage. c'est, au bout de 8 à 15 jours, quand une plantation de légume est reprise, briser la superficie de la terre à 6 ou 8 cent. de profondeur, avec la bêche ou la binette, pour qu'elle ne se durcisse pas, et arracher les mauvaises herbes.

Bisannuel. Plantes et racines qui durent deux ans.

Blet, blette. Fruit devenu mou par excès de maturité. Fruit blet, poire blette. Les nèfles et les cormes ne se mangent que blettes.

Borner. C'est, quand on repique un jeune plant, rapprocher la terre autour avec le plantoir.

Bourgeons. Feuilles et tiges commençant à se développer.

Boutons. Yeux placés ordinairement dans l'aisselle des feuilles et au bout des rameaux. Il y a des boutons à fleurs, à feuilles et mixtes.

Bractées. Petites feuilles souvent colorées qui accompagnent la fleur sans en faire partie.

Bulbeux. Plantes dont les tiges et les feuilles sortent d'un oignon.

Bulbille. Petite bulbe qui vient dans les aisselles des feuilles de certaines plantes, ou en place de fleurs.

Buter. Amonceler la terre en pyramide autour d'une plante.

Caduc. Parties végétales qui tombent après avoir rempli leur destination.

Caïeu. Petite bulbe ou oignon se formant sur les côtés de l'oignon mère.

Calice. Enveloppe extérieure qui renferme la corolle ou les organes sexuels de la fleur; quelquefois elle est colorée; mais le plus souvent elle est de couleur verte. Dans certaines plantes, telles que les liliacées, le calice coloré remplace la corolle qui manque. Il est monophylle, ou d'une pièce; quelquefois polyphylle, ou divisé en plusieurs pièces ou folioles; caliculé, lorsqu'il a de petites écailles à sa base.

Capot. Diminutif de couche. Pour le faire, on creuse une fosse propre à contenir une ou plusieurs brouettées de fumier chaud, qu'on recouvre avec 15 à 20 cent. de terre sur laquelle on plante des melons, concombres, potirons.

Capsule. Fruit contenant des semences dans une enveloppe sèche appelée péricarpe.

Charger une couche, c'est mettre sur le fumier qui la compose la quantité de terre ou le terreau nécessaire à la culture qu'on veut y établir.

Chemise. Couverture de litière épaisse de 8 à 10 cent. qu'on met sur les meules de champignons faites dehors, pour les garantir de la lumière, de l'air, du froid et du chaud.

Classe. Les classes sont les grandes et premières divisions des plantes qui ont entre elles des rapports généraux ; elles sont subdivisées en *ordres* ou *familles* qui contiennent les *genres;* les genres sont composés d'espèces, et celles-ci ont encore souvent des *variétés.*

Coadnées. Deux feuilles soudées en une seule, comme dans quelques chèvrefeuilles.

Collet. Espèce de nœud placé entre la racine et la tige, et par lequel elles sont réunies.

Composées. On nomme ainsi les fleurs formées de plusieurs autres dans un calice commun (le soleil).

Coque. Péricarpe membraneux s'ouvrant d'un seul côté et contenant des semences libres.

Corolle. Enveloppe colorée des étamines et des pistils : *monopétale* quand elle est d'une seule pièce, *polypétale* si elle en a plusieurs; *régulière* si ces pièces ou divisions sont égales et symétriques, *irrégulière* lorsqu'elle affecte une forme bizarre, sans symétrie ni correspondance des parties entre elles.

Cotylédons. Lobes séminaux ou feuilles séminales. Quelques plantes n'en ont point et sont nommées *acotylédones* (champignons). D'autres n'en ont qu'un, et sont appelées *monocotylédones,* ou unilobées. Enfin, le plus grand nombre en a deux et porte le nom de *dicotylédones,* ou bilobées. Ces trois grandes modifications forment la base de la méthode de Jussieu.

Coursons. Branches taillées courtes, par opposition à d'autres taillées longues.

Couverture. Toute matière, paille, feuille, litière, etc., servant à couvrir pendant l'hiver les végétaux qui craignent la gelée.

Cryptogamie, de deux mots grecs signifiant *nocés cachées*, indique une classe de plantes dépourvues de fleurs, telles que les champignons, les mousses, les fougères.

Cuculé. Creusé en capuchon.

Décurrentes. Se dit des feuilles lorsque leur base se prolonge sur la tige ou sur les rameaux et y laisse une ou plusieurs saillies courantes en forme d'ailes.

Dédosser. Diviser une grosse touffe de racines vivaces en plusieurs petites touffes.

Dichotome. Se dit des tiges et des branches divisées et subdivisées de deux en deux.

Diclines, de deux mots grecs qui signifient *deux lits*. Plantes dont les organes mâles et femelles ne sont pas réunis dans la même fleur.

Digitée. Feuille imitant par ses découpures les doigts de la main.

Dioïque, de deux mots grecs signifiant *deux maisons*, pour désigner les plantes dont les fleurs femelles se trouvent sur un individu, et les fleurs mâles sur un autre.

Drageon, Jeune pousse produite par la racine très-près de la tige.

Éclater, Séparer les racines d'une plante qui pousse plusieurs tiges.

Effriter, pour effruiter. Se dit des plantes qui épuisent tellement la terre, qu'elles lui ôtent la faculté de produire.

Embryon. C'est le germe de la plante qui est comme emboîté dans les cotylédons. Il se divise en deux parties, la *radicule* et la *plumule*.

Engaînées. Se dit des feuilles lorsque leur base forme une espèce de tuyau qui entoure la tige en manière de gaîne.

Ensiforme. Feuille longue et étroite en forme d'épée.

Eperon. Prolongement corniforme placé à la base de la corolle.

Epi. Fleur attachée immédiatement sur un axe; un pédoncule commun.

Epigynes. Se dit de la corolle d'un calice ou des étamines portées sur l'ovaire ou sur le pistil.

Esherber. Oter les herbes dans une planche de légumes ou de semis.

Essimpler. Arracher ou supprimer dans un semis de

quarantaine tous les individus qui doivent donner des fleurs simples, quand le plant n'a encore que quatre feuilles.

Etamine. Organe mâle de la fleur.

Etendard ou pavillon. Pétale supérieur des papilionacées.

Etiolé. Se dit des plantes pui, privées de lumière, perdent leur coloration.

Etouffer. On étouffe des boutures, c'est-à-dire qu'on place dessus une cloche en verre, pour les soustraire à l'action de l'air et favoriser leur radification.

Exotique. D'un mot grec qui signifie *étranger.*

Faisceau. Réunion de racines, feuilles ou fleurs partant d'un même point.

Familles. Groupe de plantes réunies par des rapports naturels. Il y a en botanique des familles dans lesquelles ces rapports sont si prononcés, que les personnes les plus étrangères à cette science peuvent les apprécier : telles sont les ombellifères, les labiées, les crucifères. C'est sur cette disposition, la plus naturelle de toutes, qu'est fondée la méthode de Jussieu.

Fasciculée. Racine disposée en faisceau.

Fibreuse. Racine composée d'un faisceau de fibres.

Filet. Support de l'anthère.

Fleurs. Complète, si elle est pourvue de calice, de corolle, d'étamines et de pistil ; *incomplète*, s'il lui manque une seule de ces parties ; *hermaphrodites*, quand elles contiennent les organes des deux sexes ; *mâles*, lorsqu'elles n'ont que des étamines sans style ni stigmate ; *femelles*, quand elles n'ont que des pistils sans étamines ; *régulières*, quand toutes les parties sont symétriques, correspondantes, également distantes du centre ; autrement elles sont *irrégulières.*

Fleuron. Petite corolle régulière faisant partie d'une fleur.

Flosculeuse. Fleur composée de fleurons.

Folioles. Petites fleurs attachées le long d'un pétiole commun, et appartenant à une feuille composée.

Follicule. Fruit sec à une seule vulve s'ouvrant dans sa longueur.

Forcer une plante. L'obliger à fleurir ou à porter du fruit plutôt qu'elle ne le ferait naturellement, au risque de la fatiguer. On dit aussi *forcer* à fruit, pour dire tailler long, afin d'obtenir plus de fruits.

Fourchée. La quantité de fumier qu'on peut enlever d'un coup avec la fourche.

Friable. On dit qu'une terre est friable lorsqu'elle se divise aisément en parties très-menues par le labour. C'est une qualité.

Frutescent. Se dit d'une plante dont la tige persiste plusieurs années sans être réellement ligneuse.

Fusiforme. En forme de fuseau.

Genre. Réunion d'espèces ayant des rapports communs, et qui portent le même nom, accompagné de la désignation de l'espèce. Exemple : la sauge (genre) *cardinale* (espèce).

Germination. Résultat du gonflement opéré par l'humidité et la chaleur dans une graine semée. Les plantes provenant de marcottes, boutons ou greffes, perdent de leur faculté germinative.

Glabre. Sans poils.

Glauque. Vert bleuâtre, farineux.

Gousse ou légume. Fruit formé de la réunion de deux panneaux nommés *cosses*, et dont les semences sont attachées seulement à l'une des sutures qui forment les lignes de jonction des panneaux.

Grappe. Fleurs et fruits attachés par des pédicelles à un pédoncule commun.

Granuleuse. Racine qui a des tubercules en chapelet.

Hampe. Tige nue de plusieurs végétaux monocotylédons, terminée par des fleurs auxquelles elle sert de pédoncule.

Hastée. Feuille en forme de lance.

Hâté, hâter. Favoriser le développement des fleurs et des fruits d'une plante sans lui nuire.

Hâtif. Qui mûrit de bonne heure.

Herbacé. Plante dont la tige est molle, verte et succulente.

Hermaphrodite. Se dit des fleurs où les deux sexes (étamines et pistils) sont reunis.

Hybride. Les Grecs donnaient ce nom à l'enfant né de père et de mère de nations différentes. Par analogie, les botanistes désignent ainsi les plantes produites par le concours de plantes de variétés, d'espèces et même de genres différents. Les graines de ces plantes hybrides sont rarement fertiles.

Inerme. Sans épines.

Infère. Se dit de l'ovaire placé sous le calice.

Infundibuliforme. En forme d'entonnoir.

Irritabilité. Espèce de sensibilité que démontrent certaines plantes quand on les touche.

Jauge. Rigole qu'on entretient devant soi entre la terre labourée et celle qui ne l'est pas encore, nécessaire pour que le labour puisse se bien faire.

Labiée. En forme de lèvres.

Laciniée. Découpée en lanières.

Lactescent. Qui contient et répand par incision un suc blanc semblable au lait.

Lagéniforme. En forme de bouteille.

Lance. Partie supérieure du pétale.

Liber. Partie de l'écorce qui touche immédiatement au bois.

Ligneux. Qui tient de la nature du bois.

Limbe. Bord intérieur des fleurs en cloche ou en entonnoir.

Linéaire. D'une forme étroite et allongée.

Lobe. Grande division dans une feuille ou dans une corolle.

Macrophylle. Signifie grande feuille.

Mains ou *vrilles*. Filets simples ou divisés, au moyen desquels certaines plantes s'accrochent aux corps environnants.

Massif. Masse plus ou moins considérable de plantes ou d'arbrisseaux dans un jardin d'agrément.

Médullaire. Qui appartient à la moelle.

Meuble. Se dit d'une terre qui est douce et se divise bien d'elle-même, ou d'une terre qu'on a préparée ainsi, soit par des mélanges, soit par des labours, et en cassant les plus petites mottes.

Meule. Couche à champignons.

Monoïque. Plante qui porte sur le même pied des fleurs mâles et des fleurs femelles.

Monopétale. Se dit d'une fleur qui n'a qu'un seul pétale, c'est-à-dire dont la corolle est d'une seule pièce.

Monophylle. Calice d'une seule pièce.

Monosperme. Qui n'a qu'une graine.

Mucroné. Terminé par une pointe aiguë et courte.

Multifide (feuille). Celle dont les insertions sont très-profondes, sans aller jusqu'à la nervure du milieu.

Nectaire. Nom que l'on donne à une partie de la corolle ou de la fleur qui contient le miel que les abeilles vont y chercher.

Nervures. Saillies ou côtes fibreuses placées sous les feuilles.

Nœuds. Renflements qu'on voit sur les rameaux où il y a une feuille, un œil ou bouton, particulièrement sur le chaume des graminées.

Noyau. Loge à parois osseuses ou ligneuses contenant une amande.

OEil. Petite pointe qui précède les boutons à bois ou à fruits sur les arbres.

OEilletons. Rejetons que poussent certaines racines, telles que l'artichaut.

Officinal. Se dit d'une plante usuelle qui se trouve dans la boutique (*officina*) de l'herboriste.

Ombelle. En parasol. Fleurs dont les pédoncules se réunissent tous en un point commun, d'où ils divergent.

Ombilic. Vestiges du calice desséché sur un fruit qui a grossi. Les semences ont aussi un ombilic plus ou moins visible, par lequel elles tenaient au placenta.

Onglet. Partie inférieure du pétale où est son point d'attache ; il est fort long dans l'œillet.

Opposé. Se dit des feuilles sortant des rameaux en face l'une de l'autre.

Ovaire. Partie inférieure et renflée du pistil, destinée à devenir péricarpe ou fruit, et à contenir les semences.

Paillis. Couche de litière courte ou de fumier non consommé, épaisse de 1 à 2 doigts, que l'on étend sur les planches avant ou après les avoir plantées.

Palissade. On fait des palissades de charmille, d'ifs, etc., pour cacher certains murs désagréables à la vue. On en fait aussi, dans la culture des plantes étrangères, avec des thuyas, de la vigne et autres arbres, à l'ombre desquelles on fait certains semis, et où l'on place certaines plantes délicates que le grand soleil fatiguerait ou ferait périr.

Palmé. Divisé en cinq lobes et figurant comme une main ouverte.

Panneau. Châssis vitré qui s'adapte sur un coffre pour couvrir des plantes sur une couche.

Panneauter. Mettre des panneaux sur une couche.

Paniculé. On appelle fleurs en panicule celles qui sont disposées sur des pédoncules dont les divisions sont nombreuses et très-diversifiées. C'est une sorte d'épi lâche et flexible.

Papilionacées. Les fleurs papilionacées sont composées

de 4 à 5 pétales, dont la forme et la disposition les rendent à peu près semblables à celle du pois. Le pétale supérieur s'appelle *étendard* ; la carène est le pétale inférieur, et les pétales latéraux se nomment *ailes*.

Pectinées (feuilles). Lorsque les découpures ou folioles sont placées sur deux rangs parallèles, comme les dents d'un peigne.

Pédicule. Filet qui joint l'aigrette à la racine.

Pédicelle. Queue de la fleur réunie en grappes, ombelles, épis, et par où elle tient à un pédicule commun.

Pédoncule. Prolongement de la tige ou des rameaux qui supportent les fleurs.

Peltée. Feuille plate comme un bouclier.

Penné ou *pinné*. Feuille composée de folioles rangées de chaque côté comme les barbes d'une plume ou les nageoires d'un poisson.

Perfoliée. Feuille traversée par la tige.

Péricarpe. Enveloppe des semences. La pomme, la tête du pavot, la gousse, sont des péricarpes.

Périgyne. Se dit de la corolle ou des étamines lorsqu'elles sont insérées sur le calice autour du pistil.

Persistantes. Feuilles qui ne tombent pas pendant l'hiver ; le contraire de caduc.

Pétales. Pièce dont se compose la corolle d'un grand nombre de fleurs.

Pétiole. Support ou queue de la feuille.

Pétiolée. Feuille à pétioles.

Pincer. C'est couper avec les ongles l'extrémité des jeunes rameaux, pour les arrêter en faveur des autres branches ou des fruits.

Pinnatifide. Feuille à coupures profondes, mais n'allant pas jusqu'à la côte.

Pistil. Organe femelle de la fleur.

Pleine (fleur). Celle dont toutes les étamines et tous les pistils sont couverts de pétales.

Plumule. Rudiment de la tige ; elle forme, en se dégageant des cotylédons, un petit rameau semblable à une plume.

Pollen. Poussière fécondante contenue dans l'anthère de l'étamine.

Polypétale. Qui a plusieurs pétales.

Polyphylle (calice). Qui a plusieurs pièces.

Prolifère. Se dit d'une fleur lorsque de son milieu sort une autre fleur.

Pubescent. Garni d'un léger duvet.

Pulpe. Chair de certains fruits.

Pyriforme. En forme de poire.

Quadrifide. Fendu assez profondément en quatre.

Rabattre. Couper un arbre jusqu'à la naissance des branches. Le but de cette opération est de le rajeunir en le forçant à en pousser de nouvelles.

Radicale. Qui part de la racine.

Radicule. Rudiment de la racine.

Radiée. Fleurs à rayons.

Radification. Action de produire des racines.

Ramassé. Se dit des feuilles et des fleurs assemblées comme en faisceau.

Rampante (tige). Lorsqu'elle est couchée sur la terre, que ses tiges s'y attachent par de petites racines.

Rapprocher. Couper les extrémités d'un arbre en ne laissant à chaque branche du rameau qu'un petit nombre d'yeux. Ce rapprochement excite la sortie de nouvelles branches, et renouvelle, pour ainsi dire, l'arbre.

Ravaler un arbre, c'est couper ses branches jusque près du tronc.

Réceptacle. Espèce de base sur laquelle reposent immédiatement la fleur et le fruit. C'est en général l'extrémité du pédoncule, et ordinairement le centre de la cavité du calice.

Réchaud. Fumier neuf introduit dans une couche, ou dont on l'entoure seulement pour la réchauffer.

Rechausser une plante, c'est remettre à son pied la terre que les pluies et les arrosements en ont écartée; d'autres fois, c'est en amonceler autour des feuilles et des tiges pour les attendrir et les faire blanchir.

Réfléchi. Courbé en dehors, en parlant des feuilles ou des pétales.

Rejeton. Jeune pousse produite par une racine loin de la tige.

Remonter. Les rosiers qui fleurissent de nouveau après la saison des roses remontent ou sont remontants.

Repiquer. Lorsqu'un jeune plant a levé trop dru, on le lève, on *repique*; on replante les individus à quelques pouces les uns des autres, afin qu'ils se fortifient, jusqu'à ce qu'on les plante définitivement en place. Repiquer signifie enfoncer davantage, et c'est ce qu'on fait en mettant un jeune plant de semis en pépinière.

Replanter. Planter une seconde fois le même végétal ou le même terrain.

Rigole. Petite tranchée pour faire écouler l'eau.

Rustique. Plante qui n'est pas difficile à cultiver et résiste aux intempéries de l'hiver.

Sagittée. Qui imite le fer d'une flèche.

Sapide. Qui a du goût, de la saveur.

Sarcler. Oter les mauvaises herbes, soit à la main, soit avec un sarcloir.

Sarmenteux. Dont les tiges et les rameaux sont allongés, flexibles et ligneux, comme ceux de la vigne.

Sauvageon. Dans le sens le plus étendu, c'est tout arbre non greffé. Les pépiniéristes l'appellent *franc* quand il est provenu de semis de pépins ou de noyaux de fruits radoucis par la culture et la greffe. Dans le sens le plus étroit, c'est un arbre venu spontanément dans les bois, les haies, etc., de pépins ou de noyaux de fruits sauvages ; ses rameaux sont presque toujours armés d'épines, et ses fruits ont trop d'âpreté pour être mangés.

Semi-flosculeuses. Fleurs composées seulement de demi-fleurons.

Sépales. Divisions du calice.

Serfouir. Biner.

Sessile. Qui manque de support, qui est attaché immédiatement sur les rameaux (feuille ou fleur).

Sétacée. Feuille déliée comme une soie de porc. On la nomme aussi *capillaire* ou *filiforme*.

Sétiforme. Qui a la forme d'une soie.

Sevrer. Couper et séparer de la plante mère les marcottes lorsqu'elles ont pris racine.

Silicule. Fruit sec, arrondi, plus large que long, s'ouvrant en deux valves, et à graines séparées par une cloison.

Silique. Elle diffère de la gousse en ce que les semences sont attachées à l'une et à l'autre des sutures longitudinales des deux valves.

Sinuée (feuille). Qui a des échancrures profondément arrondies.

Spathe. Espèce de coiffe ou de gaîne dont l'office est de renfermer une ou plusieurs fleurs avec leurs enveloppes et leurs pédoncules.

Stigmate. Partie du pistil ordinairement portée sur le style, mais qui est *sessile* lorsque ce support lui manque.

Stipules. Petites productions, ou espèce d'écailles qui naissent de chaque côté, à la base des pétioles et des pédoncules.

Stolonifère. Racine qui développe des stolons.

Style. Support du stigmate.

Subulée. En forme d'alène.

Supère. Se dit de l'ovaire lorsqu'il est placé dans l'intérieur du calice.

Surgeon. Nom que l'on donne aux jeunes rejetons d'un arbuste, et particulièrement aux framboisiers.

Taller (prendre du pied). Se dit des plantes dont la nature ou l'art étale les racines et leur fait produire un plus grand nombre de drageons.

Talles. Branches qui partent du collet d'une plante et en font une touffe.

Ternée (feuille). Lorsque son pétiole porte trois folioles.

Tétragone. A quatre angles.

Tétrasperme. Qui a quatre graines.

Tige. On l'appelle *tronc* dans les arbres, *chaume* dans les graminées, *hampe* dans les oignons.

Tigelle. Tige naissante d'une graine en germination.

Tomenteux. Se dit des tiges et des feuilles chargées de poils mous et serrés.

Torche. Fourchée de fumier pliée en deux servant à border une couche.

Tracer. Se dit des racines qui se promènent horizontalement sous terre et poussent de tous côtés des rejetons.

Tubercule. Qui consiste en tubérosités : la pomme de terre.

Tubulée. Qui est percée.

Turbiné. En forme de toupie ou sabot.

Turion. OEil ou bouton naissant immédiatement sur les racines.

Tuteur. Bâton contre lequel on attache une plante faible, tortue ou mal dirigée, qu'on veut soutenir ou redresser. Il faut avoir soin d'interposer de la mousse, de la paille, etc., entre le lien, le tuteur et l'arbre, de peur que son écorce ne soit blessée par le frottement.

Uniflore. Qui porte une seule fleur.

Unilatéral. Se dit des épis dent les fleurs sont tournées d'un seul côté.

Uniloculaire. Fruit qui n'a qu'une loge.

Valves. Parties d'une cosse ou d'une capsule que la maturité fait ouvrir pour laisser échapper les semences.

Variété. On appelle ainsi une plante qui diffère des individus de son espèce, soit par son port, soit par la forme ou la *panachure* de ses feuilles, soit par le nombre ou la couleur de ses pétales. Ces différences peuvent être dues à la culture, au sol ou à une fécondation adultérine opérée par un pollen étranger, mais analogue.

Velu. Se dit des tiges et des feuilles chargées de poils. assez longs, mais séparés.

Visqueux. Glutineux, c'est-à-dire dont la surface suinte une humeur gluante.

Vivace. Se dit d'une plante qui dure plusieurs années.

Volubile. Se dit d'une tige qui s'entortille, et souvent d'un seul côté pour tous les individus de la même espèce.

Vrilles. Filets simples ou divisés, au moyen desquels certaines plantes s'accrochent aux corps environnants.

SECONDE PARTIE.

HORTICULTURE APPLIQUÉE.

PREMIÈRE DIVISION.

DU JARDIN POTAGER.

Le potager est le jardin où l'on cultive spécialement les légumes ou végétaux herbacés. Ces sortes de jardins sont extrêmement répandus, car leur utilité indispensable en a fait l'accompagnement obligé des châteaux et des chaumières. Les uns, il est vrai, ne fournissent que les plantes grossières et rustiques destinées à composer la soupe du malheureux, tandis que les autres renferment ordinairement les végétaux les plus rares et les plus recherchés de nos contrées.

Quand on peut choisir l'emplacement d'un jardin potager, il faut préférer la position du midi naturellement abritée. Les terrains meubles, légers et profonds, avec humus abondant, ni trop secs, ni trop humides, sont les meilleurs. Les marais desséchés sont extrêmement favorables à la culture des légumes.

Nous ne répéterons pas ce que nous avons dit ailleurs des engrais; ils sont indispensables pour le succès, la bonté, la quantité et la primeur des plantes potagères. Cependant il est important de bannir les engrais animalisés trop actifs, et notamment la poudrette, qui communique aux légumes un goût peu agréable. Les meilleurs sont les terreaux de feuilles, les débris de végétaux et les fumiers d'animaux bien décomposés. Il faut fumer chaque année, et souvent à chaque plantation. Dans un jardin bien cultivé, l'on doit par année, dans le même terrain, obtenir quatre ou cinq récoltes différentes; on peut même aller jusqu'à six. Voici, du reste, les récoltes que l'on peut obtenir alternativement :

1° *Première récolte :* de septembre à mai, pois d'hiver; de mai en juillet, radis, épinards, salades, concombres, pommes de terre ; d'août en novembre, navets d'automne ou bien carottes d'hiver, artichauts pour l'année suivante.

2° *Deuxième récolte :* d'août en mai : carottes d'hiver, choux d'hiver, salades de printemps repiquées en mars ; en mai : pois, fèves, haricots, lentilles, pommes de terre hâtives, navets hâtifs, épinards, radis, chicorées hâtives, melons, concombres, giraumonts.

3° *Troisième récolte :* en mars : repiquage de choux, choux-fleurs de printemps, semis de radis, de navets, d'épinards, repiquage de salades, d'oignons printaniers, qui tous cesseront d'occuper la terre en mai ; ils seront alors remplacés par des pois, des haricots, des pommes de terre hâtives, qui seront récoltées fin d'août pour laisser la place à la rotation précédente.

4° *Quatrième récolte :* en février ou mars : premier semis de printemps de pois, de fèves, de pommes de terre hâtives, qui auront fini leurs produits à la fin de juin ; on peut les remplacer par : salades d'été, chicorées, repiquage de cardons, céleri, semis d'épinards, radis, navets, semis d'autres pois, fèves, pommes de terre, haricots, s'ils n'occupaient déjà le terrain.

5° *Cinquième récolte :* en mars : plantation de topinambours, pommes de terre tardives, qui occuperont le terrain pendant toute la belle saison, mais entre les touffes desquelles on peut cultiver des oignons, des choux. On peut encore faire entrer dans cette sole les carottes de printemps, auxquelles succèdent des chicorées, des artichauts à cardes, la plantation des salsifis et scorsonères pour le printemps suivant.

6° *Sixième récolte :* semis de printemps de tous genres, qui débarrasseront la terre en août, et déjà, comme les radis, les épinards, les salades, auront fourni deux récoltes; ils céderont la place aux navets, au céleri d'hiver, ou bien à la première rotation, pour reprendre cet assolement de six ans, mais où les produits sont mêlés à ceux de la grande variété des cultures potagères.

Quant à la disposition des jardins potagers, on a l'habitude, et elle est excellente, de les diviser en *planches*, quand la disposition du terrain ne s'y oppose pas; autrement, il faudrait se conformer aux inflexions naturelles du sol, à son exposition et à sa nature. On doit réserver peu d'allées pour le passage des brouettes ; et, le long des allées aussi bien que des murs, on forme des plates-bandes de quelques pieds de largeur, et l'on plantes les arbres fruitiers au milieu.

Il ne faut pas oublier que le premier des principes de l'assolement consiste à ne jamais placer deux fois de suite la même plante dans le même endroit.

Les plantes potagères peuvent se diviser en cinq groupes principaux :

1° Végétaux dont on mange les racines ;
2° Végétaux dont on mange les tiges et les feu   es ;
3° Végétaux dont on mange les fleurs;
4° Végétaux dont on mange les fruits ;
5° Végétaux dont on mange les graines.

Végétaux à racines nourrissantes. Toutes les racines comestibles sont améliorées par une bonne culture. Il est souvent extrêmement important, dans la récolte ou l'achat des graines, de choisir de bonnes variétés et les espèces formées par la culture. Deux choses sont nécessaires pour assurer la qualité et la quantité des racines nourrissantes, une terre meuble et des sucs nutritifs en abondance. On obtient la première par de bons labours, et la seconde par des engrais abondants. Les principes nourrissants que fournissent les racines sont l'amidon et le sucre.

Pour conserver les racines alimentaires, il faut les déposer dans un endroit à l'abri de la sécheresse, de l'humidité, de la chaleur et du froid; sans cela elles se dessèchent, pourrissent, se décomposent ou se gèlent. Les caveaux sont excellents pour leur conservation.

Végétaux à tiges et à feuilles nourrissantes. Ces plantes appartiennent exclusivement au jardin potager, car elles entrent dans la composition d'un grand nombre de mets. On les mange frais, sans prendre la peine de les conserver.

Ces végétaux comprennent les *herbages potagers*, les *salades* et les *fournitures*.

Végétaux à fleurs nourrissantes. Les végétaux qui composent cette section sont peu nombreux ; cependant elle en comprend deux qui sont très-importants, les artichauts et les choux.

Végétaux à fruits nourrissants. Cette section comprend les végétaux dont les fruits se mangent crus où cuits, et

sont cependant des fruits plutôt que des légumes, cucur-
bitacés, et secondement ceux dont le fruit sert d'assaisonnement ou de fourniture, soit confit au vinaigre, soit de
toute autre façon.

Végétaux à graines nourrissantes. Cette dernière section
embrasse les légumes de toute sorte qui se recommandent
particulièrement à l'attention et portent des semences fari-
neuses. Tous appartiennent ou à la famille des légumineuses, ou à quelques plantes particulières dont les graines
ont diverses applications en économie domestique, comme
la menthe, l'anis, l'angélique.

Nous avons longtemps hésité avant d'adopter une méthode de classification pour les plantes potagères; mais,
après réflexion, nous avons pensé que l'ordre alphabé-
tique facilitant les recherches, il valait mieux le préférer.
Cependant, avant de commencer, nous allons donner la
classification du Jardin des Plantes dans un tableau qu'il
peut être utile de consulter.

*Tableau des plantes potagères classées selon la méthode
du Jardin des Plantes.*

Lyperdacées.

Truffe.

Agaricinées.

Agaric, champignon cultivé.

Graminées.

Maïs.

Cypéracées.

Souchet comestible.

Liliacées.

Ail.
— ciboule.
— civette.
— d'Orient.

Ail échalotte.
— oignon.
— poireau.
— rocambole.
— asperge.

Broméliacées.

Ananas.

Campanulacées.

Raiponce.

Composées.

Artichaut.
Cardon.
Chicorée frisée.
— escarolle.
— sauvage.

Estragon.
Laitue.
— romaine.
— vivace.
Picridie.
Pissenlit.
Salsifis.
Scolyme.
Scorsonère.
Silanthe.
Topinambour.

Valérianées.

Mâche.
Valériane d'Alger.

Convolvulacées.

Patate.

Borraginées.

Bourrache.

Solanées.

Aubergine.
Coqueret.
Morelle.
Piment.
Pomme de terre.
Tomate.

Bignoniacées.

Sésame.

Labiées.

Basilic.
Epiaire.
Hyssope.
Lavande.

Marjolaine.
Menthe.
Sariette.
Thym.

Plantaginées.

Plantain corne de cerf.

Malvacées.

Gombo.

Tropéolées.

Capucine.

Oxalidées.

Oxalis.

Capparidées.

Câprier.

Crucifères.

Chou.
— marin.
— crambe.
Cresson.
Moutarde.
Navet.
Radis.
Petsay.
Raifort.
Rave.
Roquette.
Sennebière.

Renonculacées.

Nigelle.

Polygonées.

Oseille.
Rhubarbe.

Chénopodées.

Arroche.
Bette.
Betterave.
Epinard.
Quinoa.

Basellées.

Baselle.

Amaranthacées.

Amarante de Chine.

Portulacées.

Claitone.
Pourpier.

Mésembryanthémées.

Tétragone.

Crassulacées.

Orpin.

Ombellifères.

Angélique.
Arracache.
Carotte.
Céleri.
Cerfeuil.
   — musqué.
Chervis.

Coriandre.
Fenouil.
Panais.
Perce-pierre.
Persil.

Cucurbitacées.

Benincasa.
Bonnet-d'électeur.
Concombre.
Courge.
Giraumont.
Melon.
Pastèque.
Potiron.

Haloragées.

Macre, châtaigne d'eau.

OEnothérées.

OEnothère.

Rosacées.

Fraisier.
Pimprenelle.

Papilionacées.

Arachide.
Chenillette.
Dolique.
Fève.
Gesse.
Haricot.
   — d'Espagne.
   — de Lima.
Lotier.
Pois.
   — chiche.

Ail ordinaire, *allium sativum*, L. (fam. des liliacées). Se cultive pour les bulbes (têtes ou gousses). Odeur et saveur très-fortes. Se plante en février et mars par caïeux, quelquefois en octobre. En juin, on noue les feuilles et la tige pour arrêter la séve. Quand l'ail est arraché, on le laisse une couple de jours au soleil avant de le rentrer. L'ail produit rarement des graines; il demande une terre forte; si elle était trop humide, il serait exposé à *graisser*. Il préfère le fumier de cheval à tout autre.

Ail d'Espagne. Cette espèce diffère de la précédente par les bulbilles qu'elle porte au sommet de la tige et qui servent à sa reproduction.

Ail d'Orient. Cette plante, voisine du poireau, produit une grosse bulbe qui se divise en plusieurs caïeux plus gros que les gousses ordinaires; il sent moins et est moins fort que l'ail ordinaire.

Amarante de Chine. Plusieurs espèces. Celle de France se mange comme légume. Les feuilles de l'amarante tricolore se mangent comme les épinards. La graine ne mûrit pas dans le Nord, ce qui rend sa propagation difficile.

Ananas, *bromelia ananas* (fam. des broméliacées), de l'Amérique méridionale. Les ananas se multiplient par la couronne dont le fruit est surmonté, et par les œilletons qui viennent à l'aisselle des feuilles. Ce fruit demande de la terre de bruyère pure. C'est dans le mois d'octobre qu'il faut séparer les œilletons. La multiplication et la culture des ananas est très-difficile. On les fait venir sous des châssis et dans des bâches. Quand on veut les planter, on prépare la couronne en arrachant quelques-unes des feuilles de la base, et les œilletons en rafraîchissant les racines; on les laisse faner en cet état pendant quelques jours, et ensuite on les plante dans des petits pots qu'on place sous des châssis dans des couches épaisses, et l'on arrose légèrement quand la plante commence à pousser. Six mois après, on les change de place pour les mettre dans un plus grand pot. On peut alors, si l'on veut, faire pousser les ananas en augmentant la chaleur; mais les fruits que l'on obtient ainsi sont moins beaux que dans la seconde année, et les pieds sont moins garnis d'œilletons. Mieux vaut donc attendre la seconde année; alors on rempote une troisième fois dans un vase plus grand. Il faut donner de l'air quand la température le permet, afin de chasser l'humidité; on arrosera peu l'hiver et beaucoup l'été, mais toujours peu à la fois, et en ayant bien soin de ménager les feuilles. Il faut nettoyer la plante des parties attaquées par la pourriture ou les insectes, et entretenir une chaleur d'environ 25 degrés.

La température est le principal élément de la réussite; mais il faut bien se garder de la forcer dans le commencement. Ce n'est qu'au moment de la maturité qu'il faut l'élever à 30 degrés.

Il y a plusieurs variétés d'ananas, dont voici les plus estimées : 1° A. *commun*. Il fait beaucoup d'œilletons. Le fruit est jaune à sa maturité, et varie de 1 à 4 livres. C'est le meilleur des ananas, celui que préfèrent les confiseurs et les glaciers; — 2° A. *violet de la Jamaïque*. Grande plante; fruit cylindrique, long de 28 à 30 centimètres, d'un violet sombre; chair rougeâtre, très-juteuse et excellente; — 3° A. *de Cayenne sans épines*. Feuilles sans épines, excepté à l'extrémité; fruit très-gros, pyramidal, d'abord violet, jaune quand il est mûr. C'est l'un des meilleurs fruits; — 4° A. *de Cayenne épineux*. Ressemble beaucoup au premier, mais les feuilles sont épineuses sur toute leur longueur. Le fruit a la même forme, la même couleur et les mêmes qualités; — 5° A. *Enville*. Belle plante trapue; fruit pyramidal, violâtre d'abord, et passant au jaune orange en mûrissant. C'est l'un des plus gros fruits du genre; il est assez bon; — 6° A. *de la Providence*. Plante très-vigoureuse; fruit presque rond, fort gros, devenant jaune citron à la maturité. Sa qualité est bonne, mais il n'est pas des plus fins; — 7° A. *poli blanc*. Feuille très-longue, sans épines; fruit gros, pyramidal, d'abord violâtre, ensuite jaune. Bon fruit; — 8° A. *Wolbeck*. Tige courte; fruit cylindrique, ou assez souvent plus épais au sommet qu'à la base. Ce fruit atteint de 25 à 28 cent. de hauteur, et devient jaune citron en mûrissant; il est de moyenne qualité; — 9° A. *aurore de la Jamaïque*. Fruit plus gros du haut qu'en bas, et ayant de 16 à 22 cent. de hauteur; bonne qualité; — 10° A. *du Mont-Serrat*, ayant le port de l'ananas commun; fruit pyramidal, à gros grains; bonne qualité; — 11° A. *hémisphérique*. Feuille large; fruit ovale, gros, paraissant tronqué en dessous. Il contient beaucoup d'eau, et sa qualité est moyenne; — 12° A. *pain de sucre brun*. Feuilles larges, armées d'une forte dentelure; fruit haut de 28 cent., mais peu épais, d'un jaune orangé. Bonne qualité.

Parmi les autres variétés que l'on trouve dans les collections, il faut signaler le pain de sucre bronzé, pain de sucre de la Jamaïque, demi-épineux ordinaire, demi-épineux orange, Smooth Havana, Smooth Jamaïca, Black Jamaïque, Black Antigua, Antigua vert, Java, le globe, le tardif, le Saint-Vincent.

Angélique, *angelica archangelica*, L. (fam. des ombellifères), trisannuelle. Les tiges et les pétioles de cette plante sont confites au sucre. Les graines entrent dans la composition de plusieurs liqueurs. L'angélique veut un sol substantiel, frais et bien amendé. On la sème en été; la graine doit être peu couverte, terreautée et régulièrement arrosée. Le plan monte ordinairement en graine à sa troisième année.

Arroche des jardins, *atriplex hortensis*, L. (fam. des chénopodées), ann., de Tartarie. Sert principalement à corriger l'acidité de l'oseille. Tout terrain lui convient; elle se ressème souvent d'elle-même. On en distingue trois variétés : la *blonde*, la *rouge*, et la *très-rouge*.

Artichaut, *cynara scolymus*, L. (fam. des composées). Les artichauts se multiplient par semis et par œilletons qu'on détache des gros pieds. Cette dernière méthode est la meilleure et la plus avantageuse.. L'artichaut veut une terre profonde et grasse, bien amendée et bien ameublie. Il faut défoncer profondément, et planter les œilletons à un mètre de distance les uns des autres. Il faut sarcler et arroser le plant tant qu'il est jeune, et le couvrir pendant l'hiver avec de la litière, de la fougère. On donne un peu d'air quand les gelées sont passées, et on le découvre entièrement à l'approche du printemps. Les vieux pieds ne produisent que tardivement vers l'automne, et leurs fruits sont petits, tandis que les jeunes produisent de bonne heure de grosses têtes bien nourries. Quand les pieds sont trop vieux, ils ne produisent plus que fort peu, et les artichauts sont petits et coriaces. Aussi les horticulteurs entendus renouvellent leurs artichauts tous les trois ans, soit par tiers, soit par quart. Par ce moyen, on a toujours sur les jeunes pieds de petits artichauts tendres dans l'arrière-saison.

Il est bon de placer les œilletons en pépinière et de les bien abriter, si l'on veut les conserver pour les planter en mars ou avril.

Dans les terres légères, si le sol n'est pas trop humide, on butte les artichauts que l'on recouvre ensuite de litière; mais dans les terrains forts et humides, où ils seraient

5

exposés à pourrir, on se borne à les couvrir sans les butter. L'on n'oubliera pas de choisir un temps sec pour faire cette opération.

Quand la saison de découvrir les artichauts est arrivée, il faut retrancher les œilletons superflus, les mauvaises feuilles, nettoyer les pieds, les serfouir, arroser quand il convient, et bêcher à peu de profondeur la terre qui se trouve entre chaque pied, de manière à ne pas endommager les racines.

Lorsqu'on cueille les artichauts, on coupe les tiges au niveau du sol. Quand les pieds d'artichauts ont produit de bonne heure et qu'ils sont dépouillés des tiges, bien serfouis, bien arrosés, ils produisent ordinairement une seconde récolte, pourvu que les beaux jours d'automne se multiplient, et que les pieds aient deux ans, c'est-à-dire soient dans leur plus grande force. On peut empailler en automne quelques œilletons, que l'on fait ainsi blanchir, et qui donnent des produits analogues aux cardons.

Les variétés les plus estimées sont : le gros vert de Laon, — le violet, — le gros camus de Bretagne, — le rouge, — le blanc.

Asperge, *asparagus officinalis*, L. (fam. des liliacées). L'asperge est incontestablement un des légumes les plus délicats et les plus estimés; aussi sa culture demande beaucoup de soin, d'attention et de travail. Il est indispensable d'avoir une aspergerie dans un potager bien ordonné. Or, voici les conditions dans lesquelles il faut l'établir. La première chose à trouver pour cela c'est un terrain léger, meuble et très-riche en engrais, surtout en terreau. L'emplacement une fois déterminé, on défonce le sol profondément et on le partage en fosses larges d'environ 1 mèt. 35 cent., et séparées par des berges de 65 à 70 cent. Les fosses doivent avoir au moins 50 cent. Leur fond, quand le sol est humide, doit être garni de plâtre, de gravier, de petites pierres et autres matières propres à faciliter l'écoulement des eaux. Puis on met une couche de bonne terre d'environ 10 cent., sur laquelle on place, à la distance de 35 cent. en tous sens, une griffe d'asperge bien choisie, âgée de deux ans et récemment arrachée. Cette opération doit se faire au commencement de mars. La fosse se recouvre de 20 cent. de bonne terre, terreau, fumier bien consommé et autres engrais. L'on plante des piquets auprès de chaque griffe d'asperge, pour ne pas écraser les jeunes plants en sarclant et en binant. Tel est le travail de la première année.

La seconde, à la fin de février, on découvre les asperges jusqu'auprès de la griffe, et l'on étend au-dessus trois à quatre centimètres de terreau bien consommé, et 8 cent. de fumier bien mûri et devenu presque terreau, et on recouvre le tout de 8 cent. de bonne terre. On continuera comme l'année précédente à sarcler et à serfouir avec précaution.

La troisième année, on renouvellera l'opération de l'année précédente. Cette année, on pourra, mais pendant quinze jours au plus, couper les plus grosses asperges seulement, pour ne pas affaiblir les pieds moins vigoureux.

La quatrième année, on renouvellera la même opération que la précédente, c'est-à-dire qu'on découvrira les griffes pour les recouvrir encore de 8 à 10 centimètres de fumier consommé et de 25 à 30 centimètres de terreau, et l'on coupera les plus grosses asperges jusqu'au commencement de juin. Les années suivantes, on peut sans inconvénient les couper jusqu'au 1er juillet. Désormais l'asperge a besoin de beaucoup moins de soins; il suffit, en février, de serfouir légèrement et de remplacer 5 centimètres de terre supérieure par 8 à 10 centimètres de fumier consommé, de laisser monter les asperges faibles et tardives, dont on coupe les rameaux à deux pouces au-dessus du sol vers la fin d'octobre, et de jeter sur l'aspergerie des feuilles, de la fougère et de la bruyère qu'on retire au rateau après les premières gelées. Comme les griffes ou pattes d'asperges remontent chaque année vers la surface du sol, il faut le recharger et l'élever un peu. Au bout de 15 à 20 ans, l'aspergerie a besoin d'être renouvelée; mais, comme elle est d'un bon rapport, et que l'asperge est le plus délicat, le plus nourrissant et le plus sain des légumes, on est largement dédommagé des frais et des soins par les produits qu'on obtient.

La récolte des asperges exige aussi quelques soins. On ne doit entrer dans l'aspergerie qu'avec précaution, afin de ne pas écraser sous les pieds les turions ou jeunes pousses prêtes à poindre. On les coupe à 5 ou 8 centimètres sous terre. Les meilleures variétés de l'asperge sont: l'asperge blanche ou de Hollande, — la grosse asperge violette — et l'asperge violette.

Nous n'avons pas parlé de la formation de l'aspergerie

par semis, attendu qu'elle retarde de deux ans les jouissances du propriétaire, et qu'elle n'est employée que par les horticulteurs les plus exercés. Nous n'avons pas parlé davantage des asperges de primeurs, qui s'obtiennent au moyen de couches et de châssis par divers procédés dont les deux principaux sont de chauffer les asperges sur place, ou de forcer la culture sur couches chaudes.

AUBERGINE, ou *mélongène*, *mérangène*, *mayenne*, *viédase*; *solanum*, *melongena*, L. (famille des solanées). Dès la fin de février ou dans les premiers jours de mars, on la sème sur couche chaude chargée de 10 centimètres de terreau. Sous châssis, la germination s'opère au bout de quatre jours. Huit ou dix jours après, on repique sur couches chaudes. Il faut ombrer les plants repiqués et plantés jusqu'à la reprise, et avoir soin d'arroser immédiatement la plantation. On continue exactement les arrosements. Au 15 mai, on peut découvrir les plantes et ne plus se servir des châssis et des cloches. L'aubergine ainsi traitée produit dans les premiers jours de juillet, et ses fruits sont superbes quand la mouillure n'a pas été négligée. Les fruits sont *ronds* et *pourpres* ou *blancs*; d'autres sont *ovales* et *violets*, d'autres *longs* et *pourpres*. L'espèce nommée *plante qui pond*, et qui ressemble absolument à un œuf, ne se cultive que pour l'agrément, et serait même dangereuse si on la mangeait.

BETTERAVE, *beta vulgaris*, L. (famille des *chénopodées*), bisann. Ses principales variétés sont : — B. *grosse rouge ordinaire*, à racine allongée, de forme à peu près cylindrique, le collet souvent hors de terre. C'est l'espèce la plus communément cultivée; elle réussit facilement; — B. *petite rouge* de Castelnaudary. Beaucoup moindre que la précédente; racine fusiforme tout à fait enterrée; chair d'un rouge noirâtre foncé, fine, serrée; renommée pour son excellente qualité; — B. *rouge ronde précoce*. Racine arrondie, peau d'un rouge clair; — B. *de Bassano*. Forme aplatie comme celle des turneps; peau rouge, chair blanche, veinée de rose; très-estimée dans le nord de l'Italie. C'est effectivement une des meilleures variétés pour la table; — B. *jaune ordinaire*. Allongée, grosse, très-sucrée; — B. *jaune de Castelnaudary*. Petite, très-fine de chair et de qualité; — B. *jaune ronde*, à racine très-nette et bonne. Plus hâtive que toutes les autres variétés; — B. *jaune à chair blanche*. Grosse, de forme arrondie; une des bonnes espèces pour l'extraction du sucre; — B. *blan-*

che de Prusse et la *blanche à collet rose*. Employées presque exclusivement, la première surtout, pour la fabrication du sucre ; — enfin la B. *champêtre*, ou *racine de disette*. Cultivée spécialement pour la nourriture des bestiaux.

Toutes les betteraves se cultivent de la même manière. Elles viennent en tout terrain ; mais elles préfèrent celui qui est profond, léger et fumé. Semis en rayons ou à la volée de mars en mai, selon la température du climat. On sarcle, on bine et on arrose au besoin. On récolte d'octobre en novembre les racines, que l'on mange, cuites au four, en salade ou à la sauce. On coupe les feuilles des betteraves pour les conserver, et on place les racines dans la serre à légumes ou dans un lieu sec.

Bourrache, *borrago officinalis*, L. (famille des *borraginées*). On emploie les jolies fleurs bleues de la bourrache pour orner les salades conjointement avec les fleurs des capucines et d'autres fournitures.

Capucine; *tropæolum*, L. (famille des *tropéolonées*). Est cultivée pour parer les salades. Les graines, prises encore vertes, se confisent au vinaigre et remplacent les câpres.

Cardon, *cynara cardunculus*. L. (fam. des *composées*), bisann., de Barbarie. Terre profonde, très-meuble. Semis de graines par deux ou trois en trous espacés de 1 mètre, dans lesquels on ne laisse que le plant le plus vigoureux après la levée. Arrossements fréquents en été. De septembre en octobre, on les empaille pour les faire blanchir. Quinze jours à trois semaines suffisent ; consommation immédiate ; arrachage en mottes avant la gelée ; conservation dans les serres à légumes ou en jauge pour l'hiver. Variétés : le C. *plein inerme* ; le C. *d'Espagne inerme* ; le C. *de Tours plein épineux* ; le C. *puvis demi-plein*. Ce sont les côtes ou pétioles des feuilles que l'on mange.

Carotte, *daucus carota*, L. (fam. des *ombellifères*). bisan., indig. Cette racine est la plus saine et la plus savoureuse de nos jardins. Elle acquiert d'autant plus de grosseur et de longueur que la terre est plus meuble et plus profonde, et d'autant plus de saveur que cette terre est plus légère, moins humide et plus exposée au soleil. On sème en rayons distants les uns des autres de 15 à 20 cent., afin de pouvoir fumer deux ou trois fois, jusqu'à ce que les feuilles de la plante ne permettent plus aux herbes de croître auprès d'elles. Il ne faut pas semer épais, afin que les racines puissent se développer et acquérir leur grosseur naturelle. La graine sera recouverte de peu de terre. Quand on les éclaircit, il faut choisir un temps humide ou bien arroser le terrain, pour que la racine entière puisse s'arracher. Ces éclaircis donnent des petites carottes fort bonnes à manger. On sème la carotte dès le mois de février et jusqu'au mois de mai. On sème encore en septembre pour passer l'hiver et fournir au printemps.

Les meilleures variétés sont : la rouge longue, — la rouge pâle de Flandre, — la rouge courte hâtive, — la jaune longue, — la jaune courte, — la blanche ordinaire, — la blanche de Breteuil, —la blanche à collet vert, — la blanche des Vosges, — la violette.

CÉLERI, *apium graveolens*, L. (fam. des ombellifères). Semis sur couche de janvier en mars pour primeur, et en pleine terre, sur terreau, d'avril en juin. Le premier semis se repique en place au commencement d'avril en terre ordinaire ; le second mode est le plus employé. On sème à la volée ou en rayons. On éclaircit le plant, et l'on repique en place s'il est assez fort. Pour le recevoir, on prépare une planche creusée à 50 cent. de profondeur, puis bêchée et fumée ; les éclaircis s'y plantent en rangs et en quinconce de 25 à 30 cent. de distance. On arrose de suite, et l'on continue pendant quelque temps à entretenir l'humidité. On bine et l'on sarcle avec soin. Lorsque le plant fournit, on l'arrache, on le lie, puis on l'enterre soit dans du terreau, soit dans la terre pour le faire blanchir. On prend soin de laisser le bout de ses feuilles hors de terre ; on le couvre de litière si l'on veut qu'il blanchisse trèsvite. En cet état, il ne se conserve guère plus d'un mois.

Si on l'a semé sur couche, sous châssis ou sous cloche, on le repique sur une nouvelle couche, et en avril on le replante en pleine terre. Le céleri de l'arrière-saison se butte dans les fortes gelées, si mieux on aime le conserver en serre en l'enterrant dans le sable. Les porte-graines se laissent en terre. On les butte et on les couvre de paille pendant les fortes gelées. Les graines se conservent trois ou quatre ans.

Le céleri-rave, qui mérite d'être plus généralement répandu, offre deux variétés, le blanc et le rouge. On le sème en février sur couche, pour repiquer en place ou en pleine terre en avril. On le cultive de même ; mais il a besoin de beaucoup plus d'arrossements, et l'on arrache à mesure qu'elles poussent toutes les feuilles du tour de la plante, pour ne laisser que celles du cœur. Il n'a besoin d'être ni lié ni butté. On l'arrache au commencement de l'hiver, et on le conserve en jauge ou dans la serre à légumes.

CERFEUIL, *scandix cerefolium*, L. (fam. des ombellifères), indig. et ann. — On le sème à toutes les époques, depuis mars jusqu'en septembre; au printemps, il faut choisir le midi, au pied d'un mur, et dans l'été l'ombre, au nord. La graine, qui mûrit dans l'année, se conserve trois ans. Variétés : C. frisé; — C. musqué ou d'Espagne; — C. fougère musquée.

Le cerfeuil et le persil ont beaucoup de ressemblance avec la ciguë, plante vénéneuse assez commune dans les jardins; cependant la feuille de cette plante est d'un vert plus foncé, plus lugubre, et ses tiges surtout sont le plus souvent glauques.

CHAMPIGNON cultivé, *agaricus edulis*, L. (f. des agaricinées), est la seule espèce de champignon qu'on soit parvenu, par la culture, à produire à volonté et en toutes saisons, quoiqu'on préfère cependant l'automne. Pour cela, on prépare le fumier dès juillet. Comme cette culture du champignon, source d'un très-grand profit pour ceux qui s'y adonnent, offre également les plus grands avantages pour ceux qui s'occupent d'horticulture par goût, nous allons donner un peu plus d'extension à cet article, et, afin d'être plus complet, nous allons extraire ce qui nous a paru le plus essentiel dans l'excellent *Manuel de culture maraîchère* de MM. Moreau et Deverne.

Préparation du fumier. On prend du fumier de cheval, que l'on accumule en tas pendant un mois ou six semaines, et on l'apporte dans le jardin sur une place vide, unie et ferme; là on passe tout ce fumier à la fourche, on en retire la grande litière qui n'a pas été imprégné d'urine, le foin, les morceaux de bois qui peuvent s'y trouver, car le blanc de champignon ne prend pas sur ce corps. En frappant avec le dos de la fourche sur le fumier, on le dépose devant soi en plancher épais de 65 à 70 cent. Quand le plancher, qui est presque toujours un carré long, est fait, on le piétine bien, on l'arrose abondamment et on piétine une seconde fois, puis on le laisse dans cet état pendant huit ou dix jours. Dans cet intervalle, le fumier fermente, s'échauffe, sue, et sa surface se couvre d'une sorte de moisissure blanche. Au bout de ce temps, le plancher doit être remanié de fond en comble sur le même terrain et reconstruit comme precédemment, avec la précaution de placer le fumier des bords du plancher dans son intérieur, et on le laisse encore dans cet état pendant huit ou dix jours, après lesquels il a acquis la qualité qu'il doit avoir pour entrer dans la composition des meules, qualité qui se reconnaît aux signes suivants : en le visitant à l'intérieur, on doit le trouver souple, moelleux, onctueux ou gras ; ni trop sec, ni trop humide, sans odeur de fumier et d'un blanc bleuâtre. Si le fumier ne présentait pas toutes ces conditions, il y aurait à craindre que les meules qui en seraient formées ne fussent pas très-fertiles.

Manière de monter, larder et gopter les meules. Les meules doivent avoir de 65 à 70 cent. d'élévation et être formées en dos d'âne, placées parallèlement à 48 ou 50 cent. l'une de l'autre. On apporte le fumier préparé sur la place, on le prend à petites fourchées pour le poser devant soi, en l'étendant le plus uniformément possible et appuyant également avec le dos de la fourche; on forme ainsi un dos d'âne de la largeur et de la hauteur indiquées ci-dessus. L'homme chargé de faire la meule travaille toujours en reculant, et quand il arrive au bout, la meule est terminée. Alors on la peigne, on la bat sur les côtés et sur le haut avec le dos d'une pelle, pour la rendre bien unie. Dans cet état, le fumier se réchauffe, mais il ne peut plus reprendre une grande chaleur. Quelques jours après, on sonde la meule avec la main, et si la chaleur est douce, on la larde, c'est-à-dire qu'on y met la semence de champignon. Voici comment se pratique cette opération.

Pour *larder* on fait dans le fumier de petites ouvertures de la largeur de la main sur une seule ligne autour de la meule, à 5 centimètres de terre et à 35 centimètres l'une de l'autre ; à mesure qu'on fait ces ouvertures, on introduit dans chacune d'elles une petite galette de blanc de champignon, une *mise*, comme disent les maraîchers, large de trois doigts et longue de 8 à 10 cent., et on rabat le fumier par-dessus de manière qu'elle soit bien enfermée. Quelques maraîchers mettent un second rang de blanc à 18 cent. au-dessus du premier, mais ordinairement on se contente d'un seul. Cette opération terminée, on couvre la meule de litière sèche de l'épaisseur de 10 à 12 cent. : cette couverture s'appelle *chemise*. Dix ou douze jours après, on visite les meules pour voir si le blanc a bien pris; pour cela, on soulève le bas de la chemise, on regarde aux endroits où l'on a placé du blanc, et si l'on aperçoit des filaments blancs qui s'étendent dans le fumier de la meule, on reconnaît que le blanc a pris et qu'il est bon ; s'il y a des galettes ou *mises* dont le blanc ne s'étende pas dans la meule, c'est qu'il n'était pas bon ; on les retire alors et on en met d'autres à la place. Enfin, lorsque tout le blanc est bien pris, que ses filaments s'étendent dans la meule, c'est le moment de *gopter*.

Gopter une meule, c'est la revêtir tout entière, sur une épaisseur de 3 cent., de terre très-fine et très-douce. Pour procéder à cette opération, on commence par enlever la chemise de dessus la meule, on laboure les sentiers jusqu'à la profondeur de 10 cent., on y mêle du terreau et on rend le tout aussi fin que possible ; on arrose légèrement à la pomme toute la surface de la meule, et, tant que celle-ci est humide, on y applique de la terre prise dans le sentier, et qu'on maintient un instant avec le dos de la pelle pour l'empêcher de tomber, ce qui exige de l'adresse et de la vivacité. A mesure que l'on gopte, on solidifie la terre sur la meule en la frappant légèrement avec la pelle, puis on remet la chemise. Quand les meules ont encore passé 15 à 20 jours dans cet état, on les visite pour voir si le blanc se fait jour au travers de la terre dans le bas des meules et si le grain du champignon se forme. Si tout va bien, peu de jours après il y aura des champignons à cueillir. Chaque fois qu'on en détachera, on mettra un peu de terreau dans le trou qu'aura laissé le champignon, et on remettra tout de suite au-dessus la partie de la chemise qu'on avait relevée. Quand les meules donnent bien, on peut cueillir les champignons tous les deux jours, et des meules bien gouvernées donnent ordinairement des champignons pendant deux ou trois mois ; on a même vu des meules qui, après avoir donné une bonne récolte et s'être reposées deux mois, recommençaient à produire et donnaient une seconde récolte.

Telle est la culture des champignons d'automne dans les années qui ne sont ni sèches ni pluvieuses ; mais, dans les années sèches, il est quelquefois nécessaire d'arroser la chemise pour entretenir une légère humidité dans la terre de la meule. Dans les années pluvieuses, au contraire, il faut quelquefois enlever la chemise trop mouillée pour en substituer une sèche.

Culture des champignons en cave. On prépare le fumier en planche à l'air libre, comme nous venons de le dire ; et quand il est arrivé au point convenable, on le descend dans la cave ; là on l'arrange le long du mur , de manière à former des moitiés de meule ou une meule à une seule pente. On peut aussi, pour tirer parti de l'espace , en établir sur des tablettes au-dessus des premières. Au milieu et sur le sol de la cave , les meules se construisent à deux pentes, comme celles qui se font à l'air libre ; on les larde et on les gopte , comme nous avons dit plus haut , mais on ne les couvre pas d'une chemise , parce que l'obscurité en tient lieu ; on ferme soigneusement les soupiraux et les portes, et les meules, étant à l'abri des influences atmosphériques , produisent des champignons plus longtemps que celles construites en plein air. Il faut dire cependant que les champignons ainsi obtenus ont un peu moins de valeur que ceux qui viennent dans les jardins , et surtout que ceux que la nature produit toute seule dans les prairies.

Manière de faire le blanc de champignon. Pour les horticulteurs , le *blanc* est la véritable semence du champignon , puisque c'est avec lui qu'on larde les meules. On nomme ainsi une masse de filaments blancs très-ténus qui s'enchevêtrent dans tous les sens avec le fumier de la couche où l'on cultive les champignons, dont ces filaments sont la véritable tige , tandis que le champignon lui-même n'en est que le fruit. Il paraît que ce blanc conserve longtemps sa vitalité , puisque les jardiniers en gardent souvent de dix et douze ans au sec dans leurs greniers avant de les employer à larder leurs meules. Le blanc se retire ordinairement des vieilles meules qui ont cessé de produire ; mais quelques-uns croient qu'il vaut mieux le renouveler que de l'employer immédiatement. Dans ce cas , voici comme on procède : on prépare d'abord un peu de fumier comme pour faire des meules, ensuite on ouvre une petite tranchée au pied d'un mur, large et profonde d'au moins 70 cent. , et on jette la terre sur le bord de la tranchée. On prend alors du vieux blanc qu'on divise par petits paquets et que l'on dépose , sur deux rangs , au fond de la tranchée , en les espaçant à 35 cent. l'une de l'autre , après quoi on jonche le tout de fumier. Quand on a mis partout l'épaisseur de 25 à 30 cent., on le piétine bien ; puis on remet la terre par-dessus, et on la piétine aussi. Le blanc qu'on a ainsi déposé sous le fumier ne tarde pas à végéter, et au bout de 20 à 30 jours le fumier devient une masse de blanc. On enlève alors la terre qui le couvre, puis avec une bêche on le coupe par morceaux carrés de 35 cent. de côté et de 20 à 25 d'épaisseur. On divise encore ces morceaux en deux pour faciliter leur dessiccation, et on les porte dans un grenier, où on en prend pendant quatre ou cinq ans pour larder les meules. L'époque la plus favorable pour faire ce blanc est le mois de juillet.

Les bornes de ce manuel ne nous permettent pas de nous occuper des champignons sauvages, dont voici les principales variétés : 1° champignon de couche, champignon rose ; — 2° couleuvrée, couleuvrelle, coulmelle, vertet, parasol, boutarot ; — 3° morille, jaunelet, girolle, chevrille ; — 4° oronge, dorade, jaune-d'œuf, jaserans, cadran ; — 5° mousseron ; 6° bolet, cèpe, girolle, brugnet, potiron ; — 7° morille.

Nous nous écarterons ici de notre sujet, non pas pour décrire les champignons vénéneux, mais pour dire quelques mots en passant des symptômes de l'empoisonnement par les champignons, et du traitement qu'il réclame.

Les champignons vénéneux agissent comme les poisons narcotiques, et leurs terribles effets se révèlent par des coliques violentes, des douleurs abdominales aiguës, des vomissements et des déjections alvines, enfin par des convulsions séparées par des intervalles d'assoupissement et de défaillance. C'est ordinairement la mort qui met un terme à ces souffrances, qui ont pour cause l'imprudence d'avoir ramassé et mangé quelques champignons que l'on croyait bons parce que rien ne dénotait chez eux les propriétés délétères qui se manifestent si inopinément, et vont jeter le deuil et la mort dans une ou plusieurs familles.

Les champignons sont toujours d'une digestion pénible, surtout si on les mange sans les avoir beaucoup mâchés. Très-souvent on éprouve un malaise général qui provient de l'usage immodéré des champignons, que l'on a le tort d'admettre à toute sauce.

Quant aux antidotes et au traitement de l'empoisonnement par les champignons, la première chose à faire, c'est d'appeler le médecin. En attendant l'arrivée de l'homme de l'art, voici ce qu'on peut essayer : on prendra trois ou quatre grains d'émétique, si l'on a mangé beaucoup de champignons et que les accidents soient graves. Si l'on n'a pas d'émétique sous la main, on doit boire du bon vinaigre très-fort étendu d'eau. Les huiles sont aussi excellentes dans les cas d'empoisonnement. On peut encore employer les vomitifs suivants : ipécacuanha, 24 grains délayés dans un verre d'eau, ou une once de sel de Glauber dissous dans l'eau. Les souffrances qu'éprouve le malade sont atroces, et souvent sa santé est altérée pendant plusieurs mois.

Chervis, girole, *sium sisarum*, L. (fam des ombellifères), indig. , viv. Racines charnues très-sucrées, qui se mangent comme les scorsonères. Semer au printemps ou en automne dans une terre franche et bien meuble. Arrosements fréquents. En novembre, et tout l'hiver, on fait la récolte des racines.

Chicorée, *cichorium intybus*, L. (fam. des composées). On la sème sur couche en janvier, en terre légère au commencement de mai, et en terre plus forte le reste de l'année. Les semis se font en bordure, en rayons ou à la volée. Arrosements légers et sarclage. Les graines, que l'on recueille en septembre, se conservent cinq ou six ans. Pour faire blanchir la chicorée, on l'arrache et on en fait des bottes que l'on place dans une cave, les racines enfoncées dans du sable, ou plus simplement on laisse les bottes sur le terrain, et on les couvre d'une bonne épaisseur de litière. Blanchie, elle se nomme *barbe-de-capucin*. Variétés : *chicorée commune*. — C. panachée. — C. à café.

La chicorée *endive* se sème sur couche, sous châssis ou cloche, de janvier en mars. Repiquer le plant de janvier, quand il a quatre feuilles, sur une nouvelle couche, et repiquer en place le semis de mars. Semer en pleine terre ameublie convenablement et bien paillée, depuis la mi-mars et pendant toute la belle saison. Replanter en quinconce à 30 centimètres environ. Sarcler, arroser. Quand la chicorée est assez avancée, on la lie par un temps sec ; un peu plus tard, on met un second lien au-dessus du premier. On évitera de mouiller les fleurs en arrosant. Les premiers semis peuvent se faire dès septembre sous cloche, mais sur couche froide, et, à partir de cette époque jusqu'en juin, on sème la chicorée frisée ou d'Italie. On repique sous cloche au commencemet d'octobre, et dans les premiers jours de novembre on met en pleine serre, mais sous châssis. Les graines se conservent six ou sept ans. La vieille est meilleure que la nouvelle, parce qu'elle monte moins vite.

Les variétés sont : C. frisée de Maux, — C. grande endive , — C. fine d'Italie , — C. toujours blanche , — C. fine de Rouen, ou corne de cerf, — C. escarole, — C. grande escarole, ou escarole de Hollande, — C. escarole blonde, — C. célestine ou C. courte.

Chou, *brassica oleracea*, L. (fam. des crucifères). C'est

une des plantes les plus utiles en économie rurale et domestique. Les choux demandent une bonne terre bien
amendée et bien entretenue par des arrosements et des
sarclages. Parmi les espèces potagères, on distingue, en
raison des produits qu'elles fournissent, plusieurs sortes
de choux dont la culture varie. Voici les principales :

1° Les *choux verts* sont ceux qui s'élèvent le plus, ne
pomment pas, et dont on mange les feuilles. Le semis se
fait depuis février jusqu'en juillet ; lorsque le plant est
pourvu de quelques feuilles, on le repique en place, en
bonne terre, à la distance d'environ 60 à 65 centimètres.
Pendant l'été, on sarcle et on arrose de temps en temps,
et à la fin d'août on commence à couper les plus grandes
feuilles pour les bestiaux ; bientôt on coupe la tige pour la
manger.

Variétés : C. *vert à larges côtes*, que l'on cultive pour
manger les côtes, comme les cardons ; C. *de Beauvais*,
dont les côtes ont souvent la largeur de la main ; C. *blond
à grosses têtes* ; C. *pancalier* ou *vert frisé* ; C. *frisé, panaché, tricolore*, etc., dont on mange la feuille entière ;
C. *crépu*, qu'on mange crû ; C. à *jet* et à *rejet* ou à *petites
pommes*, et le C. de *Bruxelles*, qui le long de leur tige,
dans les aisselles des feuilles, fournissent de petits choux
frisés très-délicats ; ceux de la dernière espèce ont besoin
d'être frappés de la gelée pour être tendres.

2° Les *choux pommés* ou *cabus* sont ceux dont les feuilles
très-grandes enveloppant d'abord le commencement de la
tige, et se recouvrant ensuite les unes les autres, forment
une tête arrondie, dure et serrée : ce sont les plus généralement cultivés. Les semis de cette sorte se font soit sur
couche pour obtenir des primeurs au mois de février ou
mars, soit en pleine terre au commencement d'août, soit
enfin à l'automne, aussi en pleine terre, pour obtenir des
produits précoces. On repique le plant en pépinière pour
le mettre en place au printemps. Les travaux d'entretien
des choux sont des sarclages. Ces choux pommés craignent
la pourriture et un peu la gelée ; il faut donc les mettre en
serre à l'approche des froids : pour cela, on arrache les
pieds et on les enterre dans du sable, en les couchant les
uns sur les autres.

Variétés : C. *cabus* proprement dits, à feuilles lisses ; ce
sont, en commençant par les plus précoces : le C. *cabbage*
très-petit, le C. *hâtif d'York*, le C. *pain de sucre*, le C. de
Bonneuil, le C. *pommé* à tête ronde, très-serré, le plus

cultivé, avec le C. *commun* ou *cabus* à tête fort large,
aplatie ; le C. *rouge*, de couleur violette ; le C. *quintal* ou
d'Allemagne, souvent d'un volume énorme : c'est principalement avec cette variété qu'on fabrique la *chou-
croûte*. Les autres variétés, les choux *frisés* ou de *Milan*,
ont les feuilles frisées ; ce sont, en commençant par les
plus hâtifs : le C. *hâtif de Milan*, le C. *Milan* court ou
trapu, à tête aplatie, à feuilles bleuâtres ; le C. de *Milan
d'été*, à tête également aplatie ; le C. *Milan doré*, de forme
ovale ; le C. *Milan* proprement dit, à tête ronde, d'une
odeur très-forte ; c'est celui qui se conserve le mieux pendant l'hiver.

3° Les *choux-fleurs* sont ceux dont les rameaux et les
fleurs ont pris un développement forcé et forment tête
par leur réunion ; ils sont très-délicats et fort recherchés.
La culture des choux-fleurs demande beaucoup de soins :
il est d'abord indispensable d'abriter avec de la litière les
semis d'automne, destinés à être repiqués à la fin d'avril
pour être mangés en juin ; on fait ensuite succéder les
semis et les plantations de façon à obtenir des produits
non-seulement pendant la saison de la végétation, mais
aussi pendant l'hiver. Les choux-fleurs demandent un sol
terreauté, bien fumé et entretenu dans une douce humidité. De nombreux sarclages et buttages sont nécessaires.

Cette sorte de choux est partagée en *choux-fleurs* et en
brocolis ; les premiers offrent les variétés : C.-f. *dur* ou
d'*Angleterre* ; le C.-f. *demi-dur* de *Hollande ;* le plus
commun est le C.-f. *tendre* ou de *Chypre*, de *Malte*. On
distingue parmi les *brocolis :* le B. *commun* à feuilles
bleuâtres, à tête verte ; le B. de *Malte* à feuilles frangées,
à tête violette ; le B. *blanc* à tête blanche. Les Anglais en
distinguent un grand nombre de variétés, et estiment
beaucoup ce légume.

4° Les *choux-raves* sont ceux dont la tige est considérablement développée et renflée ; ils sont fort peu cultivés,
et cependant cette partie est aussi délicate que le chou-
fleur. Ils se cultivent absolument de la même manière, et
exigent encore plus d'eau pour être tendres. Variétés :
C.-r. *commun* ou de Siam, dont le renflement a jusqu'à
un décimètre et plus de diamètre ; le C.-r. violet, encore
plus gros ; le C.-r. jaune.

Chou marin, crambe maritime, *crambe maritima*, L.
(fam. des crucifères), indig. Terre sablonneuse bien fumée. Semis en mars, en pleine terre, de graines recueillies

en août, et qui ne lèvent plus quand elles ont plus d'un an. Plus ordinairement on multiplie par œilletons ou tronçons de racines, qu'on met reprendre dans de petits pots sur couches tièdes. On replante en pleine terre, en lignes, à 65 centimètres de distance. On préserve des tiquets en jetant de la cendre sur les feuilles. Au mois d'octobre, on enlève les feuilles sèches, et l'on charge de deux pouces de terreau que l'on recouvre d'une bonne couche de fumier consommé. Continuer de même la seconde année, et à la troisième on butte pour faire blanchir les feuilles et les jeunes tiges, qui se mangent comme les choux-fleurs. On se borne, quand on veut récolter peu à la fois, à recouvrir les œilletons à blanchir avec un pot à fleur renversé. L'essentiel, en les coupant, est de ménager les yeux du collet de la plante, qui sans cela ne repousseraient plus. Une planche ainsi ménagée dure dix ans.

CIBOULE commune, *allium fistulosum*, L. (fam. des *liliacées*). Plante vivace; terre légère, substantielle et terreautée. Sarcler, arroser. Pour en avoir en hiver, arracher en novembre, mettre en jauge, recouvrir de litière. — La C. *vivace* se multiplie par éclats de touffes au printemps et en automne. On les plante à 7 ou 8 pouces de distance. Arrosements modérés dans les chaleurs.

CIBOULETTE, CIVETTE, APPÉTIT. A. *Schœnoprasum*, L. Indig., viv. Se multiplie par ses caïeux, que l'on sépare en mars pour les mettre en planche, ou plus ordinairement en bordure. Elle aime une bonne terre, une exposition chaude et quelques arrosements en été.

CITROUILLE, COURGE, *cucurbita*, L. (fam. des cucurbitacées). Les plantes de ce genre sont les moins exigeantes pour la culture. Terre légère, terreautée et fumée. Un très-grand nombre d'espèces et de variétés de ce genre, ainsi que celui de la *coloquinte*, avec laquelle on les confond souvent, ne sont cultivées qu'à cause de la singularité, la variété, la bizarrerie des formes et des couleurs de leurs fruits; mais beaucoup cependant le sont pour leurs fruits, qu'on mange cuits. On distingue dans les courges les espèces jardinières suivantes :

1° *Potiron*. Espèce à grandes branches rampantes qui couvrent un grand espace de terrain. Fruits volumineux, écorce lisse, ordinairement jaune, quelquefois verte.

2° *Citrouille*. Se nuance avec le précédent ; cependant, en général, les fruits sont plus arrondis ; chair blanche ou grise ; qualité inférieure à celle du potiron.

3₀ *Giraumont.* Plusieurs variétés: le G. *vert,* très-volumineux, bosselé; le G. *noir,* très-rond; le G. *turban,* rond, à côtes de couleur orangée; le G. *blanc,* fort petit; le G. *vert tendre,* moucheté à bandes, etc.

4° *Mélopépon, patisson, bonnet-d'électeur, artichaut de Jérusalem* ou *d'Espagne.* Se distingue des autres courges en ce que ses rameaux ne sont pas rampants, mais fléchissent seulement sous le poids des fruits. Ceux-ci varient beaucoup de forme et de couleurs; ordinairement ils sont jaunâtres, à côtes, renflés à la base, arrondis à l'extrémité. Ils sont tendres, délicats et fort bons à manger, surtout frits.

5° *Pastèque,* melon d'eau. Fort peu cultivé dans nos climats, où son fruit est un peu fade. Son fruit est vert, souvent moucheté de jaune.

6° *Mélonée, citrouille musquée de Marseille.* Egalement fort peu cultivée; présente une variété infinie de formes et de couleurs. Sa chair est assez ferme, d'un goût musqué.

Concombre, *cucumis sativus,* L. (fam. des *cucurbitacées*). Il se cultive et taille absolument comme le melon. Si l'on tient à ne recueillir que des cornichons, on peut semer en pleine terre, à exposition chaude, de la mi-avril à la mi-mai, dans des trous remplis de fumier recouvert de 20 centimètres de bon terreau. On arrose, et quand les tiges sont assez longues, on les pince sur cinq ou six yeux. Les principales variétés sont: *blanc hâtif, — hâtif de Hollande, — blanc long, — blanc de Bonneuil, — jaune long, — vert long, — petit long, — noir à bouquet, erada, — serpent* ou *luffa.*

Corne de cerf (plantain), *plantago coronopus,* L. (fam. des *plantaginées*), petite plante ann., indig., dont les feuilles s'emploient comme fourniture de salades. Terre légère. Semer en place en mars.

Cresson de fontaine, *sysymbrium nasturtium,* L. (fam. des *crucifères*). Indig., très-commun dans les fontaines et les ruisseaux. Les feuilles composent des salades, ou servent d'accompagnement aux viandes bouillies ou rôties. On peut cultiver pour le même usage le *cochlearia,* plusieurs espèces de *thlaspi* dites *cresson alénois,* le cresson *d'Amérique,* et d'autres plantes de la même famille. Celles que nous venons de citer ont beaucoup de rapport avec le cresson, mais n'exigent pas autant d'humidité. Les crucifères renferment encore beaucoup de plantes qu'on peut utiliser en salades ; ce sont notamment les *sénevés blanc* et *noir*, la *navette*, fort cultivée en grand, la *roquette*.

Dent-de-lion (pissenlit), *leontadon taraxacum* (fam. des composées). Semis en bordure ou en planche un peu dru, au printemps, en terre fraîche et franche. En janvier ou février, recouvrir de 10 centimètres de vieux terreau ou de terre légère pour le faire blanchir. Les graines se récoltent à mesure qu'elles mûrissent.

Echalotte, *allium ascalonicum* (fam. des liliacées). S'emploie comme l'ail. Sa croissance est fort rapide, et on peut la récolter au commencement de l'été. Elle demande une bonne terre légère, et à être fort peu enfoncée dans la terre dans la plantation et le repiquage.

Epinard, *spinacia oleracea*, L. (fam. des chénopodées), de l'Asie septentrionale. Terre meuble, fumée, humide. Semis à la volée ou en rayons depuis mars jusqu'à la fin de septembre. Arrosements copieux. On cultive : E. *à feuilles de laitue*,—E. *Gaudry*,—E. *rond de Hollande*, —E. *piquant d'Angleterre*.

Estragon, *artemisia dracunculus*, L. (fam. des composées). Terre meuble, légère, franche. Au printemps, multiplication de boutures ou d'éclats de pied. Couverture l'hiver.

Fève de marais, *faba major* (fam. des papilionacées). Terre substantielle, meuble et bien fumée. Semis en rayons ou en touffes, de février en mai. On les couvre peu, mais on rechausse en binant. Après la fleur, on pince toutes les sommités pour augmenter le volume des fèves. Variétés : F. de *marais ordinaire*, — F. de *Mazagan*,—F. de *Windsor*,—F. *julienne*,—F. *naine*,— F. *hâtive*,— F. *toujours verte*,—F. *violette*,—F. *petite Sibérie*.

Fraisier, *fragaria*, L. (fam. des rosacées). Cette plante fournit du collet de sa racine de nombreuses feuilles, des tiges presque nulles donnant naissance aux pédoncules des fleurs, aux *coulants, filets, traînées* ou *stolones*, sorte de rameaux traînants qui développent des bourgeons et des racines ; enfin les œilletons, espèce de tiges latérales d'autant plus abondantes que les traînants le sont moins. La fraise est le réceptacle toujours bombé, arrondi, convexe, charnu et succulent, entouré du calice et portant les graines. La saveur de ce fruit est douce, sucrée, parfumée, très-agréable. Les fraises sont assurément un des mets de dessert les plus agréables ; elles n'ont guère d'autre usage que d'être mangées crues, soit isolément, soit avec du sucre, soit mélangées avec d'autres fruits, tels que groseilles et framboises. On ne doit les cueillir qu'à parfaite maturité, et leur laisser la queue et le calice, à moins qu'on ne les serve sur la table en les cueillant.

Les fraises se multiplient par semence, le plus habituellement par coulants ou filets, et quelquefois, quand ceux-ci manquent, par œilletons.

1° *Multiplication par graines.* Quand on veut reproduire les fraisiers par ce moyen, on choisit les plus belles fraises, qu'on laisse bien mûrir ; vers la fin de juin, on les écrase dans l'eau, et, au moyen de nombreux lavages, on extrait les graines, que l'on fait un peu sécher, et que l'on mêle à de la terre très-fine. On prépare la terre qui doit recevoir cette semence en l'ameublissant soigneusement, et de manière à ce qu'elle soit très-douce, très-divisée, bien terreautée et bien égalisée au rateau. On mouille avec l'arrosoir à pomme sans battre le sol ; on sème sur cette terre humide, et l'on tamise par-dessus, pour la recouvrir, seulement du terreau le plus fin ou de la terre de bruyère. Ce semis demande l'endroit le plus chaud du jardin ; mais on l'abritera du soleil et du grand vent par les paillassons. On bassine souvent pour que la terre ne sèche pas avant que la graine soit levée. Au bout d'une quinzaine, le plant lève, et on peut le repiquer, soit en place, soit en pépinière, à l'âge de six semaines ou de deux mois.

2° *Par coulants.* Presque tous les fraisiers donnent des coulants ou filets qui s'allongent au loin sur la terre, et de distance en distance sont garnis de nœuds où se développent alternativement autant de petits fraisiers qui servent à multiplier l'espèce. Quand on ne veut pas se servir des coulants, on les détruit, car ils affaiblissent les pieds mères et nuisent à la récolte ; mais, quand on en a besoin, on leur donne l'essor en août et septembre. Les plants qu'ils produisent sont bons à lever et à mettre en place en octobre.

3° *Par éclats.* On divise les gros pieds en en séparant les œilletons qui les composent, de manière à ce que chaque éclat conserve quelques racines pour en faciliter la reprise. Cette manière s'emploie surtout pour les fraisiers qui n'ont pas de coulants.

Les fraisiers se plantent ordinairement en planches ou en bordure. La terre doit être bien ameublie et bien amendée avec du fumier réduit en terreau. Plus la terre est douce, chaude et exposée au midi, plus la récolte est hâtive et abondante. En bordure, il faut espacer les pieds de 30 à 35 centimèt., et même de 40, selon les espèces. Quand on plante en planche, c'est toujours en quinconce. On plante les fraisiers en mars et avril, ou bien en septembre et octobre. Les premiers soins sont des sarclages, binages, des mouillures à propos et la suppression des coulants. La seconde année, au printemps, après avoir enlevé les feuilles mortes et les coulants, on donne un léger labour et on terreaute ; puis plus tard, et selon le besoin, on bine, on sarcle, on mouille et on supprime exactement les coulants jusqu'en août. A cette époque, si l'on a besoin de plant, on laisse venir les coulants pour s'en servir en octobre. Les fraisiers ne rapportent abondamment, pour l'ordinaire, que les 2e et 3e années ; et si l'on veut avoir de belles et bonnes fraises, il est indispensable de renouveler son plant tous les deux ans. Si on les renouvelle moins fréquemment, il faut au moins déchausser les pieds et bien les garnir de bon terreau.

Le ver blanc (hanneton) est extrêmement friand des racines de fraisier ; on s'aperçoit qu'il les mange quand leurs feuilles se fanent sans raison apparente : il faut fouiller au pied et tuer le ver. Si le fraisier n'est pas trop malade, on le replante et on le mouille de suite.

La grande récolte des fraises est pendant tout le mois de juin. On prétend que Linné s'est guéri de la goutte en mangeant beaucoup de fraises.

Voici les principales espèces de fraisiers :

1° *Fraisiers francs* ou à fleurs complètes et fécondes : tous ont le feuillage ridé, un peu velu, d'un vert tendre. Les principales variétés sont : le F. *des Alpes* ou *de tous les mois*, qui fleurit depuis le printemps jusqu'aux gelées, et fournit des fruits pendant huit mois de l'année, lorsqu'il est bien exposé ; quelques jardiniers en cultivent sous châssis pour l'hiver, et cette culture n'est pas bien difficile. Le fruit de ce fraisier est d'un rouge vif, ordinairement de forme irrégulière ; — le F. *des Alpes blanc*, semblable, à la couleur près. Pour obtenir des fraisiers des Alpes leurs abondants produits, il faut les multiplier de semence au printemps, en terre riche. Lorsque le plant est d'une certaine force en juillet, on le repique dans un lieu abrité, en bonne terre humide ; bientôt il se charge d'une abondante moisson de fruits. Ce semis doit être renouvelé souvent, ces fraisiers demeurant rarement productifs pendant plus de deux ans ; mais l'agrément de posséder cet excellent fruit de mai en décembre dédommage largement de la peine que l'on se donne. Les autres variétés de fraisiers francs sont : le F. de *Gaillon*, ou des *Alpes sans filets*. Variété très-précieuse, qu'on multiplie par le moyen des œilletons. Il doit être chaussé chaque année ; le F. *des bois* ou *commun*, à fruits rouges, ordinairement arrondis, souvent aplatis ou irréguliers ; le même à *fruits blancs* ; le F. *fressan de jardin* de *Montreuil*, à fruits nombreux, gros, allongés, comprimés, souvent monstrueux ; le même *blanc* ; le F. *buisson* ou *sans coulants*, à touffes très-fortes, un peu élevé, à filets remplacés par des œilletons, à fruits rouges, de moyenne grosseur ; le même *blanc*.

2° *Fraisiers caperons*. Stériles de diverses manières, la plupart dioïques. Les principales variétés sont :

Le *majaufe de Champagne*, ou F. vineux. D'un rouge foncé, fruit anguleux ; le *majaufe de Provence*, ou F. de *Bargemont*, *bifère*, qui donne deux récoltes, une au printemps, l'autre à l'automne ; fruits ordinairement ronds, peu colorés.

Le *breslingue borgne* ou *coucou*. Très-commun dans les bois, constamment stérile, important à connaître pour le rejeter des plantations ; il a des feuilles fortes, très-ridées, très-velues ; le *breslingue noir*, ou F *à 5 feuilles*, à fruits verts lavés de rouge, avortant fréquemment ; le *breslingue d'Ecosse*, ou F. *vert d'Angleterre*, à fruits d'un vert pâle légèrement teint de rouge, avortant fréquemment, à pulpe ferme, très-juteux ; le *breslingue de Suède*, ou F. *brugnon*, à fruits ronds, d'un vert brillant, teints d'un rouge foncé ; il perd ses feuilles pendant l'hiver.

Les *caproniers*, ou F. *d'Amérique*, tous dioïques. On remarque parmi eux : la F. *écarlate de Virginie*, ou *capron*, à feuilles lisses, d'un vert foncé ; à fruits ronds, écarlates, abondants, mûrissant en peu de temps ; le *frutillier*, ou F. *du Chili*, à fruits de la grosseur d'un œuf de poule, d'un rouge brillant : on ne possède que des pieds femelles, en sorte qu'il faut féconder les fleurs artificiellement en plantant à côté des F. ananas ou de Bath ; le F. *ananas*, à feuilles velues, à fruit rond, d'un jaune rougeâtre, souvent violet, très-parfumé, exquis ; le F. *de Bath*, à feuilles lisses, d'un vert foncé, à fruits plus gros que le pouce, de couleur rose blanche, le plus souvent ronds, d'un parfum quelquefois peu agréable.

Cette classification fort simple avait été proposée par Duchesne, qui a laissé une excellente monographie du fraisier, dont il s'était particulièrement occupé; elle n'a point été adoptée par les horticulteurs, qui ont admis la classification suivante des fraisiers :

1° F. *communs*. Feuillage blond, petit ou de moyenne grandeur; fleurs petites, fruits ronds ou oblongs, très-sapidés. — 1° F. des bois; — 2° F. de Montreuil; — 3° F. des Alpes; — 4° F. de Gaillon; — 5° F. de buisson; — 6° F. à fleurs doubles; — 7° F. à une feuille.

2° *Les étoilés*. Feuillage petit, vert sombre ou bleuâtre; hampe grêle, fleur petite, hermaphrodite ou unisexuelle; calice rabattu sur le fruit et formant une étoile; fruit rond, petit, diversement coloré et de diverses saveurs, faisant un petit bruit quand on le détache, d'où leur autre nom de *craquelins*. — 1° F. de Bargemont; — 2° F. hétérophylle, F. vert; — 3° F. de Champagne (vineuse de Champagne); — 4° F. à petites feuilles.

3° *Les caproniers*. Feuillage d'un vert blond, grand, royal, velu; hampes droites, fortes; fleurs moyennes, hermaphrodites ou unisexuelles; calice relevé; fruits gros, arrondis, rouge foncé, saveur particulière, souvent musquée. — 1° Capron royal; — 2° capron mâle; — 3° capron commun.

4° *Les écarlates*. Feuillage très-grand, vert bleuâtre; fleurs petites et moyennes, unisexuelles et hermaphrodites; fruits petits et moyens, écarlates, plus hâtifs que dans les autres races en général, et ordinairement moins soutenus par la tige; calice rabattu sur le fruit, graines enfoncées dans de grandes alvéoles. — 1° F. de Virginie; — 2° F. Rosberry; — 3° écarlate oblongue; — 4° Grimstone; — 5° écarlate américaine; — 6° duc de Kent.

5° *Les ananas*. Feuillage très-grand, folioles plus larges que les écarlates; fleurs très-grandes, hermaphrodites; calice rabattu sur le fruit, qui est gros, arrondi, allongé, rouge rose, très-succulent, variable dans son parfum. — 1° F. de Caroline; — 2° F. de Bath; — 3° F. ananas; — 4° ananas rouge; — 5° F. Downton; — 6° F. de Keen; — 7° F. Myatt; — 8° F. Elton.

6° *Les chiliens*. Feuillage soyeux, moins élevé que celui de la race précédente; fleurs très-grandes, unisexuelles ou hermaphrodites; ici les fruits se redressent pour mûrir, tandis que tous les précédents s'inclinent dans la maturité.

— 1o F. du Chili ; — 2o F. de Paris, — 3o F. superbe de Wilmot.

HARICOT, *phaseolus*, L. (fam. des papilionacées). Ann. de l'Inde. La culture du haricot est des plus faciles. Cette plante aime beaucoup l'engrais consommé. Une terre douce, légère et un peu fraîche est celle qui lui convient le mieux. Dans les terrains argileux et compacts, il faut plus de façons et plus d'engrais, semer plus tard et couvrir peu la semence. Dans les terrains légers, on commence vers le 20 avril de petits semis d'espèces hâtives ; mais la grande saison est pendant la première quinzaine de mai : il ne faut guère passer cette époque, quand on veut récolter en sec, si ce n'est pour les espèces hâtives. Les semis pour haricots verts peuvent se continuer pendant tout juillet, jusque même vers le 10 août.

Dans les terres légères, on sème les haricots par touffes, pour ombrager les pieds et conserver plus d'humidité. Dans les terres fortes, au contraire, il est préférable de semer en ligne, grain à grain, à 8 cent. environ de distance, avec un intervalle de 30 à 40 cent. entre les lignes. Si l'on sème par touffes, on ne doit mettre que 5 à 6 grains dans chaque trou. Si les pluies tassent la terre et forment à sa surface une croûte qui s'oppose à la levée des haricots, il faut la rompre afin de faciliter la sortie des jeunes plantes. On donne au moins deux binages, au second desquels on doit rechausser légèrement ; il faut éviter de travailler les haricots lorsque les feuilles sont mouillées, ce qui les exposerait à rouiller et nuirait à la plante.

On distingue deux espèces principales de haricots : ceux qui ont besoin de rames et ceux qui sont nains. Tous les deux sont universellement recherchés, et sont de tous les légumes les plus fréquemment employés, soit en vert, soit en sec. Cette classe offre un grand nombre de variétés.

1o *Haricots à rames.* H. de *Soissons*, blanc, plat et gros, excellent en sec ; H. *prédome* ou *prodomet*, soit blanc, soit jaune, à petit grain, presque rond, délicat, et dont on mange jusqu'au parchemin, à moins qu'il ne soit tout à fait sec ; H. de *Prague*, soit rougeâtre, soit bicolore, tardif, montant à une grande hauteur, d'une bonne production, sans parchemin ; le H. *sabre*, blanc et plat, excellent pour le goût et pour la fécondité de ses produits, montant haut, offrant de longues et larges cosses; il est, dans beaucoup de terrains, préférable au haricot de Soissons; le H. *Sophie*, à grain blanc et gros, bon surtout en vert, sans parchemin; le H. *riz*, petite variété à grain blanc et presque rond; productif et délicat, même sec.

2° *Haricots nains* ou sans rames. H. *flageolet*, ou H. nain hâtif de Laon, très-précoce, très-nain, et bon, surtout vert, pour primeurs; H. *nain de Soissons*; H. *nain blanc*, H. *sabre nain*, tous deux sans parchemin, mais peu propres aux terrains humides, parce que les cosses tombent jusqu'à terre; le H. *nain blanc d'Amérique*, sans parchemin; le H. *Suisse*, soit blanc, soit rougeâtre, soit gris; le H. *gris de Bagnolet*, le meilleur pour être confit et conservé; le H. *ventre de biche*; le H. *noir*: le H. *rouge d'Orléans*, bon en sec; le H. *nain jaune du Canada*, excellent en grain, vert et sec.

Dolic. Cette plante, d'un genre voisin de celui des haricots, fournit, surtout dans les pays chauds, plusieurs espèces et variétés qui forment un bon aliment. L'espèce la plus répandue en Europe est le *dolic à onglet* ou à œil noir, nommé en Provence *mongette* et *bannette*. Il est estimé et d'un bon produit; mais il vient difficilement à maturité sous le climat de Paris. Le D. *d'Egypte* ou *lablab*, qui se cultive en Egypte, n'est pas moins difficile et n'est cultivé dans nos jardins que comme plante d'agrément. Enfin, le D. *à longue gousse*, que la longueur extraordinaire de ses cosses, étroites, charnues et bonnes en vert, fait admettre dans les jardins d'amateurs ou au pied des murs, à une exposition chaude, mûrit beaucoup mieux que les précédents.

Laitue, *lactuca sativa*, L. (fam. des composées). Deux variétés principales ont donné naissance à deux divisions : les *laitues pommées* et les *laitues romaines* ou chicons. Les premières se distinguent à leur forme arrondie, et les autres à leur forme allongée. Le cœur des secondes se développe plus aisément, et elles ont une saveur plus douce. Les laitues fournissent les salades les plus estimées, et l'on en fait une immense consommation. On s'en procure dans toutes les saisons.

Dès que les gelées ne sont plus à craindre, jusqu'en juillet, dans une terre meuble, riche, et qu'on arrose de temps en temps, on peut semer les laitues; elles fourniront leurs produits pendant toute la saison de végétation.

Pour l'hiver et le commencement du printemps, dans un lieu bien exposé et bien abrité, ou mieux sur couche et sous châssis, on sème en automne et dans le courant de l'hiver. Les semis d'automne, qu'on doit abriter pendant les fortes gelées avec de la litière, sont destinés à fournir des salades pommées au commencement du printemps. Les semis d'hiver sont destinés à être consommés dès que les jeunes plants ont quatre ou cinq feuilles. Ils doivent donc être faits fort drus : ce sont ceux-ci qu'on place principalement sur couche.

1° *Laitues pommées*, dont le cœur durcit et blanchit sans qu'il soit nécessaire de lier la plante. Les variétés de cette sorte sont fort nombreuses. Voici les principales : L. *d'Autriche*, fort grosse ; L. *cocasse*, à feuilles d'un vert foncé et brûlées ; L. de *Versailles*, d'un vert tendre : ces variétés montent difficilement, et par conséquent sont plus particulièrement cultivées pendant l'été ; — L. *gotte*, très-petite ; la plus cultivée sur couche pour être mangée fort jeune ; L. de *Batavia*, fort grosse, à feuilles frisées ; L. *coquille*, qui résiste le mieux au froid. — Parmi les *blondes* ou mouchetées de jaune et de brun : L. *grosse blonde*, à grandes feuilles très-bullées ; L. de *Gênes* ; L. *paresseuse*, qui monte difficilement ; L. *passion*, qui résiste bien au froid ; L. *royale*, L. *d'Italie*, L. *petite crêpe*, aussi d'hiver. Parmi les *flagellées* ou mouchetées de rouge : L. *grosse rouge*, d'un vert rembruni par le rouge ; L. *Berg-op-Zoom*, robuste ; L. *mousseronne*, très-frisée ; L. *sanguine* ou flagellée ; L. *à feuilles de chêne*, volumineuse, agréable par son feuillage découpé.

2° *Laitues romaines*, ou simplement romaines, chicons. Ces laitues sont très-délicates et ont un goût excellent. Leurs feuilles sont longues, droites, concaves, cassantes, non bâclées. On doit les lier pour les faire blanchir. Les variétés préférables sont : la *romaine* hâtive, qu'on cultive en hiver ; la R. *verte*, la plus grasse ; la R. *grise*, précoce ; la R. *blonde*, la R. *rouge*, la R. *panachée*.

Lentille commune, *ervum lens*, L. (fam. des papilionacées). Midi de la France. On sème en touffes et en rayons, rarement à la volée. Elle se plaît et produit davantage dans les terrains secs et sablonneux ; elle donne beaucoup d'herbes et peu de semences dans les terrains gras. Semer fin mars et avril. Variété : *lentille à la reine*, ou L. *rouge*. Donne une graine beaucoup plus petite, rousse, bombée, et plus estimée dans certains cantons.

Mache, *boursette, doucette, blanchette; valeriana locusta*, L. (fam. des valérianées). Cette petite plante est touffue ; ses feuilles sont nombreuses et d'un vert foncé ; sa saveur, bien que peu prononcée, est douce et agréable. On la rencontre partout dans les champs ; elle ne demande, pour ainsi dire, aucune sorte de culture, et il suffit de répandre ses graines, qui se conservent aux moins six ans, dans les jardins, ou de l'y laisser grainer, pour l'y rencontrer abondamment. En lui donnant un peu d'engrais et en ameublissant le terrain, on augmente sa grosseur. La M. *d'Italie* est une variété dont les dimensions sont un peu plus considérables. La M. *ronde* est beaucoup plus étoffée et meilleure que la commune.

Maïs, *zea maïs*, L. (fam. des graminées). Le maïs est cultivé en grand, surtout dans les contrées méridionales, pour la farine que renferment ses graines. La polenta, principale base de l'alimentation des Piémontais, est faite avec la farine de cette plante. Nous avons admiré, dans les campagnes qui avoisinent Turin, et notamment dans la plaine de Rivoli, du maïs qui avait de deux à trois mètres d'élévation ; mais nous avons remarqué que les pieds, en général, ne portent que deux ou trois épis tout au plus. Dans les jardins potagers, on élève quelques pieds de maïs dont on coupe les fruits environ au tiers de leur développement, lorsqu'ils sont fort tendres. On les confit au vinaigre, et ils remplacent ou accompagnent les cornichons. La culture à donner se borne à un semis en bonne terre et à l'extirpation des mauvaises herbes. On confit particulièrement le *maïs quarantain* et le *maïs à poulet*, en raison de leur petitesse et de leur précocité.

Melon, *cucumis melo*, L. (fam. des cucurbitacées). Les melons demandent une terre composée. Il faut établir la melonnière dans un lieu isolé des autres cucurbitacées, dont les fleurs, mêlant leurs étamines ou pollen à celles du melon, l'abâtardissent et le font promptement dégénérer. La melonnière demande surtout du soleil, et doit être à l'abri des vents et de l'humidité.

Les melons ne viennent bien que sur couche. On la creuse de 60 cent. de profondeur, et on lui donne un mètre et quelques centimètres de largeur. Le fond de la couche sera occupé par 30 cent. de fumier frais de cheval seulement imbibé d'urine et pur de crottin, bien foulé et bien pressé. Sur cette première assise on étend une épaisseur de 20 à 25 cent. de terreau ainsi composé : 1° moitié terre franche; 2º un quart de terreau gras et vif ; 3º un quart dans lequel on fait entrer, par parties à peu près égales, du crottin de mouton, du crottin de cheval ou d'âne, de la fiente de pigeon, de la bouse de vache bien consommée et de la poudrette. Les terres d'égout, boues de voirie, les curures de mares ou de fossés bien mûries, rendent cette composition meilleure encore. Elle doit, avant d'être étendue sur le fumier de la couche, avoir été passée à la claie et mélangée.

En Allemagne et en Hollande, les jardiniers composent leur terre à couche d'un tiers de terre grasse, d'un tiers de curure et d'un tiers de terreau bien consommé, mûris ensemble pendant un an et fréquemment mêlés et maniés.

On fait les couches en mars, en avril ou en mai, selon que le climat est plus ou moins favorable aux primeurs.

La fermentation s'établit bientôt dans le fumier de cheval et pousse sa chaleur dans le terreau qui le recouvre. On s'aperçoit, en enfonçant la main, que ce terreau est devenu chaud et jette son feu : c'est ordinairement du troisième au huitième jour. Il faut laisser évaporer cette première chaleur, qui brûlerait les graines ou les jeunes plants. Aussitôt que le feu est un peu diminué, on place sous les cloches de verre trois jeunes plants de melon, soit cinq ou six graines. Quand le plan grossit, on n'en laisse plus qu'un ou deux pieds par cloche. Celles-ci doivent être à 1 mètre 50 cent. d'intervalle les unes des autres.

Quand on transplante les jeunes melons, on coupe le pivot de la racine, on pique avec le doigt, on presse légèrement la terre autour de la plante, on arrose un peu et on couvre soigneusement, afin que le soleil ne dessèche pas ce plant fort délicat. Il reprend facilement et pousse assez vite, surtout si on a soin de donner chaque jour un peu d'air aux cloches, et si on les recouvre de paillassons pendant la nuit, tant qu'il fait froid. Dès que la cime et les quatre bras ou courants du melon sont bien déterminés, on coupe avec l'ongle ou avec un canif la cime et deux des bras, soit sur les cotylédons, soit à côté. Les cotylédons ne doivent pas être enlevés, pas plus que les fleurs mâles ou fausses fleurs qui naissent sur les melons et toutes les autres plantes du même genre. On réchauffe les couches, quand elles sont refroidies, avec du fumier de cheval, qu'on établit dans des rigoles étroites et profondes tout autour des couches. Les melons, comme les autres cucurbitacées, étant des plantes grasses, n'ont besoin que de légers arrosements peu fréquents, et qui ne doivent jamais atteindre ou mouiller les feuilles ni les tiges. L'humidité doit parvenir aux racines à travers la terre, sans s'étendre au delà du pied. Pour obtenir ce résultat, on a l'habitude de mettre en terre deux tuiles qui, par leur concavité, forment un conduit naturel.

Les deux bras conservés poussent vigoureusement et ne tardent pas à sortir des cloches. Ces bras, comme les branches qu'ils produisent, doivent être coupés ou rabattus au-dessus du troisième nœud, si la branche est forte, et au-dessus du deuxième seulement, si cette branche est faible. Les amputations se font avec le canif, et, pour cicatricer plus tôt la plaie, on jette dessus un peu de verre pilé ou de terre en poussière sèche, ou de tabac, qui dessèche promptement la séve, qui s'écoulerait et affaiblirait la plante.

Quand le melon a des fruits arrêtés, certains et gros comme le poing, on déplace les cloches pour les poser sur les plus beaux, afin de favoriser leur développement et d'accélérer leur maturité. Si la chaleur est trop forte de onze à deux heures, il est prudent de couvrir un peu la cloche avec une petite pièce de grosse toile, afin de préserver les plantes ou les fruits de la violence des coups de soleil. Il est nécessaire de placer une ardoise ou une tuile sous les melons, dès qu'ils sont gros comme une orange.

Une melonnière doit être visitée tous les deux ou trois jours, bien surveillée, sarclée et même serfouie avec soin. Le melon, une fois noué ou arrêté, parvient à maturité en quarante ou soixante jours, suivant la saison, l'exposition, le climat et l'espèce. Il est bon à cueillir lorsqu'il est devenu odorant, bien formé, et qu'autour de la base de la queue il se forme une petite déchirure.

Dans les températures chaudes, on peut semer les melons en plein champ, dans de petits creux carrés de 40 à 45 cent. d'ouverture, au fond desquels on établit quelques cent. de fumier sur lequel on étend 15 à 25 cent. de bonne terre, de manière que, surtout au nord et à l'est, la terre fasse un bourrelet de 15 à 20 cent. d'élévation, pour abriter un peu la jeune plante jusqu'à ce qu'elle ait acquis un peu de force et que la chaleur se soit accrue.

Nous n'essayerons pas de décrire toutes les variétés de melons cultivées en France, mais nous citerons au moins les principales. On les divise en trois races principales, subdivisées elles-mêmes en un grand nombre de variétés plus ou moins tranchées. Ce sont: 1° les melons brodés ; 2° les cantaloups ; 3° les melons d'hiver ou melons d'eau.

1° *Melons brodés.* Tous les melons de ce genre se reconnaissent à leur peau couverte de lignes saillantes, réticulées, s'entre-croisant dans toutes les directions, de manière à imiter une espèce de broderie. Ce sont les plus anciennement cultivés en France, mais leur importance diminue tous les jours à mesure que les melons de la seconde catégorie se répandent davantage. Leur qualité est généralement médiocre, et on les accuse d'être fiévreux, surtout à l'arrière-saison. Les espèces les plus intéressantes rapportées à ce groupe sont ; 1° le *melon maraîcher*, rond, quelquefois un peu déprimé de l'ombilic à la queue, sans côtes, de moyenne grosseur et très-brodé ; sa chair est épaisse, très-juteuse et médiocrement sucrée ; quelquefois aussi excellente ou tout à fait insipide: c'est un de ceux que l'on cultive le plus habituellement ; 2° le *sucrin de Tours*, plus petit que le précédent ; la chair est rouge, ferme et très-sucrée ; 3° le *sucrin à petites graines*, petit, rond, à chair rouge, très-plein et précoce ; 4° le *melon de Langeais*, ovale, à côtes peu saillantes, à chair rouge et sucrée ; 5° le *melon de Honfleur*, très-gros, allongé, à côtes larges ; la chair un peu filandreuse, mais fondante et de bonne qualité : il est cultivé en grand et en pleine terre aux alentours de Honfleur, dont les jardiniers se sont acquis, dans ce genre de culture, une réputation méritée ; 6° le *sucrin à chair blanche*, espèce excellente, d'une réussite facile, à chair fondante et très-parfumée; 7° le *melon ananas à chair verte*, nouvellement importé des Etats-Unis ; petit, rond, à côtes peu brodées et d'une qualité parfaite.

2° *Melons cantaloups.* Ceux-ci sont d'une introduction plus récente en France, et tendent de plus en plus à se substituer aux melons du groupe précédent. Leur forme est généralement déprimée de l'ombilic à la queue, les côtes souvent très-prononcées et la peau couverte de rugosités et de gales. Ils sont presque tous d'excellente qualité; on distingue surtout: 1° le *cantaloup orange*, petit, rond, à côtes prononcées, à fond d'un vert clair et brun ; la chair est rouge, peut-être un peu trop ferme, mais assez bonne: c'est le plus hâtif des melons et celui qui convient le mieux pour la culture de primeur; 2° le *cantaloup fin hâtif*, à peu près aussi précoce que le précédent, mais plus petit, un peu aplati d'avant en arrière, à côtes plus marquées, avec quelques petites gales et quelquefois un peu de broderie : la chair en est rouge, très-fine et excellente ; 3° le *cantaloup noir des carmes*, à fruit rond, d'un vert noir et sans gales, à côtes prononcées, mais peu élevées ; la chair est rouge, vineuse, fondante et très-sucrée : cette variété, quoiqu'un peu forte en tiges et en feuilles, convient parfaitement au châssis ; elle est très-hâtive ; 4o le *cantaloup Prescott*, le plus cultivé et le plus estimé de Paris ; il y en a de plusieurs nuances, depuis le vert jusqu'à l'argenté, et à côtes plus ou moins galeuses. Il est rare qu'on en trouve de mauvais dans cette variété, dont la réputation est solidement établie ; 5° le *petit Prescott*, qui n'est qu'une variété du précédent, à fond noir ou brun, un peu aplati aux extrémités, couronné, avec un point saillant au centre de la couronne, et à côtes galeuses ; il est hâtif et très-propre à la culture de primeur ; 6° le *cantaloup boule de Siam*, très-aplati à ses deux extrémités, à fond noir, à côtes larges, relevées et galeuses ; sa chair est un peu moins fine que celle des précédents ; 7° le *gros cantaloup noir de Hollande*, le *cantaloup de Portugal*, le *melon du Mogol*, les *cantaloups à chair verte* et *à chair blanche* et le *mascatello*, variétés remarquables, mais moins généralement cultivées que les précédentes.

3° *Melons d'hiver, melons d'eau.* On confond généralement sous le nom de melons d'eau deux catégories de melons fort distinctes. Les vrais melons d'eau sont la *pastèque*, que l'on ne connaît guère que dans les pays méridionaux. Les espèces cultivées en France sont : 1° *melon d'hiver* proprement dit, ou *melon de Caraillon*, ainsi nommé de la localité qui en approvisionne presque tout le midi de la France ; sa chair est d'un blanc verdâtre ; 2° *melon de Malte à chair rouge*, espèce très-hâtive, à fruits allongés, à chair sucrée et aromatisée ; 3° le *melon de Malte à chair blanche*, hâtif comme le précédent, dont il a à peu près les qualités ; 4o le *melon d'hiver à chair blanche*, très-estimé en Italie, à Malte et à Marseille : sa chair est blanc verdâtre, un peu cassante et très-bonne ; il se conserve jusqu'au mois de février ; 5° le *melon de Perse* ou *d'Odessa*, à fruits très-gros, rayés de vert et de jaune ; un peu moins estimé que ceux qui précèdent.

Moutarde, *sinapis nigra*, L. (fam. des crucifères).

Semis en mars, très-clair, à la volée, en terre sablonneuse ameublie par deux labours; arrachage successif des pieds à mesure qu'ils mûrissent en septembre. Les jeunes pousses se mangent en salade, et la graine, réduite en farine, sert à faire la moutarde. La M. *blanche* sert aux mêmes usages et se cultive de la même manière. La *moutarde de Pékin*, introduite en 1837, se vend toute cuite dans les rues de Macao. Cette plante s'élève sur une tige droite et ferme, et diffère beaucoup des moutardes indigènes, sa croissance est très-prompte; elle est, à peu de chose près, comme le cresson. On la sème en place au printemps et en septembre; on pourrait même la semer pendant tout l'été, moyennant des arrosements.

NAVET, *brassica napus*, L. (fam. des crucifères). Bisann., indigène. Le navet subit d'une manière notable l'influence du sol sur lequel on le cultive. Il y a une foule d'espèces de navets, qui cependant peuvent se classer en deux groupes principaux : les *navets secs*, dont la chair est fine et ne se délaye pas à la cuisson, et les *navets tendres*, dont le nom indique la qualité de la chair; les *navets demi-tendres* participent des uns et des autres.

Navets secs. Les principaux sont : le *freneuse*, roussâtre, petit et demi-long, plus estimé qu'aucun autre; le *navet de Meaux*, blanc, très-allongé et en forme de carotte effilée ; le *petit Berlin*, le plus petit des navets, qui n'est pas plus gros qu'un radis; le *jaune long*, excellente espèce venant des États-Unis. Ces variétés demandent en général des terrains privilégiés, sablonneux et doux. Ce sont les meilleurs navets pour les ragoûts; mais dans les terres fortes ils ne réussissent pas et dégénèrent.

Navets tendres. N. *des vertus*, oblong, blanc, hâtif et de bonne qualité; N. *des sablons*, demi-rond, blanc, très-bon ; le N. *rose du Palatinat*, à collet rose, à chair très-tendre et douce; N. *gros d'Alsace*, d'un volume énorme, mais peu délicat; N. *de Clairfontaine*, très-long, sortant presque à moitié de terre ; N. *blanc hâtif*, ayant pour principal mérite, ainsi que le N. *rouge-plat hâtif*, sa grande précocité.

Navets demi-tendres. N. *jaune de Hollande*, de forme ronde, écorce et chair jaunâtres; N. *jaune d'Ecosse* : ce navet résiste le mieux aux gelées; N. *jaune de Malte*, petit, rond, très-hâtif; N. *boule-d'or*, très-joli.

On sème les navets de la mi-juin à la mi-août, sur terre fraîchement remuée, clair, à la volée, autant que possible par un temps pluvieux et humide; plus tard, sarcler et éclaircir. En Angleterre, on mange les pousses des navets bouillies avec la viande ou assaisonnées au beurre. Ces pousses, blanchies à la cave ou dans une serre à légumes, sont encore plus tendres et plus douces.

Oignon, *allium cepa*, L. (fam. des liliacées). L'oignon est une des plantes les plus nécessaires pour l'alimentation de l'homme, et, différent des autres plantes de la même espèce, que l'on ne mange que comme assaisonnement, il peut se manger isolément. Les peuples de la Russie et de la Tartarie, comme les anciens Egyptiens, les mangent crus comme des pommes; leur saveur est excellente. L'oignon, pour devenir volumineux, demande une terre légère, très-meuble et bien pourvue de sucs nourriciers. On prépare bien le terrain avant de le semer, on y passe le rouleau, et l'on y jette les graines à la volée; on les recouvre ensuite d'une légère couche de terreau ou de terre bien meuble, on passe le rouleau une seconde fois pour donner de la consistance au sol, et enfin on arrose, si le temps est sec. Le semis peut se faire depuis février jusqu'en août. Les plants de ce dernier mois passent l'hiver en terre et doivent être abrités avec de la litière, mais seulement pendant la durée des gelées. Dans tous les cas, dès que les jeunes plants ont de la force, on doit éclaircir la planche du semis et repiquer dans d'autres, à la distance de 8 à 12 cent. On arrose, on sarcle de temps en temps, et lorsque l'oignon a atteint sa grosseur, on brise les fanes et on dégage les bulbes, afin de les faire profiter et mûrir.

Voici les variétés les plus estimées: O. *rouge foncé*, large et plat; O. *rouge pâle*, le plus ordinaire en France, et qui, dans beaucoup de localités, est de très-bonne qualité; O. *jaune* ou *blond*, excellent, gros et de bonne garde; O. *double tige*, rougeâtre et très-plat, hâtif, à petites feuilles; O. *d'Espagne*, de couleur soufrée, large, d'une saveur douce et à chair tendre; O. *blanc gros* et le *blanc hâtif*, tous deux connus par leur douceur et leur bonne qualité; le dernier très-estimé à cause de sa précocité; O. *blanc de Nocera*, très-petit, beaucoup plus hâtif encore que le précédent; O. *poire* ou *pyriforme*, rougeâtre; chair un peu grossière, saveur forte; d'excellente garde; O. *James*, voisin du précédent; couleur plus blonde, forme un peu plus allongée; O. *globe*, remarquable par sa beauté, mais difficile à conserver sous sa forme globuleuse; O. de

Madère romain ou de *Bellegarde*, rouge pâle, doux, très-gros : O. *fusiforme* ou *corne-de-bœuf;* forme analogue à celle de l'oignon-poire, mais beaucoup plus allongée; les bulbes atteignent jusqu'à 30 cent. de longueur; sujet à dégénérer, et au total plus curieux qu'utile; O. *bulbifère,* ou *rocambole* ou *d'Egypte,* qui porte sur sa tige des rocamboles ou petites bulbes réunies en tête; O. *patate* ou *sous-terre,* probablement sorti du précédent; ne donnant ni graines ni rocamboles, et se multipliant uniquement en terre par ses caïeux.

Oseille, *rumex acetosa,* L. (f. des polygonées). Plante vivace de moyenne élévation, qui fournit du collet de sa racine une grande quantité de feuilles d'un beau vert luisant. Ce sont ces feuilles qui sont d'un grand usage, aussi bien dans la cuisine du riche que dans celle du pauvre : celui-ci la fait entrer comme base principale parmi les ingrédients de sa soupe; sur la table de l'autre, elle paraît en outre hachée et préparée de diverses façons. L'oseille est un aliment facile à digérer, rafraîchissant, très-sain, dont le goût, plus ou moins acide selon l'espèce et le développement des feuilles, plaît assez généralement.

Rien de plus facile que la culture de l'oseille. On la place ordinairement en bordure, afin de ménager un espace réservé à d'autres plantes qui ne se contenteraient pas de la même situation. On l'obtient de graines ou de séparation des touffes, ce qu'il est nécessaire d'opérer de temps en temps; il est même bon de les changer tous les quatre ou cinq ans. On doit placer des bordures d'oseille à toute exposition, afin d'en avoir en toutes saisons. Les feuilles les moins vertes et les moins frappées des rayons du soleil sont les moins acides.

On cultive l'oseille commune, l'oseille large de Belleville, l'oseille large de Frorent, l'oseille vierge, et la variété à feuilles cloquées. On cultive encore l'oseille-épinard, plus douce que l'oseille ordinaire, dont il faut séparer les pieds d'un mètre, à cause de son développement, et l'oseille des neiges. Au mont Genèvre et à St-Véran, village de la vallée du Quéras (Hautes-Alpes), le plus élevé des Alpes françaises, nous avons vu cette dernière variété, qui y croît dans des lieux couverts de neige pendant 8 à 9 mois de l'année.

Oxalis *crénelée, oxalis crenata* (fam. des oxalidées). Plante tubéreuse qui produit, étant cultivée convenablement, une grande quantité de petits tubercules jaunes. Ils sont d'une cuisson facile et fournissent un aliment sain, léger et agréable. Les feuilles peuvent remplacer l'oseille. Terre douce et légère, bien amendée. On arrache les tubercules de l'oxalis après les premières gelées ; ils se gardent bien pendant l'hiver, tenus en lieu sain et entourés de sable très·sec.

PANAIS, *pastinaca sativa*, L. (fam. des *ombellifères*). Indig. Grande plante bisann.; racine longue, simple, sucrée et aromatique; elle donne du goût au potage. Même culture que la carotte.

PATATE, *batate, convolvulus batatas*, L. (fam. des convolvulacées). La patate est très-cultivée dans les pays chauds, où elle joue le rôle de la pomme de terre dans les contrées septentrionales. On multiplie les patates de boutures, que l'on fait avec de jeunes pousses obtenues sur des racines conservées et plantées sur couche sous châssis dès le mois le février. On détache ces jets lorsqu'ils ont 8 à 10 c., et on les repique en petits pots que l'on enterre sur une couche également sous châssis, et auxquels on donne un léger bassinage. On plante dès la fin de mars, sur couche sourde bombée et chargée de 40 à 50 cent. de bonne terre légère, ces boutures enracinées en pots, et on les couvre de châssis, ou au moins de cloches. On maintient les unes ou les autres aussi longtemps qu'il est nécessaire, en donnant de l'air, et on ne découvre complétement que vers le 15 mai. Le reste des soins consiste à arroser et à sarcler au besoin. De cette manière on obtient dès le mois d'août quelques tubercules bons à consommer.

En plantant sur couches chaudes sous châssis aussitôt que les boutures sont enracinées, on a des produits dès la fin de juin.

La grande facilité que cette plante possède à former des racines est mise à profit pour sa culture. On peut, au commencement du printemps, planter comme les pommes de terre, à une distance convenable, les petites racines ou les têtes des grosses, qui bientôt fournissent des tiges et des racines. Environ six semaines après, quand ces tiges ont une certaine longueur, on les couche en terre en plusieurs endroits, et elles fournissent des racines abondantes. Les premières doivent être récoltées beaucoup plus tôt, et mangées pendant l'été; les autres donnent le principal produit et peuvent se garder tout l'hiver.

Ce sont les racines mêmes de la patate que l'on mange.

6*

Elles acquièrent souvent un volume considérable, sont d'un produit immense et procurent une nourriture excellente. Malheureusement ce n'est que dans les pays chauds que leur culture peut se faire en grand. Dans nos climats, une couche sourde, ou du moins une excellente exposition sont nécessaires. Dans tous les cas, il faut les placer sur des ados ou buttes. Dans le midi de la France, leur culture en pleine terre est possible. Les tiges et les feuilles sont très-recherchées des bestiaux, et sont aussi fort bonnes en guise d'épinards.

PERCE-PIERRE, *fenouil marin, herbe St-Pierre, criste* ou *crête marine* et *bacile; crithmum maritimum*, L. (fam. des ombellifères). Plante viv. des bords de la mer, dont on confit dans le vinaigre les feuilles, qui entrent dans les salades et les assaisonnements. Si la meilleure est celle qui croît naturellement sur les bords de la mer, cependant on en cultive de très-estimées dans nos jardins. Semer en terre légère, qu'on tient humide en mars. On garantira des fortes gelées par une couverture de paille ou de feuilles sèches. Elle se conserve encore mieux plantée ou semée dans les joints des pierres, au pied des murs, au midi ou au levant. Celle que l'on trouve au bord de la mer se récolte sur les rochers les plus arides.

PERSIL, *apium petroselinum*, L. (fam. des ombellifères). Bisann., de Sardaigne. Semer, depuis fév. jusqu'en août, dans une bonne terre bien meuble, et, à l'automne, au pied d'un mur, au midi, si l'on veut en avoir de bonne heure au printemps. Le persil est généralement et très fréquemment employé dans les aliments comme assaisonnement ou fourniture. C'est une des plantes dont le goût est le plus agréable. Elle ne donne des graines que la seconde année, et elles se conservent deux ans. Lorsqu'on veut avoir du persil l'hiver, il faut le couvrir avec des paillassons pendant le temps des gelées et des neiges, et mieux, de juillet en août, faire un semis en bonne exposition sur lequel on place des châssis à l'approche des gelées.

Variétés: P. *commun.* A plusieurs variétés, tels que le *frisé,* dont les semences jouent et donnent souvent le persil ordinaire; le *nain frisé,* variété nouvelle fort remarquable par la beauté de ses feuilles et par sa lenteur à monter; celui à *larges feuilles,* celui à *grosses racines,* dont la racine charnue s'emploie en cuisine; P. *de Naples* à grosses côtes; P. *céleri,* qui produit une plante beaucoup plus grande que les autres, et dont les côtes, blanchies, se mangent cuites comme celles du céleri.

PIMENT, *capsicum*, L. (fam. des solanées). Des Indes. On le sème sur couche en février et en mars, ou sur platebande terreautée en avril. On le plante en mai à bonne exposition; ses fruits, que l'on confit au vinaigre, mûrissent dans l'année. Si l'on veut qu'il ait le temps de mûrir, il faut le semer sur couche ou sous châssis et le transplanter contre un ados à bonne exposition.

Variétés : P. *annuel*, appelé poivre-long ; P. *ordinaire*, P. *rond*, P. *gros doux d'Espagne*, P. *violet* ; le P. *tomate* a les fruits jaunes, arrondis, toruleux comme la tomate, dont il a emprunté le nom. Il est doux et mûrit plus difficilement que le piment ordinaire. L'espèce appelée aux Antilles P. *enragé* est un arbuste qui demande la serre.

PIMPRENELLE, *poterium sanguisorba*, L. (fam. des rosacées). Plante viv., indig., employée dans les fournitures de salades. C'est une plante d'une moyenne élévation qui forme touffe très-épaisse et garnie de nombreuses feuilles. On la multiplie de graines ou d'éclats de pied ; on la sème le plus ordinairement en bordure. La graine est bonne pendant trois ans.

POIREAU, PORREAU, *allium porrum*, L. (fam. des liliacées). De Suisse, bisann. Il se distingue aisément des ciboules et des échalottes, et notamment de l'oignon, avec lequel il a beaucoup d'analogie, par ses feuilles aplaties, tandis que les autres les ont cylindriques. Ce légume n'a guère d'autre usage que d'entrer dans la composition des potages. On ne cherche pas à augmenter le volume de sa racine, parce qu'on emploie non-seulement sa bulbe, mais encore la partie de la tige et des feuilles qui était plongée en terre. On doit planter les porreaux repiqués au plantoir, les enfoncer profondément, enfin les butter, s'il y a lieu, pour donner plus de longueur à la partie blanche. Les porreaux prennent assez d'élévation, doivent être semés clair, et, dans les planches de repiquage, on doit les espacer de 12 à 15 cent. Pendant l'été, il faut sarcler et arroser souvent, surtout dans les temps secs. Pendant l'été, on coupe plusieurs fois les feuilles des porreaux pour les faire grossir ; cela réussit. On connaît deux variétés de porreaux, la première *longue*, l'autre *courte*, mais plus grosse. Cette dernière est plus hâtive, exige moins d'arrosement, et se défend mieux que la longue contre les sécheresses.

Poirée ou *bette*, *beta* (fam. des chénopodées). D'Europe. L'espèce dite *à carde*, où l'on distingue les variétés *blonde* et *verte*, est cultivée pour les côtes de ses feuilles, qu'on accommode comme le céleri; mais il faut avouer qu'elles le remplacent bien mal, car elles n'ont presque aucun goût. La bette est très-cultivée dans les Alpes.

Les autres espèces de poirée, qu'on distingue sous les noms de *blanche* et de *rouge*, d'après la nuance de leurs feuilles et surtout de leurs nervures, ne servent guère dans nos cuisines que pour modérer l'acidité de l'oseille. La culture des unes et des autres est on ne peut plus facile : il suffit d'en semer les graines de temps en temps, dans le courant de la belle saison, en quelque endroit que ce soit. Toutes les poirées sont de grandes plantes à tiges et nervures très-fortes, à feuilles larges, très-luisantes, souvent gaufrées à la surface.

Pois, *pisum sativum*, L. (fam. des papilionacées). Le pois est un des légumes à grains les plus répandus, avantage qu'il doit moins à sa fécondité et à sa saveur qu'à sa vigueur, qui permet de le mettre en terre pendant l'hiver et dans toutes sortes de terrains. Le pois, mangé en vert et petit, est assurément un des meilleurs légumes; mangé sec et en purée, il offre également un mets qui n'est pas à dédaigner. Nous ne nous arrêterons pas à la culture des pois, qui croissent partout et n'exigent rien de particulier. Les pois se divisent en deux groupes principaux: les pois à *écosser*, qu'on égraine, et les pois *sans parchemin* ou *mange-tout*. Ces deux groupes sont, de plus, divisés en variétés *naines* et en espèces à *rames*.

1° *Pois à écosser nains.* Les principales variétés sont: P. *nain hâtif*, très-précoce; se sème sous châssis; il prend fleur dès le deuxième ou troisième nœud; cosse petite. — P. *nain de Hollande*, plus petit que le précédent; cosses et grains petits. — P. *nain de Bretagne*, le plus petit de tous, ne s'élevant qu'à 14 ou 16 cent.; il est très-propre aux bordures. — P. *gros nain sucré*, tardif, productif, gros grains de bonne qualité. La plante, forte et trapue, demande un peu plus d'espace que les autres pois nains. — P. *nain vert petit*. — P. *nain vert de Prusse*. Ces deux espèces sont bonnes. — P. *ridé nain*, nouvelle variété; mêmes qualités que le *ridé à rames* et *ridé nain vert*.

Pois à écosser à rames. — P. *michaux de Hollande*. C'est un des pois les plus précoces. Semer à la fin de février. Peut, à la rigueur, se passer de rames, étant pincé; les terrains humides ne lui conviennent pas. — P. *prince Albert*, nouvellement introduit; est une sous-variété du précédent, un peu plus petit, moins productif, mais plus hâtif. — P. *michaux, petit pois de Paris*. La précocité et l'excellence de ce pois l'ont mis depuis longtemps en réputation. C'est celui qu'on sème le plus ordinairement avant l'hiver, au pied des murs du midi. — P. *michaux à œil noir*, aussi hâtif, grain un peu plus gros; très-bonne espèce. — P. *Dominé*, productif et bon. — P. *d'Auvergne*, cosse très-longue, arquée, très-garnie de grains; excellente qualité. — P. *de Marly*, tardif, très-grand; belles cosses, gros grain, très-rond et très-tendre. — P. *de Clamart* ou *carré fin*, grand, tardif, sucré, très-productif. En le semant très-tard, on l'a pour l'arrière-saison. — P. *carré blanc* et à *œil noir*, encore plus tardifs; bons, sucrés, surtout le blanc. — P. *sans pareil*, grain gros, allongé, très-tendre. — P. *fève*, très-grand, tardif; très-gros, tendre, mais peu sucré. — P. *géant*, plus grand que le précédent; grain extraordinairement gros. — P. *gros vert normand*, très-bon sec. — P. *ridé* ou *de Knight*, tardif, grain carré, très-gros, très-sucré et très-moelleux. C'est un des meilleurs. — P. *ridé à grain vert*, nouvelle variété du précédent. — P. *doigt de dame*; grandes et belles cosses. — P. *à cosse violette*; grain très-gros, grisâtre, devenant couleur café en cuisant, ce qui n'empêche pas que ce ne soit un bon légume.

2⁰ *Pois sans parchemin* ou *mange-tout*. — P. *sans parchemin nain hâtif*. Excellente variété; se cultive sous châssis, quoique un peu grande; très-bonne aussi pour la pleine terre. — P. *sans parchemin nain ordinaire*. S'élève jusqu'à la hauteur d'un mètre; cosses petites, fort nombreuses et très-tendres. — P. *en éventail*, le seul sans parchemin tout à fait, nain (30 cent.), branchu du pied, tardif; médiocrement productif. — P. *sans parchemin blanc à grandes cosses*, le meilleur peut-être de tous les mange-tout; cosses grandes, larges, charnues, crochues; tardif et très-productif. — P. *sans parchemin à demi-rames*, très-productif aussi; cosse plus étroite, plus remplie; il donne avant le précédent. — P. *sans parchemin à fleurs rouges*, très-élevé, très-tardif; grandes cosses crochues. — P. *géant sans parchemin*, extrêmement remarquable par les dimensions de ses cosses, beaucoup plus grandes et plus larges que celles d'aucune autre espèce de pois. — P. *sans pareil à cosse blanche*; cosses blanchâtres, persistant depuis leur premier développement jusqu'à la maturité ; la fleur est rouge, et les tiges veulent être ramées. — P. *sans pareil à cosse jaune*, analogue au précédent. — P. *turc* ou *couronné*, nom tiré de la disposition des fleurs ; cosses très-nombreuses, si tendres et si sucrées, que les oiseaux en détruisent quelquefois une grande partie.

Pois-chiche. Est très-cultivé dans les pays méridionaux pour ses graines, qui, sèches et en purée, sont d'un goût fort agréable. Il faut, pour cultiver le pois-chiche, une bonne exposition ; sa tige est un peu flexible, grêle et droite, les feuilles très-composées, velues, dentées, les graines fort grosses. Ce sont les pois-chiches dont on se sert pour faire la *purée aux croûtons*, si fort estimée dans la cuisine parisienne.

Pomme de terre, *solanum tuberosum*, L. (fam. des solanées). La pomme de terre, aujourd'hui si répandue, grâce aux efforts persévérants de l'immortel Parmentier, est le tubercule le plus utile de tous ceux que l'on cultive soit dans les champs, soit dans les jardins. Sa saveur dépend du terrain où on l'a cultivée, et sa culture est des plus faciles. « Elle est fondée, dit Parmentier, sur un seul » principe, quelles que soient la nature du sol, l'espèce ou » la variété de pomme de terre ; il consiste à rendre la terre » aussi meuble qu'il est possible, avant la plantation et » pendant toute la durée de l'accroissement. »

La pomme de terre croît dans tous les climats, et elle offre à tous les habitants du globe une nourriture saine, abondante et économique. La nature de terre qui convient le mieux aux pommes de terre est celle qui est friable, meuble, légère, sablonneuse et bien fumée. Cette sorte fournit aux tubercules une nourriture abondante et facile à trouver, et ne gêne pas leur développement en les comprimant. Pour approprier les terres fortes à la culture de la pomme de terre, il faut donc les défoncer profondément, les ameublir le plus possible par des labours, leur fournir des engrais, y faire souvent des binages et des buttages, les y enterrer peu profondément.

La pomme de terre est incontestablement une des plantes les plus utiles à l'espèce humaine, en ce qu'elle fournit une fécule amilacée ou farine de la meilleure qualité et en proportion triple de celle que fournirait une égale quantité de terrain ensemencée en froment ; en ce qu'elle offre une nourriture saine, de facile digestion, et pouvant servir d'aliment au pauvre sans autre préparation que la cuisson; enfin, en ce qu'elle permet de ne plus redouter le fléau de la disette partout où sa culture est un peu étendue.

La culture des pommes de terre est bien facile : on plante après un bon labour, on sarcle, on bine aussi souvent que possible, et on butte les pieds une ou deux fois. Le semis ou plantation des pommes de terre se fait ordinairement par pochets et à la bêche; il convient de les espacer entre 50 et 60 cent. Plus le terrain est compacte, moins on doit les enfoncer, afin de donner aux racines, par les buttages, une terre plus convenable.

Ce semis se fait ordinairement tant avec les petits tubercules, qu'on doit mettre de côté à cet effet, qu'avec les yeux ou boutons qui se trouvent sur les gros; pour cela on les sépare en plusieurs morceaux, en laissant seulement une portion de la chair au-dessus de l'œil, et on en met trois ou quatre dans le même pochet. La dépense de cette plantation est donc pour ainsi dire nulle. Il est bon d'observer que les boutons les plus forts produisent les plus fortes tiges et les tubercules les plus volumineux. On peut encore multiplier les pommes de terre par le semis de leurs abondantes graines.

Voici les principales variétés indiquées par Parmentier ou reconnues depuis : P. *grosse blanche tachée de rouge*, la plus vigoureuse; — P. *blanche longue*; P. *rouge oblongue* ou *violette*; — P. *rouge longue* ou *Hollande rouge*; — P. *longue rouge*, ou *corne-de-cerf*; — P. *jaune de Hollande*; — P. *petite jaune*; — P. *rouge longue marbrée*; — P. *rouge ronde*, ou *truffe d'août*; — P. *violette*; — la *petite blanche chinoise* ou *sucrée*. Ces variétés étant désignées par la couleur et la forme, on peut y rapporter la plupart des autres, qui ne s'élèvent pas à moins de soixante; mais les auteurs les désignent d'une manière très-différente, et le plus souvent par des noms de lieu ou d'homme qui ne présentent à l'esprit aucune signification. Voici celles qui, d'après l'analyse de Vauquelin, renferment le plus de fécule : l'*orpheline*, la *descroizilles*, l'*oxnoble*, la *petite Hollande*, etc. On ne saurait trop recommander la pomme de terre de *neuf semaines* de Hollande, ainsi nommée parce qu'elle atteint tout son développement en deux mois environ, et peut ainsi succéder à d'autres cultures, ou remplacer une plantation manquée. Les variétés que recommandent spécialement les cultivateurs anglais sont : comme hâtives, la *queue-de-renard*, la *mule hâtive*, la *naine de Broughton*; comme ordinaires des jardins, le *rognon hâtif*, le *bon fumet*, la *non-pareille*, le *bosquet hâtif*.

MALADIE DES POMMES DE TERRE. En 1845 apparut pour la première fois la redoutable épidémie qui désole les pommes de terre, et pour la combattre on a préconisé tour à tour mille moyens divers. On a inutilement essayé les infusions de chaux, les semis de graines, le renouvellement des espèces par des tubercules rapportés du Pérou dans cette intention. Les procédés nouveaux de culture n'ont pas donné de résultats plus satisfaisants; de quelque manière qu'on les ait variés, quels qu'aient été la température, le degré de sécheresse ou d'humidité de climat, la maladie n'en a pas moins fait son apparition accoutumée, frappant surtout les variétés tardives ou les cultures commencées à une époque un peu avancée de l'année, sans toutefois ménager complétement les cultures plus printanières. La cause de la maladie est tout aussi mystérieuse et inconnue aujourd'hui que le jour où elle s'est montrée pour la première fois pendant l'automne de 1845. Tout ce que l'on a appris, c'est que certaines circonstances en favorisent le développement. Il est incontestable que plus la pomme de terre est plantée de bonne heure, plus elle a de chances d'échapper à la maladie. Quant au sol, de nombreuses expériences ont démontré que, dans les terrains tourbeux, mais bien égouttés, les pommes de terre sont presque absolument à l'abri de la maladie, et que, dans une terre forte, ou très-riche, ou très-humide, les pommes de terre courent le plus grand risque d'être détruites par la maladie, à moins que le climat ne soit froid et retardataire, ou que la plantation n'ait été effectuée soit en automne, soit au moins de très-bonne heure; que tout l'avantage et toutes les chances les plus favorables d'échapper au fléau sont pour les sols légers, pourvu que la plantation n'ait pas été tardive et qu'il n'y ait pas eu excès de fumure, ou que le sous-sol ne soit pas compacte, imperméable ou humide, et qu'enfin le fumier ordinaire est extrêmement désavantageux dans la culture des pommes de terre, surtout dans les cas de plantations tardives, à moins qu'on ne l'emploie en très-faible proportion, ou qu'il n'ait perdu la plus grande partie de ses principes fertilisants.

POURPIER, *portulaca oleracea*, L. (fam. des portulacées). Plante ann., du midi de la France, rampante, s'étalant sur terre, à tiges et à feuilles charnues et épaises, qu'on cultive comme salade et fourniture. Pour n'en pas manquer, il faut répéter le semis de 15 en 15 jours, depuis le commencement du printemps jusqu'à l'automne. Le pourpier craint beaucoup la gelée. Variétés : P. *doré*. C'est le plus estimé, mais il dégénère aisément et redevient vert; — P. *doré à très-large feuille*. Sa graine se conserve 5 à 6 ans.

RAIFORT SAUVAGE, *cranson*, *cochlearia armoriaca*, L. (fam. des crucifères). On cultive cette plante pour sa racine, que l'on râpe et que l'on mange avec le bouilli en place de moutarde. Elle est vivace, aime la terre fraîche, ombragée, et se multiplie de tronçons de racines que l'on met en terre au printemps.

RAIPONCE, *campanula rapunculus*, L. (fam. des campanulacées). Cette plante veut une terre légère et fraîche, bien ameublie. On la sème en juin, la recouvrant légèrement d'une couche de terreau fin, lui donnant des arrosements jusqu'à la levée et pendant les sécheresses. Elle passe l'hiver sans soins, et fournit pour salade ses feuilles et ses racines de février en mai. Il existe deux variétés de raiponce, l'une velue, l'autre glabre ; mais on ne les cultive pas séparément.

RAVE, *raphanus sativus oblongus*, L. (fam. des crucifères). Les raves se reconnaissent à la forme allongée de leur racine, dont le goût est le même que celui des radis. On y distingue les variétés suivantes : la *petite hâtive*, la *rouge*, la *rose* ou *saumonée*, la *blanche*.

RADIS. Ceux-ci ont la forme plus ou moins arrondie. Il est bon, pour la leur assurer, de tasser un peu la terre où on les sème. Les principales variétés sont : le *blanc hâtif*, le *blanc commun*, le *rose* ou *saumoné*, le *rouge*, le *radis de Terragonne*, le *violet*, le *petit gris*, le *jaune*, le *noir*.

La plupart de ces variétés, surtout les petits radis ronds, se sèment presque toute l'année: 1° sur couche en hiver et au premier printemps; 2° en pleine terre dans les autres saisons. Dans les chaleurs, il faut beaucoup d'eau, un peu d'ombre, et semer peu à la fois.

La *rave hâtive* se sème particulièrement sur couche ; la *rouge longue*, au contraire, en pleine terre. Le *gros blanc* d'Augsbourg se sème fort clair depuis mai jusqu'à la fin d'août ; il faut l'arroser assidûment ; le *gros noir*, le *violet* et le *rose d'hiver*, depuis juin jusqu'au commencement de septembre : ces derniers se conservent tout l'hiver enterrés dans le sable, ou mis en rigole dehors et couverts dans les gelées. Les graines se conservent quatre ou cinq ans.

RHUBARBE, *rheum*, L. (fam. des polygonées). On la cultive pour les pétioles et côtes de ses feuilles, dont on fait des confitures, et qui peuvent remplacer les fruits dans la pâtisserie. Semis de graines aussitôt la maturité, ou en mars en terrine ou sur côtière de terre légère. Mise en place un an après, en espaçant les pieds d'un mètre au moins. On la multiplie aussi par la séparation des touffes au printemps. On cultive la *rhubarbe ondulée*, la *rhubarbe groseille* et la *rhubarbe du Népaul*.

ROQUETTE, *brassica eruca*, L. (fam. des crucifères). Ann. et indig. On la cultive pour ses jeunes pousses, employées comme fournitures de salade. Tout terrain ; semis chaque mois, depuis le printemps, à l'ombre en été ; arrosements copieux, qui la rendent plus douce.

SALSIFIS, *tragopogon porrifolium*, L. (fam. des composées), ou *cercifis*, souvent confondu avec la scorsonère. Légume recherché ; se mange en ragoût ou frit. Sa saveur est sucrée et délicate ; mais la chair est quelquefois filandreuse et un peu mollasse. La racine du salsifis est blanche, très-allongée ; les feuilles longues, très-étroites, demi-cylindriques, nombreuses. Ces feuilles se mangent en salade, et peuvent être recueillies sans inconvénient pendant tout l'été ; il faut seulement respecter la dernière pousse. Ce légume demande un terrain meuble, profond et assez frais ; il s'obtient de graines, qu'on peut semer en tout temps, depuis mars jusqu'en septembre, avec l'attention d'arroser jusqu'à l'apparition du jeune plant. Les semis d'automne ne fournissent leurs produits qu'au commencement du printemps. Étant peu sensible au froid, le salsifis peut demeurer découvert ; il est même inutile d'arracher celui qu'on destine à être mangé pendant l'hiver ; mais il faut le tirer de terre avant le commencement de la végétation.

SARIETTE DES JARDINS, *satureia hortensis*, L. (fam. des labiées). Indig., ann. Petite plante aromatique que l'on emploie en cuisine, particulièrement pour assaisonner les fèves de marais. Variété : *sariette vivace*, qu'on multiplie de graines ou d'éclats. On la plante ordinairement en bordure.

SCORSONÈRE, salsifis d'Espagne, *scorsonera hispanica*, L. (fam. des composées). Présente beaucoup d'analogie avec les salsifis, et s'emploie aux mêmes usages ; mais se distingue par sa racine à écorce noire, ordinairement plus grosse, plus fourchue, mais allongée, et par ses feuilles beaucoup plus larges et plus courtes, moins bonnes en salade; demande la même terre, mais beaucoup plus d'engrais et de chaleur. Les racines doivent être récoltées avant l'hiver. Ce n'est guère que la seconde année que la racine est assez grosse pour être mangée, et encore les semis d'automne doivent-ils passer deux hivers en terre.

Souchet comestible, *cyperus esculentus*, L. (fam. des cypéracées). Les racines de cette espèce de souchet fournissent un grand nombre de tubercules jaunâtres, de la forme et de la grosseur des noisettes, d'où le nom vulgaire d'*amande de terre* donné à cette racine. Ces tubercules se mangent crus ou cuits, et sont d'un goût assez agréable; on peut aussi en exprimer de l'huile. Leur production est fort prompte, car on doit les récolter deux mois après la plantation. La culture de ce végétal est fort simple: elle se borne à former des rayons assez profonds dans une terre bien ameublie, et à y répandre quelques tubercules de l'année précédente. Avant de les mettre en terre, il est bon de les faire amollir dans l'eau. Cette racine peut se garder pendant tout l'hiver.

Spilanthe, *spilanthes* (fam. des composées). On sème sur couche au printemps, et on repique le plant à bonne exposition, en terre légère et chaude, où il faut l'arroser souvent; on l'emploie comme assaisonnement.

Deux variétés : *cresson de Para* et *cresson du Brésil*.

Tétragone, *tetragona extensa*, L. (fam. des mésembryanthémées). Plante de la Nouvelle-Zélande et des mers du Sud. Bonne terre, légère et fraîche; semis à la fin d'avril, en touffes espacées de 50 centim.; arrosements journaliers. Elle remplace parfaitement l'épinard en été. Excellent antiscorbutique.

Thym, *thymus vulgaris*, L. (fam. des labiées). Petite plante ligneuse, très-aromatique, qui forme des touffes épaisses, et se cultive ordinairement en bordure; on la multiplie par la séparation des pieds. On cultive le T. *commun*, qui renferme les variétés à *petites feuilles*, à *larges feuilles, panachées;* le T. *citron*, dont l'odeur est charmante.

Tomate, *pomme d'amour*, *solanum lycopersicum*, L. (fam. des solanées). Plante ann., d'une culture très-facile. On fait avec ses fruits une sauce acide et sucrée tout à la fois fort estimée; tel est l'usage de la tomate dans nos cuisines. Son port est le même que celui du piment; ses fruits, du rouge le plus vif, affectionnent souvent des formes singulières, mais toujours arrondies.

On sème les tomates en mars sur couche tiède ou sous châssis; quand le plant a cinq ou six centimètres, on le repique sur une autre couche tiède, également sous châssis ou sous cloche. Vers le 15 mai, on transplante dans une terre légère bien ameublie et à exposition chaude et aérée. On plante les pieds à 60 et quelques centimètres les uns des autres. Le plant est levé en mottes, et arrosé sitôt qu'il est mis en place. Quand le plant a environ 40 centimètres d'élévation, on ne lui laisse que deux ou trois tiges, que l'on fixe sur un treillage, ou simplement sur un tuteur, pour chaque touffe; l'un et l'autre sont hauts d'un mètre. On bine, on butte et on arrose fortement pendant la floraison. Si les fleurs ne se *couronnent* pas d'elles-mêmes, c'est-à-dire si leurs grappes sont disposées à prendre un trop grand développement, il faut en pincer le sommet pour assurer les fruits; on effeuille pour découvrir les fruits arrivés à moitié de leur grosseur. La maturité étant successive, la récolte commence en juillet, et se prolonge jusqu'aux gelées. Si alors il restait des fruits imparfaitement mûrs sur les pieds, on pourrait lever ceux-ci en motte et les rentrer dans une pièce à l'abri du froid, où les fruits les plus avancés achèveraient de mûrir.

TOPINAMBOUR, *poire de terre, helianthus tuberosus,* L. (fam. des composées). Du Brésil. Cette plante fournit de nombreuses racines qui çà et là donnent naissance à des tubercules assez semblables à ceux de la pomme de terre, mais de forme très-bizarre, moins nourrissants et moins estimés. La tige est élevée comme celle des soleils, et terminée par plusieurs petites fleurs radiées jaunes, peu apparentes. L'avantage du topinambour est de préférer les terres fortes, de croître fort bien à l'ombre et dans les situations et les expositions les plus défavorables. Il se multiplie, comme les pommes de terre, par ses tubercules; mais ceux-ci doivent être plantés entiers. Il ne réclame presque aucun soin; le labour de plantation lui suffit, et même on peut en obtenir dans le même terrain pendant fort longtemps sans nouvelle plantation, en laissant les plus petits tubercules quand on fait la récolte. Les usages du topinambour sont ceux de la pomme de terre; ils n'en ont point le goût farineux, mais ils offrent absolument celui des fonds d'artichauts. Les bestiaux mangent fort bien ses feuilles et ses racines.

SECONDE DIVISION.

CHAPITRE PREMIER.

DES ARBRES FRUITIERS.

§ Ier. *Du sol.*

Le potager, dont nous nous sommes occupé dans la précédente division, représente assurément la partie la plus utile du jardinage, puisque, à côté du château le plus somptueux comme de l'habitation la plus modeste, on voit toujours une portion du sol destinée à la culture des plantes potagères.

La partie que nous abordons actuellement n'est pas moins utile et moins intéressante pour celui qui veut s'adonner à l'horticulture. La culture des arbres fruitiers, en effet, indépendamment des avantages qu'elle procure à celui qui la pratique, est encore pour lui la source continuelle d'une foule de distractions et de jouissances. C'est pour cela que tout jardin potager présente ordinairement quelques arbres fruitiers.

Bien des personnes confondent la signification des deux mots *verger* et *arbres fruitiers*. Cette interprétation n'est pas exacte, bien qu'à vrai dire, ce soit à peu près la même chose ; car il y a cette légère différence, qu'un *verger* renferme exclusivement des arbres à fruits, conduits en plein vent, à haute tige, et plantés sur un sol gazonné qui n'admet pas d'autre culture, et donne tout au plus une récolte de foin entre les arbres ; tandis qu'un jardin fruitier proprement dit n'est planté que d'arbres conduits en pyramides, en vases et en éventail, et fermé de murs garnis d'espaliers. Les véritables vergers sont aussi communs en Angleterre qu'ils sont rares en France, où on leur substitue généralement les jardins fruitiers proprement dits, réservant les arbres à haute tige pour garnir les allées du potager, ou pour en ombrager les plates-bandes, ainsi que cela se pratique dans le midi de la France et dans beaucoup d'autres pays méridionaux. Comme pour ces deux sortes de jardins les soins préliminaires sont identiquement les mêmes, nous ne les séparerons pas dans ce que nous allons en dire ; car la culture des arbres à fruits est de celle que tout le monde peut entreprendre à la campagne, tant pour sa propre consommation que pour son avantage pécuniaire, s'il veut en faire l'objet d'un commerce. Un bon arbre ne tient pas plus de place qu'un mauvais ; et les bons fruits se vendant toujours bien, tout le monde, le consommateur aussi bien que le producteur, a intérêt à ce que l'on bannisse complétement des jardins les arbres qui portent de mauvais fruits, pour les remplacer par des sujets d'une meilleure venue et d'une qualité plus parfaite. D'ailleurs il est d'expérience que les fruits de mauvaise espèce engendrent avec une déplorable facilité les fièvres intermittentes, la dyssenterie et les affections vermineuses. Or, il est de toute évidence que, si tous ces mauvais fruits étaient impitoyablement exclus des marchés des villes, les arbres qui les portent seraient également bientôt bannis de tous les vergers.

La culture des arbres fruitiers exige d'ailleurs bien peu de frais, pas plus d'avances, et encore moins de dépenses et de perte de temps. C'est même, pour celui qui se livre à l'horticulture, un véritable plaisir, un délassement fort agréable qu'il peut se procurer sans sortir de son jardin, sans rien dérober aux soins qu'il doit à ses travaux horticoles.

Dans la première partie de ce manuel, nous avons parlé des différents procédés employés pour la culture générale des plantes ; nous allons développer ici ce qui s'applique spécialement à celle des arbres fruitiers.

Choix du terrain. C'est le premier soin, la première chose qui doit préoccuper celui qui veut cultiver les arbres fruitiers. L'horticulteur maraîcher peut toujours, ainsi que nous l'avons déjà vu, à force d'engrais, d'amendements et d'eau, créer un sol artificiel pour récolter toutes sortes de plantes potagères ; tandis que, pour réussir dans la culture des arbres, il ne peut obtenir un résultat satisfaisant qu'au prix de sacrifices considérables et quelquefois disproportionnés avec le résultat positif de la culture des arbres fruitiers. Un vieux proverbe populaire dit : *Toute bonne terre à blé peut donner de bons fruits.* C'est vrai ; aussi peut-on établir en principe que la meilleure terre pour les arbres à fruits à pépins est une terre à blé

où le calcaire n'est pas abondant ; le meilleur sol, au contraire, pour les arbres à noyau, est une terre à blé riche
en calcaire.

Le sous-sol, c'est-à-dire la couche immédiatement située au-dessous de la couche de terre végétale ou humus,
n'exerce pas une influence moindre sur le végétation que
la couche végétale elle-même. Aucun arbre fruitier, soit à
pépins, soit à noyau, ne resiste ni à l'excès d'humidité ni
à celui de sécheresse. Il serait donc absurde d'établir un
jardin fruitier dans une terre assez bonne d'ailleurs, mais
dont le sous-sol, retenant l'eau, est brûlant l'été, et pour-
rirait les racines pendant l'hiver. Cependant on peut ob-
vier à cet inconvénient en amendant la couche supérieure,
et en la rendant si bonne et si fertile, que les racines des
arbres, toujours retenues par la bonne terre, s'y étendent
en tous sens à peu de distance du sol, au lieu d'aller
chercher le tuf ou la couche argileuse pour y périr.

Exposition. Toutes les expositions conviennent, pourvu
qu'on y plante les arbres qui y croissent de préférence ;
cependant l'exposition que l'on préfère est celle du sud-
ouest, dans les contrées où règnent plus habituellement
les vents d'ouest. Dans l'est de la France, au contraire,
l'exposition de l'ouest est de beaucoup préférable. Les
pentes bien exposées, nonobstant leur inclinaison, conviennent aux arbres fruitiers, pourvu toujours que le sol
soit de bonne qualité. Enfin, et c'est là une précaution
importante, dans les expositions du nord-ouest, il ne faut
planter que des espèces fleurissant tard, afin de ne pas exposer les boutons à périr par l'action des vents froids au
moment de la floraison.

Préparation du sol. Quand on veut établir un verger, il
faut commencer par ameublir la terre en la défonçant
profondément, après avoir eu soin de la fumer en abondance un ou deux ans auparavant. Il ne faut pas oublier
que les racines des arbres fruitiers n'aiment pas le fumier
frais, comme les céréales et les légumes. Si l'on n'a pu
fumer ainsi à l'avance le terrain où l'on fait la plantation,
on emploie du fumier très-consommé et éventé ; quand
enfin l'on ne peut disposer que de fumier chaud, quoique
dans un état avancé de décomposition, il faut, de peur
qu'il ne nuise aux racines fibreuses, le mélanger avec
deux parties de terre fraîche de nature argileuse. La boue
des routes macadamisées convient également beaucoup à
ce mélange. En Angleterre, en Allemagne et en Belgique,

cette boue est fort en usage. Dans tous les cas on doit considérer la térre d'un verger absolument comme celle d'un jardin potager, et la traiter en conséquence, c'est-à-dire que si elle n'est pas d'une nature calcaire, on peut lui donner un chaulage ou un marnage modéré, tandis qu'une dose médiocre de sable siliceux produit un excellent effet dans les sols compactes et de nature argileuse. Enfin, si le climat et les circonstances locales font préférer les fruits à noyau aux fruits à pépins, les amendements calcaires, surtout le sulfate de chaux, soit cru, soit calciné (plâtre), pourront être employés à haute dose dans les terres qui en seraient dépourvues. Il faut, en outre, ajouter à ces préparations l'établissement d'un nombre suffisant de fosses et de rigoles d'égouttement, pour peu que le sol montre de la disposition à retenir l'eau, disposition qui, si elle n'est combattue par des soins intelligents, cause infailliblement la perte des arbres à fruits, quels qu'ils soient.

Défoncements. Après le choix et la préparation du sol viennent les défoncements, opérations de la plus grande importance, sur la profondeur desquels les agronomes et les agriculteurs sont loin d'être d'accord. Tous les auteurs anciens, français ou étrangers, veulent qu'on les pratique très-profondément ; mais beaucoup d'horticulteurs modernes, surtout en Angleterre et en Belgique, prétendent que les défoncements profonds sont plus nuisibles qu'utiles. Nous pensons que les derniers ont raison. Il est d'expérience qu'un bon labour à la bêche, de 25 à 30 centimètres, produit un résultat de tout point meilleur qu'un défoncement plus profond et plus coûteux. Bien entendu que nous ne parlons pas ici de la place même que doivent occuper les arbres. Celle-ci doit toujours être défoncée assez profondément, ainsi que nous allons le dire.

Trous, tranchées, distances. Les trous destinés à recevoir les plantes seront creusés très-longtemps à l'avance, l'expérience ayant démontré depuis longtemps que la terre est d'autant plus propre à la végétation des jeunes arbres qu'elle a été plus exposée aux influences atmosphériques. Il suffit de donner aux trous un mètre de profondeur, l'observation ayant encore démontré que les arbres sont d'autant plus vigoureux et plus productifs, que leurs racines s'enfoncent moins dans le sol et s'étendent davantage dans la terre végétale. Quant à la forme des trous, on adopte ordinairement la forme carrée ; mais il nous sem-

ble que la forme ronde serait préférable, puisque les racines se développent circulairement autour du pied. Mais
une forme qui est préférable de beaucoup consiste à ouvrir des tranchées continues où l'on plante des rangées
d'arbres tout entières. On laisse les petites pierres au fond
des tranchées, et l'on peut y joindre quelques plâtras ou
décombres grossièrement concassés. Ces matériaux exer-
cent le plus heureux effet sur la végétation des arbres
fruitiers, en raison des sels qu'ils contiennent, surtout s'ils
proviennent de constructions anciennes.

Les arbres en plein vent et à haute tige dont on compose
un verger se plantent à des distances qui varient entre 10
et 12 mètres. Ils ne doivent montrer leur premier fruit
qu'au bout de 4 ans, si ce sont des arbres greffés, et seulement après 6 ou 7 ans, quand ce sont des égrains ou
sauvageons. Jusqu'à l'âge de 8 ou 10 ans, la récolte des
arbres d'un verger est de peu d'importance; mais au bout
de 15 ans ils sont en plein rapport, et ils vont croissant,
toujours croissant en grandeur et en fertilité jusqu'à trente
ans. Mais, comme tout le monde ne peut ni ne veut attendre aussi longtemps, on a inventé des procédés pour
hâter la production des fruits. Le plus ordinaire consiste
à planter entre les arbres à haute tige des lignes alternatives d'arbres en pyramide ou en vase, et d'arbres nains,
qui, après deux ou trois ans de plantation, commencent
à rapporter. On taille ces arbres, pour ainsi dire supplé-
mentaires, de manière à leur faire produire le plus de
fruits possible. Au bout de 8 ans, les arbres nains sont
épuisés, et en les supprimant on dégage les autres qui
sont déjà forts. C'est surtout quand on fait usage de ces
moyens que les tranchées continues sont préférables aux
trous.

Un autre moyen de profiter du travail nécessité par
l'établissement du verger, en attendant que les arbres
plantés produisent, consiste à cultiver en jardin potager
le terrain entre les lignes. Dans ce cas, pour que le fumier
chaud employé pour les cultures potagères n'endommage
pas les racines des jeunes arbres, et que la récolte des
légumes ne leur enlève pas une portion de leur nourriture, on laisse au pied de chaque arbre un espace vide
qu'on a soin d'entretenir constamment net de mauvaises
herbes, et dont on raffraîchit la surface par des binages
très-fréquents. Les cultures potagères ne doivent néanmoins jamais se prolonger au delà de la quatrième ou cin-

quième année, après quoi le sol est définitivement converti en prairie naturelle, un espace de 2 mètres carrés restant toujours libre au pied de chaque arbre.

§ 11. *Formation du verger.*

Le terrain du verger étant ainsi choisi, préparé et défoncé, il ne s'agit plus que de choisir les plants, de les arracher, d'habiller les racines, de planter, de leur donner les soins qu'ils réclament, de récolter les fruits et de les conserver.

Choix des arbres en pépinière. Si celui qui veut établir un verger a une pépinière à lui ou à sa disposition, il doit comparer soigneusement la nature du sol de la pépinière et celle du terrain dans lequel il veut transplanter ses arbres. Il faut faire en sorte que le terrain destiné au verger soit meilleur que celui de la pépinière où les jeunes plants ont été nourris. On choisira dans la même espèce les plants qui gardent le plus longtemps leurs feuilles, ce qui dénote plus de vigueur et de venue. Celui qui commence à se dépouiller par le haut manque de tempérament, comme disent les jardiniers, et il faut encore le rejeter. Les sujets qui n'ont pas pris la greffe du premier coup seront encore rejetés.

On passe ensuite à l'examen des productions fruitières. En général les arbres à fruits trop avancés dans la pépinière viendront mal dans le verger. Les arbres à pépins, par exemple, quand ils ont beaucoup de boutons dans la pépinière, ne viennent pas convenablement dans le verger ; c'est ce que savent très-bien les gens du métier, tandis que l'acheteur inexpérimenté, se laissant séduire à l'apparence, les prend toujours de préférence.

Arrachage des arbres de la pépinière. C'est ici une opération très-importante, que l'on doit toujours faire par un temps humide et doux, évitant une température sèche et froide, et surtout le vent du nord. Il faut encore enlever avec les racines le plus de terre qu'il sera possible, sans couper les extrémités et leur imprimer de secousses. On aura bien soin encore d'*orienter* le jeune arbre dans le verger de la même manière qu'il l'était dans la pépinière, afin de conserver au jeune plant les habitudes qu'il avait ; enfin on laissera le moins de temps qu'il sera possible les racines au contact de l'air en plantant l'arbre sans retard.

Habillage des racines. Les extrémités des radicules ou du *chevelu* se terminent par des spongioles qui servent à pomper dans l'intérieur de la terre les sucs nécessaires à la nourriture et à l'accroissement des plantes. On conçoit dès lors l'importance de ces spongioles. Autrefois, avant de replanter les jeunes arbres, quelques jardiniers avaient l'habitude détestable de couper ou rafraîchir toutes les racines. Cette méthode amenait la mort du plus grand nombre, et les autres en souffraient très-longtemps, quelquefois toujours. D'autres jardiniers, au contraire, conservaient soigneusement toutes les racines. Cette dernière manière, moins mauvaise que la précédente, était cependant sujette à beaucoup d'inconvénients. Entre les deux méthodes il faut choisir le juste milieu. On supprimera donc toutes les parties des racines malades ou endommagées, et on retranchera les extrémités de toutes les racines principales dont le chevelu souffre toujours plus ou moins dans l'arrachement. On doit toujours opérer cette section avec un instrument très-tranchant.

Plantation. Alors il ne reste plus qu'à planter le jeune sujet, en ayant soin de bien l'orienter. On brasse avec la terre du trou une brouettée de fumier très-consommé pour chaque pied d'arbre, on remplit le trou de ce mélange, et l'on place l'arbre de manière que le collet des racines soit à 8 ou 10 cent. au-dessous du niveau du sol. Avant de recouvrir de terre les racines, on les plonge dans un baquet rempli d'un mélange de bouses de vache et de terre franche délayé avec assez d'eau pour former une bouillie claire. Cette précaution facilite singulièrement la reprise du sujet. On achève de remplir le trou avec de la terre que l'on fait entrer dans l'intervalle des racines, pour qu'il n'y ait pas de vides; le terreau est excellent pour cela. On tasse modérément la terre sur les racines avec le pied. Afin que le vent n'agite pas l'arbre nouvellement planté, on lui donne un ou deux tuteurs, que l'on enfonce en terre avec précaution pour ne pas blesser les racines.

L'époque la plus favorable pour la plantation des arbres fruitiers est le moment de la chute des feuilles, quand commence le sommeil de la végétation. Dans les contrées froides cependant, où les arbres pourraient souffrir, il peut être préférable de les laisser en pépinière jusqu'au printemps; dans ce cas on plante ordinairement aussitôt après les fortes gelées.

Soins généraux. Les arbres d'un verger ne demandent,

pour ainsi dire, aucun soin particulier entre l'époque de la plantation et celle de la fructification. Les pommiers et les poiriers forment leur tête naturellement; seulement il faut quelquefois supprimer les bourgeons surabondants. Mais les arbres à noyau ne sont pas toujours aussi dociles, et le cerisier, notamment, a souvent besoin d'être aidé pour prendre une forme convenable; alors, au moyen d'un cerceau, on maintient les pousses du jeune arbre dans un écartement convenable.

Tous les drageons, ainsi que les pousses qui croissent au-dessous de la greffe, doivent être coupés.

On bine légèrement la terre au pied de l'arbre avec une binette à dents émoussées pour ne pas blesser les racines.

Récolte des fruits. La récolte des fruits doit toujours se faire avec beaucoup de soins et de précautions, pour ne pas nuire aux boutons à fruits, espoir de la récolte suivante. Les yeux des arbres à noyau étant moins développés, cet inconvénient est moins à redouter; mais, quant aux fruits à pépins, il faut les cueillir avec les plus grands ménagements. Le moment favorable pour la récolte n'est indiqué par la parfaite maturité du fruit que pour les fruits à noyaux; plusieurs variétés de fruits à pépins d'été sont meilleures lorsqu'on les cueille un peu avant leur maturité complète, pour les laisser achever de mûrir sur une planche; tous les fruits d'hiver sont dans ce cas.

De la conservation des fruits. Lorsqu'on a favorisé et surveillé attentivement la croissance et la maturité des fruits, et qu'on les a récoltés, il ne reste plus qu'à prendre les précautions nécessaires pour leur conservation. Tous les fruits, d'ailleurs, ne sont pas parvenus au point nécessaire de maturité pour qu'on les mange, lorsque nous les détachons de l'arbre, et ce n'est que par des soins entendus, postérieurs à leur récolte, qu'ils achèveront de mûrir. Le local dans lequel on dépose ces fruits qui ne peuvent mûrir avant les gelées s'appelle fruitier ou fruiterie. La fruiterie, pour réunir les meilleures conditions, doit être située au rez-de-chaussée avec 70 cent. à 1 mètre d'enfoncement. Le local doit être très-sec, peu susceptible d'être influencé par la chaleur solaire, et à l'abri de la gelée. Le point indispensable et le plus important de tous pour la conservation prolongée des fruits déposés en fruiterie, c'est que la température soit constamment invariable et peu élevée au-dessus de zéro. Il faut, en outre, de toute nécessité que l'air y soit plus sec qu'humide, qu'il soit surtout sans courant, ne se renouvelant que quand on le juge nécessaire pour détruire l'humidité, et qu'enfin la lumière n'y pénètre absolument que lorsqu'on renouvelle l'air. Il est bon que la fruiterie soit lambrissée et parquetée.

On établit autour de l'appartement des tablettes larges de 60 à 80 cent., bordées en avant d'une petite tringle pour empêcher les fruits de tomber, et l'on couvre ces tablettes d'un lit de paille neuve fort menue, très-sèche, exempte d'odeur, et la plus fine qu'on pourra trouver.

Quand l'époque de cueillir les fruits d'automne et d'hiver est arrivée, il y en a qui sont à la veille de mûrir, d'autres qui ne mûrissent jamais, mais qu'on trouve fort bon crus ou cuits, quand ils sont parvenus à un certain état. On cueille à part chaque sorte de fruits; on a bien soin de ne pas mêler ceux d'espalier avec ceux de plein vent, quoique de même espèce, parce que ceux d'espalier mûrissent plus tôt. A mesure qu'on les cueille, on les pose doucement dans des paniers, et, quand ceux ci sont pleins, on les porte d'abord dans une pièce bien aérée, où on les étend pour les faire ressuyer. Cinq ou six jours après, quand on juge que l'humidité de leur peau est entièrement évaporée, on les porte dans la fruiterie, où on les range sur des tablettes, espèce par espèce, à côté les uns des autres, en ayant soin de les poser sur l'œil, autant que faire se peut. Si le temps est beau, on peut, dans ce premier moment, laisser le fruitier ouvert pendant quatre ou cinq jours, pour chasser l'humidité, s'il y en a ; ensuite on le ferme hermétiquement. Non-seulement il faut jeter un coup d'œil sur toutes les tablettes quand on va chercher des fruits pour la table, mais il faut encore s'assujettir à visiter le fruitier en entier deux fois par semaine, pour mettre de côté les fruits tachés, afin de les manger ou de les empêcher de gâter les autres, ce qui est surtout préférable. Si l'on a une fruiterie bien garnie, et qui contienne des fruits au delà de la consommation ordinaire, nous conseillons sans balancer de mettre de côté les fruits tachés, pour ne manger que des fruits parfaitement sains. Nous n'oublierons jamais que, pendant plusieurs années que nous avons habité une grande propriété dans laquelle se trouvaient un immense verger et des fruits de toutes sortes en abondance, que l'on avait toutes les peines du monde à loger dans une très-grande fruiterie, nous n'avons vu servir à peu près constamment que des fruits à moitié gâtés, parce que la dame du logis, qui surveillait elle-même la fruiterie, femme du reste fort habile et fort entendue, avait la déplorable manie de vouloir toujours écouler les fruits piqués les premiers. Mieux vaut assurément faire quelques sacrifices, et ne pas attendre que d'excellents fruits soient attaqués avant de les savourer.

Il faut que la fruiterie soit éloignée de la chaleur, de l'humidité et de tout ce qui répand une mauvaise odeur.

Toutes les fois que cela sera possible, on devra séparer les raisins des fruits. Cette méthode est excellente; car, déposés dans la fruiterie, ils nuisent aux autres fruits par la grande quantité d'humidité qui s'échappe de leurs grains. De toutes les manières de conserver les raisins, la meilleur est de les déposer dans des tiroirs, ou dans des caisses, entremêlés lit par lit avec de la sciure de bois très-fine, sans odeur et bien sèche.

Tous les fruits d'un jardin ne sont pas tous dignes d'aller à la fruiterie. Il y en a de petits, pierreux, mal faits, blessés ou tachés, et susceptibles de pourrir bientôt, si on ne se hâtait de les employer; alors on les fait cuire de différentes manières, soit pour être mangés de suite, soit pour être conservés. Il y a mille moyens de tirer parti de toutes ces pommes et poires inférieures, ainsi que des prunes et des fruits rouges, qu'on laisse trop ordinairement perdre, faute de penser à les convertir en compotes ou en confitures pour les consommer au besoin.

Afin de compléter ce qui a trait à la conservation des fruits, nous allons indiquer sommairement le catalogue de leur consommation ordinaire aux différentes époques de l'année.

Au mois de mai, l'horticulteur, qui déjà savoure les fraises de son jardin, notamment celles de Virginie et des Alpes, peut y ajouter la cerise anglaise ou guindoux.

En juin, c'est la guigne noire, puis l'abricot précoce, le bigarreau commun, la cerise de Choisy et l'avant-pêche blanche.

Avec juillet arrivent en abondance la cerise commune, l'abricot blanc, la cerise de Montmorency, celle de Cherzy-Dneck, la pomme calville d'été, l'abricot ordinaire, la poire de la Madeleine, la prune de Monsieur, la P. royale de Tours, et le raisin de la Madeleine.

Dans le mois d'août, le nombre des fruits excellents

augmente , et l'on récolte les poires d'orange , de gros rousselet, de blanquette, de jargonelle et d'épargne ; en même temps, les prunes de reine-Claude et de mirabelle, les chasselas hâtifs. l'abricot-pêche, les pêches Madeleine, de Courson , de Malte, belle de Vitry, grosse mignonne, violette hâtive, ainsi que la poire rousselet de Reims , la prune de Jérusalem et la poire de Passy.

Pour septembre, c'est une plus grande abondance encore : la prune reine-Claude violette, la pêche Chevreuse, le brugnon, les poires d'Angleterre , de messire-Jean , de bon-chrétien d'été, de doyenné, de beurré gris et doré ; les pêches blanches et grosses violettes, la prune de Ste-Catherine, les chasselas de Fontainebleau, le chasselas violet, et la pêche téton de Vénus.

Dans le mois d'octobre, nous trouvons les raisins muscats blancs et noirs, la poire bergamotte suisse, la mouille-bouche, la pêche abricotée, la pomme fenouillet jaune, la reinette blanche et de Canada, la poire de sucre-vert, la pomme de St-Martin et la quetsche.

Quand le mois de novembre arrive, il apporte avec lui les poires de crassane, de St-Germain, de martin-sec, de virgouleuse, et les pommes calvilles rouges et blanches, ainsi que la reinette d'Angleterre.

Dans le mois de décembre, nous avons les pommes de reinette dorées, grises, blanches, du Canada, et les poires de virgouleuse.

Pour janvier, ce sont les mêmes fruits, auxquels il faut ajouter les poires de Chaumontel, bergamotte de Pâques, royale, et les pommes de châtaignier.

Nous trouvons en février encore les mêmes fruits, plus les poires de bon-chrétien, le Colmar, et les pommes d'api.

Enfin, dans les mois de mars et d'avril, ce sont les pommes de reinette et d'api, les poires de Colmar, de livre, de Catillac, de cuisine et sarrasin.

Nous terminerons ce délicieux calendrier en ajoutant que, parmi tout ce qu'il est donné à l'homme de manger de bon, de rare, de délicat et d'exquis, rien ne surpasse, ne saurait même égaler les fruits d'un arbre semé, greffé, planté, taillé et cultivé de nos propres mains.

§ III. *De la taille en général.*

La taille est une opération d'horticulture dont le but

est, tout en soumettant l'arbre à prendre une forme déterminée, de ne point contrarier ses habitudes et son mode de végétation. Une première condition pour tailler les arbres, c'est d'attendre que la séve soit arrêtée; une seconde condition pour le pratiquer, c'est de l'entreprendre à une époque voisine de la reprise de son mouvement ascensionnel. Aussi taille-t-on ordinairement en février ou mars, selon, du reste, que les froids sont passés. Il est d'usage de commencer la taille par les fruits à pépins, et de terminer par ceux à noyau. Dans tous les cas, il ne faut jamais attendre la floraison ou le bourgeonnement des arbres, pour qu'il n'y ait pas perdition de séve. Pour les jeunes arbres trop vigoureux, cependant, cette méthode tardive offre l'avantage de leur enlever une partie de leur trop grande vigueur.

La taille se pratique au moyen de la serpette ou du sécateur. La serpette est employée de préférence par les maîtres en horticulture; mais le sécateur va beaucoup plus vite, et son usage est généralement préféré pour les jeunes rameaux d'une moyenne grosseur. Les grosses branches se coupent avec la scie à main, en ayant soin d'égaliser la plaie au moyen de la serpette. Les plaies d'une certaine étendue doivent être soigneusement recouvertes avec de la cire à greffer. Il faut tailler sur les rameaux de l'année pour concentrer la séve et s'opposer à l'extinction des yeux inférieurs qui s'y trouvent et, dans ce cas, laisseraient des vides désagréables. La longueur à donner à un rameau doit être calculée pour que les yeux et les boutons qu'on lui laisse puissent tous remplir leurs fonctions : trop long, les yeux de la base peuvent s'éteindre; trop court, les bourgeons développent de faux bourgeons. Lorsqu'on est obligé de tailler au-dessous du rameau de l'année, on coupe sur du bois de deux ans, ce qui s'appelle *rapprocher* la taille. On nomme *ravalement* la suppression d'une ou plusieurs branches sur une branche mère ou sur la tige, et *recepage* la coupe de l'arbre entier à quelques centimètres au-dessus de la greffe. Plus on taille près du moment où la séve monte, plus on peut raccourcir ces onglets. Leur trop grande longueur n'a au reste que l'inconvénient de donner à la production de l'œil une direction plus oblique, ce qui est un défaut pour les yeux qu'on destine en prolongement des branches, et un avantage pour ceux auxquels on veut donner une direction oblique. Il ne faut pas non plus rapprocher trop la coupe de l'œil, car on pourrait l'*éventer*, ce qui nuit à la vigueur de la production. La coupe se fait en biseau, dont le sommet est précisément au-dessus de l'œil, pour éloigner de lui la séve, s'il y avait épanchement, et l'eau de la pluie, qui serait nuisible par sa durée. La séve se portant, dans tous les arbres, vers le sommet de chaque rameau, c'est l'œil qui le termine naturellement qui en reçoit la plus grande influence; elle passe à l'œil sur lequel on taille, parce qu'il devient terminal à son tour, et jouit des avantages de cette position. Pour que la taille produise tous les effets qu'on en attend, diverses opérations sont nécessaires. Les voici dans l'ordre de leur pratique :

Éborgnage. On nomme ainsi l'opération par laquelle, au moment de la taille, on fait tomber les yeux surabondants ou inutiles. Cette pratique peut être avantageusement remplacée par l'ébourgeonnement, moyen bien meilleur et beaucoup plus sûr de remplir le but qu'on se propose.

Ébourgeonnement. C'est la suppression complète des bourgeons aussitôt que la végétation commence sur les arbres fruitiers à noyau. Il peut y avoir utilité à ébourgeonner les bourgeons naissants dès qu'ils ont de 1 à 3 centimètres, lorsqu'on les juge surabondants et inutiles. Voilà pourquoi nous avons dit, dans le paragraphe précédent, qu'il fallait préférer ce moyen à l'éborgnage, parce qu'on apprécie mieux les productions qui ont commencé à se développer ; c'est ce que les tailleurs d'arbres appellent *ébourgeonnement à œil poussant.* On ne peut en admettre d'autre, car la suppression d'un bourgeon dont la longueur excède 3 centimètres est une taille en vert. Sur les arbres à fruits à pépins, l'ébourgeonnement est beaucoup plus négligé; il est vrai qu'on éborgne davantage. En général, il ne faut pas laisser plusieurs bourgeons ayant une insertion commune. On ne doit pas non plus ébourgeonner les faux bourgeons ; car si, à la taille suivante, il arrivait qu'on coupât au-dessus de la place qu'ils auraient occupée, il s'y trouverait un vide. Ceci est surtout essentiel pour les arbres à fruits à noyau, où l'on forme moins facilement du bois que dans ceux à pépins. L'ébourgeonnement se fait successivement.

Dressage. Cette opération n'a trait qu'aux arbres en espalier et aux contre-espaliers, et encore quand ils sont jeunes et ne sont pas assez forts pour se passer de tuteurs. Le dressage consiste à fixer à leur place respective, et

7*

dans l'ordre prescrit selon la forme adoptée, toutes les branches conservées par la taille. On dresse sur le mur nu à la loque, ou sur treillage de bois ou de fil de fer avec de l'osier pour les grosses branches, et des joncs pour les plus petites. Nous dirons plus loin le parti qu'on peut tirer du dressage pour l'équilibre de la végétation.

Incisions de l'écorce. Il y a deux sortes d'incisions, les longitudinales et les circulaires. Les premières se font pour débrider l'écorce trop sèche ou contractée d'une tige ou d'une branche que la séve ne paraît pas alimenter convenablement. Pour cela on trace sur la longueur, avec la pointe de la serpette, une ou plusieurs incisions plus ou moins espacées, et pénétrant l'écorce jusqu'au liber. La séve, en se portant vers les plaies de l'écorce pour les cicatriser, rend bientôt à cette importante partie la vie près de lui échapper. Les incisions circulaires embrassent une partie seulement de la circonférence entière d'une tige ou d'une branche. Les incisions partielles ont deux effets, suivant leur place : faites au-dessus d'une branche grêle et chétive, elles lui font reprendre de la vigueur en arrêtant la séve, qui se porte alors sur la partie appauvrie ; faites au-dessous d'une branche vigoureuse, elles la priveront de la séve, qu'elles forcent à passer à droite et à gauche.

Les incisions annulaires ralentissent la végétation des parties placées au-dessus d'elles, et activent celle de la partie sous-jacente. On augmente leur effet en traçant deux lignes circulaires parallèles autour de la tige ou de la branche, et en levant la bande d'écorce placée entre elles deux. Aussi, en faisant une forte incision annulaire sur la tige d'une pyramide rebelle à se mettre à fruit, entre la greffe et le premier rang des branches, on parvient à hâter sa fructification. La même opération faite au-dessus d'une place dénudée provoque au-dessous d'elle l'émission d'yeux adventifs qui se convertissent en bourgeons. On ne doit faire qu'une fois par an de telles incisions sur un même sujet. Il est certain qu'une incision annulaire pratiquée au-dessous d'une branche à fruits en augmente le volume et en hâte la maturité. C'est à tort qu'on lui a attribué la faculté d'empêcher la coulure de la vigne, qui dépend de la constitution atmosphérique pendant la floraison.

Entailles ou *crans.* Ils diffèrent des incisions partielles, dont ils ont les effets avec plus d'énergie, parce qu'ils pénètrent dans l'aubier. On les fait un peu obliquement avec la serpette, qu'on force légèrement pour écarter les bords de la plaie. Ils sont utiles sur les arbres à pépins, et doivent être évités sur ceux à noyau, sur lesquels encore les incisions partielles doivent être faites avec beaucoup de ménagements. Le dressage, les incisions et les entailles se font ordinairement pendant l'hiver.

Palissage en vert. C'est, pour les pousses qui résultent de la végétation, la même opération que le dressage pour les branches conservées à la taille; il s'agit de les attacher sans confusion et dans un ordre symétrique, autant que possible, de façon à ce qu'ils occupent la position la plus favorable à leurs fonctions et au but que l'on veut atteindre. Le palissage commence dès qu'il y a des bourgeons assez forts pour être attachés; il se continue jusqu'au moment où leur croissance est arrêtée. On n'attache point les bourgeons trop herbacés, et on laisse libre l'extrémité de ceux qu'on fixe, afin que la séve y arrive facilement. On les rapproche autant que possible de la branche à laquelle ils appartiennent, et dont l'écorce se trouve protégée par leur feuillage contre l'insolation. Comme le dressage, le palissage n'a lieu que pour les espaliers et contre-espaliers.

Pincement. C'est l'opération qui a la plus grande influence sur la perfection des résultats de la taille. On la pratique sur les bourgeons et faux bourgeons, en supprimant leur partie supérieure herbacée, que l'on pince à cet effet entre le pouce et l'index. Elle a pour but d'arrêter momentanément dans le bourgeon pincé l'influence de la séve, pour la faire passer au profit des bourgeons voisins, qu'on laisse entiers. Tout bourgeon qui n'est plus herbacé, et pour lequel il faut employer le sécateur ou la serpette, n'est plus pincé, mais *taillé en vert.* Un pincement trop long peut priver les yeux de la base de la séve nécessaire à leur bonne organisation; trop court, il peut provoquer l'éclosion en faux bourgeons des yeux qui existent sur lui. Le pincement est une opération successive qui commence dès que la végétation est en activité, et qui s'arrête presque avec elle; il exige, pour ainsi dire, une surveillance quotidienne. La séve tendant toujours à monter, ce sont les parties supérieures de tous les arbres et les dessus des branches qui offrent le plus d'occasions de pincement. Il faut se garder d'imiter les cultivateurs qui pratiquent simultanément le palissage et le pincement; c'est un moyen d'arrêter la végétation et de faire tomber les fruits. Nous reviendrons au pincement quand nous traiterons du poirier et du pêcher.

Taille en vert. Cette opération, improprement appelée *taille de mai*, époque où on la pratique peu, est mieux dénommée *taille d'été*, car c'est vraiment dans cette saison qu'on en fait le plus grand usage. C'est par elle qu'on supprime tout ce qui est inutile, et qui, par conséquent, consomme en pure perte une séve qu'il importe de conserver au profit des autres parties de l'arbre. Elle répare les mauvais résultats de la taille d'hiver, les omissions de l'ébourgeonnement, les erreurs du pincement, qui fait parfois surgir des productions incommodes, et enfin tous les accidents de la végétation sous l'influence des intempéries. La taille en vert est plus spécialement en usage sur les arbres à fruits à noyau, dans la conduite desquels elle joue un rôle important: elle peut cependant aussi être employée sur les arbres fruitiers à pépins, où le cassement, qui leur est plus spécialement consacré, ne la remplace pas convenablement dans tous les cas.

Suppression des fruits. Dans les années de fertilité, où les arbres pourraient être fatigués par la trop grande abondance de fruits, il peut être utile d'en retrancher une partie, et ce sont alors ceux qui sont mal venants et qui se gênent les uns les autres qu'il faut supprimer. Cette suppression ne doit se faire qu'après le mois de juin, où la chute spontanée des fruits est à peu près terminée.

Effeuillage. Il consiste à retrancher autour des fruits les feuilles qui interceptent l'air et la lumière, sans lesquels ils ne peuvent complétement mûrir et acquérir la couleur qui leur est propre. On n'effeuille que lorsque les fruits sont au moins aux deux tiers de leur grosseur. L'effeuillage se fait à plusieurs reprises avec un sécateur. On conserve les pétioles, à cause des yeux axillaires qui ont besoin de leur protection. Dans les années chaudes, on maintient une feuille au moins au-dessus de chaque fruit, pour que le soleil ne puisse le frapper directement que par alternatives dues à l'agitation que le vent lui cause. On n'effeuille guère que sur le pêcher et l'abricotier en espalier, et sur la vigne.

Récapitulation. La force et la constitution des rameaux décident de l'allongement de la taille. Lorsque la végétation est abondante et vigoureuse dans toutes les parties d'un arbre, elle doit être plus longue, pour ouvrir à la séve des issues suffisantes, afin qu'elle ne s'en crée pas d'elle-même sur des points qui pourraient contrarier l'harmonie de la forme adoptée. Dans le cas contraire, on la tient courte. Si deux branches ou deux ailes parallèles ont pris un développement inégal, on peut faire disparaître ce défaut en allongeant la taille sur la plus faible, et en la raccourcissant sur la plus forte. Les feuilles et toutes les productions herbacées étant les organes respiratoires des arbres, et se trouvant en plus grand nombre sur la première, y appellent la séve, qui ne tarde pas à faire disparaître la différence.

On obtient le même résultat en redressant la plus faible et inclinant en même temps la plus forte, parce que la séve préfère les voies directes ascendantes. Ce moyen est facile à employer sur les arbres en espalier par le dressage et le palissage, et sur les arbres à air libre, comme les pyramides, par les tuteurs, les arcs-boutants et les liens. Lorsqu'on dresse ou palisse un espalier, on équilibre les forces entre les parties inégales, soit en portant en avant, à 15 ou 20 centimètres du mur, la partie faible qu'on maintient par des tuteurs provisoires, soit en palissant les branches fortes plus serrées que les autres et avant les faibles, qu'on laisse en liberté quelques jours de plus; l'air et la lumière, qui les environnent mieux, font cesser leur infériorité. C'est pourquoi on palisse les forts bourgeons avant ceux qui sont peu développés. Enfin, et sous la même influence de l'air et de la lumière, on arrête toujours, dans les arbres à espalier, le développement exubérant d'une aile, en la couvrant, à 12 ou 15 centimètres de ses sommités, par un auvent ou une planche qui lui cache la vue du ciel, qu'on maintient parfaitement libre pour l'autre partie.

L'ébourgeonnement et le pincement offrent encore des moyens d'équilibrer la végétation. Plus on ébourgeonne, plus on pince, plus on diminue le nombre de feuilles, dont on connaît les fonctions, plus, par conséquent, l'affluence de la séve diminue dans les parties dépouillées; on saisit de suite le parti avantageux qu'on en peut tirer dans un cas de forces inégales. Si on laisse beaucoup de fruits sur une branche, on la fatigue; ainsi, sur deux branches d'un développement différent, on fera disparaître l'infériorité de l'une en supprimant presque tous ses fruits et en les conservant sur l'autre. C'est ce qu'on appelle *charger en fruits*, ce qui se fait, dans les arbres fruitiers à pépins, sur les branches qu'on se propose de supprimer à la taille suivante. Cette opération s'appelle *taille en toute perte*, parce que le nombre des fruits laissés entraîne le dépérissement du membre qu'on force à les nourrir. En méditant sur ces données sommaires, le jardinier intelligent trouvera des ressources pour imposer à ses arbres la régularité de la forme sous laquelle il voudra les conduire, et cette harmonie symétrique qui résulte du parfait équilibre de la végétation qu'entretient la marche de la séve, dont il sera maître sur tous les points; mais ces opérations doivent être sagement raisonnées et employées seules ou simultanément, et avec la prudence qui fait atteindre et non dépasser le but qu'on se propose.

CHAPITRE II.

DES FRUITS A PÉPINS.

Le pommier et le poirier étant les deux arbres les plus importants de ce groupe, ce que nous allons dire de général s'applique plus particulièrement à eux qu'aux autres. Nous ne reviendrons point ici sur ce qui a déjà été dit de la multiplication par greffe, sur la plantation, la disposition, la taille et l'entretien des arbres en général, toutes ces opérations ayant été précédemment traitées. Ces deux espèces d'arbres à pépins, étant indigènes de nos forêts, sont conséquemment les plus rustiques de nos arbres fruitiers. Ils craignent peu la gelée, croissent sous toutes les formes, à toutes les expositions, et généralement dans tous les sols; cependant la culture a profondément modifié leur nature, et la plupart de ceux qui nous fournissent des produits si délicieux exigent une taille réglée et une culture particulière. C'est ce que nous verrons en parlant de chaque espèce de fruits à pépins. Ce grand éloignement de l'espèce primitive a amené un autre résultat non moins important, c'est qu'aucune variété ne se reproduit par des graines avec les mêmes qualités, ce qui force à recourir à la greffe et aux autres moyens artificiels de multiplier. Les fruits à pépins ont des usages aussi nombreux qu'importants, et une qualité précieuse qui leur donne la supériorité sur les fruits à noyau ; c'est que beaucoup peuvent se conserver intacts une partie de l'année dans la fruiterie, dont

nous avons parlé en son lieu. Quand les fruits ont été récoltés avec les précautions nécessaires, cette conservation
est toujours facile. La cueillette devra toujours se faire à
la main, si c'est possible, avec le secours des échelles ;
mais, si les fruits sont hors de la portée, on devra se servir d'un instrument fort simple, en forme de vase conique,
à échancrures profondes et étroites, fixé au bout d'une
longue perche, et qu'on appelle *cueilloir*.

Les fruits à pépins sont cultivés pour trois usages principaux, en raison de leurs qualités. Les variétés de fruits
à saveur âcre, susceptibles de fournir beaucoup de jus par
la fermentation, sont cultivés pour en extraire une boisson
qu'on appelle cidre quand elle est faite avec des pommes,
et poiré quand elle est faite avec des poires. Ces variétés,
cultivées en plein vent et dans les champs, appartiennent
à l'agriculture beaucoup plus qu'au jardinage. Les fruits
à chair tendre, juteuse, à saveur sucrée, vineuse, délicate,
parfumée, sont destinés à être mangés crus ; et ceux à
chair ferme, à saveur souvent nulle ou peu agréable, le
sont pour être mangés cuits. Les fruits à pépins sont encore préparés en compotes, confits, en pâtes sèches, en
confitures, en marmelades, en raisiné ; ils sont également
conservés séchés au four à plusieurs reprises. Dans ce dernier cas, si on ajoute la façon de les tremper dans un
sirop, on les désigne sous le nom de poires ou de pommes
tapées, de l'usage où l'on est de leur donner une forme
aplatie.

Voici les genres d'arbres à pépins qui appartiennent à
cette catégorie :

§ Ier. *Poirier*.

Le poirier doit incontestablement occuper le premier
rang parmi les fruits à pépins. Il est plus élevé que le
pommier, et ses rameaux droits et élancés le rendent encore plus propre à être cultivé en plein vent. Toutes les
poires ont une forme plus ou moins arrondie du côté de
l'ombilic, et la queue est assez ordinairement fort courte.
Toutes les variétés, qui sont fort nombreuses, paraissent
venir du poirier sauvage, qui vient dans nos bois. C'est,
comme pour le pommier, au moyen de la greffe qu'on
obtient les variétés extrêmement nombreuses de poiriers.
L'on greffe le poirier sur le *sauvageon* qu'on trouve dans
les bois, sur le *franc* provenu de semis, ou sur le *cognas-*

sier. Le cognassier, comme sujet, exerce sur la greffe de poirier la même influence que le paradis sur celle du pommier, c'est-à-dire rend les produits plus beaux et meilleurs, hâtant surtout leur formation. Aussi l'emploie-t-on presque exclusivement pour les arbres taillés. Le franc, au contraire, est beaucoup plus convenable pour les pleins vents.

Le poirier, du reste, adopte assez docilement toutes les formes qu'on veut lui donner. Mais certaines variétés, dirigées en plein vent, ne fournissent plus les mêmes fruits qu'en espalier. En général, les poires venues en espalier sont bonnes crues, tandis que celles qui poussent en plein vent sont meilleures cuites. Il n'y a d'ailleurs que quelques variétés qui soient également bonnes cuites et crues, les autres ayant chacune leur destination qu'il est bon de connaître.

Il existe plus de trois cents variétés de poiriers, qu'il serait impossible de décrire toutes les unes après les autres. Aussi nous contenterons-nous d'indiquer seulement les variétés principales, et nous classerons les poires en trois groupes : *celles* que l'on mange crues, *celles* que l'on fait cuire, et enfin *celles* qui sont également bonnes cuites et crues :

1° POIRES A MANGER CRUES :

Amiré-Joannet, ou *petit St-Jean*. Petite, allongée, très-hâtive ; fin juin.

Petit muscat, ou *sept-en-gueule*. Fort petite, fondante, agréable ; commencement de juillet.

Muscat-Robert, ou *gros St-Jean*. Grosse, presque ronde, d'une saveur relevée ; mi-juillet.

Muscat-Lalleman. Ovale, plus grosse, fondante, fort bonne, mais seulement après l'hiver.

Madeleine, ou *citron des carmes*. Ovale, jaunâtre, cassante, agréable ; mi-juillet.

Roland. Volumineuse, verdâtre, fondante, et l'une des meilleures des précoces ; fin juillet.

Oignonet, ou *d'oignon*. Presque ronde, jaunâtre, sucrée, parfumée ; fin de juillet.

A deux têtes. A ombilic double, colorée en rouge du côté du soleil ; très-sucrée, juteuse, agréable.

Jargonelle. Allongée, colorée en rouge foncé du côté du soleil ; du reste verte, cassante, sucrée, excellente ; commencement d'août.

De vallée. Verte, allongée, d'un goût agréable.

D'épargne, ou *beau présent*. Grosse, allongée, fondante, d'un goût relevé, fort agréable.

Cuisse-madame. Très-allongée, vivement colorée du côté du soleil, demi-cassante : fin d'août.

Blanquet ou *blanquette*. Peu allongée, très-blanche, cassante, sucrée, excellente ; et le gros et le petit blanquet, peu différents ; mûrs au commencement d'août.

De Passy. Fort grosse, à longue queue, très-ronde ; presque en pomme, d'un vert jaunâtre moucheté de points gris, fondante, sucrée, d'une saveur exquise ; fin d'août.

Orange, *jaune*, *rouge*, *tulipée*. Parfumées, cassantes, sucrées ; commencement d'août.

Rousselet de Reims. Petite, très-verte et rougeâtre, fondante, parfumée, très-sucrée, prompte à blettir ;

Gros rousselet. Demi-cassante, sucrée et relevée, fort bonne, colorée de rouge et de brun ; toutes deux fin d'octobre.

Bergamotte d'été. Grosse, demi-fondante, un peu acide ; commencement de septembre.

D'Angleterre. Ronde, jaunâtre ; commencement de septembre.

Suisse. Ronde, rayée de vert et de jaune ;

D'automne. Jaunâtre, un peu colorée en rouge ; toutes deux fin d'octobre.

De Hollande. Ronde, volumineuse, verte, piquetée de brun, fondante, d'une saveur relevée, fort agréable ; novembre.

De Pâques ou *d'hiver*. Ronde, fort grosse, verte, mouchetée de gris, fondante, sucrée ; fort bonne en février.

De la Pentecôte. Très-volumineuse, à peau verte rayée de brun, fondante, un peu relevée ; se garde fort long-temps.

De crassane. Ronde, à longue queue, jaunâtre, mouchetée, fondante, sucrée, l'une des meilleures poires ; fin d'octobre.

De doyenné. Allongée, dorée, demi-fondante, sucrée, excellente, mais peu juteuse, devenant promptement cotonneuse. Une sous-variété, dite *crotté*, moins belle, à peau marquée de taches noires, et plus juteuse, plus fondante, en un mot délicieuse. Commencement d'octobre.

Poire de beurré d'Angleterre, allongée, grisâtre, mouchetée de roux, très-fondante, vineuse, exquise ; *dorée*, jaune, d'un rouge brun du côté du soleil, assez grosse, fondante, vineuse, l'une des meilleures, ainsi que la suivante ; *grise*, fort grosse, très-sucrée, parfaite ; toutes du commencement

Verte-longue, ou *mouille-bouche*, allongée, très-verte, sucrée, fondante, fort bonne ; *panachée*, ou *culotte de Suisse*, à raies jaunes ; toutes deux mi-octobre.

Sucré-vert. Très-sucrée, fort agréable ; fin d'octobre.

St-Germain. Grosse, allongée, jaunâtre, mouchetée de brun, fondante, sucrée, excellente, souvent pierreuse ; plusieurs sous-variétés ; en novembre et décembre.

De virgouleuse. Grosse, jaune, ovale, fondante, d'une saveur sucrée, un peu relevée ; délicieuse en décembre.

Royale d'hiver. Volumineuse, renflée à la tête, d'un vert tendre, demi-fondante, très-sucrée ; fort bonne en janvier.

2° POIRES A CUIRE :

Poire de St-Laurent. Arrondie, jaunâtre, très-âpre à la bouche, même en août.

D'épine d'hiver. Allongée, volumineuse, d'un vert tendre ; en décembre.

Mansuette ou *solitaire*. D'un vert marqué de brun, de forme contournée.

Franc réal. Mouchetée de fauve, l'une des meilleures poires à cuire ; novembre.

Martin-sec. Moyenne taille, de couleur brune, cassante et sucrée ; mûre en décembre ; sans contredit la meilleure en compote.

Martin-sire, ou *Ronville*. Plus grosse, allongée, tiquetée de points ; en janvier.

Certeau. Allongée, très-verte, dure et désagréable au goût, mais fort bonne cuite, au four principalement.

Râteau. Très-grosse, jaunâtre.

De livre. Très-volumineuse, aplatie et large au sommet, jaunâtre, souvent amère à la bouche, fort bonne cuite.

Trésor. Plus allongée, encore plus grosse.

Catillac. Arrondie, très-colorée du côté du soleil, aussi très-volumineuse.

De cuisine. Roussâtre, allongée.

Tonneau. Fort grosse, allongée, colorée du côté du soleil.

Sarrasin. Longue, moyenne, de couleur foncée, fort bonne. Toutes ces variétés sont des poires d'hiver qui se gardent pendant fort longtemps, surtout les dernières. On peut les employer depuis le mois de janvier ou février.

3° POIRES A MANGER CUITES OU CRUES :

Bellissime d'automne, très-allongée, d'un jaune rougeâtre, mouchetée; en octobre; *d'été*, plus petite; en juillet; *d'hiver*, très-volumineuse, arrondie, à chair tendre, douce, mais peu agréable : cette variété ne se mange que cuite ; on peut la conserver jusqu'au printemps de l'année suivante.

Salviati, ronde, jaune, cassante, fort bonne ;

D'ange, plus petite; toutes deux mûres en août.

Grosse longue. Très-allongée, d'un vert jaunâtre, peu agréable; en octobre.

Pendard. Oblongue, jaunâtre, cassante.

Chaumontel, ou *beurré d'hiver*. Très-grosse, très-colorée, à côtes saillantes, ferme, sucrée; en décembre.

De Bezy. Assez bons fruits, mûrs en décembre.

De messire-Jean, dorée, grise. Assez grosses, élargies au sommet, très-cassantes, sucrées, excellentes en poires sèches, ainsi que les *rousselets;* mûres en novembre.

Bon-chrétien d'hiver, très-grosse, élargie à la tête, souvent irrégulière, très-verte, ferme, cassante, fort bonne, l'une de celles qui se conservent le plus tard ; *d'Espagne,* à chair plus juteuse ; *d'été*, de couleur jaunâtre; mûres en septembre.

Chassery. Ronde, verte, fondante, sucrée ; en décembre.

Chaptal. Grosse, d'un vert jaunâtre, à chair fondante, un peu relevée; en janvier.

Colmar. Très-grosse, d'un vert tendre, marquée de brun, fondante, sucrée, agréable; se conserve fort longtemps; elle est mûre en janvier.

Culture. Les poiriers dont on sert les fruits sur les tables sont des variétés de choix, et ne se multiplient avec certitude et célérité que par la greffe. On greffe ordinairement en écusson sur franc et sur cognassier. Cette opération se fait à œil dormant sur de très-jeunes sujets, pour avoir des arbres d'une taille médiocre et une prompte fructification; sur des sujets plus âgés, si on désire des arbres plus grands. Ainsi la greffe peut être faite sur des sujets de 2 à 4 ans. On greffe sur cognassier de Portugal pour avoir des espaliers, et sur le petit cognassier pour avoir le poirier nain. Il faut placer la greffe à 16 ou 20 cent. seulement de la terre.

L'exposition du levant convient aux fruits précoces et même aux fruits d'été, qu'on peut aussi placer à celle du couchant ; mais l'exposition du midi est nécessaire pour les fruits d'hiver.

Quant à la taille du poirier, elle est fort importante. Nous ne répéterons point ici ce que nous avons dit des principes généraux de la taille, et nous y renvoyons le lecteur. Ces principes s'appliquent à toutes les formes qu'on peut donner au poirier, soit en espalier, soit en plein vent. Voici, du reste, ce qui convient spécialement de savoir pour la taille des poiriers : 1° on taillera les bourgeons terminaux ou de prolongement environ au tiers de leur longueur acquise en une année, afin de forcer à s'ouvrir les yeux inférieurs à la coupe ; 2° qu'on supprime le bois inutile de l'année à quelques millimètres seulement de l'insertion des bourgeons, pour obtenir du dernier œil une production fruitière ; 3° que la vie des productions fruitières se prolonge au moyen des dards ou des lambourdes, et que le ravalement soit la seule ressource pour rajeunir les branches dont les productions fruitières sont épuisées.

Le pincement n'a pas moins d'importance que la taille, par rapport à la mise à fruit du poirier. Cette opération n'a pas seulement pour objet le raccourcissement d'une pousse trop longue, il est essentiellement destiné à interrompre le mouvement de la séve pour lui faire prendre un autre cours. Par la taille donnée à l'époque où les pincements doivent la remplacer, l'œil situé immédiatement au-dessous de la coupe s'ouvrirait et se développerait si promptement en bourgeon, que l'interruption de la séve serait à peine sensible, en sorte que l'effet désiré serait manqué. Quant à l'ébourgeonnement, il n'y a pas à s'en occuper lorsqu'on a pincé à propos ; les bourgeons pincés peuvent rester sans inconvénient jusqu'à la taille d'hiver.

Chargement. Quand un poirier est trop vigoureux et donne une trop grande quantité de bourgeons à bois, le jardinier, pour le forcer à produire et ne pas le laisser épuiser sa force en pousses inutiles, le *charge* en le taillant, c'est-à-dire qu'il donne à tous les bourgeons, à la taille d'hiver, une taille beaucoup plus longue qu'il ne le faudrait sur un arbre ordinaire. L'effet d'une taille longue sur les arbres à fruits à pépins est de provoquer la formation d'une multitude de productions fruitières qui fructifieront plus tard, et la séve, trouvant une issue dans ces productions, ne donne plus lieu à une confusion de bourgeons qui rendraient l'ébourgeonnement inévitable. C'est ainsi qu'on force le poirier à se charger d'une quantité de branches à fruits de beaucoup supérieure à celle qu'aurait pu provoquer la taille ordinaire. Mais il faut bien prendre garde à ne charger ainsi que les poiriers excessivement vigoureux. Le chargement des poiriers au moyen d'une taille longue doit être général, sous peine d'échouer s'il n'embrassait qu'une ou quelques branches seulement.

Par opposition à cette opération, on *décharge* un poirier par la suppression d'une partie de ses productions fruitières. En taillant très-court, on fait naître des lambourdes, des brindilles et du jeune bois sur les branches qui commencent à se dégarnir. Dans le déchargement d'un poirier, il faut que la coupe soit faite avec une lame coupant bien. Comme le poirier n'est point gommeux, on s'abstient de couvrir les plaies ; mais c'est un tort. Le contact de l'air est plus funeste, sans doute, aux branches des arbres gommeux qui ont subi une amputation ; mais, après cette opération, la plaie faite aux branches un peu grosses du poirier doit être immédiatement recouverte d'onguent de St-Fiacre ou de cire à greffer. L'exposition de la plaie à l'air, quoique moins funeste pour cet arbre que pour les arbres à gomme, n'en causerait pas moins un mal très-réel. Il arrive souvent qu'au lieu de couper les dards et les brindilles qu'on veut raccourcir, on se contente de les casser ; dans ce cas, la plaie étant plus lente à se cicatriser, la séve est détournée pour plus longtemps vers le bas de la branche cassée, et les boutons à fruits profitent davantage.

Les poiriers que l'on veut tailler en espalier reçoivent la forme d'éventail ; pour les y amener, on laisse développer sur le jeune sujet, de chaque côté de sa tige, un nombre égal de bourgeons, proportionné à sa force et à l'espace qu'ils doivent occuper sur le mur. Chacun de ces bourgeons devient un des membres de la charpente du poirier en éventail. Une fois commencés, ces membres se continuent toujours en ligne droite.

Quand on laisse prendre au poirier en plein vent sa forme naturelle, en se bornant à établir un tronc solide et droit greffé sur franc, s'opposant au trop grand développement de son bois, cette manière, évidemment, convient le mieux à la nature de cet arbre ; mais l'espace manque dans beaucoup de jardins, et l'on est obligé d'adopter la forme en pyramide ; c'est la plus productive après le plein vent.

Le bourgeon terminal, nommé flèche, doit être conduit en ligne droite, et, au lieu de lui laisser prendre chaque année toute sa croissance, on le prolonge successivement, en le rabattant sur un œil vigoureux et bien formé. L'essentiel, c'est de retenir la séve dans les branches inférieures. Dans le premier âge de l'arbre, la taille de la flèche fait ouvrir tous les yeux placés au-dessous. On favorise l'accroissement de ceux du bas de la tige en pinçant successivement, pour modérer leur vigueur, les bourgeons les plus voisins de la taille. La première assise de branches formant l'étage inférieur de la pyramide doit contenir six ou sept anneaux.

Sur une pyramide bien gouvernée, les rameaux inférieurs s'étendent à peu près horizontalement. Si l'arbre est planté dans une situation découverte, les branches du côté du midi pousseront toujours un peu plus que celles du côté du nord; on maintient l'équilibre par la taille et le pincement. Lorsqu'une branche montre de la disposition à s'emporter, on supprime son œil terminal au moment de la séve, et ce moyen arrête sa trop grande végétation.

L'on taille encore quelquefois les poiriers en *vase* ou en *girandole*. Les détails que nous venons de donner sur la taille en espalier et sur celle en pyramide faciliteront l'amateur qui voudrait employer ces deux manières.

Lorsqu'un arbre est affaibli par l'âge, les racines ne peuvent plus envoyer aux extrémités une séve suffisante à la charpente à demi desséchée. Les extrémités périssent les premières, la vie se retire peu à peu vers la partie inférieure de la tige, puis l'arbre finit par mourir. Sa décrépitude épuisée s'annonce par des signes certains : s'il fleurit encore, ses fleurs ne nouent plus, ou si elles nouent, le fruit tombe avant la maturité. Il faut alors le rajeunir par le *recepage*, qui consiste à substituer à sa vieille charpente impuissante une nouvelle charpente vigoureuse et féconde. Le recepage est un moyen bien plus expéditif pour obtenir des fruits que si l'on plantait un jeune arbre à la place de l'ancien.

Pour pratiquer le recepage, on enlève, à peu de distance du tronc, toutes les vieilles branches, et on recouvre les larges plaies qui en résultent d'onguent de St-Fiacre ou de cire à greffer. Si la terre est fertile de sa nature, l'opération réussira, car il se développe sur le tronc des yeux qui dormaient au-dessous de l'insertion des grosses branches, et au mouvement de la séve les racines leur enverront une nourriture abondante qui développera des bourgeons vigoureux. L'on traitera ces bourgeons absolument comme ceux d'un jeune arbre. Dans cette opération, les vieilles racines se renouvellent d'elles-mêmes.

Mais, si le sol est épuisé et l'arbre tout à fait affaibli, cette méthode n'est point applicable, et il faut en adopter une autre qui consiste à employer la greffe en couronne. On place dans ce cas autant de greffes que la circonférence du tronc recepé en comporte. Il n'en faut pas moins de six sur une branche de 8 cent. de diamètre. Dès que ces greffes ont repris, elles poussent avec une énergie extraordinaire. L'arbre ainsi renouvelé a plus de force qu'un jeune sujet. De toutes ces greffes, on n'en laisse pousser que ce qu'il en faut pour reformer la charpente des poiriers. Les autres, conservées d'abord pour attirer la séve, mais pincées pour ralentir leur croissance, sont supprimées plus tard, lorsque celles dont on a besoin ont repris le dessus. On ne saurait assigner de limites à la durée des arbres rajeunis par le recepage, car cette opération peut se pratiquer jusqu'à quatre, cinq et six fois. Cette méthode, du reste, ne paraît pas avoir été inconnue des anciens.

§ II. *Pommier.*

Le pommier est le plus populaire et le plus répandu de nos arbres fruitiers à pépins. Il est indigène, et on le cultive chez nous depuis un temps immémorial, ce qui tient surtout à la facilité de sa culture, à l'excellence de ses fruits et à son tempérament robuste qui lui permettent de pousser partout, et le mettent à la portée de tout le monde. En France, sa culture est partout avantageuse, et dans nos provinces septentrionales il remplace la vigne, que la nature leur a refusée. Cependant nous ne nous occuperons pas ici des pommiers à cidre, qui appartiennent bien plus à la grande culture qu'à celle des jardins, et nous citerons seulement les principales variétés jardinières. On en connaît plus de deux cents, dont voici les principales et les plus importantes.

Calville blanche d'été. Mûrit en tout temps ; c'est la meilleure des pommes d'été.

Capucine de Tournay. Fruits gros, anguleux, côtes très-prononcées, chair estimée ; c'est une des plus grosses pommes ; elle mûrit à la fin de septembre et d'octobre.

Calville transparente. Belle et grosse pomme à peau

blanche et à chair transparente comme la cire, d'où lui est venu son nom. Elle est parfumée et très-bonne, et mûrit à la fin de septembre. Il ne faut pas confondre la calville transparente avec la pomme d'Astrakhan, ou transparente ancienne, qui est un fruit tout à fait détestable.

Gloria mundi, calville impériale, pater noster. Ces trois variétés sont bonnes et belles.

Pomme d'Adam. C'est une des plus grosses que l'on connaisse. La chair, sans être très-fine, est de bonne qualité. Elle mûrit d'octobre en novembre.

Pomme d'Ève. C'est aussi un très-gros fruit, de bonne qualité, et mûrissant à la même époque que le précédent.

Reinette par excellence. Son nom indique sa qualité; elle mûrit en novembre et décembre.

Calville blanche d'hiver. C'est la reine des pommes. Aucune ne la surpasse en parfum, en saveur et en durée. On ne saurait trop la multiplier. Elle mûrit en décembre et se conserve jusqu'en avril.

Fenouillet jaune, gris et rouge. Trois variétés excellentes, à fruits petits ou moyens; mûrissant en décembre, janvier et mars.

Reinette d'Espagne et *reinette de Hollande.* Très-beaux et très-excellents fruits, surtout le dernier; ils mûrissent en décembre et mars.

Reinette du Canada. Fruit superbe et délicieux, qui mûrit de décembre en avril et se conserve jusqu'en juillet.

Reinette naine. Fruit moyen, sucré, assez bon. L'arbre reste nain, même greffé sur franc, et se cultive en pot.

Pomme d'api. On en connaît plusieurs variétés, qui toutes sont petites et agréables à l'œil par leur forme et leur coloris.

Postophe d'hiver. Très-gros fruit, de bonne qualité; mûr de février en mai.

Reinette grise. Bon fruit, l'un des plus cultivés; commence à mûrir en février et se conserve jusqu'en mai.

Reinette franche. C'est une des meilleures pommes, et celle qui se conserve le plus longtemps. Elle est déjà répandue dans le centre de la France.

Les espèces étant fort nombreuses, nous n'en donnerons pas ici la nomenclature complète, et nous nous contenterons d'ajouter à celles que nous venons d'énumérer, et qui sont bien en réalité les plus importantes sous le rapport de la bonté et de la beauté des fruits, les variétés suivantes, qui nous semblent dignes d'une attention particulière.

Reinette de Bretagne. Grosse, d'un rouge foncé piqueté de jaune; chair douce, ferme, sucrée, excellente; elle mûrit depuis le commencement de novembre jusqu'à la fin de décembre. L'arbre est vigoureux et productif.

Reinette d'Espagne. Grosse, très-allongée, blanchâtre, glauque, lavée de rouge pâle du côté du soleil, chair fine, sucrée, excellente; elle mûrit à la fin d'octobre et se conserve jusqu'en mars.

Reinette grise du Canada. Plus petite que la reinette du Canada, de même forme, plus acide, mais se conservant mieux.

Reinette de Caux. Très-grosse, irrégulière, aplatie, d'un vert jaunâtre; chair d'un acide doux, fort agréable. Elle mûrit en décembre et se conserve très-bien jusqu'en février.

Reinette princesse noble. Grosse, allongée, plus étroite au sommet qu'à la base, d'un vert jaunâtre panaché de rouge du côté du soleil; chair fine, tendre, agréable. Elle mûrit de novembre en décembre.

Reinette grise de Granville. Moyenne, aplatie, d'un jaune grisâtre, un peu rousse du côté du soleil; chair d'un blanc jaunâtre, tendre, fine, d'un goût relevé et agréable. Elle mûrit de décembre en janvier. Arbre vigoureux.

Reinette grise, haute bonté. Grosse, arrondie, aplatie à la base, d'un jaune verdâtre, un peu rougeâtre du côté du soleil; chair tendre, d'un blanc verdâtre, très-agréable. Elle mûrit de janvier en mars. Arbre très-productif.

Reinette grise de Champagne. Moyenne, aplatie, d'un gris roussâtre, panachée de rouge du côté du soleil; chair sucrée, ferme, agréable. Elle mûrit en janvier. L'arbre, assez délicat, se greffe sur paradis ou sur doucin.

Reinette grise bec-de-lièvre. Moyenne, allongée, à côtes au sommet; chair ferme, blanche, agréable; elle mûrit en janvier et se conserve jusqu'en mars. L'arbre est vigoureux et se greffe sur franc.

Cœur-de-Pigeon, ou *Jérusalem.* Petite, plus grosse à la base qu'au sommet, d'un jaune clair, luisante, rose et pointillée de rouge du côté du soleil ; chair grenue, fine, ferme, blanche, parfumée et très-agréable. Elle mûrit en décembre et se conserve jusqu'en février.

Nous pourrions évidemment ajouter encore beaucoup d'autres espèces à cette liste ; mais nous pensons que nous en avons indiqué suffisamment pour diriger les horticulteurs, qui doivent beaucoup moins tenir à avoir une grande variété de fruits qu'à disposer leurs vergers de manière à pouvoir en manger dans toutes les saisons.

Le pommier est assurément le plus facile à cultiver de tous les arbres fruitiers. Tous les terrains lui conviennent, et il se passe assez ordinairement de la taille. Il y a beaucoup d'espèces que l'on peut obtenir immédiatement de semis, sans recourir à la greffe, et c'est même le moyen le plus utilisé par les pépiniéristes pour se procurer de nouvelles variétés. Néanmoins, toutes choses égales d'ailleurs, il vaut mieux employer la greffe, qui économise le temps, offre un résultat toujours connu, et présente, en un mot, le moyen le plus certain d'arriver au but que l'on se propose le plus ordinairement. Si même on ne veut pas s'embarrasser de toutes les précautions nécessaires à la greffe, on trouve toujours chez les pépiniéristes des arbres tout greffés qu'il n'y a plus qu'à planter dans le jardin.

On peut à la rigueur établir trois grandes catégories de pommiers : 1° les arbres de *première grandeur*, comprenant tous ceux qui s'élèvent à 3 ou 4 mètres, et dont on abandonne volontiers la conduite à la nature, quoiqu'on les façonne aussi en gobelets ; 2° ceux de *moyenne grandeur*, employés pour contre-espaliers, gobelets et pyramides moyennes ; 3° enfin ceux de *troisième grandeur*, ou nains, qui ne dépassent guère 1 m. 50 cent. de hauteur, et dont on forme des petits vases, des quenouilles et des contre-espaliers. Quelques-uns même sont assez petits pour être cultivés en pots, et sont, à proprement parler, des plantes d'ornement, surtout au moment de leur floraison. Ces trois dimensions résultent de la nature des sujets que l'on choisit pour y établir des greffes.

Enfin les jardiniers ont l'habitude de classer les pommiers, dont les espèces assurément sont fort nombreuses, en trois divisions, d'après la taille qu'ils peuvent acquérir ; ce sont les *francs*, les *doucins* et les *paradis*. Les *francs*, qu'on obtient en semant les pépins des fruits de table, fournissent des sujets vigoureux, propres à former des pommiers de première grandeur. Les *doucins*, variétés à fruits insignifiants, s'emploient pour les arbres de seconde grandeur, et les *paradis*, pour ceux de la troisième ou les nains. En taillant très-court ces derniers les deux ou trois premières années, on les force à monter, et alors ils donnent par la greffe les fruits les plus beaux et les meilleurs.

Semis de pommiers. La première chose nécessaire quand on veut faire un semis de pommiers, c'est de se procurer des pépins de bons fruits de table. On les sème ensuite, à l'entrée du printemps, dans une terre bien meuble, soit à la volée, soit dans des rayons, à 33 cent. de profondeur et à 16 de distance ; on recouvre de terre, et on ajoute un peu de litière pour y conserver la fraîcheur. Quand le plant est levé, on sarcle et on arrose suivant le besoin. Si l'année est favorable et le plant fort, on le transplante à la fin de l'automne dans un terrain sablonneux, ou en février et mars dans les terres humides et argileuses. D'autres préfèrent les laisser dans la pépinière jusqu'au moment de la greffe et de la transplantation.

Greffe. Les jardiniers attendent plus ou moins pour greffer les sujets, suivant qu'ils veulent accélérer ou retarder la fructification. On emploie d'ordinaire la greffe en fente, lorsqu'on l'établit à 1 m. 50 ou 2 m. de hauteur, pour former des arbres de première grandeur. C'est la manière d'obtenir le plus promptement la formation de la tête de l'arbre, qui se met également plus tôt à fruit. Si l'on mettait la greffe seulement à 16 ou 20 cent. du sol, la reprise en serait, il est vrai, bien plus assurée ; mais, d'un autre côté, on aurait plus de mal à former la tige de l'arbre.

Cependant la greffe en écusson est beaucoup plus généralement adoptée dans les pépinières, parce qu'elle est plus facile et réussit mieux que l'autre sur les sujets de *doucin* et de *paradis*. On prépare les sujets quelques jours à l'avance en les débarrassant des branches qui peuvent gêner la greffe que l'on met à 12 ou 16 cent. du collet. Lorsqu'on transplante le sujet, on a soin de ne pas enterrer la greffe, qui pourrait prendre racine et changer par conséquent les dimensions qu'on veut donner à l'arbre.

Culture. Nous terminerons ce qui a trait au pommier en indiquant sa culture, mais d'une manière un peu sommaire. On plante les pommiers en plein vent à 10 mètres de distance dans les terrains de médiocre qualité, et à 13 dans les bons fonds de terre ; à 6 m. 50 pour les buissons et les contre-espaliers ; à 4 m. pour les grandes pyramides ; 2 m. à 2 m. 50 pour les petites, et 1 m. 50 pour les *paradis*. On taille court surtout les pommiers nains, dont les pousses acquièrent rarement une grande longueur.

On donne un labour annuel, et comme les racines sont traçantes, on ne laboure pas profondément. Tous les trois ou quatre ans, on enlève, à l'automne, autour des pommiers une couche de terre de 15 cent. de profondeur, jusqu'à la distance de 2 m., tant pour faire arriver plus directement les principes de la végétation fournis par tous les météores de l'hiver jusqu'aux racines, que pour détruire les insectes rassemblés au pied de l'arbre, où ils viennent chercher un abri. On remet la terre après l'avoir amendée, si mieux on ne la remplace par une nouvelle terre non encore épuisée ; et dans les terrains froids on y mêle de la marne calcaire, mûrie par deux ou trois saisons. Quand le terrain est sec, on doit préférer un fumier gras réduit en terreau.

Lorsque le pommier a pris une très-grande étendue, ses branches inférieures s'inclinent tellement, qu'elles empêchent l'air de circuler autour de la tige, et qu'elles y concentrent l'humidité. Il faut alors couper les plus inclinées et recouvrir les plaies de cire à greffer.

Les pommiers cultivés sont en butte aux attaques d'un nombre considérable d'insectes ; une multitude de chenilles, particulièrement celles que l'on connaît sous le nom de *livrée*, des charançons, et le puceron lanigère, en s'y abattant par légions, les font souvent périr. La meilleure de toutes les recettes pour les en délivrer est de faire à ces animaux parasites une chasse active et incessante.

§ III. *Néflier.—Sorbier.*

Le néflier ou meslier est un arbrisseau à rameaux tortus, souvent courbé vers la terre, à feuilles entières, lancéolées, velues à leur surface inférieure, très-grandes dans les variétés améliorées par la culture. Comme les pommiers, les néfliers sont indigènes de notre climat. L'on en connaît un certain nombre d'espèces originaires des différentes parties de l'Europe et de l'Asie, mais la seule qui doive nous occuper ici est notre espèce commune, dont la culture a beaucoup amélioré les fruits. Ceux-ci ne sont pas mangeables tant qu'ils restent sur l'arbre ; mais, quelque temps après la récolte, ils se ramollissent, deviennent blets, et offrent alors un aliment fort agréable, dont l'unique défaut est de contenir de trois à cinq noyaux osseux. Les trois principales variétés fournies par le N. *commun* sont le N. *sans noyau*, le N. *à gros fruits*, le N. *a fruits allongés.*

Culture. Les néfliers réussissent dans toute espèce de terre, pourvu qu'ils ne soient pas constamment imbibés d'eau. Toutes les expositions leur conviennent ; cependant les fruits sont meilleurs dans les terrains légers et frais. Comme les noyaux mettent deux ans à germer, on ne les multiplie guère que de marcottes ou en les greffant sur les sauvageons, l'aubépine, l'azérolier, le poirier ou le pommier. Une fois les greffes reprises, les néfliers ne demandent pour ainsi dire plus de soins. Il y aurait même du désavantage à vouloir corriger par la taille la forme irrégulière de leur tête, car on diminuerait par là la production des fruits qui ne se forment qu'au bout des rameaux. Les nèfles se cueillent à la fin d'octobre. On assure qu'elles n'acquièrent toute leur qualité qu'après avoir subi quelques gelées. On les dépose ensuite sur la paille dans un fruitier, où elles ne tardent pas à se ramollir. Il faut les consommer au fur et à mesure qu'elles mûrissent, car il est rare qu'elles se conservent jusqu'à la fin de janvier.

Sorbier.

Ce que nous venons de dire du néflier nous amène naturellement à parler du sorbier ou cormier, dont les fruits ont la plus grande analogie avec les nèfles. De même que celles-ci, ils ne peuvent se manger qu'à l'état blet, et jusqu'à ce qu'ils l'aient acquis, ils sont d'une acerbité insoutenable. La chair des sorbes est bien plus délicate que celle des nèfles.

Culture. Le sorbier est un grand et bel arbre qui, par son port, fait l'ornement des jardins où on le cultive. Sans être difficile sur le choix du terrain, il préfère cependant la terre calcaire à toutes les autres, et refuse de croître dans les sols humides et marécageux. Sa croissance est très-lente ; aussi son bois acquiert-il une extrême dureté. On l'emploie fréquemment en menuiserie pour faire des

outils, des vis de pressoir, etc. — On le multiplie de semence; mais il vaut mieux le greffer soit sur sauvageon,
soit sur l'aubépine ou le poirier.

§ IV. *Oranger.*

L'oranger est originaire des Indes et de la Chine; mais
on l'a acclimaté dans tous les pays du monde où la température ne descend pas au-dessous de 4 ou 5 degrés. Dans
le midi, on le cultive en pleine terre; mais, dans les autres
parties de la France, on l'élève en caisse, afin de pouvoir
le rentrer pendant l'hiver. Le feuillage de l'oranger est superbe, ses fleurs sont suaves et gracieuses, et ses fruits
délicieux.

Le nombre des espèces et variétés d'orangers s'élève à
plus de cent. Tous les orangers ont le tronc droit et bien
soutenu, les rameaux touffus, les feuilles coriaces et
épaisses, ordinairement entières, les fleurs blanches,
d'une odeur délicieuse, et les fruits de diverses formes,
plus ou moins arrondis, très-juteux, acides, exquis dans
certaines variétés. Les feuilles sont d'un grand usage en
médecine; les fleurs se confisent à l'eau de-vie ou au sucre
pour faire des ratafias, des sucrades diverses; enfin, les
fruits se mangent crus, en compotes, en salades ou confits; on en extrait encore des liqueurs, des acides, des gelées et des sirops.

La terre d'oranger est composée de terre franche, de
terreau et de fumier avec du marc de raisin. Dans leur
climat, la fécondité des orangers est incroyable. On cite
aux Açores un arbre qui, dans une seule année, a produit
29,000 fruits.

On multiplie l'oranger par semis, bouture et marcotte.

Quand les orangers sont jeunes, il faut les rempoter et
les rencaisser lorsqu'ils en ont besoin. Quant aux soins généraux, il y en a de plusieurs sortes. Moins la terre a de
consistance, plus les arrosements doivent être fréquents,
surtout à l'époque de la floraison. Sur trois mouillures, il
faut que l'une traverse toute la terre et que l'on voie sortir
l'eau sous la caisse. On rentre les orangers avant le 15 octobre; sitôt qu'ils sont dans la serre, on leur donne une
bonne mouillure pour raffermir la terre qui a été ébran-
lée. Dans le cours de l'hiver, ils n'ont plus besoin d'être

arrosés qu'une ou tout au plus deux fois. On les sort de l'orangerie vers le 15 mai.

Les orangers se divisent en sept groupes principaux, qui sont :

1° *Les orangers.* Tige haute, feuilles à pétioles ailés ; vésicules de l'écorce du fruit convexes ; pulpe pleine de jus doux, sucré, très-agréable.

2° *Bigaradiers.* Tige moins élevée, feuillage plus étoffé, à pétioles plus ailés ; vésicules de la peau du fruit concaves ; pulpe pleine de jus acide et amer.

3° *Limoniers* ou *citronniers.* Tige arborescente, à rameaux effilés, flexibles, souvent épineux ; à feuilles oblongues portées sur des pétioles marginés ; fleurs lavées de rouge en dehors ; fruits ovales oblongs, lisses ou rugueux, à vésicules concaves, remplis d'une pulpe abondante contenant beaucoup de jus acide et savoureux.

4° *Cédratiers.* Différents des limoniers par des rameaux plus courts et plus roides, par des fruits plus gros et plus verruqueux, et surtout par une chair plus épaisse, plus ferme, très-bonne à confire. Leur pulpe et leur jus sont moins considérables.

5° *Limettiers.* Port et feuilles du limonier ; fleurs blanches, petites, d'une odeur moins pénétrante ; fruit d'un jaune pâle, ovale arrondi, mamelonné ; vésicules de l'écorce planes ou légèrement concaves ; pulpe douceâtre, fade ou légèrement amère.

6° *Lumies.* Diffèrent des limettiers par leurs fleurs rouges en dehors.

7° *Pampelmouses.* De moyenne taille ; rameaux gros, obtus, glabres ou pubescents dans leur jeunesse ; feuilles fort grandes, à pétiole largement ailé ; fleurs les plus grandes du genre, souvent à 4 pétales ; fruits très-gros, arrondis, pyriformes, à écorce lisse, jaune pâle, à vésicules planes ou convexes, selon que le jus intérieur est plus ou moins doux ; pulpe verdâtre, peu abondante.

Grenadier.

Le grenadier est un arbre touffu, rameux, à petites feuilles entières, luisantes, d'un vert rougeâtre, à belles fleurs du plus bel écarlate, un peu moins sensible aux gelées que l'oranger, mais, du reste, cultivé de même en France. Il est originaire d'Afrique. Dans quelques jardins dont le sol est substantiel, il vient en pleine terre quand il est bien abrité à une bonne exposition du midi. Cependant il faut le couvrir pendant les froids.

Le grenadier fleurit de juillet en septembre. Les fruits du grenadier sont volumineux et renferment un nombre infini de pépins qu'entoure une pulpe légèrement acide, d'un beau rouge, agréable et fondante dans la bouche.

On le multiplie de graines et de bouture ou de marcotte. Pour forcer le grenadier à fleurir, on pince les sommités de ses nouvelles pousses lorsqu'elles ont atteint une certaine longueur. Il faut aussi l'arroser souvent, surtout s'il est en caisse. On le taille peu, car il forme naturellement buisson comme l'oranger, surtout quand il n'est point élevé de semence, parce qu'il pousse beaucoup de rejetons.

On en cultive beaucoup d'espèces; ce sont : G. à fruits acides, à fruits doux, à fleurs doubles, à fleurs blanches, à fleurs jaunes, à fleurs panachées. On cultive encore le G. nain, à fruits très-petits.

CHAPITRE III.

DES FRUITS A NOYAU.

Les arbres fruitiers à noyau sont des végétaux qu'une longue culture a complétement modifiés, et qui se sont tout à fait éloignés de leur type primitif. Leurs habitudes, par conséquent, aussi bien que leurs produits, à la suite de ces changements, nécessitent de la part de l'horticulteur une étude particulière qui le mette à même de profiter de l'expérience acquise par l'observation dans le choix des arbres et dans la manière de les cultiver. Nous avons déjà, à propos de la greffe, de la taille et des semis, fait connaître ce qui se rapporte d'une manière générale à la culture des fruits à noyau, en traitant chaque espèce en particulier. Nous compléterons ce qu'il est nécessaire de faire connaître aux amis de l'horticulture. Rappelons seulement ici, en passant, que celui qui est jaloux d'avoir des arbres beaux et bons doit commencer par semer les meilleures graines, afin d'obtenir des sujets vigoureux et bien disposés ; qu'ensuite il doit les greffer avec les meilleures variétés pour obtenir des produits semblables, et qu'enfin il doit les diriger de manière que leur marche soit réglée, leurs produits constants et fixes, leur forme déterminée.

Les arbres à noyau sauvages ne méritent en général aucune attention; leurs produits sont petits, de mauvaise qualité, de saveur acide ou âcre; mais on peut s'en servir pour greffer.

Les fruits à noyau se décomposent très-promptement, et dès lors il est très-difficile de les conserver longtemps dans leur état naturel. On ne peut en conserver aucun pour l'hiver sans lui faire subir certaine préparation. Les fruits de ce groupe ont une saveur délicate, acide ou sucrée, fort agréable au goût; leur pulpe est tendre, abondamment pourvue de liquide; elle enveloppe une seule semence, qui consiste en une coque ligneuse appelée noyau, renfermant une amande. La pulpe est la partie la plus recherchée du fruit dans la plupart des espèces; c'est elle qui fait les délices de nos desserts pendant l'été; aussi a-t-on cherché à prolonger cette jouissance autant que possible, soit en conservant ces fruits à l'abri des influences de l'air par les procédés de M. Appert, qui leur fait bien un peu perdre leur parfum et leur goût, soit en les faisant confire dans le sucre ou dans l'eau-de-vie, soit en les faisant sécher, ou de toute autre manière. Quant à l'amande et au noyau, on en compose des liqueurs excellentes, des dragées et des bonbons.

Abordons maintenant les arbres fruitiers à noyau de cette catégorie.

§ Ier. *Pêcher.*

Parmi les fruits à noyau, la pêche occupe le même rang que la poire parmi les fruits à pépins. C'est le premier et incontestablement le meilleur de cette catégorie; aussi lui donnerons-nous la première place. Le pêcher est originaire de la Perse. C'est un arbre peu élevé, à rameaux flexibles, à feuilles lancéolées finement dentées, d'un beau vert, à fleurs roses, nombreuses, à fruits de grosseur, de formes et de qualités très-variables. La pulpe qui environne le noyau est la partie importante de la pêche; on la mange ordinairement crue : sa saveur est sucrée, juteuse et délicieuse. C'est sans contredit le meilleur de nos fruits.

Le pêcher greffé et livré à lui-même pousse constamment par les extrémités supérieures de chaque rameau. Les branches du pêcher qui ont porté fruit toujours à leur extrémité ne remplissant pas deux fois ces fonctions, et les branches d'une année étant seules productives, il en résulte que la première des indications pour la taille de cette sorte d'arbre à noyau, c'est d'entraver la marche de la séve, pour la contraindre à produire des jeunes rameaux dans toutes les parties de l'arbre ; d'où il résulte nécessairement l'obligation de tenir le pêcher constamment garni sur toute sa surface de branches à fruit renouvelées tous les ans. L'œil le plus rapproché de la coupe est toujours le plus vigoureux, et, par conséquent, c'est le plus important et celui qui porte le plus de fruits.

Les pêchers se cultivent surtout en espalier. Si l'on veut avoir des espaliers bien portants, durables et productifs, il ne faut jamais tailler les branches à fruits trop longues, ni les branches à bois trop courtes, mais favoriser avec la plus constante sollicitude la croissance régulière des branches à bois et le remplacement régulier des branches à fruits, afin de pouvoir, sans dégarnir l'arbre, tailler ces branches sur le bourgeon ; c'est là le principe de la taille des branches fruitières du pêcher en espalier. Moins on laisse subsister de boutons à fleur sur une branche, plus on donne de force à l'œil duquel doit sortir le bouton destiné à le remplacer.

Les instruments nécessaires pour la taille des pêchers sont la serpette, le sécateur et la scie à main. Le premier est incontestablement le meilleur ; le second a l'avantage d'avancer beaucoup plus la besogne ; mais comme il coupe toujours en comprimant plus ou moins les bords de la plaie, il faut, si faire se peut, se servir de la serpette. Quant à la scie à main, qu'on emploie pour les grosses branches, il faut toujours *parer* la plaie avec la serpette, et la recouvrir avec l'onguent de St-Fiacre ou la cire à greffer.

La plupart des formes sous lesquelles on peut conduire le pêcher exigent deux écussons posés en regard l'un de l'autre, pour former les deux branches mères ; ces écussons se placent au mois d'août. On pose un seul écusson dans le cas où l'on se propose de conduire le pêcher sur une seule tige droite, avec des cordons horizontaux. Mais cette forme est peu usitée. Chacun des deux écussons donne naissance à un bourgeon dont la croissance doit être soigneusement réglée, afin de maintenir entre les deux côtés du jeune arbre la plus parfaite égalité. Si cependant, malgré toute la vigilance du jardinier, l'une des branches, attirant à elle toute la séve, s'emporte aux dépens de l'autre, il n'y a pas à balancer ; la branche faible doit être supprimée au niveau de son insertion, et la branche forte rabattue sur deux bons yeux, et palissée au mur dans une position redressée. Les deux yeux sur lesquels on a rabattu cette branche deviennent, l'année suivante, les membres principaux de la charpente du pêcher. Tout bourgeon qui menace de s'emporter, soit en dedans, soit en dehors de la bifurcation des deux branches mères, doit être pincé ou rogné dès qu'on s'en aperçoit. De tout ce qui précède et de ce que nous sommes forcé d'omettre, il résulte que la taille du pêcher est une chose assez difficile Sans doute il est indispensable de joindre aux notions théoriques sur la taille du pêcher les leçons pratiques d'un bon jardinier ; mais, en définitive, tout le secret consiste à observer attentivement la marche de la nature, et à s'y conformer. Les autres moyens d'action nécessaires pour bien gouverner un pêcher, indépendamment de la taille, sont le palissage, le pincement et l'ébourgeonnement.

Le *palissage* du pêcher doit avoir surtout en vue de lutter sans cesse contre la pente qu'a cet arbre à lancer sa séve vers le haut des branches, et à laisser le bas de l'abre dégarni. Plus une branche est palissée horizontalement, plus le cours de la séve s'y trouve ralenti, ce qui laisse le temps aux bourgeons inférieurs de se fortifier et de se développer.

Tant que la séve du pêcher est en mouvement, c'est-à-dire pendant toute la durée de la belle saison, le palissage ne peut pas être regardé comme fini ; il faut y revenir autant de fois que la marche de la végétation peut l'exiger. Les deux principes essentiels d'un bon palissage sont :

Premièrement, maintenir constamment les branches mères et les membres de la charpente en lignes parfaitement droites, quels que soient d'ailleurs leur écartement et l'angle que ces branches forment entre elles ;

Secondement, incliner les bourgeons de la partie supérieure de la branche de manière à les rapprocher autant que possible de cette branche, et palisser les bourgeons inférieurs de manière à les éloigner le moins possible de la verticale. Les divers modes de palissage se donnent soit sur le mur, soit au moyen d'un genre quelconque de treillage. Cette opération est trop élémentaire pour que nous la décrivions ici.

Pincement. Le pincement est le moyen le plus simple d'arrêter la croissance des bourgeons. Lorsqu'on a négligé de pincer, il faut recourir à la taille au plus fort de la séve, et cette opération se nomme rapprochement en vert. La marche de la séve est très-rapide, et un bourgeon négligé devient bientôt une branche gourmande qui peut déranger l'économie du pêcher le mieux établi. Il faut observer la partie du bourgeon par laquelle il tient à la branche sur laquelle il est né; cette partie se nomme *empattement*. On peut laisser croître le bourgeon dans le but d'en obtenir une branche à fruits, lorsque son empattement se montre faible et mince; mais s'il se montre épais et fort, c'est une preuve certaine de sa disposition à s'emporter, et il faut s'opposer à sa croissance par le pincement. En définitive, le jardinier doit exercer sur ses pêchers, pendant tout le temps où ils sont en végétation, une surveillance continuelle. Au moyen de cette surveillance, le pincement, pratiqué au moment convenable, permet au jardinier de faire de chaque bourgeon ce qu'il veut et de convertir une branche à bois superflue en une bonne branche à fruits.

Ébourgeonnement. Comme on ne peut pas conserver tous les bourgeons sur les pêchers en espalier, en général il faut supprimer les bourgeons qui naissent sur la partie d'une branche qui fait face au mur et ceux qui, placés sur le devant du rameau, s'avancent en saillie au dehors. Deux yeux sensiblement égaux situés sur la même branche, l'un à sa partie *inférieure*, et l'autre à sa partie supérieure, donnent naissance à deux bourgeons également bien placés, également utiles pour la conduite de l'arbre; mais le supérieur, d'après les lois de la végétation du pêcher, devient plus vigoureux. Il faut calculer le vide qui peut rester à remplir dans l'espalier pour voir lequel des deux doit être conservé. Le jardinier expérimenté ne s'y trompe pas; il juge à première vue si un bourgeon doit être conservé, supprimé ou seulement arrêté par le pincement; car le pincement et l'ébourgeonnement sont, pour la conduite du pêcher en espalier, deux moyens qui se complètent l'un par l'autre, et dont il faut faire usage tant que dure la végétation du pêcher.

Le *rajeunissement* des vieux pêchers se pratique en profitant de la pente naturelle des bourgeons à s'emporter. S'il s'en rencontre un bien placé sur le bas de l'arbre, on rabat la branche mère sur ce bourgeon, en coupant la branche à quelques millimètres au-dessus de la naissance du bourgeon, qu'on laisse aller en liberté sans le tailler ni le pincer, comme une véritable branche gourmande, et l'année suivante on traite cette branche refaite sur le vieux pêcher, comme s'il s'agissait d'un jeune arbre à conduire. Les produits d'un pêcher rajeuni sont infiniment moins nombreux, mais les fruits sont plus délicats.

Variétés de pêchers. Nous ne donnerons pas la liste de toutes les variétés de pêchers ; car elles sont extrêmement nombreuses et passent l'une à l'autre par des degrés insensibles ; nous nous bornerons à indiquer les principales, que l'on peut ranger en trois classes : les pêches à peau velue, les pêches pavies, qui n'ont pas de duvet et ont leur chair adhérente à la peau et au noyau, et les pêches à peau lisse et sans duvet.

1° PÊCHES A DUVET. Ces pêches ont la peau velue, la chair fondante, et adhèrent peu à la peau aussi bien qu'au noyau. Voici les variétés de cette classe dans l'ordre de leur maturité :

Avant-pêche blanche, jaune, rouge, toutes trois fort petites, mûres à la fin de juillet.

P. *petite mignonne,* très-colorée ; au commencement d'août.

P. *Madeleine blanche,* excellente, peu colorée ; milieu d'août.

P. *belle Chevreuse,* un peu allongée, sucrée, fort bonne.

P. *jaune* et la P. *Brandick,* toutes deux jaunes, mûres à la fin d'août ; la dernière, très-volumineuse, très-bonne, n'est cultivée qu'en Angleterre.

P. *grosse mignonne,* très-colorée du côté du soleil, l'une des meilleures ; fin d'août.

P. *galande* ou *noire,* d'un pourpre très-foncé du côté du soleil, fort bonne ; fin d'août.

P. *de Malte,* seulement marbrée de rouge, à chair blanche, d'une saveur délicieuse ; commencement de septembre.

P. *Madeleine rouge,* fort bonne ; mi-septembre.

P. *bourdine* ou *Narbonne,* ovale.

P. *admirable,* P. de *Vitry,* P. *royale Charlotte,* grosses, vineuses, exquises ; mi-septembre.

P. *téton de Vénus,* à protubérance à la tête du fruit, peu colorée, fort bonne, volumineuse ; fin septembre.

P. *royale*, plus colorée, P. *teint doux*. Ces deux ont souvent le noyau fendu et un petit goût d'amertume.

P. *Chevreuse tardive* ; en octobre.

P. *abricotée*, tardive, à chair ferme, jaune.

P. *des vignes*, petite, d'une saveur relevée.

2o PÊCHES PAVIES, c'est-à-dire à peau velue, à chair ferme, adhérente à la peau ainsi qu'au noyau ; plus cultivée dans les contrées méridionales. Ce sont :

P. *blanche* ou *pomme*, mûre en septembre. On la cultive fort bien en plein vent et sans la greffer.

P. *jaune* ; en octobre.

P. *rouge* ou de *Pompone*, très-grosse, fort bonne, à chair blanche.

P. *de Pamiers*, énorme, également bonne.

3° PÊCHES A PEAU LISSE ET SANS DUVET, ou *brugnons ;* pêches violettes :

Brugnon violet, très-coloré, d'une saveur vineuse ;

Brugnon jaune, très-fondant ;

Brugnon cerise, d'une couleur vive ; fort petits ; tous mûrissent en septembre ;

Brugnon brun, très-tardif, ainsi que le *jaune lisse* ou *monerin*, à peau jaune, marbré de rouge.

On conçoit qu'au milieu de toutes ces variétés et de beaucoup d'autres que nous omettons à dessein, il est fort difficile de fixer son choix. Afin de guider en cela les horticulteurs peu versés dans la culture des arbres fruitiers, voici les meilleures variétés que nous leur recommandons particulièrement. Elles sont classées dans l'ordre des époques de leur maturité.

Pêche petite mignonne. Maturité du 20 juillet au 1er août.

P. grosse mignonne hâtive. Premiers jours d'août.

P. grosse mignonne ordinaire. Id.

P. grosse noire de Montreuil. Dernière quinzaine d'août.

P. de Malte. Id.

P. Madeleine de Courson. Id.

P. belle Beauce. Premiers jours de septembre.

P. belle de Vitry. Id.

P. bourdine. Milieu de septembre.

P. brugnon musqué. Id.

P. bon-ouvrier. Fin septembre au 15 octobre.

Nous ne dirons rien des maladies et accidents qui

peuvent atteindre le pêcher, attendu qu'il en a été déjà question dans la première partie de ce Manuel. Aussi nous contenterons-nous de renvoyer aux paragraphes qui traitent de la *cloque*, du *blanc* ou *meunier*, du *rouge*, de la *gomme*.

Nous avons dit, en parlant des insectes et animaux nuisibles aux plantes en général, comment on pouvait s'en débarrasser. Les pêchers sont très-souvent attaqués ; mais il est facile de les défendre contre leurs nombreux ennemis, parmi lesquels les plus redoutables sont: les *punaises*, les *pucerons*, les *fourmis*, les *perce-oreilles*, les *limaces* et *limaçons*, les *rats*, les *souris* et les *mulots*.

Nous terminerons ce qui a trait aux pêchers en parlant d'un accident très-fréquent et très-redoutable auquel ils sont souvent exposés : nous voulons parler des gelées tardives qui accompagnent ordinairement les giboulées des premiers jours du printemps. Il importe de mettre les pêchers à l'abri de ce désastre, surtout vers la floraison ; pour cela il est nécessaire de les couvrir le soir, toutes les fois que le temps menace, avec des toiles ou des paillassons ; mais il faut bien avoir soin, quelque temps qu'il fasse, de les découvrir dans la journée, pour que les fleurs ou les jeunes fruits ne s'étiolent pas. Du reste, il faut dire encore que ce n'est pas tant la *gelée* que le *dégel* qui est à craindre. En effet, quand le dégel s'effectue brusquement sous les rayons du soleil, il désorganise et tue sans rémission les parties jeunes et délicates qui ont été atteintes. Si donc on s'apercevait dès le matin que les pêchers eussent gelé pendant la nuit, il faudrait se hâter, avant le lever du soleil, de les couvrir de paillassons pour leur permettre de dégeler lentement. Si l'opération est faite à temps et bien conduite, on aura peu de pertes à regretter.

§ II. *Abricotier.*

La végétation de l'abricotier est diamétralement inverse de celle du pêcher. Celui-ci pousse toujours sa force végétative vers le haut de ses branches, tandis que l'abricotier développe toujours ses bourgeons dans le bas. Cet arbre vit fort longtemps, surtout quand il est franc de pied. Il est évident, dès lors, qu'on ne peut donner pour base à sa taille les principes qui régissent celle du pêcher, la végétation de ces deux arbres étant essentiellement différente.

Abricotier en espalier. Quoique l'abricotier donne de meilleurs fruits en plein vent qu'en espalier, cependant, vu la précocité de sa floraison, qui les expose aux gelées, on le cultive ordinairement en espalier à bonne exposition.

L'abricotier se greffe le plus souvent sur prunier un an avant sa mise en place. Cependant les semis de noyaux d'abricots donnent souvent des sujets dont les fruits sont égaux ou supérieurs à ceux des arbres dont ils viennent. Ces sujets, quand on peut s'en procurer, sont toujours préférables aux sujets greffés. Le meilleur moment pour la plantation est celui qui suit immédiatement la chute des feuilles de l'arrière-saison. On taille de très-bonne heure au printemps, avant le premier mouvement de la séve. On établit la charpente des abricotiers comme celle des pêchers. Si l'un des deux bourgeons qui doivent former les branches mères paraît végéter avec plus ou moins de force, on a recours au pincement et au palissage pour maintenir entre eux la plus parfaite égalité. On peut sans crainte laisser l'abricotier prendre de grandes dimensions ; ses branches à fruits restent ordinairement productives pendant 6 à 8 ans ; on a donc le temps de leur préparer des branches de remplacement à mesure qu'on prévoit leur décadence. Quoique moins souple que le pêcher, l'abricotier se prête cependant à beaucoup de formes différentes. La forme en éventail est la plus usitée.

Abricotier en plein vent. L'abricotier en plein vent demande, comme celui qu'on dirige en espalier, des soins intelligents quand on veut obtenir des récoltes abondantes et assurer la longue durée des sujets. Après l'avoir greffé à la hauteur de deux mètres, on lui forme, d'après les principes que nous venons d'exposer, quatre membres principaux dont on dirige la végétation par le pincement et l'ébourgeonnement. Pendant les deux ou trois premières années, il est bon de palisser ses branches au moyen d'un cerceau, afin de les maintenir à égale distance entre elles ; on aura soin, à la taille, de ne pas laisser l'intérieur de la tête s'encombrer de branches superflues ; on préviendra la perte des branches épuisées en les rabattant dès que leur fertilité commencera à diminuer ; on surveillera toutes les productions fruitières pour leur ménager des branches de remplacement. L'abricotier en plein vent se rajeunit et renouvelle sa charpente aussi facilement que l'abricotier en espalier. Il veut être débarrassé avec encore plus de soins des branches mortes ou malades, parce que la position presque verticale du jeune bois y rend la propagation du mal bien plus rapide que dans les branches de l'abricotier en espalier, dont la position se rapproche beaucoup plus de la ligne horizontale. Dans les pays exposés aux vents violents, on conduit souvent l'abricotier en corbeille, en vase, après l'avoir greffé tout près de terre. Dans ce cas, on le taille exactement comme nous venons de l'indiquer pour l'abricotier en plein vent à haute tige, en ayant soin seulement de ne pas lui laisser prendre un trop grand développement, afin qu'il puisse être plus facilement protégé par une haie ou par un abri quelconque contre le vent dominant, seul but qu'on se propose d'atteindre en donnant cette forme à l'abricotier.

Voici les dix espèces d'abricotiers qui nous ont paru les meilleures :

A. *hâtif* (*abricotin.*) Petit, presque rond, vermeil du côté du soleil, et jaunâtre de l'autre ; chair jaunâtre, de médiocre qualité et un peu musquée ; amande amère. Il mûrit fin de juin en espalier, et au commencement de juillet en plein vent. Quand il n'est pas greffé, il dure plus longtemps.

A. *commun.* Très-productif ; fruits gros si l'arbre est bien cultivé ; chair parfaite, surtout en plein vent, mais pâteuse quand elle est trop mûre. Amande amère ; mûr à la mi-juillet. Arbre très-vigoureux, se dégarnissant promptement du bas.

A. *de Hollande.* Mûr à la fin de juillet ; petit, à chair jaune, fondante, vineuse ; amande douce, ayant le goût d'aveline.

A. *de Portugal.* Petit, arrondi, très-bon, chair fondante ; mi-août.

A. *alberge.* Arbre assez grand, de noyau, point greffé ordinairement, ou greffé sur amandier pour qu'il fructifie plus tôt. Fruits toujours abondants, meilleurs en plein vent, souvent raboteux et colorés, à chair fondante et vineuse ; on en fait d'excellentes confitures. Il lui arrive souvent de dégénérer. Amande grosse et amère. Deux variétés : A. *de Mongamet* et *de Tours*, supérieures en saveur et en grosseur. Mûr mi-août.

A. *péche* ou *de Nancy*. Plus gros que les autres, un peu aplati, excellent en plein vent, où il devient raboteux et coloré, d'une saveur qui lui est particulière; son noyau se reconnaît en ce qu'il est le seul au travers duquel on trouve un trou pour passer une épingle. L'abricot-pêche se reproduisant toujours plus ou moins bon de graine, on en a beaucoup de variétés. Mûrit fin août.

A. *royal*. Variété obtenue à la pépinière du Luxembourg. Plus rond et encore meilleur que le précédent.

A. *Pourret*. Plus vineux que l'abricot-pêche, duquel il se distingue encore en ce que son noyau n'est pas perforé d'un bout à l'autre.

A. *Noor*. Le meilleur de tous. Malheureusement il n'a qu'un moment, et tous ses fruits mûrissent à la fois.

§ III. *Prunier*.

Le prunier se rapproche beaucoup de l'abricotier, dont il diffère cependant essentiellement par son mode de végétation. Le prunier est de tous les arbres fruitiers celui qui offre la floraison la plus abondante; les boutons à fruits se développent dans toute la longueur des branches sans qu'on ait besoin de recourir à la taille pour provoquer leur naissance ou leur développement. Le prunier cultivé en plein vent prend de lui-même une forme convenable, et quand on l'a bien établi sur quatre branches convenablement espacées, on peut le laisser aller, en ayant soin seulement de le débarrasser du bois mort. Les prunes mûrissent très-bien en plein vent, et on ne leur accorde que bien rarement une place à l'espalier. Cependant, contrairement à ce qu'on observe pour l'abricot, la prune à l'espalier mûrit plus tôt et offre toujours une qualité supérieure. Le prunier peut se gouverner en espalier de la même manière que nous avons décrite pour l'abricotier, et sous la même forme; il se conduit aussi fort aisément sous forme de pyramide, d'après les principes que nous avons indiqués en parlant de la taille en général. Il résulte de là que le prunier est un des arbres les plus faciles à conduire; il est d'ailleurs peu difficile sur la qualité du sol, et vient aisément dans tous les terrains, pourvu qu'ils ne soient pas exclusivement sablonneux, marécageux ou formés d'une glaise compacte. Les racines du prunier s'enfoncent peu ; une terre franche est celle qui lui convient le plus.

Le meilleur moyen de se procurer des pruniers consiste à faire des semis. On se sert bien quelquefois des drageons qui poussent au pied des vieux arbres, mais les sujets provenant de semis, bien que poussant lentement, sont préférables.

Les pruniers se greffent généralement en fente ou en écusson. La première de ces deux manières se pratique ordinairement au printemps, c'est-à-dire au commencement de l'ascension de la séve, mais elle réussit encore mieux au mois de septembre. La greffe en écusson à œil poussant se fait de mai en juillet, c'est-à-dire à l'époque de la plus grande activité de la végétation, soit sur la tige, soit sur les branches vigoureuses de l'année. On a soin, dans ce cas, dès le moment où les bourgeons commencent à se développer sur les sujets qu'on destine à la greffe, de ne laisser que ceux qui doivent la recevoir, afin qu'ils soient plus vigoureux. Quand l'opération est bien faite, ce qui est très-facile, la greffe a pris au bout de huit où dix jours. On coupe alors le sujet à quelques centimètres au-dessus de l'écusson, en ménageant dans cette partie les feuilles qui s'y trouvent, et qui servent à y attirer la séve ; mais, lorsque l'œil de l'écusson se met lui-même en mouvement, on achève de supprimer tout ce qui se trouve au-dessus de lui.

La greffe en écusson à œil dormant se fait à la fin de juillet et dans le courant du mois d'août. On doit, pour celle-ci comme pour l'autre, ne laisser se développer sur les sujets que les branches qu'on veut greffer. Si l'on avait négligé de prendre préalablement ce soin, il faudrait procéder à cette suppression de branches inutiles quelques jours avant de commencer cette opération, qui se pratique de la même manière. Seulement l'écusson ne se développe qu'au printemps suivant, et c'est alors qu'il faut rabattre le sujet comme nous le disions en parlant de l'écusson à œil poussant.

Il ne faut pas oublier, d'ailleurs, que beaucoup de pruniers se reproduisent par semis avec toutes leurs qualités, et que, par conséquent, il n'est pas toujours nécessaire de recourir à la greffe pour les améliorer. Par semis on obtient même des variétés nouvelles et supérieures à celles qui existent. Voici les variétés de prunes les plus intéressantes :

P. *de Montfort.* Arbre productif, fruits gros, ovales, violet noir, à chair fondante et savoureuse ; mûrissant au commencement d'août.

P. *Damas d'Espagne* et *Damas de septembre*, deux prunes excellentes qui mûrissent en septembre, et qui se perpétuent par leurs semences.

P. *bifère.* Bon fruit, qui présente l'avantage assez singulier de donner deux récoltes dans l'année, la première à la mi-juillet, et l'autre à la mi-septembre.

P. *de Monsieur.* Arbre vigoureux et productif, très-beau fruit, violet et de bonne qualité, mais qui ne vaut pas le suivant.

P. *surpasse-Monsieur.* Fruit superbe et délicieux. Il mûrit à la fin août.

P. *Perdrigon blanc.* Arbre qui se cultive en espalier et en plein vent, à fruits petits, blancs et délicieux. Cette variété se conserve de graines.

P. *Reine-Claude*, *abricot vert*, *verte-bonne.* C'est la reine des prunes, et un de nos meilleurs fruits. L'arbre est vigoureux, grand et très-productif. Le fruit est gros, arrondi, vert, piqueté de rouge et de gris. Il existe plusieurs variétés très-inférieures, surtout dans quelques départements méridionaux. Cette prune est excellente en plein vent, mais elle acquiert de nouvelles qualités en espalier au midi.

P. *Reine-Claude violette.* Belle et grosse prune violette, qui ressemble à la vraie Reine-Claude par sa forme et sa grosseur, mais qui lui est bien inférieure pour sa qualité.

P. *petite* et *grosse mirabelle.* Petits fruits, jaunes, justement estimés, dont on fait d'excellentes confitures.

P. *pêche.* Très-grosse et belle prune arrondie, rouge, violacée, à chair jaunâtre, grossière et peu savoureuse ; mûrit en septembre.

P. *de Jérusalem.* Très-beau fruit, ovale, violet, à chair jaunâtre, adhérente au noyau, et de peu de mérite. Il est bien dommage que cette prune et la précédente, qui sont les deux plus belles du genre, n'aient que peu ou point de de qualité.

P. *d'Agen.* Prune allongée, d'un bleu noir, faisant de bons pruneaux d'Agen.

P. *Couetsche.* Très-commune dans l'est de la France, violette, médiocre, très-allongée, renflée au milieu ; chair douce et agréable en pruneaux.

Les prunes ne se conservant pas longtemps à l'état frais, on a l'habitude, et c'est même une source d'un grand revenu pour certaines contrées, de les préparer. Pendant un séjour en Touraine, nous avons plusieurs fois suivi cette opération, qui est des plus simples et des plus sûres. Quand on a récolté les prunes, on commence par les exposer un ou deux jours au soleil, ce qui facilite le dégagement de la partie aqueuse que contient la pulpe; puis les prunes placées sur des claies, des paniers plats, des planches même, ou des bassines de métal, sont soumises à la première cuisson. La chaleur du four ne doit pas dépasser 40 à 45 degrés. Une température plus forte mettrait la pulpe en ébullition, la peau se déchirerait, une partie du sirop serait perdue, et les prunes deviendraient onctueuses et gluantes.

A la seconde cuisson, les pruneaux peuvent supporter une chaleur de 55 à 60 degrés; une chaleur plus forte ferait durcir et boursoufler leur peau, le sirop s'épancherait, et ce qui resterait serait carbonisé.

A la troisième cuisson, et à celles qui peuvent plus tard être jugées nécessaires, on peut pousser la température à 70, 75 et même 80 degrés. Il faut toujours, pour la dernière cuisson, une chaleur très-vive qui donne à la prune un certain vernis fort apprécié des consommateurs.

Après la première et la deuxième cuisson, on retourne les prunes; mais il faut attendre qu'elles soient froides pour les toucher et pratiquer cette version.

Ce n'est qu'après la troisième cuisson que commence le triage des pruneaux. On reconnaît au toucher celles qui sont suffisamment sèches. On juge que le pruneau est parfait s'il cède et résiste toute à la fois, par une certaine élasticité, à la pression des doigts.

§ IV. *Cerisier*.

Le cerisier a encore moins besoin que le prunier d'être taillé. La taille, sur quelque arbre qu'on opère, a pour but de donner au sujet une forme convenable et de provoquer sa mise à fruit. Le cerisier se met à fruit de lui-même, et prend naturellement la forme qui convient le mieux à son mode de végétation. Il est encore plus sujet à la gomme que l'abricotier et le prunier, et *craint le fer* comme ces deux arbres; aussi ne doit-il être privé de ses grosses branches qu'en cas d'absolue nécessité. Lorsqu'on l'élève en plein vent, une fois que sa tête est commencée sur quatre bonnes branches, il n'y a plus à s'en occuper. Toute branche morte ou endommagée peut être remplacée par le développement des yeux, qui ne manque jamais de percer l'écorce, quel que soit l'âge du bois.

Cependant les cerisiers d'espèces précoces se plantent avec avantage en espalier; ils y sont d'une fertilité prodigieuse. Rien n'est plus agréable à conduire qu'un espalier de cerisiers; ces arbres sont d'une docilité parfaite; leurs jets, longs et souples, peuvent être palissés très-près les uns des autres, de sorte que le mur est parfaitement couvert en peu de temps. On n'a point à craindre, comme pour le pêcher, que les branches palissées dans une situation verticale s'emportent aux dépens du reste de l'arbre; rien ne s'oppose à ce que le cerisier en espalier soit conduit avec la plus régulière symétrie. Les yeux à fleurs du cerisier mettent trois ans à se former; mais, une fois la mise à fruit bien établie, ils se succèdent sans interruption et donnent tous les ans. Tous les cerisiers sont robustes et s'accommodent aisément de toute sorte de terre, pourvu qu'elle ne soit ni trop humide, ni trop sèche, ni trop argileuse. Les merisiers à fruit rouge ou blanc servent de sujets pour greffer les bonnes espèces. Dans les terrains crayeux, il faut greffer sur Mahaleb ou Ste-Lucie. La greffe en écusson à œil dormant est la plus usitée. Le merisier se trouve dans les forêts; c'est un arbre très-élevé, pyramidal, dont les branches s'étendent horizontalement, et dont le bois rougeâtre est employé par les ébénistes et les tourneurs. Son fruit noir, rouge ou blanc, n'est pas ramassé.

Nous diviserons les cerisiers en deux grandes catégories : ceux qui donnent des fruits acides, et ceux dont les fruits sont sucrés. Voici ceux de la première section :

C. *de Montmorency*. Arbre fort grand; mais il est si peu fertile, que sa culture est abandonnée à Montmorency même; c'est la plus belle, la plus grosse et la meilleure variété des cerises communes.

C. *gros-gobet* (courte queue). L'arbre est plus petit et très-différent du précédent; ses rameaux et ses feuilles ont un caractère qui lui est particulier; ses fruits, toujours d'un rouge vif, ont la queue très-courte et se distinguent surtout au profond sillon qu'ils ont du côté de leur point d'attache. Cette cerise a beaucoup de variétés;

sa queue est plus ou moins courte, et sa saveur varie depuis le doux agréable jusqu'à l'acide repoussant. On la désigne quelquefois, mais à tort, comme on le voit, sous le nom de Montmorency.

C. *grosse précoce de Châtenay*. Fruits passablement acides.

C. *Madeleine*. C'est une des plus tardives.

C. *royale*. L'arbre est très-fertile ; il étend ses rameaux, forts et vigoureux, presque horizontalement, et ils sont couverts de grandes feuilles bien étoffées. Le fruit est beau, gros, arrondi, passant du rouge vif au rouge brun ; il ne conserve aucune acidité, et passe avec raison pour la meilleure cerise, après la belle-de-Choisy. Planté en espalier au midi, on en obtient des fruits rouges dès la fin de mai, et que l'on mange à cause de leur douceur naturelle ; mais alors ils sont bien loin d'avoir la qualité qu'ils auront quinze jours ou un moins plus tard.

C. *belle-de-Choisy*. La meilleure de toutes les cerises. Elle a été obtenue de graine, à Choisy, vers 1760. L'arbre a le port de la royale. Le fruit est rond, d'une belle grosseur, ambré, transparent, rougissant peu ou point, à chair douce et sucrée, excellente. Mûrit en juillet. Malheureusement l'arbre charge très-peu.

C. *de pied*, ou *hâtive*. On ne la greffe pas ; elle se propage de drageons, et l'arbre reste toujours très-petit.

Toutes ces espèces sont des cerises proprement dites, à fruit plus ou moins acide, plus rond qu'allongé, à chair molle et demi-transparente. La *Montmorency* et très-rare à cause de son peu de rapport ; en revanche, celle *de pied* est généralement préférée et abondante dans tous les vergers. Elle charge beaucoup, mais elle est de qualité médiocre.

Les espèces à fruits doux et sucrés sont connues sous le nom de guigniers et de bigarreautiers ; voici les plus répandues :

C. *guigne* (C. *anglaise*). L'arbre tient ses rameaux fastigiés, et il est très-fertile, mais sujet à dégénérer et à ne pas vivre longtemps. Son fruit, toujours pendu à une longue queue, est un peu allongé, de moyenne grosseur, presque noir dans sa complète maturité, et alors fort doux et très-recherché. En ayant soin d'en planter à diverses expositions, on peut en manger pendant juin et juillet.

C. *grosse guigne noire*. C'est la plus précoce et la plus commune ; mûrit à la mi-juin.

C. *grosse guigne ambrée*. Fruit ovale ou en cœur, ambré, sucré ; mûrit de la fin de juin au 15 juillet.

C. *guigne rose hâtive*. Rouge tendre, très-aqueuse.

C. *grosse guigne noire luisante*. Plus grosse, plus luisante et meilleure que les autres.

C. *gros bigarreau rouge*. Bon ; mûrit fin juillet.

C. *gros cœuret*. Fruit gros, en cœur, passant du rouge au cramoisi presque noir ; le meilleur de tous les bigarreaux ; mûrit en août.

On conserve les cerises, les guignes et quelques griottes, en les exposant sur des branches à l'ardeur du soleil. On fait du raisiné des cerises ; on en fabrique un petit vin, mais qui se conserve peu de temps. On en extrait le *kirschen-wasser* et le *marasquin*.

Nous terminerons ce qui se rapporte aux cerises en indiquant la meilleure manière de faire des cerises à l'eau-de-vie :

Prenez : Cerises communes,   3 kil.

     Sucre commun,   2

     Framboises,   1/2

     Eau-de-vie,   6 lit.

     Aromatisez avec girofle,   12 têt.

     Ou cannelle,   40 centig. 8 grains.

     Ou avec vanille,   60 centig. 12 grains.

On écrase les cerises ; on a soin de choisir les meilleures et les plus belles ; on concasse les noyaux, et on met le tout dans une bassine. Faire bouillir pendant un quart d'heure, retirer la bassine, jeter dans la compote bouillante les framboises, qu'on y fait plonger avec l'écumoire, verser dans le bocal où est l'eau-de-vie, avec l'arôme qu'on a eu soin de piler avec un peu de sucre.

On laisse infuser au soleil jusqu'à ce que la C. *Montmorency*, la C. *royale*, et surtout la grosse tardive de la *Madeleine* soient mûres. On exprime alors l'infusion, on la passe à la chausse, et on y plonge une quantité suffisante de grosses cerises dont on a coupé les queues.

₰ V. *Amandier*.

Les fruits de l'amandier participent de ceux à noyau et de ceux à coque ou à enveloppe, c'est-à-dire que c'est l'amande renfermée dans le noyau qui est la partie que l'on préfère, bien qu'elle soit environnée d'une pulpe semblable à celle des autres fruits à noyau, pulpe qu'on néglige dans l'amandier à cause de sa saveur amère. Ces amandes sont mangées comme les noix, soit en vert, soit en sec, et servent à composer différentes pâtes et autres préparations.

L'amandier est un arbre de moyenne élévation, à rameaux élancés, d'un port élégant, à feuillage lancéolé, d'un vert blanchâtre. Ses fleurs étant très-précoces et s'épanouissant dès les premiers jours du printemps, gèlent très-souvent, en sorte que, pour en obtenir des produits assurés, il faut placer les amandiers en espalier à bonne exposition, ou du moins en plein vent, dans un lieu chaud et abrité. Ils exigent un sol chaud, sablonneux, riche et profond, leurs racines étant pivotantes, et la conservation du pivot nécessaire à leur belle venue. On multiplie l'amandier de semis.

Les principales variétés sont : l'A. *douce à coque tendre*, grosse, fort bonne, la plus cultivée ; l'A. *douce à coque dure*, longue, grosse ; l'A. *pistache* ; l'A. *princesse* ou *sultane*, à coque tendre ; l'A. *amère à coque tendre* et à *coque dure* ; l'A. *pêche*, dont on mange la coque et la pulpe.

CHAPITRE IV.

DES FRUITS A ENVELOPPE DURE.

Les arbres fruitiers à enveloppe charnue sont les plus rustiques de tous. Ce n'est guère dans les jardins qu'on les place, mais dans les vergers, les bosquets, les champs, sur le bord des chemins, parce qu'ils y viennent très-bien et qu'ils laissent à d'autres une place précieuse à laquelle ils nuiraient davantage par leur étendue et leur ombrage. Ces arbres, en effet, sont fruitiers par la stature, et en grande partie par les habitudes, puisqu'ils sont moins que tous les autres dans la dépendance de la culture ; son pouvoir sur eux est à peu près aussi borné que sur les arbres des bois, et se réduit à les planter, les diriger dans leur jeunesse, améliorer par la greffe ceux qui appartiennent à des races médiocres. Une fois formes, il est bien rare que la main de l'homme se porte sur eux sans leur nuire, du moins à parler en général. Ce sont des pleins vents, mais encore plus jaloux de leur liberté que ceux qui appartiennent à toute autre nature de fruits. Les considérations que nous venons de faire valoir nous dispenseront de tout détail spécial sur la conduite de ces arbres, qui rentrent tout à fait dans les cas généraux.

Quant aux fruits, leurs usages économiques, s'ils ne sont pas peut-être aussi agréables, du moins ne sont pas moins utiles que ceux de toute autre espèce. Les uns, par leur chair farineuse et nourrissante, remplacent en grande partie, dans plusieurs pays, les produits rares ou précieux des céréales, et forment la base de la nourriture de l'habitant des campagnes et des forêts; les autres ont leur substance imprégnée d'une huile abondante qu'on extrait pour les besoins de la vie domestique et des arts; tous offrent un aliment agréable, se rencontrent avec plaisir sur nos tables parmi les autres mets de dessert, et sont surtout recherchés des enfants, pour lesquels ils sont un objet de délices et d'amusement.

Cette catégorie n'embrassera que cinq espèces d'arbres.

§ 1er. *Le châtaignier.*

Le châtaignier est un arbre fruitier de la première grandeur, et aussi remarquable par l'excellence de son bois, employé en futaie ou en taillis, que par ses fruits. C'est certainement un de nos arbres indigènes les plus précieux, et on ne saurait trop le multiplier dans tous les lieux qui lui conviennent, soit comme arbre fruitier, soit comme essence principale des arbres à haute taille et des taillis. Le châtaignier est un arbre à racines pivotantes; il lui faut une terre franche et légère pour bien réussir. Le sol gras et trop frais et les terres calcaires ne lui conviennent pas.

Pour faire un semis de châtaigniers, on choisit les plus belles châtaignes, qu'on met stratifier, en les garantissant de la gelée. En février ou mars, on les plante dans une terre bien ameublie, mais non fumée, à 50 cent. de distance et 8 de profondeur, dans des rayons espacés de 80 centimètres et dirigés du nord au midi. Léger labour l'hiver suivant; binage l'été suivant. Au second hiver, nouveau labour, et on continue de la sorte jusqu'à ce que le jeune sujet ait 15 cent. de circonférence. Quand on sème en place, on laboure profondément au printemps, on renouvelle cette opération en octobre ; on sème les châtaignes en les enfonçant à 8 cent. ; on a soin d'en déposer deux à chaque place, à 6 ou 8 cent. l'une de l'autre. Cette méthode vaut mieux que le semis à la volée.

Quand le châtaignier de pépinière a acquis la grosseur convenable, on le lève, on le met en place, et l'on rabat les branches latérales. On bute le jeune plant pour le fortifier contre l'action des vents, et on l'entoure d'épines pour le défendre contre la dent des bestiaux.

Le châtaignier se greffe la seconde année ; on emploie la greffe en écusson à œil poussant ou celle en flûte. Il demande ensuite peu de soins. Quand l'arbre est jeune, si ses branches sont trop nombreuses et trop serrées, on en retranche quelques-unes ; puis, quand il devient vieux et que l'extrémité de ses branches ne pousse plus ou se dessèche, on les coupe toutes à un mètre du tronc. L'année suivante, il pousse de forts scions qui, au bout de trois ou quatre ans, donnent des fruits peu abondants, mais très-gros. On peut renouveler cette opération. On distingue les châtaignes en deux espèces, la châtaigne proprement dite et le marron. Ce dernier est plus rond, plus gros et meilleur que la plupart des châtaignes. Voici les variétés les plus communes :

La *châtaigne des bois.* Elle est petite et a peu de saveur.

C. *ordinaire.* Un peu plus grosse et meilleure que la précédente.

C. *pourtalonne.* Fruits beaux, bons, nombreux.

C. *printanière.* Elle n'a d'autre mérite que la précocité.

C. *verte du Limousin.* Grosse, de bon goût, et se conservant longtemps.

C. *exalade.* La meilleure ; l'arbre produit beaucoup et s'épuise promptement.

Le marron de Lyon, d'Aubray, d'Agen, de Luc, le plus gros de tous, très-renommé.

On attend, pour faire la récolte des châtaignes, que leur coque hérissée se détache naturellement de l'arbre, et on les emporte avec cette coque. On les place sous un hangar ouvert, où elles achèvent de mûrir et d'acquérir leur qualité, et on peut les conserver ainsi un ou deux mois. Quand on les a extraites de leur coque, on les expose pendant 7 ou 8 jours au soleil, étendues sur des claies, qu'on rentre après le coucher du soleil, et qu'on place dans un lieu sec.

§ II. *Noyer*.

Le noyer est un arbre de première grandeur, également précieux pour son bois et pour son fruit, dont on extrait de bonne huile, et qu'on mange soit en cerneaux, c'est-à-dire avant leur complète formation, soit frais, soit sec. Le noyer fleurit en avril ou mai.

Il faut, autant que possible, semer le noyer en place, afin de ne pas endommager le pivot, qui pénètre à travers les fissures mêmes des rochers ; et si l'on veut obtenir des tiges plus hautes, plus droites, et des arbres moins sensibles aux gelées, on ne greffe pas. Le semis se fait avec des fruits choisis et parvenus à leur maturité, dans les espèces qu'on veut cultiver, si l'on ne greffe pas.

La greffe du noyer se pratique lorsque les sujets ont 10 ou 12 cent. de circonférence et 1 mèt. 50 cent. ou 2 mèt. de hauteur ; on peut les greffer en flûte, en fente, en écusson à œil poussant ou en anneau. Si l'on greffe en fente, il faut tailler la greffe et la placer comme celle de la vigne. Celle en écusson est sujette à se décoller lorsque l'arbre est en place et isolé ; on y remédie en pinçant l'extrémité du jet, ou mieux en liant contre le sujet un petit tuteur qui le dépasse de 30 cent., et contre lequel on attache le jet de la greffe. Enfin la greffe en anneau se pratique en enlevant, dans le moment de la plus grande séve, un anneau d'écorce muni d'un œil ; on en enveloppe le sujet dans son pourtour, sur la place où l'on a enlevé un semblable anneau. Lorsque l'anneau est placé de manière à ce que les écorces se joignent bien en haut et en bas, on recouvre d'onguent de St-Fiacre ou de cire à greffer, et l'on ne fait aucune ligature.

Les noyers prenant de grandes dimensions, il faut au moins 12 à 16 mètres de distance entre ceux qui sont greffés, et 20 à 24 entre ceux qui ne le sont pas. Il aime d'ailleurs le grand air, réussit mal en massifs, et nuit également par ses racines, qui épuisent le terrain, et par son feuillage, qui couvre la terre d'une ombre épaisse et mortelle.

Le temps de la récolte des noix est indiqué par le brou, qui se crevasse. On la fait au moyen de grandes gaules.

On porte la recolte dans des lieux bien secs et bien aérés ; on l'étend sur 6 à 8 centimètres d'épaisseur, et on la remue chaque jour, jusqu'à ce que les noix soient détachées et que le brou s'en sépare. Ensuite on les renferme dans un endroit sec. Le brou et les racines donnent une teinture assez solide. Voici les principales variétés :

N. *commun*. Le plus productif ; fruits ovales, arrondis ; amande fournissant beaucoup d'huile.

N. *à coque tendre*, ou *noyer-mésange*. Ainsi nommé parce que la coque est si tendre, que la mésange le perce pour en manger l'amande. Fruits peu allongés, bien pleins, et meilleurs que ceux de l'espèce précédente ; ils fournissent beaucoup d'huile.

N. *tardif*, N. *de la St-Jean*. Espèce précieuse dans les cantons où les gelées sont tardives, parce qu'elle ne fleurit qu'à la fin de juin. L'amande donne assez d'huile, et on la mange en cerneaux vers la fin de septembre.

N. *à gros fruits*, de peu de rapport ; noix très-grosses. Il faut les manger fraîches ; gardées, elles diminuent de moitié. On les appelle noix de *jauge* ; elles donnent peu d'huile.

N. *à fruits anguleux* ou *à noix anguleuse*. Amande très-bonne, mais enfoncée dans la coque, de laquelle il est d'autant plus difficile de la tirer que cette coque est très-dure. Elle fournit une meilleure huile et en plus grande quantité que les autres. Cet arbre est le plus grand et le plus vigoureux de son espèce ; il est cultivé pour son bois, qui est le plus dur, le plus fort et le mieux veiné.

N. *à gros fruits longs*. L'amande remplit bien la coque, qui n'est pas dure ; son fruit ne le cède en bonté qu'à celui de la mésange, mais l'arbre produit beaucoup plus.

N. *noix à bijoux*. Fruit très-gros, presque carré, dans la coquille duquel on peut loger différents petits instruments ou bijoux. L'amande est bonne en cerneaux, mais elle rancit facilement.

N. *à grappe*. Fruits disposés 15 ou 20 et plus ensemble, en forme de grappe.

§ III. *Noisetier*.

Le noisetier se cultive en touffes dans les jardins. Le fruit du noisetier est une amande enfermée dans une coque ligneuse, lisse, fort dure. Les noisetiers s'accommodent de tout terrain, mais cependant préfèrent les sols frais et nourrissants. Ils ne demandent aucun soin de culture ou d'entretien. On multiplie abondamment les espèces franches de pied au moyen de rejetons; quant aux autres variétés, on a recours aux greffes, dont la reprise est difficile.

Les noisettes mûrissent et tombent en août et septembre. On les recueille comme les noix et on les conserve de même; elles contiennent une huile beaucoup plus précieuse. Le noisetier aime l'exposition du nord, et ne demande pas d'autre culture que de n'être pas dévoré ni étouffé par des arbres plus grands ou plus vigoureux que lui. Voici les principales variétés :

N. *des bois.* Très-petit à l'état de nature ; mais on le cultive dans les jardins pour la table.

N. *franc.* Fruit allongé et peu dur; très-estimé avant sa parfaite maturité. Il a deux variétés : dans l'une l'amande est recouverte d'une pellicule blanche, dans l'autre la pellicule est rouge.

N. *avelinier.* Celui-ci a le fruit plus gros et moins allongé. Les avelines du commerce viennent en grande partie de l'Espagne.

N. *à grappes.* Encore assez rare, dont le fruit est gros et très-bon.

§ IV. *Pistachier.*

Le pistachier est originaire de la Syrie. Il est naturalisé dans le midi. Le pistachier étant dioïque, il est indispensable, pour obtenir des fruits, d'avoir des individus des deux sexes placés à une certaine distance. Le fruit, d'un vert cramoisi, contient une amande verdâtre, d'une saveur agréable. La pistache est très-employée par les confiseurs. Cet arbre demande une terre franche, légère, au midi, en espalier contre un mur. Multiplication de marcottes, et mieux de semis, sur couche et sous châssis. Repiquage en pots pour rentrer pendant trois ou quatre ans dans l'orangerie, où on les tient sèchement. Pour l'acclimater de plus en plus, il ne faudrait le multiplier que de graines récoltées dans les pépinières. Les individus mâles seraient en plus grand nombre; mais on transformerait par la greffe en femelles tous les pieds mâles superflus ou inutiles à la fécondation des pieds femelles. Si l'on formait un espalier de pistachiers, il faudrait les espacer à 4 mètres au moins les uns des autres, et qu'il y eût un sujet mâle entre trois ou quatre femelles, ou, ce qui vaudrait encore mieux, greffer une branche mâle au milieu des branches de chaque individu femelle. Cet arbre est assez sensible à la gelée.

CHAPITRE V.

DES FRUITS EN BAIES.

Il est peu de notions générales soit de culture, soit de conduite, soit d'usages, qui puissent s'appliquer à cette sorte de fruits. Ils ont tous des baies molles, souvent remplies de liquides, de formes très-variées, renfermant des graines très-diverses par leur nature, leur grosseur, leur figure et leur disposition. Tous ces fruits sont plus ou moins sucrés ou acides: ils sont de peu de conservation, et une grande partie affecte la couleur rouge. Pour plus de facilité dans leur étude, nous les diviserons en deux sections: dans la première se trouveront les arbres à baies délicates, et dans la seconde les arbrisseaux fruitiers.

PREMIÈRE SECTION.

§ Ier. *Olivier.*

Nous ne parlerions point ici de l'olivier, s'il n'était l'objet d'une culture très-importante dans plusieurs départements du midi, et duquel nous voyons d'ailleurs chaque jour les produits sur nos tables.

L'olivier est originaire de l'Asie, ou il s'élève à la hauteur de 12 à 15 mètres. Dans nos départements méridionaux, sa longue multiplication par boutures et marcottes a singulièrement diminué ses proportions, car il ne dépasse guère 4 mètres de hauteur. Son feuillage est toujours vert, et ses fleurs en grappes n'ont rien de remarquable. Cet arbre, jadis consacré à Minerve et symbole de la paix chez les anciens, avait déjà reçu les honneurs bibliques, puisque la colombe lâchée par Noë revint à l'arche portant dans son bec un rameau d'olivier, ce qui fit conclure au nouveau patriarche du genre humain que le déluge était fini. Tout cela est fort intéressant sans doute, et rend l'olivier fameux aux yeux des admirateurs des siècles passés ; mais ce qui assure à cet arbre précieux la reconnaissance et l'affection des races futures, c'est le mérite et la supériorité incontestable de l'huile précieuse qu'il nous fournit. Ailleurs que dans le Midi, on le tient en pot ou en caisse dans une terre à oranger ; c'est avec peine qu'il atteint alors la hauteur de deux mètres, et sa floraison, qui a lieu en juin, ne réussit pas toujours.

L'olivier multiplie de graines fraîches qu'on fait venir de Provence, de marcotte, de bouture et de greffe sur le troène. Celle-ci se fait en fente avant l'ascension de la séve, et en approche lorsque sa circulation est établie. Le semis se fait sur couches tièdes, les marcottes avec incision, les boutures avec jeunes bois sous cloche, celles avec du bois de deux ans, en pleine terre, à mi-ombre, en ayant soin de couvrir l'hiver avec de la litière, car elles doivent rester en place deux ans pour s'enraciner. L'olivier peut supporter quatre degrés de froid.

Sa culture en Provence et dans une partie du Languedoc est une spécialité dont le but est d'obtenir des fruits pour confire ou pour faire de l'huile. Là on forme des *olivettes* en plantant les oliviers en quinconce, à 10 ou 12 mètres de distance ; on en place aussi en bordures d'allées. La longévité de cet arbre est extrême, et la vie se conserve dans ses racines, lorsque des hivers trop froids gèlent les oliviers. Leur multiplication par tronçons est alors très-pratiquée. Ils fournissent de nombreux drageons, et ont quelquefois sur leurs racines des protubérances énormes dont on obtient de nombreuses marcottes par le procédé du marcottage en cépée.

L'olivier craint moins la gelée quand il est planté en terre sèche aérée, et son fruit y est meilleur. Il végète avec plus de vigueur et devient plus grand dans une terre fraîche, substantielle, et il rapporte davantage ; mais le fruit a moins de qualité, et l'arbre est plus sujet à la gelée.

En 1789, tous les oliviers gelèrent en Provence. En 1709, on avait eu occasion de remarquer déjà que l'olivier produit une immense quantité de racines qui se conservent en terre pendant des siècles. Plusieurs propriétaires de cette époque vendirent de ces racines pour plus que ne valait leur fonds. Ce fait est une conséquence de l'extrême longévité de l'olivier.

Nous ne pensons pas qu'il soit utile de parler des variétés de l'olivier, qui sont fort nombreuses.

§ II. *Mûrier.*

Le mûrier est un arbre essentiellement rustique, qui se plaît partout, excepté dans les terrains glaiseux et trop humides. On ne le taille que pour le rajeunir, lorsque les fruits sont devenus trop petits. Cet arbre, comme l'olivier, est de la plus haute importance pour les pays chauds et les départements méridionaux de notre pays. Le M. *blanc*, par son feuillage, fournit à la nourriture des vers à soie. L'éducation du ver à soie est une branche d'industrie toute particulière, qui mérite une étude spéciale ; aussi le mûrier blanc, étant exclusivement consacré à la nourriture des vers à soie et ne donnant pas de fruits, nous le passerons sous silence.

Les mûriers sont assez sensibles aux gelées, surtout quand ils sont jeunes. Ils sont, d'un autre côté, fort peu délicats sur la nature du sol et même de l'exposition, pourvu qu'ils soient un peu abrités ; ils n'exigent d'autres soins que le retranchement du bois mort, lorsqu'on les dirige en plein vent. Toutefois ils supportent très facilement toute taille, toute direction, même la tonte la plus rigoureuse, qualités qui, jointes à celle de fort bien supporter la sécheresse, les rendent très-précieux dans les contrées méridionales pour la formation des haies. On le place ordinairement dans les cours ou basses-cours, parce qu'il donne de l'ombrage, y croît bien, et que le superflu de ses fruits est un mets exquis pour la volaille.

Les mûriers se multiplient de semis, par boutures et par marcottes ; on les greffe aussi quelquefois. On n'en cultive guère que deux espèces :

M. *noir*, à fruits noirs, environ de la grosseur du pouce, très-sucrés, assez agréables au goût, à feuilles d'un beau vert.

M. *blanc*, à feuillage semblable au premier, mais plus délicat, plus tendre, d'un vert moins foncé, à fruits blancs.

Le M. *rouge d'Amérique*, beaucoup plus grand, à feuilles d'un vert plus foncé, ternes, très-grandes, épaisses, rudes, à fruits rouges, un peu plus petits, mériterait, sous tous les rapports, d'être cultivé ; c'est un arbre à fruits abondants, et d'un bel effet dans les jardins d'ornement.

9*

§ III. *Figuier*.

Le figuier, arbre touffu, à rameaux tendres, très-chargés de grandes feuilles à long pétiole, à découpures profondes, irrégulières, d'un vert foncé en dessus, très-rudes au toucher. Les fleurs sont renfermées dans une capsule charnue, ouverte à son sommet; les mâles sont placées près de cette ouverture, les femelles réunies du côté de la queue. Cette capsule est le fruit du figuier, ou la figue, fruit très-délicat, extrêmement sucré, à pulpe en partie charnue, granuleuse et juteuse.

Le figuier, peu difficile sur le choix du terrain, demande une exposition chaude, qu'on lui procure en le plantant au midi contre un mur. On le multiplie par marcottes, par boutures et par rejetons qui poussent au pied, et qu'on enlève avec un talon enraciné pour le mettre de suite en place. Le figuier peut donner deux récoltes de fruits; mais la seconde n'atteint pas toujours sa maturité. Le plus ordinairement, les fruits mûrissent successivement de juillet jusqu'aux froids.

Le figuier ne demande aucun soin de culture; toute taille lui est nuisible; mais il est indispensable de le placer à bonne exposition abritée pour obtenir de bons fruits, et de l'empailler pendant l'hiver. Pour cela, on rapproche les tiges les unes des autres, en les assujettissant avec un lien d'osier, et on les empaille de la base au sommet avec de la paille tordue; puis on bute à une hauteur de 50 centimètres; ou bien, après avoir épluché les tiges, on les couche, en les appliquant sur la terre, dans des rigoles où elles sont maintenues avec des piquets de bois; on dépose dessus 20 à 25 centimètres de bonne terre, qu'on couvre, en cas de fortes gelées, avec un lit de feuilles ou de grande litière. Au printemps, on découvre les tiges, on les redresse, on supprime tout le bois mort, et on laisse la végétation se rétablir. Si toutes les feuilles du figuier avaient péri par la gelée, il faudrait rabattre sur la souche, la couvrir de quelques centimètres de bonne terre mêlée de fumier consommé, et de nouvelles tiges ne tarderaient pas à surgir; mais elles ne donneraient de fruits que la seconde année. On cultive sur le littoral de la Méditerranée un grand nombre de variétés; mais, dans les autres parties de la France, on n'en connaît que cinq :

F. *blanche ronde.* C'est la meilleure et une des plus multipliées. On la trouve depuis la fin de juin jusqu'au commencement d'août.

F. *blanche longue.* Un peu plus grosse et plus difficile pour l'exposition ; elle est aussi moins abondante.

F. *violette.* Assez grosse, violette en dehors et en dedans ; préférée à la blanche par quelques personnes lorsqu'elle est bien mûre.

F. *jaune angélique.* Médiocre, jaune et ponctuée de vert, chair rougeâtre ; très-fertile.

F. *poire de Bordeaux.* Médiocre, très-longue, d'un rouge brun ; chair fauve, rougeâtre.

DEUXIÈME SECTION.

§ IV. *Vigne.*

La taille et la conduite de la vigne doivent être réglées, comme celles de tous les arbres à fruits, sur l'observation de son mode naturel de végétation. La vigne est le seul de nos arbres à fruit chez lequel le fruit et le bois qui le porte se forment en même temps et accomplissent chaque année le cours entier de leur végétation. Dans la vigne, le même œil est en même temps à bois et à fruit. Cet œil, connu dans toute la France sous le nom de bourre, à cause de l'espèce de duvet qui le recouvre à l'extérieur, contient toujours ensemble bois et fruit. Il n'y a de raisins que sur le bois de l'année. Au réveil de la végétation, la grappe et le sarment qui doit la porter croissent ensemble. Tous les yeux d'une vigne bien taillée s'ouvrent au printemps ; ceux du talon ne restent endormis que sur les sarments mal taillés ou sur ceux qui ne l'ont pas été du tout. Le bois et le raisin, comme disent les vignerons, mûrissent ensemble ; si le bois n'est pas mûr, le raisin ne peut mûrir. Livrée à elle-même, la vigne ne produirait rien ou presque rien. Tout le secret de la culture de la vigne consiste donc à faire croître et mûrir de bonne heure le bois, pour que le raisin arrive à maturité avant la mauvaise saison, et à empêcher un excès de force végétative de détourner la séve du raisin au profit exclusif du bois. Ni l'air, ni l'exposition, ni le sol, dans tout le canton qui produit le chasselas si justement estimé de *Fontainebleau,* n'ont rien de particulièrement favorable à la culture de la vigne en treille; partout ailleurs les mêmes procédés et les mêmes soins produisent les mêmes résultats. Le but de la culture de la vigne en espalier n'est pas d'avoir le plus de raisins possible, d'une manière absolue, mais le plus possible de bons raisins.

Il résulte de ces notions premières que la conduite de la treille est aussi peu compliquée et tout aussi facile à bien pratiquer que celle du pêcher en espalier. Dans l'un et l'autre cas, il s'agit de faire développer, à la partie inférieure de la branche à fruit, le bourgeon qui doit la remplacer.

On élève peu de vignes en pépinière, à moins que ce ne soit des espèces rares et recherchées. La vigne provient ordinairement de marcottes ou de boutures. On choisit pour boutures des sarments de 60 à 80 centimètres de longueur, auxquels on laisse à l'extrémité inférieure une portion de bois de deux ans, qui porte le nom de *crossette*. La longueur que nous indiquons n'est pas de rigueur; un sarment de vigne qui a deux ou trois bons yeux en terre et deux bons yeux hors du sol peut reprendre parfaitement.

Les marcottes de vigne appelées *chevelées* s'obtiennent en couchant en terre, au printemps, les sarments réservés dans cette intention à la taille de l'année précédente. On laisse sortir de terre leur extrémité supérieure munie d'un bon œil, et ils ne tardent pas à s'enraciner; on les détache assez du cep pour les planter. Leur traitement, étant celui de toutes les marcottes simples, n'exige aucun soin particulier. Les chevelées sont beaucoup plus tôt productives que les boutures, mais rarement elles donnent du raisin aussi parfait de qualité que celui qu'on peut espérer de boutures faites avec le sarment des ceps choisis, dont la végétation ne laisse rien à désirer. Aussi regardons-nous, dans tous les cas, comme préférable la plantation au moyen de boutures en place, bien qu'elle ait l'inconvénient de faire attendre ses produits quelques années de plus que les chevelées.

Une terre fraîche et fertile donne à la vigne une croissance rapide, une luxuriante végétation et une grande abondance de produits; mais les raisins sont sans saveur. La vraie terre à raisins doit être parfaitement égouttée, propre à retenir, non pas l'humidité, mais la chaleur. Lorsqu'elle est froide et compacte, il faut l'amender avec du sable, de la terre sablonneuse et quelques plâtras concassés, avant d'y planter la vigne au pied de l'espalier.

La taille hâte le développement des yeux ; elle doit être en moyenne éloignée d'eux de 6 millimètres. L'ébourgeonnement joue un grand rôle sur la vigne, dans laquelle il faut avoir attention de concentrer la séve. On n'ébourgeonne que lorsque la grappe est visible. On supprime les faibles, les doubles ou triples, quelquefois même des bourgeons ayant des grappes, quand la vigne en est trop chargée.

La meilleure manière de cultiver la vigne est en treille à la Thoméry. A Thoméry, on plante les ceps à 55 cent. les uns des autres, et on distance les cordons de 50 cent. On choisit, pour planter, des chevelées enracinées assez longtemps pour que, couchées dans une rigole perpendiculaire au mur, elles puissent atteindre son pied. On redresse leur sommet contre le mur, et on le taille à deux yeux au-dessus du sol. La rigole, profonde de 16 à 20 cent., est d'abord comblée à moitié ; à la fin de septembre suivant, on y dépose une couche de fumier consommé, et on remplit de terre. Le cep, redressé contre le mur, est taillé sur deux yeux ; le supérieur doit prolonger la tige, l'inférieur former un sarment. Les pousses de ces deux yeux sont palissées selon le besoin. A la taille suivante, on coupe le bourgeon de prolongement suivant sa longueur et sa force, toujours de façon à pouvoir continuer la tige et à conserver la vigueur nécessaire aux yeux latéraux dont on a des sarments à obtenir. Le sarment latéral qui résulte de la première taille sera taillé sur son œil le plus bas, afin de commencer une coursonne ou branche à fruit. Tant que le cep n'est pas à la hauteur où il doit former son cordon, la taille est la même, sauf celle des coursons. Quand la tige est arrivée à la hauteur voulue, on la courbe d'un côté, on pince la tête, et le pincement fait naître immédiatement au-dessous de lui un faux bourgeon, dont on favorise le développement en le laissant croître en toute liberté. Lorsque les deux bras ont la longueur voulu, on les arrête en les taillant sur la dernière coursonne. Il n'y a plus à tailler, chaque année, que les branches à fruit ou coursonnes qui garnissent les cordons.

L'objet principal du palissage de la vigne, c'est d'assujettir les bourgeons, toujours très-fragiles tant que leur bois n'est pas aoûté, c'est-à-dire tant que le sarment n'est point passé au moins en partie à l'état ligneux. Le palissage est surtout important dans les pays sujets à des vents violents, qui peuvent rompre les bourgeons et détruire la récolte.

Par le pincement on arrête l'allongement trop considérable des sarments, et il permet, en outre, de contenir les bourgeons situés aux extrémités des bras, et disposés à s'emporter au-devant des autres. Il suffit de les pincer à plusieurs reprises pour que l'équilibre de la végétation ne soit point dérangé. On n'attend pas, pour soumettre la vigne au pincement, qu'elle soit arrivée au mur d'espalier et qu'elle ait pris sa forme définitive. On commence à la pincer au 12e ou 13e œil dès la troisième année, après qu'elle a subi l'opération du couchage.

Enfin, la suppression d'une partie des bourgeons de la vigne a pour but de ménager et de provoquer la formation des bourgeons de remplacement. Si l'on n'en supprimait aucun, tous les bourgeons de l'année, taillés sur un, deux ou trois yeux, seraient, l'année suivante, chargés de raisins. Mais cet excès de production ne s'obtiendrait qu'aux dépens de la fécondité et de la bonne santé de la vigne, qui s'en ressentirait pendant plusieurs années. On commence à ébourgeonner quand les bourgeons ont acquis une longueur de 15 à 20 cent. On s'y reprend à plusieurs fois, à mesure que l'état de la végétation en fait sentir le besoin.

Il est rare qu'on ait besoin d'ébourgeonner les vignes conduites soigneusement à la Thoméry, car la séve y est également distribuée, et le nombre des bourres sur les coursons est en rapport si parfait avec la vigne de chaque cep, que l'équilibre se maintient de lui-même.

Quand, sur une vigne à la Thoméry, il y a nécessité d'ébourgeonner, au lieu de supprimer le bourgeon en entier, on lui laisse un talon muni de sa dernière feuille ; ce talon ne se retranche qu'à la taille d'hiver.

Indépendamment des bourgeons qui peuvent se trouver à retrancher, il faut aussi retrancher les petits sarments qui naissent dans les aisselles des feuilles, et que les jardiniers nomment *ailerons* ou *entrefeuilles*. Enfin, on ne doit pas non plus laisser prendre trop de développement aux vrilles de la vigne en treille, qui quelquefois occasionnent la coulure.

Voici les meilleures et les principales variétés de raisins cultivées dans les jardins :

R. *précoce de la Madeleine*. Petite grappe ; très-petit grain violet noir, de peu de goût, mais précoce.

R. *chasselas de Fontainebleau.* Grande grappe peu serrée, à gros grains, d'un jaune verdâtre ou doré; excellent. Ses variétés sont : — *chasselas noir*, très-bon; — *chasselas violet*; — *chasselas rouge*, fruit de bonne qualité, se colorant dès qu'il est noué; — *chasselas rose*, gros fruit; — *petit chasselas hâtif.*

R. *chasselas doré, Bar-sur-Aube, raisin de Champagne.* Grande grappe; gros raisin rond, jaune d'ambre, fondant, doux, sucré, très-bon.

R. *chasselas musqué.* Un peu moins gros et plus tardif; vert, sucré, relevé de musc.

R. *Verdal.* Le meilleur et le plus sucré de tous les raisins de dessert. Grappes belles; très-gros raisins verts, à peau mince, contenant 1 ou 2 pépins. Exposition très-chaude, sans quoi il ne mûrit pas.

R. *muscat blanc* ou *de Frontignan.* Grosse grappe très-longue, conique; grains très-serrés, croquants; peau blanche; eau sucrée et musquée.

R. *muscat rouge.* Grain moins serré, moins gros; rouge vif, musqué, moins bon; mûrit mieux que le blanc.

R. *muscat d'Alexandrie, passe-longue musquée.* Grains ovales, jaunes, musqués et très-bons; mûrit rarement.

Les muscats se taillent plus long que les autres et se mettent au midi. On éclaircit les grappes pour aider la maturité.

R. *Corinthe blanc.* Petite grappe allongée, très-garnie de fort petits grains ronds, jaunes, succulents, sucrés, sans pépins.

R. *Saint-Pierre.* Gros et très-beau fruit, grains ronds, blancs, serrés, excellents.

R. *verjus, bourdelas, bordelais.* Très-vigoureux; grosses grappes, bien garnies de fort gros grains oblongs, jaune pâle, noirs ou rouges, suivant la variété; pleins d'une eau agréable dans leur maturité. Le verjus se taille long; comme on ne le mange guère et qu'il ne s'emploie pas mûr, on le place ordinairement au couchant et même au nord.

R. *cassis.* Grappe assez grosse, grain rond, violet noir, et qui a un goût de cassis très-remarquable.

§ V. *Groseillier.*

Le groseillier est un arbrisseau formant buisson touffu par les nombreux rameaux qui partent du collet de la racine, et dont on cultive plusieurs espèces pour leurs fruits. Tous les groseilliers sont des végétaux fort rustiques qui s'accommodent de tout terrain, de toute exposition, ne demandant pour ainsi dire ni entretien ni taille. Cependant, s'il est vrai que le groseillier vient à peu près partout et sans aucune espèce de culture particulière, il n'est pas moins vrai, rigoureusement vrai, qu'il paye largement par la qualité supérieure et l'abondance de ses produits les soins de culture que l'on veut bien lui donner.

Le groseillier paraît être indigène sur le continent, et jouit, avec le framboisier, du privilége de fleurir et de fructifier le plus près du pôle nord.

Le groseillier reprend si aisément de bouture, que c'est à peu près le seul moyen usité pour le reproduire. Cependant on sème assez souvent des pépins de groseille dans l'espoir d'obtenir des espèces nouvelles. C'est donc par le bouturage à peu près exclusivement que l'on multiplie les groseilliers. Bien que ces boutures reprennent toujours et presque partout, il faut cependant les faire avec quelques soins, si l'on veut obtenir des sujets bien conformés et immédiatement productifs. Le bois le plus convenable pour cette opération est celui d'un ou deux ans, précisément celui qu'on abat au printemps en taillant les groseilliers, quand on en prend quelque soin. On peut mettre ces boutures immédiatement en place; cependant il n'est pas mauvais de les élever en pépinière, et de les planter lorsqu'elles sont bien enracinées. Quand on veut que les groseilliers forment des têtes régulières sur une seule tige, les boutures doivent être choisies plus longues que les autres. Il faut qu'elles aient deux ou trois yeux en terre et quatre ou cinq hors de terre. Quand ces yeux commencent à s'ouvrir, on supprime tous ceux qui sont au-dessous du terminal, afin que toute la séve tourne au profit de ce dernier. A la première taille, on aura des sujets droits, élevés, sans ramifications; en leur laissant le nombre d'yeux voulu et les rabattant à la hauteur convenable, on aura toutes les facilités désirables pour leur dresser une tête bien établie sur trois ou quatre branches. Pour les groseilliers qu'on veut laisser venir en buisson, on les laisse se ramifier librement; à la fin de la première année, ils seront rabattus sur leurs yeux; ces yeux et les pousses qui ne manquent pas de sortir du collet au printemps de l'année suivante constitueront les groseilliers en buisson.

A la troisième année, les groseilliers sont en plein rapport ; ensuite la fertilité des rameaux commence à décroître jusqu'à ce qu'ils deviennent du vieux bois qui ne produit plus rien du tout. Cela prouve évidemment qu'il faut rajeunir et vivifier le groseillier par la taille, de manière qu'il ne porte jamais de bois âgé de plus de 3 ans. Le terrain occupé par les groseilliers ne doit pas recevoir d'autre récolte ; les groseilliers doivent en profiter seuls, avec d'autant plus de raison que la véritable place du groseillier est sur les terres médiocres, où, moyennant une très-légère dose d'engrais de loin en loin, il se maintient indéfiniment. Il faut seulement maintenir le sol propre, sans sarclage, sans binage et surtout sans labours.

Il existe un très-grand nombre d'espèces, dont plusieurs sont de très-jolis arbustes d'ornement. Voici les trois principales :

1° *Groseilliers à grappes.* Cette espèce a une variété à feuilles panachées, une autre à gros fruits blancs, une troisième à fruits couleur de chair, et le groseillier blanc a une sous-variété qu'on nomme *perlée.* Le G. *Gondouin*, espèce plus trapue que les autres, à feuilles plus étoffées, à grains rouges, plus gros, ramassés au bout de la grappe, et la groseille *cerise,* qui a le plus gros grain.

2° *Groseillier à fruits noirs, cassis.* Plus grand dans toutes ses dimensions, et aromatique dans toutes ses parties. Les fruits, en grappe, sont gros et noirs ; on les emploie à faire des ratafias.

3° *Groseillier épineux* ou *à maquereau.* Ainsi nommé parce que souvent ces groseilles, en guise de verjus, sont employées pour assaisonner les maquereaux. Ici les tiges sont plus courtes, plus nombreuses, et couvertes de forts aiguillons qui le rendent très-propre à former des haies impénétrables. Fruits solitaires, plus gros, verts ou jaunes, rouges, blancs, violets ; quelques variétés atteignent le volume d'un œuf de pigeon.

Voici une recette que nous donnons comme excellente pour faire du ratafia parfait :

Prenez : Cerises communes,   1 kilogr.

      Groseilles,   500 gram.

      Framboises,   500

      Cassis,   500

      Sucre,   2 kilogr.

      Eau-de-vie,   4 litres.

Les fruits bien épluchés, faites bouillir pendant un quart d'heure avec le sucre les groseilles et les cerises écrasées à la main, avec leurs noyaux concassés; jetez dans cette compote le cassis entier avec les framboises; écumez, mêlez bien les fruits; au bout de cinq à six minutes, retirez la poêle du feu, et versez le tout dans le bocal où est l'eau-de-vie; ajoutez l'arome pulvérisé qui conviendra le mieux, girofle, cannelle ou vanille.

Laissez infuser pendant un ou deux mois; passez la liqueur, exprimez le marc à la main, et pour lui enlever ce qu'il contient encore de sucre et d'eau-de-vie, mêlez-le à un demi-litre de bon vin rouge. Exprimez de nouveau pour mêler ce vin à la liqueur déjà passée, puis filtrez à la chausse, et l'opération est terminée.

§ VI. *Framboisier.*

Les tiges du framboisier sont bisannuelles. Son bois est mou et rempli d'une moelle abondante. Ses drageons, qui s'élèvent quelquefois à la hauteur de deux mètres, emploient une année à se former; l'année suivante ils fructifient, et puis périssent pour faire place à d'autres, car la racine est vivace. Les productions fruitières sont des brindilles qui naissent toujours à l'aisselle des feuilles. Tous les yeux du framboisier sont à fruit; et cet arbuste présente un autre phénomène qui lui est propre; il peut donner des fruits sur une tige herbacée.

La taille est nécessaire au framboisier pour faire naître des fruits sur la partie de la tige la plus capable de les porter et de les nourrir. S'ils n'étaient pas taillés, les jets de l'année ne fleuriraient qu'à leur extrémité supérieure. Une taille trop courte ne détermine la floraison que du bas de la tige, ce qui présente plusieurs inconvénients. Il faut tailler à 1 mètre 30 ou 50 centimètres.

Le framboisier ne gèle jamais que par le sommet des tiges; la taille enlève la partie endommagée. Chose remarquable, le framboisier, qui gèle assez fréquemment en France, ne gèle jamais en Laponie, son pays natal. Pour notre compte, nous en avons vu dans les Alpes, où ils viennent à l'état de nature aux dernières limites de la végétation sans jamais être altérés par les froids excessifs de ces contrées élevées. Leurs fruits y sont exquis.

Pour obtenir de belles et bonnes framboises, il ne faut laisser à chaque souche qu'une quantité modérée de pousses annuelles. Les jets doivent être éclaircis de manière à n'en laisser que quatre ou cinq au plus sur les plus fortes souches, et deux ou trois seulement sur les autres.

On connaît plusieurs espèces de framboisiers : le F. *des bois*, à petits fruits, très-agréables ; le F. *petit blanc hâtif*, à fruits petits, mais très-précoces ; le F. *à gros fruits rouges* ; le F. *à gros fruits blancs* ; le F. *couleur de chair* ; le F. *d'Autwerp*, à très-gros fruits rouges, jaunes ; le F. *de Malte rouge* et *blanc*, qui fournit deux récoltes, une au printemps et l'autre à l'automne.

Les framboises se mangent isolément ou mêlées avec les groseilles, les fraises. On en fait des sirops, des tartres, des sauces, mais surtout on les fait entrer pour partie dans les sirops et les confitures de groseilles et autres. Elles en adoucissent l'acidité et leur donnent un parfum très-agréable.

§ VII. *Épine-vinette.*

Cet arbuste indigène croît à la hauteur de 2 mètres à 2 mètres 50 centimètres. Il forme buisson, à nombreux rameaux jaunâtres, très-épineux ; à feuilles presque triangulaires, d'un vert gai ; à fleurs jaunes, en grappes, très-odorantes, auxquelles succèdent de petits fruits allongés. Ces fruits, verts avant leur maturité, sont confits au vinaigre comme les câpres ; mûrs ils sont rouges et ont une saveur acide qui plaît à quelques personnes. On les mange alors crus ou on en fait des confitures. Ces arbrisseaux sont très-robustes et n'exigent que très-peu de soins ; cependant ils viennent plus vigoureux et plus beaux quand ils sont bien cultivés. On les multiplie de graines, de rejetons, de boutures et de marcottes. Celles-ci sont deux ans à s'enraciner et doivent être séparées en automne, époque à laquelle il faut aussi éclater et replanter les rejetons. On tire du bois de l'épine-vinette et de ses racines une couleur jaune assez belle et solide. Dans la partie des Alpes françaises que nous avons habitée, et où l'épine-vinette croît en toute liberté sur les rocs arides et sauvages, ces racines sont l'objet d'un commerce assez important.

TROISIÈME DIVISION.

DES JARDINS D'AGRÉMENT.

CHAPITRE PREMIER.

NOTIONS GÉNÉRALES.

Ainsi que nous l'avons déjà fait pour les deux premières divisions de l'horticulture appliquée, qui traitent du jardin potager et des arbres fruitiers, nous commencerons l'étude du jardin d'agrément par quelques notions générales sur cette dernière partie de notre manuel, en ayant soin de suivre la méthode que nous avons déjà adoptée.

Du sol. La plupart des jardins fleuristes d'amateurs sont destinés à la culture de plantes délicates, et par conséquent difficiles sur la nature du sol qui leur convient. De là découle naturellement la nécessité de faire subir à chaque terrain la préparation qu'il réclame. Dans tous les cas, il faut toujours débuter par un défoncement profond du terrain, dans lequel on a bien soin d'extirper avec attention les pierres, les racines et toutes les mauvaises herbes à racines vivaces. On écrase exactement toutes les mottes de terre, et on passe le râteau. Après ce premier travail, on dessine les allées, les gazons, les massifs et les plates-bandes, suivant le plan qu'on a tracé. Mais si l'on est limité par l'espace, et si le sol n'est pas propre à la culture des plantes d'agrément qu'on veut cultiver, ce qui est très-ordinaire, il faut de toute nécessité l'amender, c'est-à-dire lui donner les qualités nécessaires aux plantes qu'on veut lui confier, et souvent même le former pour ainsi dire de toutes pièces.

Nous avons déjà établi que la meilleure terre pour la culture des jardins consiste à être douce, perméable aux racines, et abondamment fournie de sucs nutritifs : s'il est bon qu'aucune nature de terrain n'y domine, il est encore meilleur que la terre soit franche, peu compacte, mêlée en proportion considérable avec du terreau de feuilles ou autres de cette nature. Le sol des jardins d'ornement doit être riche en humus ; mais il faut n'employer le fumier que lorsqu'il est bien consommé, et l'enterrer entièrement ; il ne faut pas oublier que le terreau est le meilleur de tous les engrais.

Quand tout le sol d'un terrain destiné au jardin d'agrément est remué, on bat le sol des allées pour le durcir et le rendre praticable en tout temps. On emploie à cet effet une planche fort épaisse emmanchée d'un bâton fortement infléchi nommé *batte*. Après ce battage, on répand une couche de sable ou de gravier, et l'on recommence à battre, afin d'incorporer légèrement cette nouvelle couche avec la surface du sol, et d'empêcher qu'elle ne soit emportée par les pluies.

Plantation et entretien des plantes. Lorsque le terrain est préparé, on doit s'occuper des plantations ; une des premières de toutes est celle des gazons. Pour les petits jardins, la graine que l'on doit préférer est celle du *ray-grass* ou *ivraie vivace*. Cette espèce est la plus recherchée, et on la trouve abondamment dans le commerce. Dans tous les cas, il est bien entendu que l'on consultera la nature de son terrain, afin de ne point placer dans celui qui est sec des plantes qui recherchent l'humidité, et réciproquement ; car il vaut mieux alors former son gazon de plantes naturelles du sol que de vouloir y naturaliser celles qui n'y viendraient pas. Le semis de gazon se fait à la volée ; on emploie 300 grammes de graine pour un are de terrain ; on le recouvre ensuite au râteau ou à la herse, et on y passe le rouleau. Ce semis doit se faire au printemps et par un temps couvert et pluvieux. Il est bon de répandre par-dessus la graine une légère couche de terreau. Les gazons doivent être coupés au moins quatre fois par an, et toujours avant la fructification ; on les arrosera dans les grandes chaleurs. On entretient la beauté des gazons et on empêche la croissance de la mousse, en ayant soin de répandre chaque année une légère couche de terreau ou de fumier très-consommé ; et, pour entretenir leur belle végétation, on y répand de la chaux, du plâtre ou des cendres noires.

Quand on veut former avec du gazon des bordures, des talus, des bancs, etc., il vaut mieux se servir de plaques de gazon enlevées dans les prairies ou sur les bords des chemins, que de faire un semis dans ces emplacements.

Les plantations sont la partie importante, et en même temps difficile des jardins d'agrément. Elles consistent à mettre à la place qui leur convient toutes les plantes ligneuses ou herbacées, soit en les semant, soit en les transplantant. Nous aurons occasion de parler plus loin de la disposition à donner aux végétaux et des principes qui doivent guider dans leur distribution, enfin de la place que l'on doit assigner à chacun en raison de sa taille, de son port, de son aspect, de son feuillage, de sa floraison, etc.

Quand les plantes sont placées, on n'a plus qu'à songer à leur entretien. Les premiers soins que l'on doit à toute plantation sont d'enlever tous les végétaux morts ou qui n'ont pas une belle venue, pour les remplacer par d'autres. Dans les jardins soignés et de peu d'étendue, on doit couper les feuilles, les tiges et les fleurs mortes ou passées, et arroser. Cette dernière opération, si bienfaisante en toute culture, est absolument indispensable dans les jardins fleuristes. C'est, il faut le dire, le travail le plus important, comme aussi le plus fatigant. Ces arrosements doivent se pratiquer tantôt avec des arrosoirs à la main, tantôt avec des pompes et des tuyaux.

Il faut ici donner deux bons labours, au printemps et à l'automne, sans préjudice des ratissages, sarclages et binages, qui doivent être répétés aussi souvent qu'il est nécessaire pour entretenir la terre nette de mauvaises herbes, lui donner un air soigné, et favoriser la végétation.

Les allées demandent de fréquents ratissages; rien ne plaît autant dans un jardin d'agrément, et ne contribue autant à l'embellir, que l'entretien des allées et des bordures. On emploie, pour former celles-ci, des plantes annuelles, vivaces ou ligneuses. Les premières forment rarement la ligne extérieure, mais bien plutôt une contre-bordure intérieure. Les fleurs les plus généralement adoptées sont le pied d'alouette, la giroflée de Mahon, la reine-marguerite, la crépide rose, la collinsie bicolore, les némophiles, etc. Quant aux bordures extérieures, elles sont formées avec le buis, le thym, la lavande, la citronelle, le romarin, etc., qu'on multiplie d'éclats de pieds au printemps et à l'automne. On en forme encore, ainsi que des *contre-bordures*, avec l'alysse corbeille d'or, l'anémone hépatique, la gentiane sans feuilles, la pâquerette, la primevère auricule, le saxifrage, le thlaspi, la violette, etc. On peut y ajouter, dans les plantes bulbeuses : le crocus printanier, le narcisse des poëtes et celui des prés, la germandrée et la statice.

En donnant le labour d'automne, il faut faire subir au

terrain certaines préparations au moyen desquelles les plantes supportent plus facilement les rigueurs de l'hiver. D'abord, en donnant ce labour, loin de former un bassin autour des plantes, comme à celui du printemps, il faut au contraire les butter ou chausser légèrement. De cette façon la gelée et l'humidité pénètrent plus difficilement les racines.

C'est en faisant ce labour que l'on opère la séparation des racines des plantes vivaces, ainsi que des drageons et des marcottes, que l'on retire les plantes délicates qui doivent être rentrées dans l'orangerie, de même que quelques oignons et griffes. Il est des plantes que l'on ne peut rentrer, et qui cependant redoutent la gelée. Il faut empailler celles qui conservent leurs tiges, c'est-à-dire qu'on les enveloppe d'un vêtement chaud par le moyen de paille maintenue autour d'elles par des liens. Ce sont les arbustes seuls qu'on traite ainsi, car, pour les plantes à tiges vivaces qui redoutent la gelée, il est rare de les laisser en place; mais, pour celles qui n'ont que les racines vivaces, on emploie fréquemment ces précautions pour les préserver du froid. L'abri qu'on leur donne consiste à couvrir, soit tout le terrain, soit l'emplacement seul de la plante délicate, de paille, de fumier peu décomposé, de feuilles, de débris de plantes à tiges et de feuilles nombreuses, comme la fougère, etc. On étale ces matières sur le sol à l'approche des gelées, et on les retire au moment du labour du printemps.

De la taille. Dans beaucoup de jardins, la taille des arbres d'agrément est encore une des opérations d'entretien les plus longues et les plus difficiles. Son but est de donner aux végétaux une disposition spéciale déterminée par les localités ou par l'usage qu'on veut en faire, ainsi que de rendre leurs fruits plus nombreux et plus beaux. Aussi est-ce dans les jardins fruitiers, comme nous l'avons vu, que la taille exerce toute sa puissance en hâtant la production des fruits, et en l'étendant presque à volonté. C'est donc l'opération la plus essentielle pour l'abondance ou la stérilité des arbres à fruits. Mais, dans les jardins d'agrément, la taille se borne à retrancher des rameaux morts ou nuisibles soit aux végétaux voisins, soit à la vue ou à la promenade; quelquefois encore, dans les jardins, on dispose des végétaux en palissades pour cacher les murs, et on taille régulièrement les allées en bosquets.

Ébrancher, élaguer, émonder, c'est couper les branches

mortes ou dépourvues de vigueur, ou qui attirent à elles toute la séve ; c'est aussi retrancher celles qui nuisent à la vue, envahissent les allées ou l'espace réservé à d'autres plantes ; c'est enfin une taille destinée à assurer la forme élégante ou l'aspect pittoresque des arbres, et à les modifier selon la nécessité et le goût. Cette opération doit se pratiquer autant que possible pendant la stagnation de la séve, mais non pendant les grands froids, et au moyen d'instruments bien tranchants, afin que la plaie soit nette.

Les arbres destinés à former des galeries de verdure, des allées, des salles, des berceaux, des bosquets couverts ; ceux destinés à figurer des monuments, des colonnes, des ifs, des vases, des boules, des animaux ; ceux qui forment haie, barrière, palissade, charmille, exigent une toute régulière et périodique. S'ils sont jeunes et n'ont pas encore le développement désiré, tout en les dirigeant par la taille vers les formes qu'ils doivent avoir définitivement, on doit les tenir de long, c'est-à-dire laisser leurs rameaux croître chaque année de quelques pouces. Arrivés à la grandeur voulue, on les taille rigoureusement au même point ; ou bien, ce qui est préférable, surtout pour les grands arbres, afin d'éviter les chicots noueux qui se forment à l'extrémité des rameaux, on les laisse croître pendant trois ans de quelques pouces, et alors on les rabat, c'est-à-dire on retranche les pousses de ces trois ans.

Si la sévérité du bon goût, si l'air forcé et l'aspect régulier et monotone de ces arbres esclaves conseillent de les bannir des jardins, on ne peut disconvenir que l'agrément de l'ombrage épais qu'ils répandent sur une allée d'une grande largeur et les voûtes imposantes qu'ils forment ne militent fortement pour leur conservation ; aussi voit-on beaucoup de jardins dessinés avec beaucoup de goût, et plantés avec non moins de soins, renfermer dans leur enceinte une de ces allées ; elle sera, par exemple, placée sur un des côtés du terrain.

La taille des tilleuls, ormes, charmes, ifs, buis, épines, etc., doit, pour plus d'élégance et de propreté, être renouvelée deux fois dans le courant de l'été. La première se pratique vers la fin de la séve printanière, et la seconde vers le mois de septembre, après la séve d'août. Si l'on n'en fait qu'une seule, il faut choisir le mois de septembre. Le croissant et les ciseaux à tondre sont les instruments dont on se sert.

10

Les palissades d'arbustes destinées à masquer les murs ont beaucoup d'analogie avec les espaliers; elles se conduisent à peu près de même, et ceux-ci peuvent servir à cet usage. Un treillage en bois ou en fer, ou des clous pour fixer les jeunes rameaux aux endroits où cela est nécessaire, sont les moyens employés pour les palissades. La taille qu'on donne à ces arbustes doit avoir pour but de leur faire pousser beaucoup de rameaux et remplir exactement tous les vides. Les arbustes formant buisson et ceux grimpants ou sarmenteux sont ordinairement préférés. **On** doit surtout choisir ceux qui se garnissent abondamment du pied, la nudité de cette partie étant l'inconvénient le plus difficile à éviter dans une palissade de quelques années. La taille doit aussi s'attacher à le prévenir, et c'est surtout au moyen d'inclinaisons et de courbures qu'on obtient ce résultat.

Multiplication. Presque toutes les plantes, ainsi que les arbustes cultivés pour ornement en pleine terre, bien qu'exigeant peu de soins dans leur état parfait, en réclament cependant ordinairement dans leur jeunesse. Les jeunes plants surtout craignent souvent la gelée, et demandent, pour croître avec vigueur, un sol très-léger, très-riche, et une douce chaleur jointe à une constante humidité.

Aussi, pour répondre à ces indications, emploie-t-on généralement les couches pour les semis, les boutures et les marcottes de ces végétaux. On se sert tantôt des couches ordinaires à melons, tantôt des couches chaudes, et tantôt des châssis. En tout cas, la terre qui les recouvre doit être du terreau de feuilles presque pur, ou du terreau de bruyère, ou bien quelqu'une des meilleures terres artificielles. Des paillassons, des cloches et autres abris entretiennent la chaleur et l'humidité autour des jeunes plants, et favorisent ainsi puissamment la végétation.

Quand on n'a pas de couches, on est obligé de se priver d'un grand nombre de plantes, mais on y supplée facilement par d'autres en choisissant des lieux abrités. Ces lieux sont les pieds des murs bien abrités, les *ados*, les *côtières* ou terrasses placées les unes au-dessus des autres à bonne exposition, pour ménager et étendre cette exposition si précieuse. Il faut que ces emplacements aient un sol très-riche, presque de terreau pur, et qui ait une couleur noire ou très-foncée.

Dans toutes sortes de culture, mais spécialement dans

celle des fleurs, le choix des graines est de la plus haute importance. On doit toujours marquer dans les jardins et soigner particulièrement les porte-graines. Il va sans dire qu'on doit toujours préférer les plus beaux, les plus vigoureux et les plus remarquables. Il faut retrancher la plupart des rameaux, et ne laisser que les principaux, afin qu'ils soient mieux nourris. Dès qu'on s'aperçoit que les enveloppes qui contiennent les graines sont sèches et prêtes à s'ouvrir, on doit en faire la récolte. On coupe les têtes des fleurs au lieu de sortir les graines de leurs enveloppes; on les met sécher au soleil plusieurs jours pour dissiper toute humidité et durcir la pellicule des semences. On les garantit de l'attaque des insectes, et on les lie en paquets, ou bien on les met dans des sacs que l'on suspend au plancher dans un lieu sec, après les avoir étiquetées.

C'est surtout pour les espèces à fleurs doubles, et qu'on multiplie de graines, qu'il est bien important de choisir pour porte-graines les plantes dont les fleurs ont le plus d'éclat et de beauté. Sans cette précaution, on ne pourrait bientôt plus s'en servir, ces plantes ayant toujours de la tendance à dégénérer.

Les maladies des fleurs ont pour cause des accidents ou des besoins internes. On ne connaît guère de traitement curatif de ces dernières; quant aux accidents, retrancher la partie blessée ou attaquée, détruire les plantes et les animaux parasites qui nuisent aux végétaux, tels sont à peu près les seuls remèdes certains, mais non toujours praticables, dont on peut tenter l'effet.

Les insectes, surtout les plus petits, font souvent un grand tort à beaucoup de fleurs en rongeant les boutons; on les chasse ordinairement, et souvent on les fait périr en arrosant les fleurs attaquées avec une décoction de plantes à suc âcre, comme le tabac, le sureau, le noyer, etc.

Nous terminerons cette introduction à la floriculture en rappelant ici que les fleurs ont été cultivées dès la plus haute antiquité. L'expérience démontre que les Indiens, les Chinois et les Égyptiens ont emprunté aux fleurs de leur pays la forme de tous leurs vases et les ornements de leur architecture. N'a-t-on pas trouvé à Pompéia une fresque parfaitement conservée? là se trouve un parterre parfaitement dessiné. Et qui n'a présent à la mémoire l'éloge des jardins de Tibur et de Tivoli? Disons en passant que le moyen âge se montra peu porté à la culture des fleurs. Il est vrai qu'à cette époque de triste mémoire, la noblesse, batailleuse, tyrannique et débauchée, préférait l'odeur du carnage aux doux parfums de Flore. Et, chose remarquable, le goût des fleurs accompagne presque toujours l'affranchissement progressif des peuples. Témoin les républiques italiennes et les cités libres des Pays-Bas, si florissantes au moyen âge, et qui les premières nous offrent des jardins décorés de plantes étrangères que leur fournissait leur commerce avec toutes les contrées du globe.

CHAPITRE II.

§ 1ᵉʳ. *Des plantes annuelles.*

On désigne sous le nom de plantes annuelles celles qui naissent et meurent dans la même année; de bisannuelles celles qui mettent deux années à faire leur évolution, et vivaces celles dont les racines persistent plusieurs années et produisent à chaque saison des fleurs et des fruits. Il faut avouer pourtant que cette classification si commode, si utile pour l'horticulture, a le défaut de ne pas être caractéristique pour les végétaux. On tomberait en effet dans une grave erreur, si l'on pensait que toutes les plantes annuelles, partout et toujours, exécutent la révolution de leur existence dans l'espace d'une année. Cette propriété de se reproduire et de périr tous les ans paraît tenir, en partie du moins et pour certaines plantes, au climat et au sol; la théorie ne nous offre pas encore de données assez sûres pour prévoir ces cas; mais les observations en ont constaté de nombreux exemples. Ce n'est donc pas rigoureusement qu'il faudra entendre les qualités de plante annuelle, de même que celles de plante bisannuelle ou vivace, mais relativement à nos climats, à notre sol et à notre culture accoutumée. Toutes les fois, au reste, que les plantes présenteront des variations de durée fréquentes, nous les mentionnerons.

Les plantes annuelles fleurissent et reproduisent leur espèce par les graines dans le courant de l'année; mais, comme cette fonction est la plus importante de tous corps organisés, c'est un moyen employé quelquefois pour prolonger souvent de plusieurs années la durée des plantes de cette catégorie que d'empêcher leur floraison, et quelquefois la maturité des graines. Il semble alors que la plante n'a pas rempli le vœu de la nature, et attend que des circonstances lui permettent d'accomplir ce devoir, d'acquitter ce tribut général.

Les plantes annuelles périssant chaque année, on doit s'attendre à ne rencontrer parmi elles que des tiges herbacées : en effet, à peine quelques espèces les ont elles demi-ligneuses, tels que les soleils, les renouées, les ricins.

La même cause produit un effet plus important : c'est que toute multiplication autre que par semis est impossible. Ni les marcottes, ni les boutures, ni aucun autre moyen artificiel ne peut conserver pour l'année suivante une plante dont la vie est bornée à quelques saisons au plus. Par le procédé des greffes herbacées, on peut, il est vrai, transporter les bourgeons des plantes rares sur des plantes plus communes, et ainsi, avec un pied unique et précieux, en produire plusieurs; mais c'est pour une année seulement. D'où l'on voit qu'il est impossible de posséder dans les jardins les plantes exotiques annuelles qui n'y fructifient pas, sans renouveler chaque année la provision de graines de leur pays originaire, et c'est ce qui a lieu pour beaucoup d'espèces.

L'impossibilité de reproduire ces végétaux par les procédés artificiels a un autre inconvénient; c'est de rendre les variétés précieuses par leur beauté ou leur rareté fort incertaines, puisqu'en général les semences ne les produisent pas. Celles que l'on a, on les tient donc pour ainsi dire du hasard, et tout au plus quelques tâtonnements d'expériences indiqueront-ils un moyen de réussite un peu moins incertain et un peu plus abondant. Cependant la culture, en rendant pour ainsi dire domestiques quelques espèces, en changeant leur type primitif à tel point qu'elles sont méconnaissables et qu'elles en forment même de nouveaux, leur a aussi fait perdre presque entièrement leurs qualités naturelles : c'est ainsi que les marguerites (chrysanthèmes), les balsamines, les pieds-d'alouette, etc., reproduisent facilement les espèces doubles ou de couleur variée par le moyen des semis.

Toutefois, pour ne pas avoir ce contraste d'individus

communs à côté de ceux qui méritent l'attention, pour avoir dans cette espèce de cercle de plantes une égale élégance de mise et de tournure, malgré la diversité des formes, des costumes et des couleurs, deux précautions sont indispensables : il faut semer ces plantes dans des lieux de réserve, où on les apprécie, afin de pouvoir, en les repiquant, leur donner la place indiquée par leur mérite. Ce moyen est le plus en usage et le meilleur pour les espèces dont les pieds sont destinés à demeurer séparés ; il est aussi le seul pour celles qui, par leur délicatesse, exigent des soins particuliers pour leur première éducation, tels que les semis sur couche, etc.; un assez grand nombre de plantes annuelles étant d'origine étrangère sont dans ce cas.

La seconde précaution à prendre pour s'assurer de la beauté de tous les individus est relative aux plantes qui ne peuvent être semées qu'à la place même qu'elles doivent occuper, soit pour une réussite plus assurée, soit parce qu'on veut en former des touffes, des rayons, des bordures. Dans ce cas, on doit semer surabondamment, afin de pouvoir arracher ou couper les individus dont le développement aura permis de constater l'infériorité : c'est ce qu'on pratique notamment pour les pieds-d'alouette. Les plantes annuelles, si ce n'est pour leur première éducation, n'exigent d'autres soins que les arrosements. Dans les premiers jours du repiquage surtout, l'eau leur est impérieusement nécessaire, et même il est bon d'abriter du soleil les individus délicats. Ordinairement leur reprise est prompte et facile, quoique leur changement de lieu s'opère fréquemment à l'approche de la floraison. Cependant il est bon de dire que le repiquage doit se faire le plus tôt possible, et de plus que certaines espèces ne peuvent supporter le déplacement, ce qui nécessite leur semis sur place. Enfin, autant que possible, la transplantation doit être faite avec la motte enlevée avec le secours du transplantoir.

Aussitôt que la fleur de ces plantes est passée, on doit s'empresser de la faire disparaître, leur aspect devenant alors aussi désagréable qu'il était attrayant auparavant, à moins qu'on ne les conserve pour se procurer des graines. Mais on ferait bien mieux, afin d'entretenir la propreté et l'élégance du parterre, de garder, à l'effet de fournir des graines, quelques-uns des plus beaux pieds sur l'emplacement des semis ; cela aura de plus l'avantage que les graines seront et plus abondantes et de meilleure qualité, et mûres plus promptement.

Les plantes annuelles ont l'avantage de pouvoir être placées partout où le besoin s'en fait sentir, partout où l'agrément et la volonté y invitent, et lorsque les autres fleurs ont cessé de donner leurs brillants produits, ce qui les rend recommandables à tous égards dans les parterres. On les y met ordinairement sur les premiers plants des plates-bandes, des corbeilles, des massifs, ainsi qu'entre les touffes des plantes vivaces ; d'autres forment des touffes, des corbeilles, des bordures ou des rayons dont on varie les dessins à volonté. C'est en faisant des semis de ces plantes à plusieurs époques qu'on retarde ou qu'on accélère leur floraison. Avec le secours des couches pour les premiers semis, on peut en jouir depuis la fin du printemps jusqu'aux gelées. Les plantes annuelles qui méritent le plus d'être cultivées, à cause de leur beauté et de la facilité de leur culture, sont : le *réséda*, les *pavots*, les *pieds-d'alouette*, les *mauves*, le *séneçon d'Afrique*, les *silènes*, les *belles-de-nuit*, les *reines-marguerites*, les *balsamines*, les *centaurées*, les *tagètes*, les *zinnias*, les *ipoméas*.

Plantes bisannuelles. Ces plantes participent des annuelles et des vivaces, et en forment l'intermédiaire ; leur durée est limitée, de même que celle des premières, mais excède une année. Au reste, ce caractère est peut-être encore moins constant que pour les plantes annuelles, et il est fort commun de voir ces végétaux devenir vivaces en changeant de climats ou de position, et quelquefois annuels, mais plus rarement.

Le plus grand nombre des plantes bisannuelles et trisannuelles ont cela de commun avec les annuelles qu'elles ne fleurissent et ne fructifient qu'une seule fois pendant leur existence. Ce sont celles chez lesquelles ce caractère est permanent. Mais, au lieu d'exécuter toute leur révolution dans l'espace de quelques mois, un premier développement de leurs tiges et de leurs racines a lieu chez elles la première année, et ce n'est que la seconde qu'elles remplissent le vœu de la nature, celui de reproduire leur espèce. Pour quelques-unes même, le développement complet n'a lieu que la troisième année, et plus tard encore pour quelques espèces, telles que le *rondier des Indes*, qui ne fructifie qu'une fois et à l'âge d'environ

50 ans. Ces végétaux, après avoir enfin rempli la destination assignée à chaque être organisé, périssent, laissant de
nombreux rejets destinés à les perpétuer.

Il y a cependant des plantes bisannuelles et trisannuelles qui dès leur première année donnent des fleurs et
des graines et continuent à en fournir jusqu'à leur mort;
mais, en général, ces espèces sont d'une durée moins
constamment limitée. Il est plus facile de prolonger leur
existence de quelques années, de même qu'il arrive plus
fréquemment de les voir périr après la première floraison.
C'est ce qu'on remarque surtout pour plusieurs espèces
d'onagres et de campanules.

Nous ne nous étendrons pas ici sur la culture et l'emploi
des plantes de cette section. Comme elles participent des
vivaces et des annuelles, et que nous aurons soin d'indiquer avec lesquels de ces deux genres elles ont le plus
d'analogie, il sera facile d'appliquer à chaque plante l'espèce de culture, la voie de multiplication et l'usage qui
lui convient. Nous nous bornerons donc à dire ici que les
plantes de cette section ont l'avantage de pouvoir se multiplier par des moyens artificiels, et par conséquent la
conservation des variétés à fleurs doubles ou à couleurs
précieuses est plus assurée et plus permanente. Quelques
espèces qui supportent bien notre climat pendant la belle
saison exigent un abri pendant l'hiver. On les cultive alors
plus ordinairement dans des pots que l'on enterre dans
les plates-bandes, corbeilles, etc., pour les retirer à l'approche de l'hiver et les rentrer en orangerie : telles sont
plusieurs espèces de giroflées, une espèce de mouron, etc.
Pour d'autres, il suffit de donner à leurs racines ou à leurs
tiges une couverture d'hiver. Malgré le petit nombre de
plantes bisannuelles, il se trouve parmi elles plusieurs
espèces très-répandues dans les jardins, et très-dignes de
l'être par leur beauté : telles sont principalement les *giroflées*, les *campanules*, les *cynoglosses*, les *digitales*, les
onagres, les *alcées*, les *scabieuses*.

§ II. *Des plantes vivaces.*

Les plantes vivaces sont celles qui fleurissent et fructifient plusieurs fois. Leur durée est indéfinie en ce sens
qu'elle dépend essentiellement des circonstances, des maladies et autres causes de dépérissement, enfin de la loi commune aux végétaux comme à tous les corps doués de la vie,

qui ont un terme fixe d'existence qu'ils ne peuvent dépasser ; mais il n'est pas borné à une ou deux années, une ou deux fructifications au plus, comme dans les espèces constamment annuelles ou bisannuelles.

D'après la définition que nous venons de donner des plantes vivaces, nous devrions naturellement embrasser tous les arbres et arbustes et la plus grande partie des végétaux ; mais, en horticulture, l'usage a beaucoup restreint l'étendue de ce mot. Aussi entend-on généralement par plantes vivaces seulement celles à tiges herbacées qui prolongent leur existence quelques années, sans y comprendre les plantes à bulbes et oignons et celles à fruits charnus.

Ainsi nous entendrons par plantes vivaces celles qui, n'étant pas ligneuses, n'ayant ni les racines ni les feuilles charnues, fructifient plusieurs fois, les unes ne conservant chaque année que leurs racines, les autres ayant également leurs tiges et leurs racines vivaces et persistantes. Elles offrent donc toute latitude à la culture, soit pour leur multiplication, soit pour la conservation des variétés ; et on peut avoir une idée de la puissance de leur culture pour modifier et changer les végétaux, en voyant ce qu'elle a fait du genre œillet. Il est vrai qu'il est peu de plantes dont le type primitif ait fourni tant de variétés, et des variétés aussi distinctes ; mais le genre donne la mesure de ce qu'on peut attendre des soins constants et prolongés et de l'action des causes extérieures pour modifier et multiplier les espèces végétales. L'avantage de multiplier les plantes vivaces de toutes façons assure la conservation des variétés produites, et ne fait pas redouter chaque année leur disparition pour jamais, comme lorsque la multiplication se fait par le moyen des graines.

Le semis des plantes vivaces, de même que de toutes les autres, se fait tantôt en place, isolément ou par touffe, tantôt en rayons, tantôt en sorte de pépinière ou sur couche, sous châssis, sous cloche.

Le moyen de multiplication le plus simple, le plus prompt et le plus facile, est celui par éclat ou séparation des racines. Il peut se pratiquer pour un grand nombre de plantes vivaces, surtout pour celles qui forment touffe. Cette opération se fait ordinairement à l'automne, lors du labour d'hiver ; on enlève aux pieds trop chargés, ou destinés à cet usage, les racines bien garnies de brindilles qui paraissent moins essentielles à leur conservation ; souvent même il suffit de partager le pied en plusieurs fragments au lieu même où l'on veut avoir la plante. Quelquefois cette opération se fait au printemps, et cette époque est préférable dans les sols humides et pour les racines un peu charnues et qui pourrissent facilement, la séparation des racines donnant plus d'accès à l'humidité, et par suite à la pourriture. Enfin, quelquefois on ne fait cette opération qu'en deux fois.

Les moyens de multiplication par les rejets, drageons, etc., se lient au précédent, et nous ne devons pas nous y arrêter; nous renvoyons d'ailleurs à ce que nous avons déjà dit spécialement de ces moyens si usités de multiplication.

Le *marcottage* des plantes vivaces demande un peu plus d'attention. Il est assez généralement employé pour les plantes dont les tiges ne sont pas trop molles. On l'exécute au moyen des procédés que nous avons déjà décrits en parlant des marcottes en général; mais nous devons dire ici que dans le marcottage des plantes vivaces on se sert particulièrement de celui qui se fait par buttes et par courbures. C'est d'ailleurs le procédé le plus simple et le plus facile à la fois. Cependant, pour quelques espèces rebelles, encore en assez grand nombre, et spécialement pour les œillets, qu'on ne multiplie guère que par ce moyen, on doit employer le marcottage avec incision.

Le *bouturage* des plantes vivaces est également fort employé; leur reprise est prompte, et souvent aussi fait gagner beaucoup de temps pour la production des fleurs. Les procédés employés se bornent à peu près aux boutures par racines et par rameaux sans séparation. Il est essentiel de remarquer que jamais il ne faut tronquer le bourgeon terminal des plantes herbacées que l'on multiplie par le moyen des boutures, et qu'on doit aussi leur laisser la plus grande partie de leurs feuilles. Cette différence avec les végétaux ligneux provient de deux causes, la différence de la contexture des tiges et l'époque à laquelle cette opération est pratiquée. En effet, les boutures des végétaux ligneux doivent être faites en général avant le développement de la séve; pour les plantes herbacées, au contraire, c'est au moment où l'action de cette séve est la plus forte que les chances de réussite sont plus grandes. La raison de cette différence est bien facile à saisir: les tiges des plantes vivaces ayant le tissu de leurs organes beaucoup moins serré, et les liquides y étant plus abondants, leur déperdition, leur écoulement est plus facile et plus prompt. Le dépérissement de la bouture serait donc presque inévitable si l'on ne saisissait le moment où les racines peuvent être produites pour ainsi dire instantanément; de plus, leur mise en terre longtemps d'avance, pour attendrir le tissu et faciliter la production des racines, n'est pas nécessaire pour les végétaux qui sont déjà très-mous et très-gorgés de liquides; d'où l'on voit encore qu'une assez grande humidité n'est pas essentielle pour leur réussite.

Mais d'autres conditions particulières sont bien importantes pour la reprise de ces boutures, comme pour la conservation et le développement des jeunes plants de marcottes. La première est de les placer dans une terre légère, très-douce et en même temps très-abondante en sucs nourriciers. La seconde est de les entretenir dans une humidité moyenne, mais constante, et dans une douce chaleure aussi est-on presque toujours obligé de les mettre sous châssis, en pots sur couche, ou du moins à bonne exposition; souvent même ces soins ne suffisent pas, et on doit encore y ajouter des cloches, des paillassons et autres abris, qui ont le double avantage de conserver la chaleur et l'humidité et d'intercepter les rayons du soleil : l'ombre, en effet, est une condition de première importance. La présence du soleil, activant trop le transpiration des plantes, cause une trop grande déperdition des sucs séreux qui auraient pu s'utiliser pour la production des racines.

Nous ne parlerons pas de la *greffe* des plantes vivaces. Le seul procédé applicable est celui de Tchusdy; mais il n'est guère pratiqué à cause des difficultés qu'il offre et des moyens si sûrs et si commodes de reproduire toutes les plantes vivaces au moyen des boutures et des marcottes. Les plantes vivaces, en raison même de ce mode de végétation, sont extrêmement précieuses et très-recherchées pour l'ornement des jardins. L'emploi des autres oblige pour ainsi dire à recommencer le jardin chaque année; à chaque instant de nouveaux travaux réclament les bras du jardinier. Semer, planter, couper, arracher, récolter les graines, arroser plus abondamment sont des devoirs qui se répètent sans cesse. Les plantes vivaces, au contraire, une fois en place, y fournissent leurs produits, y procurent la jouissance de leur aspect pendant plusieurs années. Leur entretien est aussi plus facile: il se borne à peu près à deux ou trois labours et à quelques sarclages. A peine quelques autres, pendant leur jeu-

nesse, exigent-elles des arrosements ; le plus généralement on les abandonne aux soins de la nature.

Ces plantes sont donc les plus répandues dans les jardins
de quelque étendue, et surtout dans les jardins paysagers ; ce sont elles aussi qui forment la base et pour ainsi
dire la charpente des fleurs des plates-bandes, massifs,
corbeilles, etc. On les y dispose de distance en distance,
plaçant les plus élevées au centre, et les autres par grada-
tion jusqu'à la bordure composée des plus basses, en
ayant soin de mélanger les espèces différentes par leurs
fleurs, leurs feuillages, leurs couleurs. Pour le rang à
leur donner, on doit encore examiner si elles forment
touffes ou ne fournissent qu'une tige isolée. Enfin il ne
faut pas les placer trop près les unes des autres ; plusieurs, s'étalant beaucoup, se mêleraient désagréablement
et formeraient fouillis. On doit laisser entre elles des intervalles que l'on garnit, suivant l'époque et l'espace, de
plantes annuelles et bulbeuses.

Les plantes vivaces dignes de l'attention sont extrêmement nombreuses ; cependant celles qui méritent davantage d'être cultivées, pour la beauté et la simplicité de
leur culture, sont : les *primevères*, les *violettes*, les *con-
vellaria*, les *juliennes*, les *astragales*, les *ancolies*, les
aconits, les *pivoines*, les *épilobes*, les *fraxinelles*, les
lychnies, les *anthémys*, les *œillets*, les *véroniques*, les *po-
lémoines*, les *phlox*, les *millepertuis*, les *astères*, les *va-
lérianes*, les *chrysocomes*, les *sylphium*, les *asclépiades*,
les *apocyns*.

On divise les plantes vivaces en six catégories. La première comprend les fleurs du printemps ; la seconde,
celles d'été ; la troisième, celles d'automne ; la quatrième,
les plantes aquatiques ; la cinquième, celles des bordures ;
et enfin la sixième, celles qui exigent l'orangerie.

1° *Plantes vivaces printanières.* Ce sont toutes celles
dont la floraison a toujours lieu, pour la plupart des espèces, avant le milieu du mois de juin, et quelquefois dès
la cessation des frimas, comme pour les *primevères*, les
violettes, les *ellébores*, les *anémones*, les *saxifrages*.

2° *Plantes vivaces estivales.* Cette division comprend
les plantes dont les fleurs s'épanouissent pour la plupart
dans le courant de l'été, c'est-à-dire de la fin de juin au
milieu de septembre. Les principales sont : les *verveines*,
les *œillets*, la *véronique*, les *phlox*, etc.

3° *Plantes vivaces automnales.* Ce sont celles dont la

fleur paraît fort tard, c'est-à-dire à la fin de septembre ou au commencement d'octobre. L'*anthemys grandiflora*, dite *chrysanthemum* des Indes , est la plus tardive; elle brille encore dans les jardins au mois de décembre. Les graines de ces plantes ne parviennent pas à maturité. Les multiplications artificielles sont donc les plus employées pour reproduire ces plantes. Les principales sont : la *valériane*, le *chrysocome* et le *houblon*.

4° *Plantes vivaces d'orangerie.* Ces plantes ne présentent dans leur culture d'autres différences que celles amenées par la nécessité de les rentrer en orangerie l'hiver pour les conserver, c'est-à-dire qu'elles doivent être placées en pots, et conséquemment suivies avec plus d'attention ; leur reproduction exige aussi plus de soins, et doit au moins être faite sur couche pour les semis, marcottes et boutures. Les principales sont : les *gnaphales*, les *cancalies*, la *marjolaine*, etc.

5° *Plantes vivaces aquatiques.* Les végétaux remarquables par leur beauté que l'on peut employer pour l'ornement des étangs, des rivières et des lieux aquatiques ou très-humides, sont en petit nombre ; la plupart appartiennent aux familles des *souchots*, des *graminées*, des *joncs*, toutes plantes sans corolle, à fleurs très-peu apparentes, et qui ne sont remarquables que par leur feuillage. Les principales sont : le *butome*, le *phormium*, le *nénuphar*, le *trèfle d'eau* et le *bottonia*.

6° *Plantes vivaces de bordure.* Plusieurs espèces de *violettes*, de *primevères*, de *camomille*, qui s'élèvent fort peu et forment bien touffe, sont fort propres à servir de bordures aux plates-bandes et aux massifs. Les plantes de cette catégorie doivent nécessairement être fort basses, très-rustiques, n'exiger d'autres soins que ceux de la propreté ; on doit toujours les semer ou les planter en rayons, et il faut les renouveler souvent lorsqu'elles ne permettent pas de retrancher leurs pieds pour mettre un terme à leurs envahissements. C'est une opération qui doit se pratiquer à peu près tous les trois ans. Indépendamment des *fraisiers*, des *thyms*, des *céraistes* et de la plupart des *plantes potagères de fourniture*, qui font des bordures plus ou moins jolies, et du *buis*, qui est la plante la plus généralement employée pour les bordures, on emploie assez ordinairement des plantes annuelles qui ont le désagrément de nécessiter un renouvellement annuel.

§ III. *Plantes à racines ou tiges charnues.*

Cette section renferme des végétaux qui semblent par la texture particulière de certains de leurs organes s'éloigner des autres plantes, et devoir former plusieurs familles spéciales dans la classification naturelle, car ces changements partiels d'organisation en produisent de plus importants, soit dans le mode de propagation, soit dans le mode de développement de ces végétaux, et les modifications sont plus que suffisantes pour baser l'établissement de quelques familles naturelles, quoique des différences dans les organes de la fructification ne viennent pas s'y joindre. Cependant, jusqu'à présent, les botanistes paraissent n'avoir tenu aucun compte de ces changements importants, et ils continuent à réunir dans une seule famille les *groseilliers* et les *cactiers*, les *hortensias* et les *saxifrages*; aussi les partisans des classifications artificielles font-ils de ces vices le texte continuel des reproches qu'ils adressent aux familles naturelles, et s'en appuyent-ils pour soutenir l'impossibilité d'une méthode vraiment basée sur la nature et les rapports des êtres. Quoi qu'il en soit, c'est déjà trop de ces considérations purement théoriques; car, dans un manuel comme celui-ci, toute digression doit être rigoureusement interdite.

De tous les végétaux cultivés, ceux-ci sont les plus délicats, et ils exigent le plus de soin. Un grand nombre d'entre eux sont exotiques, et, qui plus est, particuliers à certaines sortes de terrain. Une culture très-minutieuse est donc nécessaire pour assurer leur conservation et empêcher qu'ils ne périssent. D'autres, en plus grand nombre que dans toute autre section, doivent leur naissance à la seule culture, et sont tout à fait des végétaux domestiques. Des précautions non moins rigoureuses sont indispensables pour faire conserver à la plante les qualités qu'elle doit à l'éducation et à la civilisation, si l'on peut s'exprimer ainsi, et prévenir son retour à l'état de nature.

Nos observations générales sur la culture de ces plantes seront fort courtes, par la raison que nous y reviendrons en parlant de ces plantes elles-mêmes.

La multiplication de certains de ces végétaux ne se fait que par le moyen de semis et de racines, et celle des plantes charnues, de toutes façons, plus facilement de branches; car, pour ces derniers, il suffit presque toujours de mettre en terre un fragment de rameau ou une feuille pour reproduire une nouvelle plante.

Quant aux autres, il faut dire que le moyen des semis ne se pratique que le plus rarement possible, les jeunes plants qui en proviennent ayant une croissance très-lente et ne donnant souvent des fleurs qu'après plusieurs années. Généralement, c'est par le moyen des caïeux, des rejetons, des racines et des tubercules coupés ou séparés qu'on multiplie ces végétaux. Ces procédés réunissent les avantages de promptitude et de facilité. Les plantes bulbeuses fournissent aussi des soboles, sortes de germes des racines qui se développent sur les tiges ; mais lorsqu'on veut obtenir de nouvelles variétés, genre de plaisir ou de spéculation qui a ses avantages, il est indispensable d'employer le mode des semis.

Le nombre des végétaux à tiges ou à feuilles charnues, vulgairement appelées *plantes grasses*, qui peuvent se cultiver en pleine terre dans nos climats, est fort borné ; la plupart réclament l'orangerie ou la serre et doivent être mises en vases. Les vases ne demandent pas ordinairement une grande capacité relative à la plante qu'ils contiennent ; la terre n'a pas besoin d'être substantielle et les arrosements ne doivent pas être très-considérables. Les plantes grasses se nourrissent principalement par l'absorption aérienne faite abondamment par leurs tiges et leurs feuilles charnues et poreuses. Des expériences prouvent qu'elles font pour ainsi dire l'office d'éponges. De plus on remarque que, dans leurs climats naturels, ces végétaux se trouvent toujours dans les contrées les plus arides, dans les sols les plus ingrats et souvent dans les lieux où il ne croît aucun autre végétal. C'est ainsi que le *cierge du Pérou* est avec raison nommé *l'arbre du désert*, que les *sedons vermiculaires* et les *toits*, deux plantes grasses de notre pays, croissent sur les rochers et les murailles.

Parmi les plantes bulbeuses et tubéreuses, un assez grand nombre demeure en pleine terre, et n'exige pas d'autres soins que les plantes vivaces : telles sont la plupart des *lis*, des *iris*, des *narcisses*, etc. Leur place dans les jardins est alors indiquée, comme pour toutes les autres plantes, par leur taille, leur aspect, leurs couleurs, l'époque de leur floraison ; toutes en général sont fort belles et remarquables également par leur feuillage, leur port et leurs fleurs.

Mais beaucoup d'autres espèces, parmi lesquelles on distingue surtout les *jacinthes, tulipes, renoncules* et *anémones*, demandent des soins spéciaux. Le plus souvent, pour conserver les oignons ou bulbes des unes, et les griffes ou pattes des autres, il est nécessaire de les retirer de terre chaque année pendant un certain temps : on les conserve alors dans des vases, des cornets, des boîtes, des casiers ou des tablettes, dans un lieu ni trop sec ni trop humide, à l'abri des insectes. L'époque où ces plantes se reposent ainsi n'est pas la même pour toutes ; mais c'est toujours aussitôt après que leurs feuilles et leurs tiges sont fanées, ce qui arrive après la floraison, qu'on doit les retirer de terre ; les unes se plantent au printemps, les autres à l'automne, et alors elles exigent ordinairement des précautions contre les gelées et quelquefois contre l'humidité. On a de plus en terre à les défendre des attaques de plusieurs animaux qui sont pour elles de dangereux ennemis. Chaque individu doit être marqué et numéroté exactement pendant la floraison, et conserver son numéro dans le casier, afin qu'il puisse être reconnu au moment où il sera replanté, et reçoive en conséquence la place que lui assigne le bon goût ou la volonté de son propriétaire.

On cultive rarement ces espèces disséminées dans le jardin ; mais on en forme des planches, des plates-bandes ou des corbeilles entières qu'on nomme *parcs de choix*, dans les lieux du jardin les plus apparents, et où le luxe doit s'étaler avec le plus de pompe et d'éclat. On les cultive encore en pots ou en vases dans les jardins, sur des gradins, ou dans les appartements, soit en terre, soit avec la racine seulement plongée dans l'eau. Rien de plus beau que les corbeilles remplies de ces plantes : elles semblent d'énormes bouquets mélangés des couleurs les plus vives et les plus variées, et l'on pourrait dire avec justesse que ce sont des bouquets artificiels ; car l'amateur, en mettant en terre ces oignons et ces pattes, sait à l'avance quel port, quelle forme, quelle couleur aura chaque plante et chaque fleur qui en proviendra.

Enfin, ce sont ces plantes surtout qui ont tant exercé le talent et donné tant d'extension à l'art du fleuriste ; c'est le prix excessif que l'on a mis à leur rareté, c'est l'ambition de posséder une espèce unique, qui a fait remarquer leurs moindres qualités comme leurs moindres défauts avec une minutieuse attention. Nous répéterons ici, à la gloire du siècle, et comme une preuve de la renaissance du bon goût, que ce luxe effréné, cette mode bizarre, cette manie ridicule, est presque entièrement abandonnée, ou au moins restreinte dans des bornes que ne saurait blâmer l'admirateur des beautés de la nature. A vrai dire, toutes les plantes de cette section sont dignes de remarques ; cependant on doit préférer, comme de belles plantes peu délicates, les *tulipes*, les *jacinthes*, les *fritillaires*, les *lis*, les *scilles*, les *asphodèles*, les *narcisses*, les *amaryllis*, les *iris*, les *glaïeuls*, les *safrans*, les *orchis*, les *renoncules*, les *anémones*, les *hémérocalles*, les *dahlias*, les *aloès*, les *agaves*, les *saxifrages*, les *cactiers*, les *ficoïdes*.

Les plantes à bulbes ou oignons renferment trois familles naturelles, désignées par les noms de *liliacées*, *narcissées* et *iridées*, à cause de l'analogie des plantes qui y sont renfermées avec les *lis*, les *narcisses* et les *iris*. Il existe cependant des végétaux bulbeux qui n'appartiennent pas à ces trois familles.

Plantes à tubercules et à griffes. On reconnaît ces plantes à leurs racines énormes, épaisses, mais n'ayant nullement la même organisation que les racines bulbeuses. Les unes ne diffèrent des racines de la plupart des végétaux qu'en ce qu'elles sont plus volumineuses, plus molles, et formées d'une substance blanchâtre presque toujours farineuse ; d'autres sont des renflements de la même substance, qui se trouvent disséminés ou réunis en groupes sur des filets de racines plus ou moins longs : ces renflements portent le nom de *tubercules*, et les autres racines celui de *tubéreuses* ou *charnues*. De plus, parmi ces dernières, on appelle *griffes* ou *pattes* celles qui sont formées d'un petit corps central accompagné de filets ayant la forme de doigts ou de fuseaux : ces pattes, dans la plupart des espèces qui en sont pourvues, fournissent des productions de même nature qu'elles, et que l'on divise pour les reproduire par un moyen analogue aux caïeux.

Plantes grasses. Les plantes à tiges et à feuilles charnues, désignées sous le nom de plantes *grasses*, n'ont besoin d'aucune description ; il suffit de les voir pour les reconnaître. La nature molle, pulpeuse de leurs feuilles et de leurs tiges, l'arrangement tout particulier de ces organes, qui ne paraissent pour la plupart que des excroissances, des monstruosités de la plante, sont des caractères qui ne peuvent échapper, même au premier coup d'œil. Nous avons déjà dit que ces plantes croissent dans les lieux les plus arides, et se reproduisent très-facilement par boutures faites même avec leurs feuilles, mais qu'il est peu d'espèces qui supportent la pleine terre dans nos climats ; il faut ajouter que presque toutes ces plantes sont également remarquables par la singularité de leur port et la beauté, la grandeur, l'heureux contraste de leurs fleurs. Presque toutes ont les tiges et les feuilles glauques, et un grand nombre les a hérissées d'épines.

Les familles qui renferment la plupart des plantes grasses sont celles des *cierges*, des *joubarbes*, des *saxifrages*, des *portulacées* et des *ficoïdes*. Cependant quelques autres genres sont encore disséminés dans divers ordres de la classification naturelle.

CHAPITRE III.

VÉGÉTAUX LIGNEUX.

§ I. *Végétaux ligneux d'orangerie et de serre.*

Nous quittons ici les plantes herbacées pour parler des végétaux ligneux, c'est-à-dire de ceux dont les tiges et les rameaux forment bois. Cette section comprend les plantes à tiges ligneuses qui ne peuvent supporter nos hivers en pleine terre, et ne sont jamais cultivées qu'en vases ou en caisses. Leur nombre est déjà fort grand, et chaque jour les découvertes des voyageurs et les essais de naturalisation des agronomes l'accroissent encore ; aussi ne prétendons-nous pas faire connaître tous les genres et toutes les espèces qu'on peut cultiver dans les serres, et surtout dans les serres chaudes. Nous nous bornerons donc aux espèces les plus connues, les plus cultivées, les plus agréables, ou remarquables enfin par quelque qualité particulière.

Les lieux où l'on abrite les végétaux pendant la rigueur des froids sont tantôt des serres, dans lesquelles on maintient toujours la température au-dessus de 12 degrés, et où le jour pénètre facilement ; tantôt des orangeries, sortes de serres ayant une température moins élevée, et dont le seul but est d'abriter les végétaux pendant l'hiver. On n'y fait pas toujours du feu, et il ne faut pas que la chaleur s'y élève à plus de 7 degrés. Une orangerie, pour être bonne, doit, comme les serres, être exposée au midi et recevoir abondamment l'air et la lumière, les végétaux languissant et même périssant quand ils sont plongés dans l'obscurité et enveloppés d'un air étouffé.

Quand on cultive des plantes ligneuses en vases ou en caisses, il est un principe fondamental qu'il ne faut jamais perdre de vue : c'est qu'il est indispensable de suppléer par la qualité à la petite quantité d'aliments qu'on met à leur portée. Il est donc essentiel que la terre soit très-bonne, très-substantielle et analogue surtout à celle qui plaît le plus à la plante. Cette terre a besoin d'être fréquemment renouvelée et très-souvent arrosée. Une autre observation qu'il est également important de ne pas négliger, c'est d'avoir soin de couvrir d'une pierre les trous des vases ou des caisses ; sans cette précaution, ils se bouchent et empêchent l'écoulement de l'eau, qui pourrit les racines, ou bien ils laissent échapper la terre et former des excavations qui peuvent les dénuder et entraîner le dépérissement de la plante.

La multiplication des plantes de cette section se fait de toutes manières : mais on conçoit aisément que de jeunes plants exigent toujours de grands soins, et doivent être placés sur couches ou sous châssis. Les moyens artificiels de propagation sont bien précieux pour les végétaux, qui souvent ne donnent pas de graines, et qui, sans cela, seraient bientôt perdus pour nous. Beaucoup conservent toujours leur feuillage, végètent et fleurissent toute l'année ou seulement pendant l'époque où dans nos climats le froid ne permet à aucune plante de se montrer ; aussi n'y a-t-il rien de plus agréable, de plus varié, mais malheureusement de plus dispendieux qu'une belle serre bien disposée, bien entretenue. Il est vrai que lorsque la neige, les frimas et les tempêtes poursuivent de tous côtés les mortels ou les renferment dans leurs tristes demeures, l'horticulteur assez riche pour entretenir ainsi une de ces magnifiques serres, se trouvant environné de fleurs et de fruits de toute espèce, peut se croire à chaque instant transporté dans tous les pays du monde, à toutes les époques de l'année.

Cette section de plantes ligneuses se divise en deux grandes catégories qui renferment, l'une les végétaux qui se contentent de l'orangerie, et l'autre ceux qui réclament les serres, les uns étant toujours verts, et les autres perdant leur feuillage chaque année.

Parmi ces végétaux, enfin, il en est plusieurs qui sont

fort beaux, et cependant ne réclament pas de grands soins : il suffit de les abriter des gelées par un moyen quelconque. Nous devons les indiquer aux amateurs d'une manière spéciale. Ce sont : les *ajuecas*, les *mimosas*, la *morelle amomum*, les *diosma*, les *phylica*, les *myrthes*, les *malalenca*, les *métrosidéros*, les *fuchsies*, les *héliotropes*, les *géraniums*, les *lauriers*, les *lauriers-roses*, les *cuculyplus*, les *durata*, les *camélias*, les *carmentines*.

§ II. *Des végétaux ligneux.*

Nous entendons par végétaux ligneux tous ceux, tant indigènes qu'exotiques, qui supportent nos hivers en pleine terre, n'exigeant presque aucun soin pour leur culture, si ce n'est quelquefois pour leur première éducation, et qui véritablement naturalisés dans nos climats, y croissent avec vigueur, y offrent leur port naturel, y fructifient même, et, après avoir réclamé des précautions, des abris et des soins pendant leur jeunesse, peuvent être rangés parmi les végétaux rustiques en avançant en âge.

Le nombre des abrisseaux, arbustes et arbres qu'on cultive pour l'ornement des jardins naturels est assez considérable ; il se compose de tous les arbres de nos forêts, de la plupart des arbres à fruits et d'une multitude de végétaux naturalisés, dont la quantité s'est accrue chaque année par les découvertes des voyageurs et les essais des cultivateurs. Ces conquêtes immenses ont entièrement changé l'aspect de nos jardins en décuplant les végétaux de toute espèce qui étaient cultivés ; mais nous voyons bien peu de jardins en France posséder toutes les richesses réunies et disposées d'une manière avantageuse et pittoresque.

Ainsi que nous le disions tout à l'heure, un grand nombre de ces végétaux ligneux, qui, parvenus à un certain âge, paraissent rustiques, exigent cependant de grands soins dans leur jeunesse. En général, pour obtenir des individus d'une belle venue, même dans les espèces indigènes, quelques soins sont nécessaires. C'est l'objet des pépinières, dont nous avons parlé ailleurs ; mais, de plus, certains arbres exotiques exigent une terre légère, du terreau de feuilles ou de bruyère presque pur, quelquefois une place sur la couche ou sous le châssis ; d'autres ont même besoin d'être semés en pots, afin d'être rentrés dans l'orangerie tant que leurs tiges n'ont pas encore atteint une consistance capable de résister à la rigueur de nos froids. La plupart des arbres et arbustes destinés à former des plantations doivent donc être élevés en pépinière pour être transplantés ensuite à la place qui leur est assignée. Mais la réussite de quelques-uns est plus sûre quand le semis a été fait en place.

La plantation des arbres est une opération qui contribue essentiellement à leur venue; il est indispensable que le terrain soit bien défoncé et même amendé, s'il est possible, surtout dans les jardins paysagers, où il est important de conserver à l'arbre sa forme et son port naturel; on ne doit lui faire subir, en le plantant, presque aucun retranchement. Il faut donc, en général, planter les arbustes pendant leur jeunesse, puisque alors leur reprise est plus facile. Les arbres courbés et tordus ne doivent être employés que dans les lieux où leur courbure même produit un effet pittoresque; car ce n'est que par des moyens artificiels et des ébranchages qu'on parvient quelquefois à les redresser, et ces opérations influent toujours sur la forme des arbres d'une manière fâcheuse. Le même motif de conserver aux arbres leur forme naturelle défend toute taille, même d'élagage, dans les jardins paysagers; on doit seulement enlever le bois mort.

La multiplication de la plupart des arbres et arbustes se fait par le moyen de semis; mais un assez grand nombre se reproduit plus facilement de boutures, de rejets ou de marcottes; d'autres ne portent pas de fruits féconds ou sont des variétés que les graines laisseraient perdre, et alors ces moyens artificiels, ainsi que celui de la greffe, servent exclusivement à les conserver et à les propager.

Afin d'établir quelque ordre dans la classification des végétaux ligneux, nous les diviserons en cinq sections différentes, comprenant :

1° Les végétaux ligneux sarmenteux, grimpants et rampants;

2° Les végétaux ligneux de très-petite espèce, de 1 mètre à 1 mètre 30 cent.;

3° Les végétaux qui ne dépassent guère deux mètres de hauteur ;

4° Les arbrisseaux qui s'élèvent jusqu'à six et sept mètres ;

5° La dernière enfin, qui embrasse les arbres.

1° *Végétaux ligneux grimpants et rampants.* Ces

plantes ne sont réellement qu'accessoires dans les plantations, et, prises isolément, leur effet est à peu près nul,
tandis que, mariées avec d'autres, elles en augmentent infiniment l'agrément et la beauté. Ce sont, si l'on veut, des
décorations superflues, mais dont l'attrait n'est pas moins
puissant pour cela; ce sont enfin des draperies, des
franges, des guirlandes ajoutées à des rideaux, à des ten-
tures. Qui n'a pas admiré l'effet d'une belle plante grimpante sur un arbre placé isolément dont elle embrasse le
tronc, dont elle presse les rameaux, et de la cime duquel
elle retombe gracieusement en longs festons jusqu'à terre?
qui n'a pas été agréablement frappé des contrastes produits par le mélange des verdures, par les brillantes
couleurs des fleurs, par les formes légères et pittoresques
de ces végétaux?

On doit donc les répandre avec abondance, mais avec
discernement, dans les jardins paysagers, tant sur les
arbres qu'autour des fabriques, contre les murailles, sur
les rochers; dans tous ces lieux, leur effet est certain,
leur agrément général.

Les végétaux sarmenteux réclament quelques soins pour
en obtenir le résultat qu'on a lieu d'en attendre. Il ne
faut pas se contenter de les placer dans le lieu qui leur
est destiné, il faut encore les diriger et les soutenir pendant plusieurs années. Si c'est une plante grimpante unie
à un arbre, on la conduira jusqu'à ce qu'elle ait atteint les
premières branches; si elle est placée contre un mur, une
fabrique, des palissades, des treillages sont le plus souvent nécessaires.

On ne peut indiquer rien de général sur la culture des
végétaux sarmenteux, puisqu'il en est de toute nature
comme de tout climat. Cependant il est bon de remarquer
que la disposition des plantes grimpantes est une indication que leur multiplication doit se faire facilement par le
moyen des rejets, marcottes et boutures, et la pratique
confirme en effet cette induction de la théorie. Les principaux végétaux grimpants sont: le *cobéa*, le *maurandia*,
le *lyciet*, le *chèvrefeuille*, le *lierre*, les *clématites*, les *gre-
nadilles*, les *pervenches*.

2° *Arbustes*. Nous avons déjà dit que nous comprenions
dans cette section les végétaux ligneux qui ne dépassent
pas un mètre trente centimètres, et le plus souvent n'atteignent pas même cette élévation. Ce sont donc en réalité
plutôt des plantes ligneuses d'ornement, recherchées

pour leurs fleurs ou leur feuillage, que des végétaux propres à former des effets pittoresques dans les jardins; aussi sont-ils fréquemment cultivés dans les parterres et fort peu dans les grands jardins. On forme avec ces arbustes, qui pour la plupart exigent une culture spéciale, des planches ou des massifs de luxe. Le nombre des espèces cultivées tant en pleine terre qu'en orangerie est fort considérable. La plupart forment touffe ou buisson et exigent la culture de la terre de bruyère. Ceux même qui ne l'exigent pas s'en accommodent fort bien.

L'exposition du levant peu frappée des rayons du soleil est celle qui convient aux arbustes. On doit leur préparer un encaissement avec de la terre de bruyère et l'adosser à une palissade ayant cette exposition et formant abri, de manière que la chaleur y soit conservée sans y recevoir trop directement les rayons solaires. C'est ce qu'on obtient facilement en disposant cet emplacement vers le nord, le long d'une allée encaissée qui maintient la chaleur et fait jouir de tous les arbustes remarquables placés de chaque côté en amphithéâtre.

Les arbustes se multiplient en général de semis, de marcottes et de boutures, mais avec des soins pour toutes les espèces qui ne sont pas indigènes. Les jeunes plants doivent le plus souvent être élevés en pots ou sous châssis, même sous cloche pour les boutures, le moindre soleil menaçant leur frêle existence. Telle est la culture principale des *bruyères* et des *rosages* ou *rhododendrons*, des *hortensias*, etc.

3o *Sous-arbrisseaux*. Cette section comprend les végétaux ligneux de second rang, c'est-à-dire ceux qui, dans une plantation en amphithéâtre, où l'on veut jouir de l'aspect de tous les objets qui la composent, doivent être groupés au second plan, non d'une manière régulière et uniforme, mais d'après les règles du goût, qui doivent toujours présider aux décorations des jardins naturels. Les genres qui en font partie sont nombreux et presque tous recherchés pour l'ornement des jardins; ce sont des végétaux dont le but n'est pas seulement de produire des effets pittoresques, mais qui l'atteignent en partie, et de plus ont tout l'agrément des plantes à fleurs les plus brillantes. Ils ont encore l'avantage d'être d'une culture facile, telle qu'il convient dans un vaste terrain, et de n'exiger des soins extraordinaires que pour leur première éducation seulement. Ces arbrisseaux sont aussi d'un fréquent usage dans les parterres, où ils occupent le centre des corbeilles et des plates-bandes, et dans tous les jardins fleuristes.

Parmi les arbustes, les uns conservent leurs feuilles toute l'année, comme le *filaria*, la *sauge*, le *romarin* et les *arbousiers;* d'autres, au contraire, perdent leurs feuilles chaque année. Beaucoup sont des arbrisseaux très-remarquables ; voici les principaux : les *jasmins*, la *fontanésie*, le *troène*, le *ketmie* (althea), l'*épine-vinette*, les *rosiers*, la *spirée*, le *genét*, l'*ajonc*.

4° *Arbrisseaux.* Les arbrisseaux, étant plus élevés, occupent le troisième rang de plantations dans les jardins de peu d'étendue, et lorsqu'on a quelque point de vue à ménager ; on les emploie encore fréquemment à former des bosquets. Les uns ne sont recherchés que pour leur port ou leur feuillage, les autres pour leurs fleurs. La plupart, dans leur état naturel, forment touffe ou taillis ; mais il est facile de les diriger en haute tige. Ces végétaux ne dépassent pas vingt pieds d'élévation. Ce sont : l'*azédarach*, la *badiane*, le *buis*, le *houx*, le *lilas*, l'*aliboufier*, la *viorne*, les *camérisiers*, le *baguenaudier*, le *pistachier*, le *jujubier*, le *fusain*, le *séringa*.

5° *Arbres.* Cette section renferme les végétaux qui occupent les derniers rangs des plantations, à raison de leur haute stature et de leurs masses imposantes et à grands effets. Certaines espèces moins élevées, et la plupart des autres, contenues dans de certaines limites par des coupes réglées ou successives, servent, avec les arbrisseaux de la section précédente, à former les taillis et les bosquets. Abandonnés à eux-mêmes, il forment les bois, les forêts, les futaies, les groupes d'arbres, enfin toutes les plantations élevées. Ce sont eux qui doivent garnir tous les derniers plans dans les jardins de quelque étendue, et on les place aussi sur les premiers plans, tant pour faire fuir un aspect trop rapproché que pour donner à la scène un air plus sauvage ou plus agreste.

On peut partager les arbres en trois classes. Ceux de la première forment l'intermédiaire entre les arbrisseaux et les grands arbres, et sont de *moyenne élévation* ; ils peuvent trouver leur place dans les petits jardins. Ceux de la seconde sont les grands arbres tant indigènes qu'exotiques naturalisés ; on peut les appeler *forestiers* ; et la dernière renferme les arbres *résineux toujours verts*. Ceux-ci, à raison de leur nature et de la culture qu'ils exigent, forment pour ainsi dire une classe à part au dernier échelon du règne végétal.

Un assez grand nombre d'*arbres de moyenne grandeur* forment naturellement touffe ou buisson ; mais il est toujours facile de les conduire en hautes tiges. La plupart ne sont pas seulement agréables par leur port et leur feuillage, mais encore par leurs fleurs. Les principaux sont : le *sureau*, le *cornouiller*, les *pêchers*, *pruniers* et *cerisiers*, etc. ; les *sorbiers*, les *alisiers* et les *féviers*, etc. ; les *cythises*, les *sumacs* et les *noisetiers*.

Le nombre des *arbres de première grandeur à feuilles caduques* qu'on cultive dans nos climats est assez considérable ; parmi ceux qui ne conservent pas, du moins la plupart, leur feuillage vert pendant toute l'année, trente genres renfermant plus de trois cents espèces sont forestiers, très-rustiques et cultivés plus encore pour leur utilité que pour agrément ; quelques-uns cependant ne le sont que dans les jardins, mais souvent plus à cause de leur rareté qu'à cause de leur délicatesse ; tous, au reste, entrent avec honneur dans la composition des grandes plantations de toute nature, les uns étant indigènes et les autres parfaitement naturalisés. Ce sont : les *frênes*, les *plaqueminiers*, l'*érable*, les *marronniers*, les *magnoliers*, le *tilleul*, le *tulipier*, le *robinier*, le *virgilier*, les *saules*, les *bouleaux*, le *hêtre*, le *platane*, etc.

Les *arbres de première grandeur à feuilles persistantes* qu'on cultive dans nos climats appartiennent à la famille des *conifères*, et sont désignés sous le nom de *résineux*, parce qu'ils sécrètent un suc particulier, très-inflammable, appelé *résine*, d'un grand usage dans différents arts. Ces arbres, d'une grande utilité par l'excellence de leur bois, leur taille gigantesque, leur croissance souvent rapide, par les lieux qu'ils garnissent, sont aussi bien précieux dans les jardins paysagers de quelque étendue, à cause de leur verdure perpétuelle, de leurs masses touffues et imposantes, de leur port souvent pyramidal, toujours superbe et majestueux. C'est isolément ou en groupes, dans les prairies, sur les côtes, et surtout sur le penchant des collines et des montagnes, que leur effet est le plus pittoresque ; mais en général il faut employer avec discrétion ceux d'une grande élévation, à cause de leur caractère sombre et sauvage, à moins que la nature du terrain ne comporte ce caractère, tel, par exemple, celui qui est entrecoupé de vallons et de collines hérissés de rochers.

Les arbres verts résineux exigent une culture particulière, mais fort simple; cette différence avec les autres arbres provient de leur nature propre, et est en partie commune aux autres arbres toujours verts, mais non pas d'une manière aussi tranchée. Les arbres de la famille des *conifères*, tous résineux, exigent surtout impérieusement la conservation de leurs flèches, et craignent la moindre atteinte portée à leurs rameaux par la serpette. L'écoulement de là séve et de la résine, les difformités et les bourrelets, la cessation de la croissance verticale, sont les moindres inconvénients-qui puissent en résulter, car le plus souvent l'arbre languit pendant quelques années et meurt. Il est donc bien important d'abandonner la tige entière de ces arbres aux seuls soins de la nature, et de les placer en lieu aéré, afin que tous leurs rameaux puissent prendre un égal développement. Ces arbres ne fournissent jamais de rejets, se prêtent difficilement aux reproductions artificielles; aussi le moyen des semis est-il le seul en usage pour les multiplier. Il doit être fait en terre légère, et toujours en lieu ombragé avec peu d'humidité, lorsqu'il n'est pas fait en plant, ce qui ne peut se pratiquer que pour quelques espèces. Il est important de faire subir aux jeunes plants des transplantations annuelles jusqu'à la plantation. Dans tous les cas, ces changements de position, au lieu d'être opérés pendant la stagnation complète de la séve, doivent être exécutés au commencement de son plein développement, c'est-à-dire au printemps ou au milieu de l'été. Il est également essentiel de faire cette opération par un temps humide et promptement, le moindre hâle frappant souvent les racines à mort.

Tout ce que nous venons de dire de l'emploi et de la culture des arbres résineux s'applique à peu près à toutes les espèces; nous aurons donc fort peu de chose à en dire en décrivant les genres, qui sont au nombre de huit et renferment beaucoup d'espèces. Voici les principaux: les *ifs*, le *genévrier*, les *cyprès*, le *thuya*, le *pin*, le *sapin* et le *cèdre*.

ACACIE (mimosa). Ces arbrisseaux sont divisés en A. à feuilles simples et A. à feuilles composées. Ce sont des arbrisseaux délicats, dont on ne cultive en pleine terre, à exposition chaude, que les deux espèces suivantes: A. *à grappes* de Botany-Bay; fleurs jaunes, en tête, d'une odeur assez agréable; terre de bruyère mêlée de terre franche légère; multiplication par marcottes. A. *julibrizin* ou de Constantinople; fleur d'un blanc rosé, en panicule; terre légère; multiplication de graines sur couche et par greffe.

ACANTHE, *branc-ursine* (acanthus mollis, L.); viv.; remarquable par la beauté de son feuillage; fleurs roses; multiplication de graines et d'éclats; terre profonde; couverture l'hiver. On a imité les feuilles dans l'ornement du chapiteau de l'*ordre corinthien*.

ACHILLÉE *dorée* (achillea aurea, L.); viv.; feuilles découpées; juillet ou septembre; fleurs grandes, jaunes; terre un peu sèche; multiplication de graines et d'éclats. Variétés: d'*Egypte*, de *Hongrie*, *cotonneuse*, *feuilles de filipendule*, *millefeuille*, *sternutatoire visqueuse*. Même culture.

ACONIT (aconitum, L.), plante très-vénéneuse, mais superbe, viv.; fleurs imitant un casque; terre un peu sèche; multiplication de graines et d'éclats. Variétés: A. *tue-loup*; en août; fleurs jaunes à casque très-allongé. A. *anthora*; en août; fleurs grandes, jaunes, imitant le bonnet phrygien. A. *Napel*; en juin; fleurs grandes, bleues. A. *panaché*; en juillet et août; fleurs panachées de bleu et de blanc. A. *paniculé*; en août; fleurs d'un beau bleu.

ACTEA *des Alpes* (actea spicata, L.), du Caucase; viv.; en juillet et août; fleurs blanches; multiplication de graines ou d'éclats. Même culture pour l'A. *à grappes*.

ACORE *odorant* (acorus calamus, L.); viv.; en juillet; fleurs jaunâtres, en chaton. Terre marécageuse; multiplication par éclats. Les racines, très-odorantes, préservent les pelleteries des attaques des insectes.

ADIANTE *pédiaire* (adiantum pedatum, L.); viv.; de l'Amérique; septembre; multiplication par la division du pied. On cultive pour l'ornement, en serre chaude et à l'ombre, l'A. *cheveu de Vénus* et l'A. *pubescent*.

ADONIDE *d'été* (adonis æstivalis, L.); indig., ann.; juillet et août; fleurs d'un rouge vif, noirâtres au centre. Semis au printemps, en terre légère. Même culture pour les variétés: A. *d'automne*, plus petite; semis en automne; A. *de printemps*; viv.; fleurs jaunes, grandes; semis de graines aussitôt mûres, ou d'éclats au printemps.

ÆTHIONÈME *du Liban* (æthionema cordifolia, L.); viv.; mai et juin; fleurs d'un rose liliacé; terre légère; multiplication par éclats.

AGAPANTHE *ombellifère* (ægapanthus umbelliferus,

l'Her.); viv.; en juillet; magnifique ombelle de fleurs bleues. Exposition chaude, terre légère; bonne couverture l'hiver. Mieux en pot, et la rentrer dans l'orangerie ou un appartement. Multiplication par éclats.

AGÉRATE *bleu* (ageratum cœruleum, L.); viv.; en juillet et août; fleurs bleues; terre légère, chaude; semis sur couche en mars, ou en pleine terre en avril. Même culture pour les variétés A. *conysoïdes* et *odorata*.

AIL *moly* (allium moly, L.); viv.; en juin; ombelle de fleurs en étoile d'un jaune doré. Tout terrain; multiplication de caïeux. Même culture pour les variétés: A. *magique*; en mai et juin; fleurs lilas, odorantes. A. *blanc*; en mai; fleurs blanches. A. *à tête ronde*; en juillet; fleurs d'un pourpre foncé. A. *rose*; en juin; fleurs roses, linéées de rouge. A. *de Tartarie*; en juin; fleurs blanches, nervées de violet. A. *azuré*; de mai en août; fleurs d'un bleu d'azur. A. *jaune*; en juin; fleurs jaunes, pendantes, à pétales ovales.

AIRELLE *anguleuse* (vaccinium myrtilus, L.); viv.; en mai; fleurs en grelot, d'un rose pâle; fruit d'un bleu noirâtre, mangeable. Terre de bruyère ombragée; multiplication de marcottes ou de graines semées en terrine. Même culture pour les A. *oxicoccos*, à fleurs et fruits rouges; A. *uliginosum*, à fleurs blanches ou carnées.

AJONC *à fleurs doubles* (ulex europeus, L.). On cultive dans les jardins la variété à fleurs doubles de cet arbrisseau épineux. Au printemps, et souvent en automne, il se couvre de nombreuses fleurs jaunes doubles, ce qui est fort rare dans les légumineuses. Toute terre.

ALCÉE (alcea rosea, L.). L'un des genres qui fournit les plus belles plantes d'ornement pour les plates-bandes et pour les massifs. La plupart des espèces sont trisannuelles, et on les connaît vulgairement sous les noms de *roses trémières, bourdons, passe-roses,* etc. L'espèce la plus remarquable s'élève jusqu'à trois mètres. Les boutons sont gros et donnent naissance à de larges fleurs de couleurs très-variées, souvent mélangées, toujours du plus bel effet, surtout lorsqu'elles sont doubles. Les alcées ne fournissent ordinairement que la seconde année. On ne les multiplie que de semis, qu'il est mieux de faire sur couche, quoiqu'on puisse s'en dispenser. Il en est de même de la couverture d'hiver, qu'il est plus prudent de donner, surtout aux jeunes plants.

ALIBOUFIER (styrax officinale, L.); viv.; en juillet; fleurs blanches, imitant un peu celles de l'oranger. Terre légère, substantielle; multiplication de graines et marcottes. Même culture pour les variétés S. *lævigatum* et *grandifolium*.

ALISIER *torminal* (cratægus torminalis, L.); indig., de près de 7 mètres, à racines pivotantes; mai et juin; fleurs blanches, en corymbe; fruits rouges. Variétés : A. *de Fontainebleau*; fleurs blanches, en corymbe, ondoyantes; fruits orangés, mangeables. Terre franche, légère; multiplication de graines, de rejetons, de marcottes et par greffe sur l'aubépine. A. *blanc*; fruits d'un beau rouge. A. *alouchier*; fruits rouges. A. *amélanchier*; fleurs grandes, d'un blanc jaunâtre; fruits noirâtres. A. *glabre*; fleurs petites, blanches, lavées de rose. A. *buisson ardent*; feuilles persistantes; en automne; fruits petits, d'un rouge très-éclatant. Même culture, ainsi que pour les A. *spicata, nivea, arbutifolia, racemora*.

ALSTROÉMÈRE, *lis des Incas* (alstroemeria pelegrina, L.); viv.; de juin en octobre; fleurs blanches, tachées de pourpre et ponctuées de plus foncé. Terre légère; couverte l'hiver; multiplication par séparation de racines. A. *perroquet*; fleurs d'un rouge foncé, ponctuées de pourpre. Même culture.

ALYSSE SAXATILE, *corbeille d'or* (alyssum saxatile, L.); viv.; en mai; fleurs petites, jaunes, d'un joli effet. Terre un peu sèche; multiplication par éclats. Même culture pour les A. *creticum, alpestre, incanum*, etc.

AMARANTE *à queue* (amaranthus caudatus, L.). La diversité de la coloration de feuilles de cette plante en a fait multiplier les espèces, qui sont toujours fort agréables dans les parterres. Les feuilles, d'un vert foncé, tirent en général sur le rouge ou le brun. Nous ne distinguerons que deux espèces, dont la première est d'une taille assez élevée: l'A. *tricolore*, à feuilles panachées, ovales, grandes, et à fleurs en paquets; l'autre est l'A. *à fleurs en queue*, qui les a d'un rouge plus sanguin et disposées en grappes cylindriques, pendantes, d'où le nom de *discipline de religieuse*. Terre ordinaire, à bonne exposition; semis en mars et octobre.

AMARYLLIS (amaryllis lutea, L.). Ce genre renferme au moins 40 espèces, et un assez grand nembre est cultivé dans les jardins à cause de leur agréable odeur et de la beauté de leurs fleurs. Toutes ont de longues feuilles lancéolées, épaisses, partant de la racine, le plus souvent creusées en forme de gouttières.

Les principales espèces sont : l'A. *à fleurs roses*, dont la bulbe est fort grosse; la hampe s'élève à deux pieds et se termine par plusieurs fleurs d'un blanc rosé, grandes et odorantes, qui s'épanouissent vers la fin de l'été; l'A. *de Guernesey*, à fleurs rouges; l'A. *jaune*, très-petite, et dont on fait de très-jolies bordures, touffes ou corbeilles: ses fleurs, jaunes et solitaires, ne paraissent qu'en automne; l'A *Atamasco*, qui fleurit en mai, à fleurs blanches rosées.

Toutes ces espèces demeurent en pleine terre, avec une légère couverture l'hiver. Cependant il est mieux de les mettre en pots pour les rentrer. Ces plantes, dans leur pays indigène, croissant dans des lieux arides, ne doivent pas être placées dans un sol substantiel; une terre légère, de gravois ou sablonneuse, est la meilleure pour elles. Multiplication par caïeux, qu'on se procure en réservant les bulbes tous les trois ans. Beaucoup d'espèces cultivées exigent la serre; telles sont : l'A. *dorée de la Chine*, l'A. *rayée*, l'A. *de la reine*, l'A. *gigantesque*, l'A. *fleurs en croix*.

AMMOBE *ailé* (ammobium alatum, L.); viv.; fleurs jaunes, mêlées de blanc. Terre sèche, légère, couverte l'hiver; multiplication de graines et d'éclats.

AMORPHE, *faux indigo* (amorpha fruticosa, L.); lign.; en août; épi de fleurs papillonacées, violettes. Terre franche, légère, un peu sèche; multiplication de graines, boutures et marcottes. Même culture pour les A. *pumila* et *glabra*.

AMÉTHISTE *bleue* (amethistea cœrulea, L.); ann.; de juin en juillet; fleurs petites, d'un beau bleu. Terre franche, légère, fraîche à demi ombragée; multiplication de graines semées en place.

ANCOLIE *des jardins* (aquilegia vulgaris, L.), connue aussi dans quelques endroits sous le nom de *sceau de Notre-Dame, aiglantine, colombine*. C'est une des plantes les plus jolies et les plus cultivées pour l'ornement des plates-bandes. Ses feuilles, d'un vert foncé, sont trois fois divisées en trois parties; ses tiges velues s'élèvent jusqu'à 1 mètre 35 cent.; ses fleurs, disposées à l'extrémité des tiges, sont légèrement inclinées vers la terre. Leur couleur varie beaucoup, mais la plus ordinaire est la couleur de chair et le bleu violâtre. Les fleurs sont remarquables par leur singularité, les pétales ayant la forme de cornets recourbés à la pointe, qui s'ajustent l'un dans l'autre quand la fleur est double; de plus, le calice, coloré comme la corolle, ajoute à la complication de la fleur entière et augmente sa beauté. Les variétés sont : l'A. *agréable*, l'A. *du Canada*, l'A. *de Skinner*, l'A. *de Sibérie*, l'A. *glanduleuse*.

ANDROSACE *velue* (androsace villosa, L.); viv.; de juin en août; fleurs blanches, en ombelle. Terre légère; multiplication de graines semées en terrine ou d'éclats. Même culture pour les A. *lactea*, à fleurs blanches en dedans, jaunâtres en dehors; en juin; A. *carnea*. à fleurs rouges; en août; et les A. *obtusifolia* et *chamæjasme*.

ANDROSÈME *officinale* (androsemum officinale, L.); viv.; en été; fleurs jaunes. Terre fraîche; multiplication de graines et d'éclats.

ANDROMÈDE *du Maryland* (andromeda mariana, L.); viv. Genre nombreux qui demande la culture des bruyères et se multiplie de même, et, de plus, par la séparation des pieds, très-garnis de racines traçantes. Les fleurs de ces arbustes paraissent vers le milieu de l'été. Les principales espèces sont : A. *luisante, pulvérulente*, A. *à feuilles de cassiné*, A. *cotonneuse*, A. *marginée*, A. *en arbre*.

ANÉMONE (anemona hortensis, L.). On exige de anémones les mêmes qualités que pour les tulipes, c'est-à-dire l'absence de découpures et de pointes dans les pétales, la direction et la forme des tiges et des feuilles. Dans les anémones, il faut que les pétales extérieurs, nommés *manteau*, soient grands, bien arrondis, autant que possible de deux nuances, et contiennent comme dans une corbeille un pompon central, très-double, arrondi, de couleurs vives, formé de pétales intérieurs beaucoup plus petits que ceux du manteau. Pour avoir des graines, on réserve les pieds à fleurs simples les plus remarquables et des nuances les plus recherchées, c'est-à-dire des diverses sortes de bleu. Dans l'A. *des jardins* ou des *fleuristes*, que nous décrivons, les organes de la génération sont transformés en pétales; les véritables portent le nom de *manteau;* ceux qui remplacent les étamines sont appelés le *cordon*, et sont presque toujours différents de nuances et de formes avec ceux qui remplacent les ovaires, et que l'on a nommés les *béquillons*.

Le sol de la Hollande n'est pas aussi favorable aux anémones qu'aux jacinthes, parce qu'elles préfèrent une terre peu ferme; cependant les jardiniers de Harlem ont été longtemps en possession d'en fournir l'Europe, et c'est particulièrement de la Normandie qu'il les faisaient venir pour les exporter ensuite dans toute la France. Les anémones demandent une terre légère, substantielle ou sablonneuse, et mélangée à un terreau consommé. En mai et juin; fleurs simples ou doubles. de toutes nuances; multiplication de graines ou par la séparation des tubercules. Le semis se fait en terrine ou en pleine terre ; dans ce cas, on le couvre d'un léger lit de terreau avant les gelées. Lorsque le jeune plant est levé, on le garantit au moyen de paillassons que l'on étend dessus, mais soutenus par des bâtons à un pouce ou deux au-dessus de la terre, afin que l'air puisse circuler par-dessous. Toutes les fois que le temps est doux, on découvre le jeune plant. Au printemps, on donne des soins ordinaires à un semis délicat ; puis, lorsque les feuilles sont desséchées, on arrache les *pattes* ou tubercules, et on les traite comme les plantes faites. En mars et avril, on plante les anémones à quatre à six pouces les unes des autres, selon la grosseur des pattes, avec le soin de placer l'œil en haut, sans quoi elles ne fleuriraient pas. Celles que l'on plante à l'automne fleurissent mieux et plus tôt que les autres; mais si l'hiver est très-rigoureux, on risque d'en perdre beaucoup. Si on en possède beaucoup, on fera bien de n'en planter alternativement que la moitié, car les fleurs sont plus belles quand les pattes se sont reposées un an. Les principales variétés sont :

A. *hépatique ;* viv.; en février ou mars; fleurs bleues, blanches ou roses, simples ou doubles. Terre douce, fraiche, ombragée ; multiplication par éclats au printemps, et non en automne.

A. *œil de paon.* Même culture; en mai; fleurs grandes, à pétales nombreux, rouges à leur sommet, blanchâtres à la base, ou d'un cramoisi plus ou moins vif.

A. *à fleurs de narcisse.* En mai ; ombelle de six à huit fleurs blanches.

A. *en ombelle.* En mai ; ombelle de fleurs jaunes.

A. *à fleurs bleues.* En mars; fleurs bleues, à pétales nombreux et ouverts.

A. *renoncule.* En mars; fleurs petites, jaunes, à pétales nombreux et ouverts.

A. *pulsatille.* D'avril en juin ; fleur assez grande, d'un violet foncé.

. ANTHÉMIS *des teinturiers* (anthemis tinctoria, L.); viv.; de juin en novembre; fleurs grandes, jaunes. Terre franche, légère; multiplication de graines ou par éclats. Les variétés sont : A. *camomille romaine*; tiges couchées; propres aux bordures; de juin en août; fleurs blanches, doubles. A. *d'Arabie*; ann.; en juillet et septembre; fleurs orangées; multiplication de semis en mars.

ANTHYLLIDE *argentée* (anthyllis barba Jovis, L.); lign.; de mars en mai; fleurs jaunes, petites, en bouquets. Multiplication de graines semées en terrine, de boutures, de drageons et de marcottes; couverture l'hiver ou en orangerie. Les variétés sont : A. *vulnéraire*, viv.; de mai en juillet; fleurs blanches, jaunes ou rouges. Pleine terre; multiplication d'éclats. Les A. *cytisoïdes* et *hermania* se cultivent comme la première.

APOCYN *gobe-mouche* (apocynum androsæmifolium, L.); lign.; de juillet en septembre; fleurs petites, roses; terre légère, fraîche; multiplication de graines ou d'éclats. Même culture pour l'A. *maritimum*, à fleurs blanches ou rougeâtres.

ARALIE *épineuse* (aralia spinosa, L.); lign.; tige épineuse; de mars en septembre; fleurs blanches, odorantes. Terre fraîche, demi-ombre; multiplication de rejetons, de racines ou de semis abrité en orangerie le premier hiver. Même culture pour les A. *japonica, hispida, racemosa* et *nudicaulis*.

ARAUCARIA *imbriqué* (araucaria imbricata, L.). Très-bel arbre de la famille des conifères. On peut le risquer en pleine terre légère, avec une bonne couverture; mieux en orangerie.

ARBOUSIER *commun, arbre aux fraises* (arbutus unedo, L.); vivace; de septembre en janvier; fleurs blanches ou rouges; fruit ressemblant à une fraise, mangeable. Terre franche, légère, au nord-ouest; couverture l'hiver; multiplication de graines et de marcottes.

ARCTOSTAPHYLE, *raisin d'ours, busserole* (uva ursi, L.); des Alpes; en mai; fleurs blanches; fruits petits, d'un beau rouge. Même culture, mais terre de bruyère, au levant; multiplication de graines et de marcottes.

ARGÉMONE *à grandes feuilles* (argemone grandiflora, L.); ann.; tout l'été; fleurs blanches. Multiplication de graines semées sur place; terre légère et chaude. Même culture pour l'A. *mexicana*, à fleurs jaunes.

ARGOUSIER *rhamnoïde* (hippophæ rhamnoïdes, L.); viv.; en avril; fleurs très-petites, baies orangées. Terre légère; multiplication de graines, boutures et rejetons.

11°

L'H. *canadensis*, plus cotonneux, se cultive de même, mais en terre de bruyère.

ARISTOLOCHE *siphon* (aristolochia sipho); viv., grimpante; fleurs en forme de pipe, d'un rouge foncé. Terre légère, demi-ombragée; multiplication de graines et de marcottes incisées sur du bois de deux ans. Propre à couvrir les berceaux. Même culture pour l'A. *puber*, à fleurs jaunes.

ARISTOTÉLIE *maqui* (aristotelia maqui, L.); viv.; en mai; fleurs petites, blanches, en grappes; terre légère, substantielle, chaude; multiplication de graines, marcottes et boutures; couverture l'hiver.

ARMOISE *citronnelle* (artemisia abrotanum, L.). Cette espèce, la plus répandue, peut demeurer en pleine terre; mais toutes les autres sont d'orangerie. Celle-ci se distingue par sa forte odeur de citron, par ses ramifications nombreuse et formant une jolie touffe, enfin par ses feuilles divisées en filaments linéaires; elle fournit en août de petites fleurs jaunes divisées en grappes terminales.

Les espèces d'orangerie les plus dignes de remarque sont : l'A. *en arbre*, qui atteint cinq pieds d'élévation; l'A. *de Chine* et de *Judée*, de très-petite dimension; enfin l'A. *argentée*, à feuilles soyeuses et blanchâtres; elles ont également les fleurs jaunes et aromatiques.

ARUM, *gobe-mouche* (arum crinitum, L.); viv.; en mars; spathe grande, velue et violacée en dedans, tachée de vert en dehors; son odeur de chair corrompue attire les mouches, qui y restent prises. Multiplication de graines ou par ses bulbes; couverture l'hiver. Même culture pour l'A. *dracunculus*, à fleurs vertes à l'extérieur, d'un pourpre foncé à l'intérieur.

ASCLÉPIADE *à la ouate* (asclepias syriaca, L.); viv.; de juillet en août; fleurs rougeâtres, en ombelles; terre légère ou de bruyère; multiplication de graines aussitôt mûres, d'éclats ou de traçants. Même culture pour les A. *incarnata*; fleurs pourpre pâle, à odeur de vanille. A. *amœna*; en juillet et août: fleurs pourpres. A. *fruticosa*; lign.; de juin en septembre; fleurs blanches; orangerie ou bonne couverture l'hiver, ainsi que pour la suivante : A. *tuberosa*; lign.; de juillet en septembre; fleurs d'un rouge orangé.

ASPHODÈLE *jaune* (asphodelus luteus, L.); viv.; de mai en juillet; fleurs grandes, jaunes, en épis. Terre ordinaire ; multiplication de drageons ou d'éclats. Même culture pour l'A. *ramosus,* à fleurs blanches.

ASSIMINIER *de Virginie* (annona triloba, L.); lign.; en mai et juin ; fleurs d'un pourpre brun ; fruits mangeables. Terre légère, fraîche ; multiplication de racines soulevées ou de marcottes. Même culture pour les A. *grandiflora,* à fleurs beaucoup plus grandes, et A. *parviflora,* à fruits semblables à des prunes. Il est prudent de retirer ces deux derniers en orangerie.

ASTÈRE *reine-marguerite* (aster sinensis, L.); ann.; l'un des genres qui fournit le plus de plantes d'ornement. On les place surtout, dans les jardins, au milieu des corbeilles des grandes plates-bandes et sur les premiers plants des jardins paysagers, où elles font un fort bon effet. La plupart ne sont vivaces que pour les racines La forme de leurs fleurs, ainsi que l'indique leur nom tiré du grec, imite une étoile ou un petit soleil, c'est-à-dire que les fleurons sont nombreux, étroits et presque filiformes.

La plus commune a les rayons bleus, les fleurs portées sur des pédoncules garnies de feuilles, et qui ne dépassent pas un pied. L'A. *des Alpes,* à fleurs de même couleur, est encore moins élevée. L'A. *œil-de-Christ* offre la même couleur, mais atteint trois pieds. Ses touffes sont d'un bel effet. L'A. *à grandes fleurs* les a purpurines et solitaires au haut des tiges, les feuilles petites, la tige moyenne. L'A. *de la Nouvelle-Angleterre* et l'A. *géant* dépassent quelquefois six pieds; ce sont les plus élevés. Leurs fleurs, grandes et rassemblées, affectent ordinairement la couleur violette, mais passent quelquefois au pourpre. L'A. *à feuilles d'amandier* a les fleurs blanches, portées sur des tiges d'environ quatre pieds. L'A. *agréable* fournit presque toutes les fleurs en même temps, et ressemble alors à un bouquet; elles sont violettes. L'A. *soyeux* a les mêmes couleurs ; mais ses fleurs sont solitaires, et ses feuilles sont couvertes d'un duvet blanc. Cette espèce doit être rentrée en orangerie.

On connaît encore beaucoup d'autres astères. La plupart de ces plantes sont rustiques et se contentent de tout terrain ; cependant elles aiment une exposition chaude. On les multiplie très-aisément soit de boutures, soit en déchaussant et partageant leurs pieds, ce qui est même nécessaire de temps en temps.

ASTRAGALE *adragant* (astragalus tragacantha, L.); lign.; de mai en juillet; fleurs en épis. Terre sablonneuse; exposition chaude; multiplication de graines sur couches, et repiquer. A. *à queue de renard*, dont les fleurs nombreuses, jaunâtres, en épis au sommet des tiges, se discernent à peine au milieu du duvet laineux qui les recouvre de toutes parts. On cultive l'A. *bigarré*, à fleurs blanches, bigarrées de jaune, disposées en longs épis, et qui ressemblent un peu à un petit oiseau prenant son vol, ainsi que l'A. *axillaire*, dont les fleurs jaunes sont en bouquets disposés autour d'une tige basse.

On doit, pour plus de sûreté, les semer sur couche; mais on les reproduit plus promptement par le moyen des drageons ou de la séparation des pieds. Une terre sablonneuse et une exposition chaude leur conviennent. On ne rencontre que dans ces lieux celles qui croissent naturellement.

Astrance *à larges feuilles* (astrancia major, L.); viv.; en été; fleurs roses, à collerette blanche. Terre ordinaire; multiplication par éclats. Même culture pour les A. *minor*, A. *heterophylla*.

Athanasie *annuelle* (athanasia annua, L.); en juillet; fleurs jaunes. Semis en place au printemps.

Atragène *des Alpes* (atragena alpina, L.); lign., grimpant; en juin; fleurs d'un bleu clair. Terre légère; multiplication de graines aussitôt leur maturité, et de marcottes. Même culture, mais orangerie, pour les A. *cirrhosa*, *indica* et *sibirica*.

Atraphaxis *épineux* (atraphaxis spinosa, L.); lign. Fruit singulier, ressemblant à une fleur d'un blanc rosé. Exposition chaude et couverture l'hiver; multiplication de graines et boutures.

Aucuba *du Japon* (aucuba japonica, L.); lign. Feuilles marbrées de jaune, persistantes; en avril; fleurs peu apparentes. Terre franche, ombragée, mais sèche. Multiplication de marcottes et de boutures.

Aune verne (alnus communis, L.). Bel et grand arbre propre à la décoration du bord des eaux. Terre marécageuse; multiplication de rejetons et de boutures. Même culture pour les A. *laciniata*, *oblongata*, *incana*, *subrotunda*, *serrulata*, *maxima*, *cordifolia*.

Aylanthe, *vernis du Japon* (aylanthus glandulosa). Grand et bel arbre d'ornement, d'une croissance rapide. Terre franche et fraîche; multipl. de graines, boutures, racines et rejetons.

Azalée *nudiflore* (azalea nudiflora); lign. Au printemps;

fleurs blanches, roses, jaunes, rouges, etc., selon les variétés, au nombre de plus de cent. Plates-bandes de terre de bruyère; multiplication de marcottes et éclats, et de graines semées en terrine. Même culture pour les espèces: *laponica*, *procumbens*, *pontica*, *viscosa*, *periclymena*, *canescens*, et leurs variétés. On cultive en serre tempérée les A. *indica*, *formosa* et *rosmarinifolia*.

AZÉDARACH *bipinné* (melia azedarach , L.); lign. En juin et juillet; fleurs d'un rose vif, odorantes. Terre légère et chaude; multiplication de graines en terrine sur couche. Abriter le jeune plant en orangerie pendant deux ans.

BADIANE (illicium anisatum, L.). Arbrisseau charmant pour la décoration des jardins. On en cultive trois espèces qui demandent une bonne exposition et à être abritées pendant les grands froids. De plus, les deux dernières espèces ne prospèrent que dans la terre de bruyère; on les multiplie de marcottes qui reprennent difficilement et rarement la première année. La B. dite *anis étoilé* des Indes est un arbrisseau d'environ douze pieds, très-rameux et très-aromatique. Ses fleurs sont jaunes; les fruits, en forme d'étoile, ne mûrissent pas dans nos climats. La B. *à petites fleurs* lui ressemble beaucoup, mais est plus petite. La B. *de la Floride* est encore moins élevée; elle forme des buissons à quatre ou cinq pieds de hauteur; les fleurs sont rouges.

BAGUENAUDIER *commun* (colutea arborescens, L.); lign.; arbrisseau très-répandu dans les jardins et les bosquets. L'espèce commune croît partout sans soins; les graines sont contenues dans une espèce de vessie que l'on fait claquer en expulsant l'air par une pression subite, d'où l'étymologie du mot *baguenauder*. Les feuilles, très-composées, sont glauques; fleurs jaunes, en grappe, se succédant comme les fruits pendant tout l'été.

Le B. *d'Alep*, dit *colutier*, porte ses rameaux plus droits; il ne dépasse guère six pieds. Le B. du *Levant* ne vit que trois ans; il a la même taille et les fleurs rouges. Enfin le B. *d'Ethiopie*, plus petit, a la même durée en orangerie, mais est annuel en pleine terre; ses fleurs sont rouges.

La première espèce, très-rustique, se multiplie fort aisément de graines ou de rejetons; mais les autres doivent être semées sur couche placée à bonne exposition.

BALISIER, *canne d'Inde* (cannacorus, canna indica, L.);

viv., beau feuillage; en été; fleurs écarlates , fort belles. Terre douce , chaude , substantielle; arrosements abondants en été. Multiplication par la séparation des tubercules , qu'on relève en automne pour les replanter au printemps. Même culture pour les espèces *gigantea* et *edulis.*

BALSAMINE *des jardins* (impatiens balsamina, L.); ann. La B. est assurément une des plus jolies fleurs du jardin fleuriste ; elle ressemble à un petit arbre : sa tige est grosse et se divise en nombreux rameaux ; ses feuilles sont longues, étroites, pointues et finement dentelées. Les fleurs , qui doublent quelquefois , sont portées sur un court pédoncule ; elles sont grandes, nombreuses, imitent le capuchon et sont terminées par une pointe recourbée nommée *éperon.* Leurs couleurs varient beaucoup, et le plus souvent elles sont panachées; les graines sont renfermées dans des capsules à valves élastiques qui se contractent dès qu'on les touche ou lors de la sécheresse. Les balsamines aiment une terre légère, bien fumée, et sont sensibles à la moindre gelée. Les deux principales variétés sont la B. *glandulifera*, à fleurs violacées, et la *tricornis* , à fleurs jaunes.

BALSAMITE *odorante* (balsamita suaveolens, L.); viv. En août ; fleurs jaunes ; terre ordinaire , exposition aérée; multipl. de drageons.

BARKHAUSIE *rouge* (barkhausia rubra , L.) ; ann. De juin en novembre; fleurs roses. Terre légère; semis au printemps.

BELLADONE (amaryllis belladona). Oignon allongé et gros comme le poing ; viv. Terre franche , légère, mêlée d'un peu de plâtre. Fleurit mieux en pleine terre qu'en pot , mais à bonne exposition; couvrir de litière ou d'un châssis pendant l'hiver ; tous les trois ou quatre ans, terre nouvelle et séparation des caïeux qu'on replante de suite.

BELLE-DE-NUIT *ordinaire* (mirabilis jalappa, L.); viv. De juin en septembre ; fleurs blanches, rouges , jaunes ou panachées, ne s'ouvrant que la nuit. Terre légère et substantielle. Multipl. de graines et par ses tubercules levés en automne et replantés au printemps. On distingue l'espèce à *fleurs longues* , dont le tube de l'entonnoir sort beaucoup du calice, et l'*ordinaire,* qui fournit une multitude de fleurs pendant l'été.

BÉNOITE *écarlate* (geum coccineum , L.); viv. Tout l'été; fleurs d'un rouge vif. Tout terrain. Multipl. de graines sur couche ou d'éclats. Même culture pour les G. *virginianum*, à fleurs blanches ; G. *potentilloïdes*, à fleurs jaunes.

Bermudienne *à petites fleurs* (sisyrynchium bermudiana , L.); viv. En juin et juillet; fleurs blanches ou bleues. Terre franche, légère, un peu humide; couverture l'hiver. Multipl. de graines et d'éclats.

Bétoine *à grandes fleurs* (betonica grandiflora , L.); viv. Fleurs très-grandes, roses, verticillées. Terre franche, légère, demi-ombre; multipl. de graines ou d'éclats en automne. Même culture pour les B. *hirsuta* , à fleurs d'un rouge foncé; B. *alopecuros*, à fleurs jaunes ; B. *orientalis*, d'un pourpre pâle.

Bignonne *de Virginie* (bignonia radicans , L.); lign., grimpant. En août et septembre; fleurs longues, tubuleuses, d'un rouge de cinabre. Terre franche , légère, exposition chaude; multipl. de drageons, d'éclats et de boutures avec du bois de 2 ans. Même culture pour les B. *capreolata*, à fleurs pourpres à la base, d'un jaune oranger au sommet ; B. *grandiflora*, à fleurs safranées.

B. *catalpa*, bel arbre à feuilles très-grandes. En août; belles fleurs blanches, ponctuées de pourpre. Terre franche, légère. Même multiplication.

Bocconier *à feuilles cordiformes* (bocconia cordata, L.); lign. En juillet; fleurs blanches, en panicule. Tout terrain; couverture l'hiver; multiplication de graines et d'éclats.

Boltone *à feuilles d'aster* (boltonia asteroïdes , L.); viv. D'août en octobre ; fleurs blanches , à disque jaune. Multipl. par graines ou par éclats. Même culture pour la B. *glastifolia*.

Bonduc, *chicot du Canada* (gymnocladus canadensis, L.). Bel arbre à bois rose. En juin ; fleurs blanches. Terre fraîche, légère ; multipl. de rejetons et marcottes.

Bouleau *commun* (betula alba, L.). Bel arbre à écorce blanche et fleurs en chaton. Variétés à rameaux pendants. Terre fraîche ; multipl. de graines, rejetons, marcottes et boutures.

Broualle *violette bleue* (browallia alata , L.); ann.; de juillet à septembre; fleurs d'un bleu lilas, à tube jaune. Terre légère, substantielle , au midi ; multipl. de graines sur couche, et repiquer en place. Même culture pour le B. *demissa* à fleurs d'un violet bleuâtre.

Bragalou *de Montpellier* (aphyllanthes monspeliensis,

L.); viv. En été; fleurs bleues en tête. Terre de bruyère, avec couverture l'hiver; multiplication de graines et d'éclats.

BROUSSONETIER, *mûrier à papier* (broussonetia papyrifera, L.); lign. Beau feuillage; fruits pendants, mangeables. Tout terrain; multiplication de graines et marcottes.

BRUNELLE *à grandes fleurs* (brunella grandiflora, L.); viv. En juillet; fleurs blanches ou roses, en épis. Terre légère; multipl. de graines et d'éclats.

BUDLÈGR *globuleuse* (budleja globosa, L.); lign. En juin; fleurs jaunes, en boule, aromatiques. Mult. de semis sur couche, de marcottes et de boutures; terre légère; couverture l'hiver ou en orangerie.

BUGLOSSE *de Virginie* (anchusa virginica, L.); viv. En été; fleurs jaunes. Terre de bruyère, à bonne exposition; multipl. de graines et de drageons.

BUGRANE *à feuilles rondes* (ononis rotundifolia, L.); viv. En juillet; fleurs jaunes rayées de rouge. Multipl. de graines et d'éclats; bonne exposition. Même culture pour l'O. *fruticosa*, à fleurs roses.

BUIS *toujours vert* (buxus sempervirens, L.); lign. La grande espèce grandit si lentement, qu'elle est généralement bannie des jardins. Son grand avantage est de se prêter à toutes les formes, en supportant toutes les tailles; son bois est extrêmement dur, souvent bien veiné, et recherché pour les ouvrages de tour.

Le B. *de Mahon* ressemble beaucoup à la grande espèce, mais a les feuilles plus grandes, les fleurs de couleur jaune et odorantes, de peu d'apparence. Il exige une bonne exposition et une couverture l'hiver.

Le B. *nain* est l'espèce la plus répandue dans les jardins. On l'emploie partout à faire des bordures toujours bien alignées, d'un joli vert, soutenant bien les terres. C'est une des plantes les plus agréables en bordures; mais il faut les relever de temps en temps pour dégarnir les pieds qui fournissent de trop grosses touffes. Cela sert en même temps à les multiplier.

Au reste, tous les buis se reproduisent de graines dans les terres légères. Elles ne lèvent pas la première année. Quant aux variétés, on doit les multiplier de greffes, boutures ou marcottes, pour lesquelles il faut employer les opérations les plus compliquées, la dureté du bois rendant leur reprise très-difficile.

Buphthalme *à feuilles en cœur* (buphthalmum cordifolium, L.); viv. De juin en octobre; fleurs jaunes, radiées; terre ordinaire, au midi; multipl. de graines et d'éclats. Même culture pour le B. *grandiflorum*.

Buplèvre, *oreille de lièvre* (buplevrum fruticosum, L.): lign. Feuilles persistantes; en juillet et en août; fleurs jaunes; terre un peu humide; multipl. de graines et marcottes.

Butome *en ombelle* (butomus umbellatus, L.); viv. En juillet; fleurs roses, en ombelle. Variété à feuilles panachées. Terre marécageuse; multipl. d'éclats.

Cacalie *odorante* (cacalia suaveolens, L.); viv. De juillet en septembre; fleurs blanches, odorantes; terre fraîche, au midi; multipl. de graines et d'éclats. C. *sagittée*; ann.; de juillet en septembre; fleurs d'un rouge orangé; semis sur place en avril.

Calamagrostis, *roseau panaché* (calamagrostis lanceolata, L.); viv. Feuilles graminées, rayées de jaune pâle; terre ordinaire; multipl. par éclats.

Calandrine *en ombelle* (calendrina umbellata, L.); ann. Tout l'été; fleurs d'un beau rose violet; terre légère; semis au printemps. Même culture pour le C. *speciosa*.

Calycanthe *de la Caroline* (calycanthus floridus, L.); lign. De mai en août; fleurs d'un rouge foncé, à odeur très-agréable; terre légère ou de bruyère, mi-soleil; multipl. de rejetons ou marcottes incisées. Même culture pour les C. *glaucus* et *lævigatus*.

Campanule *pyramidale* (campanula pyramidalis, L.); bisann. Ce genre renferme beaucoup de plantes fort propres à la décoration des jardins par leurs tiges pyramidales et surtout leurs jolies fleurs, le plus souvent bleues et en forme de cloches. Les espèces indigènes sont : la C. dite *miroir de Vénus* ou *doucette*, à tige basse et étalée, à fleurs violettes; la C. dite *gant de Notre-Dame*, plus élevée, et dont la tige et les feuilles sont velues, les fleurs bleues ou blanches. De ces espèces on ne cultive que les variétés à fleurs doubles.

Les espèces les plus cultivées dans les jardins sont d'abord la C. *des jardins*, dite *à fleurs de pêcher*; elle donne, au commencement de l'été et de l'automne, de grandes fleurs bleues ou blanches, disposées le long des tiges, et qui s'épanouissent successivement, à commencer par les plus basses. La variété à fleurs doubles, presque la seule recherchée, donne des fleurs qui ont l'aspect de petites roses. Cette espèce conserve souvent ses racines vivaces.

La C. *à grosses fleurs*, dite *gobelet de Chine*, se distingue par ses tiges et ses feuilles velues, et surtout par ses grandes fleurs bleues, violettes ou blanches, de la forme d'un gobelet, et faisant le plus bel effet.

La C. *pyramidale* s'élève souvent jusqu'à la hauteur d'homme. Elle fournit, pendant presque tout l'été, de grandes fleurs de la même couleur que les précédentes, disposées en bouquet sur le côté des tiges.

Toutes ces plantes se reproduisent très-facilement de graines ; souvent même on n'a pas besoin de les semer. Il faut avoir soin de ne pas enterrer les graines ou de les couvrir à peine, et d'arroser aussitôt après le semis ; l'exposition du soleil leur convient.

On cultive encore quelques espèces vivaces; ce sont : la C. *dorée*, à fleurs jaunes; la C. *à larges feuilles*, dont les fleurs sont blanches et en épis; la C. *à feuilles rondes*, fort petite, dont les feuilles, qui forment touffe à son pied, sont arrondies, celles du milieu des tiges en cœur, et celles du sommet lancéolées; la C. *à feuilles en cœur*, originaire des Alpes et vivace, dont la tige basse et les rameaux filiformes se terminent en juin par de jolies fleurs solitaires et d'un beau bleu ; la C. *à fruits soyeux*, à tige haute de trois à quatre pieds, se terminant en été par un très-bel épi de grandes fleurs droites et bleues.

Pour la multipl. de ces espèces, on peut employer le mode de séparation des racines comme aux plantes vivaces.

Caragana *arborescent* (caragana arborescens, L.); lign. En mai ; fleurs jaunes. Terre légère, un peu fraîche ; multipl. de graines, de rejetons, ou par la greffe. Il sert aussi de sujet pour recevoir la greffe des C. *frutescens*, à fleurs jaunes ; C. *argentea*, à fleurs roses ; C. *altagana*, à fleurs jaunes ; enfin les espèces ou variétés féroce, barbu, de la Chine, pygmée.

Cardamine *des prés* (cardamine pratensis, L.); viv. En mai; fleurs purpurines ou blanches, doubles. Terre humide; multipl. de graines ou d'éclats.

Caroubier *à silique* (ceratonia siliqua, L.); viv. En août; fleurs d'un pourpre foncé, silique longue d'un pied. Exposition chaude, terre à oranger; mult. de graines; couverture l'hiver, mieux orangerie.

Carthame *des teinturiers* (carthamus tinctorius, L.); ann. De juin en août; fleurs jaunes. Terre substantielle; multipl. de graines sur couche.

Cèdre *du Liban* (pinus cedrus, L.). C'est un des plus beaux arbres connus, tant à cause de son élévation et de la hauteur de ses branches, qu'à cause de son port majestueux. C'est aussi un de ceux qui fournissent le meilleur bois. Cet arbre demande un sol sablonneux et pierreux; il craint les gelées dans sa jeunesse. Ses rameaux ont constamment une direction horizontale, et sont placés par étage. Ils sont garnis de nombreuses feuilles assez semblables à celles des mélèzes, mais d'un vert plus foncé; ses cônes sont fort gros, ressemblent à ceux des pins, et sont constamment dirigés vers le ciel. Le cèdre ne produit tout son effet dans les scènes de paysage que lorsqu'il est placé isolément et mis en évidence.

Célastre, *bourreau des arbres* (celastrus scandens, L.); lign., s'enroulant autour des autres arbres, qu'il étouffe. Terre fraîche; multipl. de graines aussitôt mûres.

Célosie *à crête* (celosia cristata, L.); ann. Fleurs petites, réunies en crête rouge, violette ou jaune. Terre franche, légère. Semis sur couche en mars; repiquer en place en mai.

Celsie *lancéolée* (celsia lanceolata, L.); viv. En mai et juin; fleurs jaunes, tachées de pourpre. Terre légère; couverture l'hiver; multipl. de graines et drageons.

Centaurée *odorante, barbeau jaune, ambrette jaune, fleur du grand-seigneur* (centaurea amberboï, Lam.); ann. De juillet en octobre; fleurs grosses, d'un beau jaune, odorantes, semblables au bluet. Terre franche, légère, plein soleil. En février, semer sur place ou sur couche pour repiquer, ou dès l'automne, en couvrant avec une cloche et de la litière par-dessus pendant l'hiver.

C. *bluet, barbeau, casse-lunette* (C. Cyanus, L.); indig.; ann. Tous terrains. Variétés de toutes couleurs, excepté le jaune. La C. *de Pressa*, originaire du Caucase, est un bluet annuel beaucoup plus beau.

C. *d'Amérique;* ann. Feuilles oblongues, lancéolées, nues, ponctuées. En août, septembre. Fleurs terminales bleu lilas. Plante magnifique.

C. *musquée, barbeau musqué.* De juin en septembre; fleurs blanches, violettes ou légèrement purpurines; odeur de musc.

C. *du Nil ;* ann. De juin en août ; fleurs belles, grandes, blanches en dedans, purpurines en dehors.

C. *de Raguse ;* lign. Feuilles lyrées, fleurs jaunes ; multipl. de graines et d'éclats.

C. *blanche ;* viv. Belle plante, curieuse par son feuillage et ses grandes fleurs jaunes ; orangerie et pleine terre l'été.

CÉPHALANTHE *d'Occident* (cephalanthus occidentalis, L.) ; viv. En été ; petites fleurs blanches en tête. Terre de bruyère, à l'ombre ; multipl. de graines et de marcottes.

CERISIER (ceratus). Il y a un grand nombre d'espèces de cerisiers qu'on ne cultive que pour l'agrément. Leur culture, néanmoins, est la même que celle des espèces fruitières.

C. *à fleurs doubles.* Variété due à la culture qu'on reproduit par la greffe.

C. dit *Mahaleb* ou *bois de Ste-Lucie* forme à volonté des arbres ou des arbrisseaux et des buissons, de même que le suivant, et produit l'effet le plus agréable, tant par ses rameaux mouchetés, ses petites feuilles entières, luisantes, d'un beau vert foncé, que ses fleurs blanches, très-odorantes, remplacées par de nombreux fruits noirs.

C. ou *mérisier à grappes*, dit aussi *putiet*, arbre charmant dans les bosquets. Il a les feuilles assez grandes, d'un vert tendre, les fleurs nombreuses, blanches, disposées en grappes, d'une odeur agréable.

C. *nain*, dit *ragoumiuier*, arbuste qui ne dépasse pas cinq pieds, et fournit des rameaux faibles, étalés et presque horizontaux. Son fruit est noir.

C. *de Virginie*, très-grand arbre à rameaux rougeâtres mouchetés de blanc, à fruits presque noirs.

C. *laurier*, dit *laurier-amande*, très-joli arbuste toujours vert, qui forme les plus jolis bosquets qu'on puisse voir. Ses tiges et ses rameaux sont forts, ses feuilles très-grandes, lisses, entières, luisantes, d'un vert jaunâtre ; les fleurs, en grappes et blanches, sont remplacées par de petites cerises noires ; les jeunes pousses gèlent quelquefois.

C. *de Portugal*, dit *azarero*, à rameaux rougeâtres et à feuilles dentées, persistantes, du reste semblables aux précédentes.

C. *du Mississipi* est un arbre à rameaux rougeâtres et à feuilles dentées, persistantes, luisantes, à fruits ayant une petite pointe.

Tous ces arbres et ces arbustes sont précieux dans les jardins potagers, où on peut les mettre en pleine terre à peu près à toute exposition, excepté peut-être les trois derniers, qui demandent un peu plus de chaleur. On les multiplie très-facilement en semant leurs noyaux, ainsi que de drageons, marcottes ou greffes. Les graines de la plupart ne lèvent que la seconde année.

CESTREAU *Parqui* (cestrum Parqui, L.); lign. En avril; panicule de fleurs jaunâtres, très-odorantes la nuit. Terre légère, chaude; multipl. de marcottes et de boutures; couverture l'hiver.

CHALEF, *olivier de Bohême* (elæagnus angustifolia, L.), lign. En juin et juillet; fleurs petites, jaunâtres, très-odoriférantes. Terre sablonneuse et chaude; multipl. de graines, boutures et marcottes.

CHARME ou *charmille* (carpinus betula, L.); lign. Très-propre à faire des palissades; multiplic. de graines.

CHELIDOINE *glaucienne* (chelidonium glaucium, L.); ann. En juin et juillet; fleurs jaunes. Semis au printemps.

CHÊNE (quercus); lign. On ne cultive guère dans les grands jardins que les espèces *rubra*, *nigra*, *castanea*, *bicolor*, *phellos*, *illex*, etc. Multipl. de glands stratifiés mis en place au printemps.

CHÈVREFEUILLE *des jardins* (lonicera caprifolium, L.); lign. L'un des genres qui fournissent les arbustes sarmenteux et grimpants les plus agréables par la légèreté de leurs rameaux, la belle verdure de leur feuillage, l'élégance et l'agréable odeur de leurs bouquets de fleurs. On en cultive plusieurs espèces.

Le C. *des bois*, à rameaux velus, à feuilles ovales, entières, cotonneuses en dessous; à fleurs d'un blanc jaunâtre, remplacées par des baies comme dans toutes les espèces.

Le C. *des jardins*, qui au premier abord lui ressemble complétement, en diffère par ses rameaux non velus, les feuilles supérieures des rameaux réunies à la base deux à deux; les fleurs offrent les variétés de couleurs blanche, jaune et rouge. Cette dernière a l'avantage de conserver ses feuilles pendant l'hiver.

Le C. *de Virginie* est également toujours vert. Il diffère peu du précédent; mais ses fleurs sont inodores, jaunes en dedans, d'un beau rouge en dehors.

On connaît encore le C. *a bractées*, le C. *d'Italie*, le C. *de Minorque*, et quelques autres espèces qui se lient entre elles et avec les précédentes par des variétés, en sorte qu'il règne dans ce genre beaucoup de confusion. Tous aiment une terre légère, un peu ombragée, et se multiplient de marcottes et d'éclats.

Chionanthe *de Virginie* (chionanthus virginica, L.); lign. En juin ; fleurs blanches, en grappes. Terre humide, demi-ombragée; multipl. de graines stratifiées, ou par la greffe sur le frêne.

Chrysanthème *des jardins* (chrysanthemum coronarium, L.); ann.; de juillet en septembre; fleurs solitaires, simples ou doubles, blanches ou jaunes. Tous terrains. Les principales variétés sont : C. *carinatum*; feuilles bi-pinnatifides, charnues, à odeur de géranium. De juillet en septembre; fleurs grandes, à disque brun, à rayons blancs, mais jaunes à leur base. Semer en pots, sur couche, pour repiquer.

C. *tardif*; viv.; grosses et nombreuses fleurs blanches; multipl. de graines et d'éclats.

C. *rose* du Caucase; viv.; feuilles finement découpées, et fleurs très-roses; multipl. de graines au printemps, et d'éclats en automne.

C. *corné*; viv., du Caucase: feuilles découpées; en mai et juin : fleurs rose pâle.

C. *frutescent* des Canaries; fleurs à rayons blancs, portées sur de longs pédoncules se succédant une grande partie de l'année. Multipl. de boutures et de semis au printemps, sur couche et sous cloche, ou de boutures pendant tout l'été, en plein air et à l'ombre. Terre fraîche et légère. Rentrer dans l'orangerie, car il continue de fleurir tout l'hiver.

Chrysocome *à feuilles de lin* (chrysocoma linosyris, L.); lign.; d'août en octobre; fleurs jaunes. Mult. de graines et d'éclats.

Ciste *à feuilles de laurier* (cistus laurifolius, L.); lign.; de juin en juillet; fleurs grandes, blanches. Terre sèche, substantielle; couverture l'hiver, ou mieux orangerie. Multipl. de semis sur couche, de boutures en été, et de marcottes difficiles à la reprise. Même culture pour les C. *populifolius*, *ladaniflorus*, *purpureus*, *halimifolius*, *symphytifolius*.

Clarkie *à pétales découpés* (clarkia pulchella, L.); ann. Tout l'été; fleurs roses. Semis au printemps. Même culture pour le C. *elegans*.

Clavalier *à feuilles de frêne* (zanthoxylum fraxinifolium); lign., épineux ; en mars et avril ; fleurs peu apparentes, gousses rouges, odorantes. Terre ordinaire, à demi-ombre. Multipl. de graines et rejetons.

CLAYTONE *de Virginie* (claytonia virginica, L.); viv.; de mars en mai; fleurs blanches, rayées de rouge. Multipl. de graines aussitôt mûres, ou par éclats des pieds en automne. Même culture pour la C. *sibirica*.

CLÉMATITE *à grandes fleurs* (clematis florida, L.). Ce genre renferme un assez grand nombre de plantes grimpantes, à rameaux demi-ligneux, d'une végétation rapide, la plupart fort propres à décorer les jardins. Les espèces les plus cultivées sont sarmenteuses, ont les feuilles composées et les fleurs en grappes ; ce sont :

La C. *des haies*, très-commune partout, à feuilles composées de pétioles en cœur, dentées, d'un vert tendre, à longs pétioles faisant l'office de vrilles : les fleurs sont blanches, à pétales très-étroits, remplacées par des semences à longue queue soyeuse, formant par leur réunion de singuliers panaches.

La C. *odorante* ressemble à la première, mais s'élève moins, a les feuilles doublement composées de folioles étroites d'un vert foncé, les fleurs très-odorantes.

La C. *bleue*, à feuilles très-composées, à grandes fleurs d'un beau violet, à pétales assez larges ; sa variété à fleurs doubles est des plus belles. La couleur des fleurs offre aussi des variétés.

Les C. *de Virginie*, à grandes fleurs, *à vrilles*, ont les feuilles persistantes, mais sont assez délicates ; il faut au moins couvrir leurs racines pendant l'hiver.

CLÉOME *piquant, mosambé* (cleome pungens, L.); ann. En juin et juillet; fleurs violacées. Semis sur couche en mars; repiquer en mai.

CLÉONIE *de Portugal* (cleonia lusitanica, L.); ann. En été; fleurs violettes tachées de blanc. Terre légère, chaude; multip. de graines sur couche.

CLÉTHRA *à feuilles d'aune* (clethra alnifolia, L.); lign. En août; fleurs petites, blanches, odorantes. Terre de bruyère ombragée : multipl. de graines, d'éclats et de marcottes. Même culture pour les C. *acuminata, tomentosa, paniculata*.

COBÉE (cobœa scandens, L.). L'on n'en connaît qu'une espèce, l'une des plus belles plantes grimpantes qu'on puisse cultiver. Sa végétation est prodigieuse, surtout lorsqu'elle est resserrée dans de petits vases, mais arrosée fréquemment. On peut dire sans exagération qu'elle croît à vue d'œil. Il est difficile de la conserver loin de l'orangerie; mais elle atteint son développement dans le courant de l'été; ainsi, on peut la cultiver au dehors annuellement. Ses tiges sont très-flexibles, garnies de plusieurs rameaux et de vrilles que fournissent les pétioles des feuilles. Celles-ci sont composées de folioles ovales, partant d'un même point, d'un beau vert; les fleurs, portées sur de longs pédoncules, sont violettes, et ont la forme d'un vase élégant, à limbe divisé en cinq parties.

COGNASSIER *du Japon* (cydonia japonica, L.); lign. En avril et mai; fleurs très-grandes, d'un rouge foncé. Variétés à fleurs blanches. Cognassier de la Chine. Culture du cognassier ordinaire.

COLCHIQUE *d'automne* (colchicum autumnale, L.); viv.; vulgairement *safran des prés, naïve des prés, tue-chien.* Ces plantes ont une bulbe annuelle, aplatie d'un côté, enterrée profondément, et donnant naissance à une nouvelle bulbe placée à côté de la première, toujours dans le même sens. Cette bulbe fournit au printemps des feuilles radicales, entières, engaînantes, d'un beau vert, qui périssent au milieu de l'été. La fleur paraît en automne, et remplace les feuilles qui avaient disparu. C'est un long tube terminé par cinq divisions formant pétales, et le plus ordinairement de couleur rose. L'espèce *commune,* surnommée *tue-chien* à cause de ses propriétés vénéneuses, croît en abondance dans les prairies, qui en sont souvent émaillées.

Mais d'autres espèces plus rares, à fleurs de couleur *blanche, panachée, pourpre, doubles,* sont fréquemment cultivées dans les jardins, ainsi qu'une espèce qui fleurit chaque mois. On les place alors ou en pots, pour former touffe, ou dans les gazons, ou dans les plates-bandes. Ces plantes n'exigent de soin que dans leur jeunesse; on doit les semer en pots, les arroser fréquemment, et ne les repiquer que la troisième année; jusque-là, il faut les couvrir ou les abriter.

COLLINSIE *bicolor* (collinsia bicolor, L.); ann. Tout l'été; fleurs lilas. Terre légère; semis au printemps.

COLLOMIE *écarlate* (collomia coccinea, L.); ann. Tout l'été; fleurs écarlates. Semis au printemps.

COMÉLINE *tubéreuse* (comelina tuberosa, L.); viv. De juin en septembre; fleurs d'un beau bleu. Semis sur couche, ou séparation des pieds; couverture l'hiver.

Comptone *à feuilles de cétérach* (comptonia asplenifolia, L.) ; viv. De mars en mai ; fleurs peu apparentes, en chaton. Terre de bruyère demi-ombragée. Multipl. de rejetons.

Consoude *à feuilles rudes* (symphytum asperrimum, L.). L'espèce dite *grande consoude* est très-employée en médecine. On l'appelle vulgairement *oreille d'une langue de vache*. Ses racines sont charnues, grosses et visqueuses, sa tige et ses feuilles rudes ; ses fleurs, blanches, rosées, sont placées au sommet des tiges. Elle est rustique, et se multiplie de semence et d'éclats.

Conyse *de Virginie, séneçon en arbre* (conysa hatimifolia, L.) ; viv. En octobre ; fleurs bleuâtres. Mult. de graines et d'éclats. Tout terrain.

Coquelourde *des jardins* (agrostema coronaria, L.) ; bisann. De juin en septembre ; fleurs simples et doubles, variant du blanc au rouge. Semis à la maturité des graines, ou multipl. d'éclats en octobre. Même culture pour l'A. *cœli rosa*, à fleurs roses.

Coréopside *des teinturiers* (coreopsis tinctoria, L.) ; ann. De juin en octobre ; fleurs jaunes, à disque brun. Terre ordinaire ; semis au printemps ou en automne ; peu recouvrir les graines. Même culture pour le C. *drummondii*, à fleurs plus grandes ; *coréopside auriculée*, vivace ; d'août en septembre ; fleurs d'un beau jaune ; C. *à trois ailes*, viv. ; d'août en septembre, à fleurs jaunes, à disque brun. Multipl. d'éclats pour ces deux dernières.

Corète *du Japon* (corchorus japonica, L.) ; lign. Tout l'été et l'automne ; fleurs jaunes, très-doubles. Terre légère, un peu fraîche ; multipl. par éclats.

Cornouiller *sanguin* (cornus sanguinea, L.) ; lign., écorce rouge ; en juin ; ombelles de fleurs blanches. Tout terrain ; multipl. de semences, marcottes et drageons. Même culture pour les C. *cærulea, alba, paniculata, alternifolia, circinata, sibirica*.

Coronille *des jardins* (coronilla emerus, L.) ; viv. D'avril en juin ; fleurs d'un beau jaune, tachées de rouge. Terre légère et chaude ; multipl. de graines, boutures, marcottes et drageons.

Cortuse *de Matthiole* (cortusa Matthioli, L.) ; viv. En mai ; fleurs rouges ou blanches. Semis en automne en terrine, ou éclats des touffes.

Corydale *élégant* (corydalis formosa, L.) ; viv. En

juin et juillet; fleurs roses. Terre de bruyère un peu sèche ; multipl. par éclats et racines.

Cosmos *bipinné* (cosmos bipinnatus, L.) ; ann. En automne; fleurs d'un rouge violacé. Terre légère; semis sur couche au printemps; repiquer en place.

Crocus *printanier* (crocus vernus, L.); vivace. En février et mars; fleurs blanches, jaunes, violettes, bleues, rayées, selon les nombreuses variétés. Terre sablonneuse ou légère; multipl. de caïeux séparés en automne. Relever les oignons tous les trois ans. Même culture pour le safran, *C. sativus*, à fleurs violettes ou pourpres, paraissant en octobre.

Crépide *rose* (crebris rubra, L.), ann. De juin en novembre; fleurs d'un rose tendre ou blanches; semis sur place au printemps.

Cupidone *bleue* (catananche cærulea, L.); vivace. De juillet en octobre; fleurs d'un bleu clair. Terre légère, chaude; couverture l'hiver; multipl. de graines et d'éclats.

Cyclame *d'Europe* (cyclamen europæum, L.); viv. En avril : jolies fleurs blanches ou pourpres, à pétales renversés. Terre de bruyère; couverture l'hiver; multipl. de graines en terrine ou par la division des tubercules. Même culture pour le *C. hederæfolium*.

Cynoglosse *argentée* (cynoglossum cheirifolium, L.); bisann. Feuilles nombreuses, couvertes d'un duvet argenté; en juin et juillet; fleurs rouges, en épi. Terre légère, bonne exposition. Multipl. de graines, et rentrer le jeune plant en orangerie pour être mis en pleine terre au printemps. Ses feuilles infusées donnent du thé.

La C. *à feuilles de lin*, dite aussi *nombril de Vénus*, grand cotylédon, est annuelle; ses feuilles sont étroites, lancéolées, velues en dessous; ses fleurs blanches, réunies en grappes terminales et pendantes. Elle périt chaque année dans nos climats.

Enfin la petite espèce, dite *printanière*, *petite consoude*, *omphalodes*, termine ses tiges par de charmants petits panicules de fleurs bleues. Elle peut former d'agréables bordures; ses traces peuvent servir à la multiplier; ses feuilles sont persistantes, et elle fleurit dès le mois de mars. Ces plantes préfèrent la terre légère, mais au reste sont peu délicates.

Cyprès *commun* (cupressus simpervirens, L.). Fournit

plusieurs arbres du plus bel aspect, et qui méritent, sous tous les rapports, d'être placés en grand nombre dans les jardins bien plantés, à cause de leur beau port et de leurs masses touffues : ce n'est d'ailleurs que dans l'imagination des poëtes qu'ils ont une teinte lugubre et sont l'emblème de la tristesse et de la mort. Trois espèces se peuvent cultiver dans nos climats :

Le C. *pyramidal*, grand arbre à rameaux serrés, formant pyramide, toutefois flexibles, et souvent pendants à leur extrémité, lorsqu'ils sont vigoureux. Les feuilles sont très-petites, rapprochées, disposées sur plusieurs rangs, d'un beau vert foncé ; les fruits sont des cônes à larges plaques, de forme presque ronde. Il offre une variété dont les rameaux affectent la disposition horizontale.

Le C. *à feuilles de thuya* a les feuilles aplaties, mais imbriquées et opposées, placées autour des rameaux ; ses fruits sont plus petits et assez semblables à ceux du genévrier de Virginie. Il ne vient guère qu'en touffe et s'élève peu dans nos climats, tandis qu'il est un arbre très-élevé dans le Canada. Il aime, de même que le précédent, les sols humides et tourbeux.

Le C. *distique chauve d'Amérique* ne croît que dans les sols fangeux et inondés. C'est un très-grand arbre, mais dont la taille est en proportion du temps où il est plongé dans l'eau ; sa croissance est fort rapide, son bois très-bon ; aussi devrait-on le multiplier dans les terrains inutiles presque partout. Ce cyprès perd ses feuilles chaque année, ce qui le distingue des autres espèces ; elles sont d'ailleurs linéaires, plus longues et d'un vert tendre. Il demande quelques soins dans sa jeunesse.

CYPRIPÈDE, *sabot de Vénus* (cypripedium calceolus); viv. Fleurs odorantes, imitant un sabot, jaunes et d'un brun rougeâtre. Terre de bruyère, fraîche et ombragée. Multiplication de drageons.

CYTISE *des Alpes* (cytisus laburnum, L.), dit *faux ébénier*, a le bois très-dur et qu'on pourrait utiliser. Cet arbre vient fort bien en tige ou en taillis, croît rapidement dans sa jeunesse, se plaît dans toutes sortes de terrains, enfin est fort rustique. On le multiplie facilement de graines ; il a les rameaux verdâtres, très-chargés de feuilles ternées, ovales, un peu velues, d'un vert foncé, et de fleurs jaunes disposées en belles grappes pendantes.

Le C. *des jardins*, à *feuilles sessiles*, dit *trifolium*, arbuste qui vient en touffe, et fournit de la racine un grand nombre de drageons qui servent à le multiplier, ce qu'on peut aussi faire de graines; ses feuilles, petites, sont à trois folioles, presque rondes, d'un vert foncé. Les fleurs, jaunes, petites, forment de petites grappes fort droites.

Le C. *à épis*, arbuste à feuilles composées de trois folioles ovales, velues en dessous; les fleurs, jaunes, odorantes, forment de longs épis. Le C. à *feuilles pliées*, dont les folioles sont souvent pliées dans leur longueur; les fleurs, nombreuses, forment une belle grappe terminale.

Le C. *velu*, à feuilles ternées, très-velues, s'élevant fort peu, mais formant de fort jolies touffes à fleurs jaunes, réunies en tête. Le C. *en tête* et le C. *a fleurs pourpres* en diffèrent peu, et se multiplient tous de semences. Mais ce dernier, qui a les rameaux couchés, produit un meilleur effet greffé sur le faux ébénier.

DAHLIA. Le dahlia, cette magnifique fleur, qui passe par toutes les nuances du blanc, du rouge, du jaune et du violet, mériterait assurément une monographie complète, si l'on voulait le traiter selon son mérite. Originaire du Mexique, il ne fut introduit en France que vers l'année 1800. Ses racines sont de très-gros tubercules fusiformes. La tige, qui atteint la hauteur de deux mètres, est herbacée, rameuse, glabre ou velue. Les fleurs sont grandes, radiées, longuement pédonculées, de couleurs variées et éclatantes, et forment un des plus beaux ornements des jardins. On obtient par semis une très-grande quantité de variétés de dahlias, tant pour la grandeur que pour la couleur. On les plante depuis le fin de mars jusqu'à la fin d'avril. Avant de mettre les tubercules en terre, il est bon de les déposer dans une serre chaude ou sur une couche tiède et dans du terreau, où ceux qui entrent promptement en végétation doivent être préférés. La multiplication se fait par la séparation des tubercules, par boutures et par semis.

Tubercules. Quand on sépare les tubercules, il faut bien avoir soin de laisser à chacun une partie du collet de la plante même, de quelques yeux et de petits bourgeons qu'on ne voit pas toujours, mais qui se développent quand on favorise la végétation par la serre chaude ou la couche tiède. On dépose les tubercules ainsi éprouvés dans une terre douce, substantielle et parfaitement ameublie. Si l'on coupe la moitié inférieure du tubercule, on obtient des dahlias nains.

Boutures. Les boutures faites après le mois de juin n'ont pas le temps de faire d'assez gros tubercules pour pouvoir passer facilement l'hiver suivant sans fondre et pourrir ; il faut donc les faire en mai et juin, à l'étouffée, sous cloche ou sous châssis. Pour cela, on prend des sommités de tige ou de rameaux de 10 à 15 centimètres, dont on supprime les deux feuilles inférieures, et qu'on plante dans une terre douce, à bonne exposition, ou sur un bout de couche tiède, et qu'on prive d'air pendant quelque temps ; puis on le leur rend peu à peu quand ils commencent à s'enraciner. On les sépare pour les mettre en place quand on est sûr qu'ils ont de bonnes racines.

Semis. C'est par ce moyen qu'on a obtenu les variétés cultivées aujourd'hui, et qu'on en obtient de nouvelles chaque année. On sème de mars en mai. On fait cette opération dans des terrines que l'on place sur couche sous châssis. Quand le plant a 30 ou 60 millimètres, on peut le repiquer soit à nu sur couche, soit dans d'autres terrines, à 10 ou 15 centimètres les uns des autres. En mai, ces plants doivent avoir au moins 38 centimètres de hauteur ; on les plante alors en pépinière dans un carré, à la distance d'au moins un mètre. En juillet, août et septembre, ils donnent des fleurs. Il est bon de dire que beaucoup de pieds offrent des fleurs sans mérite et sans nouveauté.

Le dahlia est extrêmement sensible aux gelées ; dès que les premières ont paru, on relève les touffes de tubercules, on les fait ressuyer, et on les met dans un lieu sec, à l'abri du froid, du grand air et de l'humidité, jusqu'au printemps suivant. Une cave sèche est excellente pour cela. On a l'habitude de creuser une fosse dans le jardin même, profonde de 1 mètre 80 centimètres ; on dépose les touffes dans le fond, près à près, en glissant entre elles un peu de terre sèche, et l'on recouvre la fosse d'un toit de terre bombée qui ne laisse passer ni l'eau ni la gelée.

L'espace ne nous permet pas de donner ici le choix des plus belles variétés ; il faut pour cela recourir aux catalogues des fleuristes. Nous nous contenterons de dire qu'il y a un très-grand nombre de variétés de dalhias : *blanc, fond blanc, panaché, nuancé* ou *bordé de rose, lilas* ou *pourpre, lilas, rose clair* ou *pourpre, violet, rouge cramoisi* ou *pourpre carminé, jaune pur, jaune nuancé, bordé* ou *panaché de rose, lilas* ou *pourpre, orange et écarlate; variétés à pointes blanches dites incomparables, marron, cuivré.*

DALÉE *pourpre* (dalea purpurea, L.); viv. Tout l'été; fleurs purpurines. Terre légère et fraîche, multiplication de graines et d'éclats.

DAPHNÉ *lauréole* (daphne laureola, L.); lign. En février et mars; fleurs jaunâtres, odorantes. Terre légère et fraîche; multiplication de graines en terrine aussitôt la maturité, de marcottes, d'éclats et de drageons. Il sert de sujet pour greffer les espèces et variétés. Même culture pour les D. *mezereum*, à fleurs roses ou blanches; D. *alpina*, à fleurs blanches; D. *cneorum*, à fleurs roses; D. *pontica*, à fleurs jaunâtres : celui-ci exige une couverture l'hiver, ou l'orangerie. *Daphné dauphin,* variété à fleurs d'un rose pourpre.

DAUPHINELLE, *pied-d'alouette* (delphinium Ajacis, L.). Une espèce croît naturellement dans les champs et porte le nom de *bec-d'oiseau.* Le pied-d'alouette *vivace,* qu'on cultive dans les jardins, lui ressemble beaucoup; c'est une grande plante élancée, à feuillage très-découpé, à fleurs variées. L'espèce la plus cultivée s'appelle aussi *fleur d'Ajax, fleur royale,* et enfin *dauphinelle;* sa tige est droite, couverte de petites feuilles effilées et de rameaux qui affectent la forme cylindrique, et terminés par une pyramide ou panache de fleurs nombreuses, de couleurs très-variées, du plus bel effet.

On donne la préférence pour faire des bordures aux variétés nommées *pied-d'alouette nain* ou *pyramidal,* dont la tige ne dépasse guère 35 à 40 cent. de hauteur, et dont les fleurs, beaucoup plus serrées, fort doubles, varient dans un grand nombre de nuances. On les multiplie de graines semées en place, au printemps, en terre franche. La *dauphinelle à grandes fleurs* est une très-belle plante vivace originaire de la Sibérie ; ses fleurs, d'un bleu d'azur, tachées de rouge, paraissent en juillet et août. On la multiplie de graines et d'éclats, et elle réussit assez bien dans tous les terrains.

Ces fleurs, en corbeilles ou en rayons, sont d'un effet charmant dans les parterres ; elles affectent les couleurs les plus agréables, et doublent d'une manière très-riche.

DÉCUMAIRE *sarmenteuse* (decumaria barbara, L.); viv.; en août et septembre; fleurs blanches, odorantes. Terre fraîche, ombragée; multiplication de drageons.

Deutsie *crénelée* (deutzia scabra, L.); lign. Tout l'été ; fleurs blanches. Terre légère ; multipl de graines et marcottes. Même culture pour les D. *undulata, corymbosa, canescens, gracilis.*

Dierville *jaune* (diervilla lutea, L.); lign. En été et automne; fleurs jaunes, odorantes. Terre fraîche ; multiplication de boutures, marcottes et semis.

Digitale *à grandes fleurs* (digitalis ambigua, L). Les plantes de ce genre sont des plus belles pour l'ornement des plates-bandes et des bordures des massifs. Leurs belles tiges, légèrement recourbées en crosse à l'extrémité, et garnies depuis la base de jolies fleurs de la forme d'un bout de doigt de gant, d'où vient le nom de *digitale*, les fait toujours admirer. Les feuilles sont grandes et abondantes au pied de la tige. Elles ne fleurissent que la seconde année. Les espèces les plus répandues sont : la D. *pourprée*, la plus belle, et dont les fleurs ont le plus grand éclat, tant à l'intérieur qu'à l'extérieur, et la D. *jaune* Ces plantes se plaisent sur les lieux arides et les montagnes, et recherchent l'ombre. Les espèces des *Canaries* et d'*Italie* sont encore de plus grande taille et d'un plus bel aspect. Ce sont des plantes qu'on devrait chercher à répandre davantage dans tous les jardins d'ornement.

Dirca *des marais* (dirca palustris, L); lign. En mars et avril ; fleurs jaunâtres, en cornet. Terre de bruyère, humide et ombragée ; multiplication de graines en terrine et de marcottes.

Dioclee *glycinoïde* (dioclea glicinoides); viv. En automne ; fleurs d'un rouge très-vif. Terre légère ; la lever et la mettre en orangerie l'hiver.

Distique *bleue* (disticus cœruleus, L.); ann. En juillet; fleurs d'un bleu pâle. Terre légère ; semis sur couche.

Doronic *à feuilles cordiformes* (doronichum pardalianches, L.); viv. En mai et juin; fleurs d'un beau jaune. Terre ordinaire ; multiplication par éclats. Même culture pour les D. *caucasicum, plantagineum.*

Dracocéphale *d'Autriche* (dracocephalum austriacum, L.); viv. De juillet en août; fleurs d'un bleu violet. Terre légère, substantielle, chaude ; multipl. de semis ou drageons. Relever tous les trois ans. Même culture pour les D. *grandiflorum et virginianum.*

Drave *des Pyrénées* (draba pyrenaica, L.); viv. En mai; fleurs blanches, tachées de rouge. Terre rocailleuse, ombragée ; multiplication par éclats.

Eccrémocarpe *rude* (eccremocarpus scaber, L.); lign., grimpant. En juillet et août; fleurs tubuleuses, écarlates; fruits en forme de bouteille. Terre chaude et légère; couverture l'hiver; multiplication de marcottes et de boutures.

Echinope *azurée* (echinops ritro, L.); viv. En juillet; fleurs bleues, en têtes sphériques. Terre ordinaire; multiplication de graines et d'éclats. Même culture pour les E. *paniculata*, à fleurs bleues; E. *tetraptera*, à fleurs blanches, puis roses.

Edouarsier *à grandes fleurs* (edwarsia grandiflora, L.); lign. En avril et mai; fleurs grandes, en grappe, jaunes. Terre ordinaire, chaude; multiplication de marcottes incisées ou de graines sur couche. Couverture l'hiver, mais mieux orangerie.

Enothère *à grandes fleurs* (œnothera suaveolens, L.). L'espèce dite simplement *onagre*, et dont les fleurs sont jaunes, est une des plantes les plus propres à l'ornement des jardins fleuristes, ainsi que des premiers plants des grands massifs; ses tiges atteignent souvent 1 mètre 35 cent.; elles sont droites, garnies de rameaux courts et de feuilles : celles-ci sont de forme allongée. Pendant tout l'été, la tige et les rameaux fournissent, surtout de l'aisselle des feuilles, de larges fleurs d'un jaune tendre, odorantes et à longues anthères. Cette plante est très-rustique, se plaît partout, et se multiplie d'elle-même en abondance. Il suffit, pour la posséder dans son jardin, de laisser quelques-uns des pieds qui ont levé, ou de les transporter aux lieux où on le désire.

On cultive encore une espèce à *fleurs pourpres*, ann. dans nos climats, ainsi que l'*œnothera rosea*, à fleurs roses, et l'E. *fruticosa*, à fleurs jaunes, toutes deux vivaces. Celles-ci se multiplient de semence et de boutures.

Epervière *orangée* (hieracium aurantiacum, L.); viv. De juin en septembre; fleurs d'un orangé vif. Terre légère, substantielle, beaucoup d'eau; multipl. de traces et d'éclats.

Ephédra *à un épi* (ephedra monostachya, L.); lign. Pas de feuilles; de septembre en novembre; fleurs en chaton; baies rouges et mangeables. Terre légère, humide; multiplication de rejetons; couverture l'hiver pour les E. *distrachia, altissima*.

Ephémérine *de Virginie* (tradescantia virginica, L.); viv. De mai en octobre; fleurs bleues, à trois pétales. Variétés à fleurs rouges, d'autres à fleurs blanches. Tout terrain ; multipl. par éclats.

EPIGÉE *rampante* (epigæa repens, L.); bisann. De mars en juillet; fleurs odorantes, blanches. Terre de bruyère ; multiplication d'éclats et de marcottes.

EPILOBE *à épi* (epilobium spicatum, L.); viv. De juillet en septembre; bel épi de fleurs rouges ou blanches. Terre ordinaire; multiplication de rejetons.

EPIMÈDE *des Alpes* (epimedium alpinum, L.); viv. Au printemps; fleurs à calice rouge et corolle jaune. Terre franche, légère, un peu ombragée ; multipl. par racines.

EPINE-VINETTE (berberis vulgaris, L.). Les arbustes de ce genre, dont nous avons parlé aux arbres fruitiers, sont encore plus cultivés pour ornement que pour utilité. Leurs tiges, jaunâtres, hérissées d'épines aiguës et garnies de nombreuses petites feuilles dentelées, ont un joli port et forment de charmants buissons. Les fruits rouges, qui succèdent aux fleurs jaunes et sont disposés en grappes, leur font produire beaucoup d'effet dans les massifs et les bosquets. Une espèce a les feuilles garnies d'épines. On cultive l'E.-V. *commune* et l'E.-V. de la *Chine*, assez semblables. Ces arbustes se multiplient de toute manière, et s'accommodent de tout terrain et de toute exposition.

ERABLE *sycomore* (acer pseudoplatanus, L.); viv. Grand arbre propre à la décoration des jardins paysagers, ainsi que les espèces : A. *platanoïdes, monspessulanum, negundo, pensylvanicum, rubrum, saccharinum*, etc. Terre fraîche et profonde; multipl. de semis, par la greffe et quelquefois de boutures.

ERIGÉRON *des Alpes* (erigeron alpinum, L.); viv. En juillet; fleurs à disque jaune et rayons bleus. Variétés à fleurs doubles. Terre un peu légère; multiplication de graines aussitôt mûres, ou par éclats. Même culture pour les E. *glabellum*, à fleurs liliacées; *speciosum*, à fleurs lilas foncé; *purpureum*, à fleurs pourprées; *âcre*, à fleurs d'un rouge bleuâtre; *graveolens*, à fleurs jaunes, odorantes.

ERINÉE *des Alpes* (crinus alpinus, L.); viv. De mars en juin; fleurs purpurines ou blanches. Multiplication de graines ou d'éclats; terre légère.

ERODION *des Alpes* (erodium alpinum, L.); viv. Tout l'été; fleurs blanches ou violettes, veinées de pourpre. Terre ordinaire; multipl. de graines et d'éclats. Même culture pour les E. *serotinum*, à fleurs bleues ; E. *romanum*, à fleurs blanches.

ERYTHRONE *dent de chien* (erythronium dens canis, L.); viv. En avril ; fleur solitaire, blanche en dehors, pourpre à l'intérieur. Terre légère ou de bruyère ; multipl. par caïeux séparés tous les trois ans. Même culture pour l'E. *flavescens*, à fleurs jaunes.

ERYTHRINE *crête de coq* (erythrina crista galli, L.); lign. En juillet et août ; fleurs rouges, en très-belles grappes ; multipl. de boutures sur couche au printemps. Terre sèche et chaude, avec couverture l'hiver ou orangerie. Même culture pour l'E. *laurifolia*.

ESCHOLTZIE *de Californie* (scholtzia californica); bisann. ou viv. Tout l'été ; fleurs d'un jaune safrané. Terre légère ; semis en place au printemps.

EUCOMIS *couronnée* (eucomis regia, L.); viv. En automne ; fleurs verdâtres. Terre légère ; multipl. par caïeux. Même culture, mais avec couverture l'hiver, pour l'E. *punctata*.

EUPATOIRE *pourpre* (eupatorium purpureum, L.); viv. De septembre en octobre ; fleurs rouges. Terre fraîche ; multipl. de graines et d'éclats. Même culture pour l'E. *ageratoïdes* et *longifolium*.

EUTOCA *visqueux* (eutoca viscida, L.); ann. Tout l'été ; fleurs bleues. Terre ordinaire ; semis au printemps.

FABAGELLE *commune* (zygophyllum fabago, L.); viv. De juillet en septembre ; fleurs orangées, blanches à la base. Terre graveleuse, au midi ; multipl. d'éclats ou de graines sur couche ; couverture l'hiver.

FÉVIER *d'Amérique* (gleditzia triacanthos, L.); lign. Remarquable par ses longues épines. En mai et en juin ; fleurs d'un blanc sale. Terre légère, fraîche, demi-ombragée. Multipl. de graines ou par la greffe. Variété sans épines : *pleureur*. Espèces : G. *sinensis*, *horrida*, *caspiana*, *macrocanthos*, *subvirescens*.

FILARIA *à feuilles étroites* (phyllyrea angustifolia, L.); lign. Feuilles persistantes ; fleurs verdâtres ; en mars. Terre légère, à demi ombragée ; multipl. de graines aussitôt mûres, et de marcottes par strangulation. Même culture pour le P. *latifolia*.

FLECHIÈRE *commune* (sagittaria sagittifolia, L.); lign. En juin et juillet ; épi de fleurs blanches ; terre marécageuse ; multipl. d'éclats.

FONTANÉSIE *à feuilles de filaria* (fontanesia phyllyreoïdes, L.); lign. En mai ; fleurs d'abord blanches, puis rouges. Terre sèche et légère ; multipl. de graines, marcottes et éclats.

FOTHERGILLE *à feuilles d'aune* (fothergilla alnifolia, L.). En avril; fleurs blanches, odorantes; fruit lançant ses graines avec explosion. Terre de bruyère humide et ombragée; mutipl. de graines et marcottes.

FRAGON *piquant* (ruscus aculeatus, L.); lign. En juin et décembre; fleurs blanches, sur les feuilles; fruits gros et rouges ; terre légère; multipl. par éclats.

FRAISIER *de l'Inde* (fragaria indica, L.); viv. Fleurs jaunes ; fruits insipides. Terre fraîche ; multipl. par éclats.

FRANCOA *appendiculé* (francoa appendiculata. L.). De mai en juillet; épi de fleurs roses, striées. Multipl. de graines et boutures. Terre ordinaire, avec couverture l'hiver, mais mieux orangerie.

FRAXINELLE, *dictame blanc* (dictamus albus, L.). L'une des plantes les plus propres à l'ornement des plates-bandes et des massifs. On ne cultive que l'espèce d'Europe : c'est le dictame blanc. Cette plante fournit des touffes bien garnies de feuilles longues, divisées en nombreuses folioles ovales, dentelées, et qui se distinguent par leur surface inférieure, plus luisante que la supérieure ; ses tiges velues, rougeâtres, très-visqueuses, surtout à l'époque des fleurs, sont terminées par de longues grappes de fleurs pourpres, blanches ou mélangées, assez grandes et éloignées les unes des autres sur de petits pédicelles. Cette plante est tellement fournie d'huile essentielle produite par ses sucs propres, qu'elle en dégage perpétuellement autour d'elle en vapeur que l'on peut enflammer, quand l'air est sec et chargé d'électricité, en approchant de la plante un corps incandescent. Pour acquérir tout son développement et toute sa beauté, cette plante doit être placée dans une bonne terre, assez grasse et à bonne exposition.

FRÊNE *commun* (fraxinus excelsior, L.); lign. Bel arbre ayant fourni les variétés *jaspidea*, *aurea*, *argentea*, *pendula* ou pleureur, etc., que l'on greffe sur leur type. Terre franche, argileuse, un peu humide. Multipl. de semis aussitôt la maturité des graines. F. *à fleur*. En mai et juin; fleurs blanches. Même culture.

FRITILLAIRE, *couronne impériale* (fritillaria imperialis, L.). Plusieurs espèces sont cultivées pour l'ornement des jardins. Celle dite *méléagre* ou *damier*, indigène de nos prairies humides, mais perfectionnée par la culture, a la bulbe aplatie, la tige droite et grêle, d'un port élégant, les feuilles étroites et pointues, les fleurs pendantes à l'extrémité des tiges et de couleur blanche, jaune ou pourpre, avec des taches carrées plus foncées. Une seconde espèce est la F. *de Perse*, à bulbe arrondie et à fleurs d'un noir violet, plus petites, en épi. La plus remarquable de toutes est la F. *impériale*, dite *couronne impériale*.

Ces plantes font un charmant effet dans les parterres, les bosquets et les gazons ; elles donnent par semis une multitude de variétés de couleurs qu'on reproduit par le moyen des caïeux ; ce dernier mode est le plus en usage comme le plus expéditif. Du reste, ces plantes sont rustiques et n'exigent aucune culture

FUMETERRE *odorante* (fumaria nobilis, L.); viv. Fleur d'un jaune pâle taché de rouge. Terre légère, substantielle. Multipl. d'éclats ou de graines aussitôt mûres ; beaucoup d'eau en été. La F. *bulbeuse*, indigène des bois, fournit des tiges sans rameaux, terminées par un épi de fleurs blanches, bleues ou rouges qui paraissent en mai. On cultive encore la F. *du Canada*, plante annuelle, à racines fibreuses et épaisses et à fleurs pourpres tachées de jaune, placées dans un calice violet ; la F. *fongueuse*, jolie plante grimpante, dont la tige a souvent deux mètres, et dont les pétioles des feuilles et des folioles font l'office de vrilles. Les fleurs, rougeâtres, sortent en panicule de l'aisselle des feuilles.

La F. *commune*, dite *officinale*, de son emploi fréquent en médecine, est la plus connue. Elle croît partout abondamment, dans les champs et les jardins. Cette plante est ann. et a la racine éparse ; ses tiges, faibles, se ramifient beaucoup et sont garnies de feuilles glauques très-composées ; les fleurs sont petites et de couleur blanchâtre tachée de pourpre Les fumeterres sont peu délicates, et se multiplient facilement de graines.

FUSAIN *commun* (evonymus europæus, L.). Les fusains sont des arbrisseaux qui forment touffe ou tige, et se font surtout remarquer pur leurs fruits nombreux, très-colorés, formés de capsules à plusieurs angles renfermant des semences entourées d'une membrane charnue très-colorée. Leurs tiges, ou au moins leurs jeunes rameaux, sont à quatre angles saillants ; leur bois est dur, employé à plusieurs usages. Ces arbustes croissent partout, et se multiplient de toutes façons. Les graines ne servent que la deuxième année. Le F. *d'Europe*, dit *bonnet de prêtre*, a les rameaux verts, à saillies souvent rouges, les feuilles opposées, ovales et dentées, les fleurs d'un blanc sale et les fruits d'un rouge vif ; des variétés les ont roses et blancs. Le F. *galeux* se distingue par ses rameaux couverts de tubercules noirâtres, très-rapprochés. Le F. à *larges feuilles*, plus larges que les précédents ; le F. *à fleurs pourpres* ; le F. *toujours vert*, ou *d'Amérique*, à capsules tuberculeuses ; le F. *odorant*, indiquent par leurs noms leurs caractères distinctifs.

GAILLARDE *peinte* (gaillardia picta, L.); viv. Tout l'été ; fleurs larges de deux pouces, d'un jaune cramoisi bordé de jaune ; orangerie. Terre franche, légère: multipl. de graines sur couche, ou de boutures étouffées sur la même couche. Même culture, mais pleine terre pour les G. *perennis, aristata*.

GAINIER, *arbre de Judée* (cercis siliquastrum. L.). L'un des arbres les plus agréables dans toutes sortes de jardins et de situations, en arbre, en touffe, en palissade, en berceau, en boule, etc., tant par son beau feuillage, que n'attaquent jamais les insectes, que par ses innombrables fleurs, ordinairement roses, qui, couvrent son tronc, ses branches et ses rameaux avant le développement des feuilles, et durent fort longtemps ; de plus, cet arbre est fort rustique, s'accommode de tout terrain et de toute exposition, et se prête facilement à la taille. Il faut seulement prendre quelques précautions pour garantir des gelées ses pousses et les racines des jeunes plants. On en cultive deux espèces à peu près semblables : le G. *commun*, arbre de Judée ; feuilles grandes, arrondies, entières, luisantes, d'un vert tendre ; fleurs roses, disposées en petits paquets ; gousses très-aplaties et de couleur brune ; — le G. *du Canada* diffère fort peu du précédent ; mais ses feuilles ont une pointe, ses fleurs sont plus petites et plus pâles ; il offre les mêmes agréments, et ses jeunes pousses sont moins sensibles aux fortes gelées. Multipl. de graines sur couche, de rejetons et marcottes.

GALANE *blanche* (chelone glabra, L.); viv. De septembre en octobre ; épi de fleurs blanches. Terre franche et fraîche, demi-ombre ; multipl. de semis sur couche, de traces et d'éclats. Même culture pour les G. *obliqua, barbata, campanulata* ; couverture l'hiver pour l'avant-dernière.

GALANTHE *d'hiver* (galanthus nivalis, L.); viv. En février; fleur penchée, blanche, tachée de vert. Tout terrain ; multipl. de caïeux tous les trois ans.

Galé, *piment royal* (myrica gale, L.); lign. Feuilles résineuses ; fleurs mâles en chaton, les femelles en globules ; arbuste odorant dans toutes ses parties. Les points jaunâtres des feuilles sécrètent un suc résineux. Terre marécageuse ; multipl. de graines, boutures et marcottes. Même culture pour le M. *pensylvanica*.

Galéga, *rue de chèvre* (galega officinalis, L.); viv. En juin et juillet ; épis de fleurs blanches ou bleues. Terre ordinaire ; multiplication de graines, ainsi que pour le G. *orientalis*.

Gattilier *en arbre* (vitex arborea, L.); lign. En septembre; panicule de fleurs d'un bleu pâle. Terre légère et chaude ; multipl. de graines, de marcottes, et par la greffe sur le V. *agnus-castus*, qui se cultive de même.

Gaulthérie *du Canada* (gaultheria procumbens, L.); lign. Feuilles persistantes, ovales, pourpres en dessous. Toute l'année ; fleurs à grelots, purpurines ; baies d'un beau rouge et mangeables. Culture des bruyères ; multiplication de drageons. Les feuilles, mâchées ou infusées, parfument la bouche d'une odeur de fleurs d'oranger et d'amande.

Gaura *bisannuelle* (gaura biennis, L.). En juillet et août ; fleurs d'abord blanches, puis devenant rouges. Terre franche, légère ; multiplication de graines en place.

Genêt *d'Espagne* (genista juncea, L.); lign. En juillet et août; fleurs odorantes. C'est un des genêts les plus remarquables; il peut former tige ou touffe. Ses nombreux rameaux sont cylindriques, remplis de moelle, du plus beau vert, semblables aux tiges des joncs. Il se couvre pendant fort longtemps de ses nombreuses fleurs jaunes, disposées en épis, très-odorantes, et qui se renouvellent très-souvent à la fin de l'automne. Il demande à être recepé de temps en temps, afin de lui faire fournir de jeune bois. Les variétés G. *blanchâtre*, couvert d'un duvet de cette couleur, ainsi que le G. *à fleurs blanches*, également velu, lui ressemblent. — Multipl. de graines en petits pots ; orangerie les deux premières années; transplanter avec la motte.

Genévrier *commun* (juniperus communis, L.); viv.; feuilles persistantes; baie d'un bleu noirâtre. Dans les bois, il se présente en tige, et dans les lieux arides et pierreux on le rencontre presque toujours en buissons. C'est un arbrisseau à nombreux rameaux, flexibles, couverts de feuilles opposées trois à trois, linéaires, pointues, piquantes, écartées, à raies blanchâtres. On fait dans les Alpes, avec les baies de cet arbrisseau, une espèce de confiture que l'on nomme *extrait de genièvre*, qui ressemble à de la mélasse fortement concentrée, et qui est fort astringente. On compose également avec le même fruit une espèce de boisson très-désaltérante.

Le G. *de montagne*, à feuilles plus larges, à tiges couchées. Il paraît que le mont Genèvre, col qui sépare la France du Piémont, dans les Hautes-Alpes, doit son nom à la grande quantité de genévriers qu'on y voyait autrefois; nous disons qu'on y voyait, car, pour notre compte, nous n'en avons pas vu plus dans cette partie des montagnes des Alpes que dans les autres cols que nous avons explorés.

Le G. *oxicèdre* a les feuilles plus grandes et plus glauques, les fruits rouges, marqués de raies blanches.

Le G. de *Virginie*, dit *cèdre rouge*, est le plus beau du genre; il s'élève à 13 ou 14 mètres de hauteur, forme haute tige et pyramide. Ses feuilles, très-petites, sont à trois divisions, tantôt rapprochées, tantôt écartées des rameaux, toujours nombreuses, d'un vert agréable.

Le G. de *Phénicie* ou de *Lydie*, à feuilles ternées, à baies jaunâtres, ne dépassant pas six pieds.

Le G. *sabine* est un arbuste à rameaux étalés, qui ne vient guère qu'en touffe; ses feuilles, d'un vert foncé, sont très-serrées, courtes. Il offre une variété à feuilles panachées, et est très-employé en médecine. On le multiplie facilement de boutures.

Gentiane *sans tige* (gentiana acaulis, L.). Les gentianes les plus répandues sont peu élevées; ce sont la petite G. dite *gentianelle* et la *printanière*; cette dernière a ses tiges couchées, épaisses et rougeâtres; ses fleurs sont du plus beau bleu. L'autre a les fleurs de même couleur, mais plus grandes et solitaires; ses tiges sont fort courtes, sortent des feuilles et ne paraissent être que le pédoncule de la fleur.

Les espèces les plus grandes sont la G. *pourprée* et la *jaune*, dite *grande gentiane*. La première, qui s'élève jusqu'à deux pieds, a les tiges terminées par des fleurs en anneaux accompagnées de bractées, de couleur jaune, mouchetées de pourpre; l'autre a des fleurs entièrement jaunes et en roue; elles sont plus grandes, et la plante parvient à la hauteur d'homme. Les gentianes exigent une culture peu compliquée. Il faut seulement placer les semences, éclats ou marcottes en terre légère, humide, à l'ombre, et mieux en terre de bruyère.

Géranium (geranium striatum, L.); d'Italie, viv.; pétales blancs, bilobés et veinés de pourpre. Pleine terre; multipl. de graines et d'éclats; couverture l'hiver. Il y a trois grands genres de géranium. Comme cette fleur est très à la mode, on a obtenu, par le moyen des semis, un très-grand nombre de variétés hybrides. Nous allons donner ici une série des plus beaux géraniums.

G. *soyeux*. Fleurs petites, à pétales supérieurs d'un pourpre brun, et les inférieurs jaunes pâles.

G. *très-brillant*. Fleurs très-grandes, lilas clair, striées de pourpre.

G. *de la reine*. Fleurs très-grandes, blanches, avec des macules d'un pourpre violet.

G. *à grandes fleurs*. Fleurs énormes, d'un blanc pur, avec des macules pourprées.

G. *grand élégant*. Fleurs grandes, à pétales longs, maculés de pourpre.

G. *duc de Bordeaux*. Fleurs très-grandes, superbes, roses, maculées de pourpre, les pétales inférieurs plus pâles.

G. *de Banks*. Fleurs grandes, à pétales longs, d'un rose purpurin, un peu maculés de rouge.

G. *d'Andrews*. Fleurs grandes, à pétales supérieurs pourpres, tachés de brun, inférieurs roses.

G. *agréable*. Fleurs assez grandes, d'un pourpre violâtre et pâle, maculé de blanc.

G. *très-blanc*. Fleurs moyennes, d'un blanc éclatant.

G. *de Banister*. Fleurs grandes, à pétales longs, d'un violet pâle, purpurin, un peu maculé de pourpre foncé.

G. *grand involucré*. Fleurs très-grandes, d'un blanc légèrement rosé, maculé de pourpre.

G. *de Davey*. Fleurs moyennes, d'un pourpre foncé, maculées d'un rouge brunâtre et de fauve.

G. *céleste*. Fleurs grandes, d'un cramoisi très-pâle et violâtre, maculées de brun rouge.

G. *Losade*. Fleurs grandes, d'un lilas pâle.

G. *lord Bristol*. Fleurs très-grandes, d'un rouge pâle et violâtre, maculées de brun.

G. *concolore*. Fleurs petites, rouge pâle.

G. *majestueux*. Fleurs très-grandes, purpurines, maculées de pourpre noirâtre.

G. *de Bayle*. Fleurs grandes, lilas ou blanches, maculées de pourpre.

G. *de calville*. Fleurs pourpres, maculées d'un brun foncé; les pétales inférieurs plus pâles.

G. *australe*. Fleurs très-nombreuses, blanches, rayées de violet.

G. *de Wells*. Fleurs grandes, d'un cramoisi très-vif, bordées de bleu, maculées de brun foncé.

G. *multinervé*. Fleurs d'un rouge pourpre, maculées de pourpre et de violet foncé.

G. *duchesse de Glocester*. Fleurs grandes, d'un rose violâtre, maculées de pourpre.

G. *duc d'York*. Fleurs très-grandes, pourpres, maculées de brun.

G. *sanguin*. Fleurs moyennes, d'un rouge foncé, très-beau, à pétales striés de noir.

G. *incarnat*. Fleurs grandes, carrées, jaunâtres à l'onglet des pétales, maculées de rouge sanguin.

G. *rouge feu*. Fleurs moyennes, d'un beau rouge cramoisi, à pétales supérieurs striés de noir.

G. *à odeur de roses*. Fleurs moyennes, d'un rouge purpurin, réunies en têtes; feuilles exhalant l'odeur de la rose quand on les froisse légèrement.

G. *à feuilles de carotte*. Fleurs jaunes, les deux pétales latéraux concaves, les deux supérieurs maculés de brun noirâtre. Cette espèce exhale le soir une odeur douce et agréable.

G. *très-odorant*. Fleurs petites, blanches; plante très-odorante dans toutes ses parties.

G. *à odeur de citron*. Fleurs d'un pourpre pâle, maculées de pourpre plus foncé; feuilles répandant une odeur agréable de citron.

G. *tétragone*. Fleurs d'un pourpre violacé, striées de carmin; odeur agréable.

G. *demi-trilobé*. Fleurs ordinairement géminées, moyennes, roses, très-jolies.

G. *élégant*. Fleurs blanches, rayées et maculées de carmin, produisant le plus charmant effet.

G. *parfumé*. Fleurs blanches, petites, rayées de pourpre; feuilles à odeur de mélisse.

G. *à feuilles de lierre*. Fleurs d'un rouge pourpre, nombreuses, en bouquets.

G. *pinné*. Fleurs d'un rouge pâle, à pétales linéaires, dont deux avec une ligne rouge sanguin.

G. *lobé*. Fleurs d'un pourpre noirâtre, à pétales jaunes à l'onglet, rayés de brun rougeâtre sur leur lombe; odeur agréable.

G. *roide*. Tiges ligneuses, très-roides; fleurs très-grandes, de trois pouces de largeur, à pétales peu allongés, ressemblant à celles du macranthon, mais de couleur cramoisi foncé avec des macules noires.

G. *à feuilles cordiformes*. Fleurs assez grandes, d'un beau rouge; les deux pétales supérieurs bifides, maculés de pourpre foncé, les inférieurs linéaires.

G. *duchesse de Liverpool*. Fleurs grandes, très-belles; les pétales supérieurs d'un rose vif, tachés et striés de violet, les inférieurs plus pâles et plus longs.

G. *aimable*. Tiges ligneuses; fleurs grandes et nombreuses, d'un très-beau carmin vif, avec deux grosses macules noires.

G. *apparent*. Fleurs d'un blanc pur, striées de pourpre, fort jolies.

G. *très-beau*. Fleurs blanches, très-grandes, les deux pétales supérieurs striés de carmin.

G. *épineux*. Fleurs blanches ou pourpres, à pétales supérieurs maculés de pourpre foncé.

G. *rouge doré*. Fleurs au nombre de 5 à 12, très-grandes, d'un rose très-vif, tirant un peu sur le roux doré.

G. *à cinq taches*. Fleurs blanches, ordinairement marquées de 5 taches d'un beau pourpre.

G. *tricolor*. Fleurs très-nombreuses, souvent ternées, à pétales inférieurs blancs, et les supérieurs d'un beau rouge ponceau.

G. *carné*. Plante de grandeur moyenne, à tiges grosses et courtes; fleurs très-jolies, couleur de chair, avec des macules cramoisies.

G. *à bandes*. Fleurs assez grandes, rouges, violettes, blanches, roses ou carnées, selon la variété; feuilles marquées d'une zone brune, à odeur désagréable.

G. *fastigié*. Fleurs grandes, d'une couleur vive d'écarlate, fort jolies; feuilles comme le précédent.

G. *denté à grandes fleurs*. Tiges fortes et ligneuses; fleurs d'une énorme grandeur, d'un blanc pur et brillant, ayant deux pétales supérieurs marqués aux deux tiers de leur longueur d'une macule cramoisie. C'est un des plus beaux géraniums.

G. *écarlate*. Fleurs en ombelle, grandes, écarlates, rosées, ou d'un rouge vif, selon la variété.

G. *éclatant*. Fleurs de grandeur moyenne, d'un rouge éclatant.

G. *violet noir*. Cette espèce est remarquable par ses tiges érigées, presque droites, et ses feuilles velues. Ses fleurs sont grandes, d'un violet brunâtre.

G. *lancéolé*. Fleurs d'un beau blanc de lait, à pétales supérieurs maculés de pourpre.

G. *à grandes fleurs*. Fleurs très-grandes, blanches, striées de pourpre.

G. *violacé* Plante d'un bel effet et d'un port superbe; ses fleurs ont les trois pétales supérieurs d'un pourpre foncé, et les deux inférieurs bleus.

G. *bicolor*. Fleurs moyennes, d'un pourpre violacé, à pétales bordés de blanc.

G. *à feuilles d'anémone*. Fleurs grandes, géminées, à pétales arrondis, d'un rose légèrement violacé.

Nous pourrions allonger encore de beaucoup cette liste, déjà trop longue, des géraniums les plus connus et les plus cultivés. Tous les jours on en obtient de nouveaux, car il est peu de fleurs qui offrent autant de variétés.

Gesse, *pois de senteur* (lathyrus odoratus, L.); ann. Toute l'année; fleurs blanches, roses ou violettes. Terre ordinaire; semis au printemps et à l'automne. Même culture pour la gesse de Tanger, L. *tingitanus*, à fleurs d'un rouge pourpre foncé. Le *pois vivace*, L. *latifolius*, à fleurs d'un rose pourpre, craint la transplantation.

Gilie *à fleurs en tête* (gilia capitata, L.); ann. Tout l'été; fleurs d'un beau bleu. Semis au printemps; terre légère. Même culture pour les G. *speciosa*.

Ginkgo *bilobé* (salisburia adiantifolia, L.); lign. Très-bel arbre pyramidal; fruits mangeables. Terre franche, profonde, un peu humide et ombragée; multipl. de boutures à talon, marcottes et rejetons.

Giroflée (cheiranthus). La giroflée est assurément l'une des plus jolies plantes, l'un des plus riches ornements de nos jardins. La giroflée sauvage a des fleurs jaunâtres, en croix, de peu d'apparence, et croît sur de vieilles murailles. L'espèce qui s'en rapproche le plus est la *giroflée jaune*, dite *ravenelle* et *cheiri*, qui est une des plus agréables du genre, tant par ses beaux bouquets de fleurs que par son excellente odeur. Les fleurs sont d'un beau jaune, presque toujours mélangées de taches de feu, disposées

autour des rameaux vers leur extrémité. Les plus recherchées sont celles dont les taches de feu sont les plus considérables. Cette plante devient facilement vivace dans les
mains du cultivateur ; il ne faut pour cela que les rentrer
dans l'orangerie ou les couvrir pendant l'hiver. L'espèce
à fleurs simples vient partout et se multiplie de semence ;
mais elle n'est pas recherchée ; on ne s'attache qu'aux
pieds à fleurs doubles, qu'on multiplie en conséquence de
boutures ou de marcottes faites en été, en bonne terre,
à l'ombre, dans une humidité constante, et mieux sur
couche.

Les espèces toujours bisannuelles et ne fleurissant que
la seconde année sont encore plus estimées que la précédente. Elles fournissent beaucoup plus de variétés, sur
les qualités desquelles les amateurs ne sont pas toujours
d'accord. Les giroflées ont divisé les fleuristes, comme les
œillets et les tulipes ; mais ces divisions intestines, dont
peuvent gémir en secret les partisans de l'horticulture,
n'ont heureusement pas de conséquences très-fâcheuses,
et ne font tout au plus répandre que quelques gouttes
d'encre.

La plus belle espèce est incontestablement la giroflée
dite *à bâton*, dont la tige, parfaitement droite, ne fournit
aucun rameau ; elle est accompagnée, vers le bas, de nombreuses feuilles allongées, blanchâtres, et terminée par un
long et magnifique plumet de fleurs serrées, de couleur
rouge, brune, jaune ou mélangée. L'espèce la plus commune est la giroflée des jardins, qui ne diffère de la précédente qu'en ce qu'elle fournit beaucoup de rameaux. Les
fleurs fertiles produisent de longues siliques remplies de
graines. La couleur des fleurs est le blanc, le rouge, le
violet, les couleurs intermédiaires, et les bigarrures de ces
couleurs, qui varient à l'infini. L'espèce du *cap de
Bonne-Espérance* est de plus grande dimension dans
toutes ses parties ; elle est peu répandue.

La G. *grecque* présente les mêmes variétés de couleur ;
elle ne diffère des précédentes qu'en ce que ses feuilles
sont lisses et d'un vert foncé ; on en possède quelques variétés annuelles, mais dont on ne fait guère usage, à cause
de la rareté des fleurs doubles parmi les plantes obtenues
de semis.

Mais il est une autre espèce annuelle très-cultivée qu'on
nomme *quarantaine*. Elle est peu élevée, a les feuilles
blanchâtres et un peu velues ; ses fleurs présentent les

mêmes variétés de couleur que la G. *des jardins*, dont elle ne diffère que parce qu'elle est annuelle, plus basse et moins ramifiée. On doit la semer au mois de mars sur couche, ou même seulement à bonne exposition, et on la met en place quand le plant est assez fort, c'est-à-dire porte une douzaine de feuilles réunies en tête.

Pour celles-ci, comme pour toutes les giroflées, on ne garde que quelques individus à fleurs simples pour avoir des graines; les autres sont arrachées, et l'on attend l'apparition des premiers boutons avant de les mettre en place ou en pot, pour ne pas repiquer des sujets simples. On distingue longtemps à l'avance quelle sera leur qualité; ceux qui sont globuleux, cotonneux et arrondis, et cèdent sous la dent, sont à fleurs doubles, tandis que ceux qui sont allongés, plus pointus et résistent sous la dent, sont simples. L'on a remarqué que les graines de giroflées de deux ans donnent beaucoup plus de sujets doubles que celles de la première année.

Quant à la culture générale des giroflées, elle exige des soins et des précautions. Excepté les quarantaines, il est rare de placer ces plantes en pleine terre. Le choix de la terre est aussi de la plus grande importance. Il faut une erre forte, mélangée de bon terreau bien fin, et de fumier de cheval ou de vache très-décomposé et pas trop gras. Il faut encore faire le semis sur couche, pour obtenir les individus en plumet ou en pyramide, à tige unique; il faut leur faire subir une taille vigoureuse, mais bien simple; elle consiste à retrancher exactement les rameaux latéraux, mais non les feuilles.

GLAÏEUL *commun* (gladiolus communis, L.); viv. De mai en juin; fleurs blanches ou rouges. Multiplication de caïeux en automne; terre légère. G. *cardinal*; en juillet et août; fleurs écarlates, à taches blanches. Terre de bruyère ou légère et mélangée à du terreau de feuilles. Multiplication de caïeux en mars et avril. Les lever en automne, pour ne les replanter qu'au printemps. Même culture pour les G. *psittacinus, pulcherrimus, blandus.*

GLYCINE *tubéreuse* (glycine apios, L.); viv., grimpante. De juin en septembre; fleurs d'un rouge foncé, panachées de couleur de chair. Terre légère, chaude; arrosements; multiplication par séparation des tubercules tous les trois ans. Même culture pour les G. *sinensis* et *frutescens.*

GOMPHRÈNE *globuleuse* (gomphrena globosa, L.); ann. De mai en octobre; tête de fleurs blanches, roses ou violacées; semis sur couche chaude. Repiquer avec la motte en terre franche, légère, au midi.

GORDONIE *glabre* (gordonia lasianthus, L.); lign. En septembre et octobre; fleurs blanches. G. *pubescens;* en août et septembre; fleurs blanches, à odeur de violette. Terre franche, légère et chaude; semis sur couche, ou marcottes. Couverture l'hiver, mais plus sûrement en orangerie.

GRENADILLE *bleue* (passiflora cærulea, L.); vivace, grimpante. De juillet en octobre; fleurs blanches, bleues et purpurines. Terre meuble; multiplication de marcottes et de boutures sur couche; couverture l'hiver. Même culture pour le P. *incarnata*, à fleurs blanches, purpurines et noires.

GROSEILLIER *odorant* (ribes palmatum, L.); lign. En avril; fleurs jaunes, odorantes. Culture du groseillier ordinaire, ainsi que pour les espèces : *aureum*, à fleurs jaunes et odorantes; — *sanguineum*, fleurs d'un rose vif; — *atrosanguineum*, — de Sibérie, des Alpes, du Canada, remarquable, noir, à feuilles de mauve, etc.

GUIMAUVE *commune* (althea officinalis. L.); viv. De juillet en septembre; fleurs d'un blanc pourpré; tout terrain : multipl. par éclats.

GYROSELLE *de Virginie* (dodecatheon meadia, L.); viv. Au printemps; fleur d'un rose vif. Terre franche, légère, chaude; couverture l'hiver. Multipl. de graines et d'éclats.

GYPSOPHILE *élégant* (gypsofila elegans, L.); ann. Tout l'été; fleurs blanches; semis au printemps; terre légère, sèche. Même culture pour les G. *muralis*, à fleurs rougeâtres mêlées de pourpre; G. *paniculata*.

HALESIE *à quatre ailes* (halesia tetraptera, L.); lign. En mai; fleurs pendantes, d'un blanc pur; fruit à quatre ailes, mangeable. Terre franche, légère; semis en terrines, ou marcottes avec le bois de l'année précédente. Même culture pour l'H. *diptera*.

HAMAMÉLIS *de Virginie* (hamamelis virginica, L.); viv. En automne; fleurs jaunes. Terre légère, ombragée; semis et marcottes incisées.

HARICOT *d'Espagne* (phaseolus coccineus, L.); ann. Tout l'été; fleurs rouges. Variétés blanche et rouge, ou bicolor. Culture du haricot ordinaire. Semis en avril.

HÉLÉNIE *d'automne* (helenium automnale, L.); viv. D'août en novembre; fleurs jaunes. Tout terrain; multipl. d'éclats.

HELLÉBORE *à fleurs roses, rose de Noël* (helleborus niger, L.); viv., indig. Tiges écailleuses. De décembre en février; fleurs grandes, blanc rosé. Terre franche, légère, mi-soleil. Multipl. par éclats ou de graines sitôt mûres, qui donnent des variétés plus ou moins roses et fleurissent la troisième année. Même culture pour l'H. *hyemalis*, à fleurs jaunes.

HÉLONIAS *rose* (helonias bullata, L.); viv. En mai; épi de fleurs roses. Terre de bruyère, demi-ombre. Multipl. de semis ou d'œilletons. Même culture pour l'H. *asphodeloïdes*.

HÉMÉROCALLE *jaune* (hemerocallis flava, L.); viv. En juin; fleurs jaunes, odorantes. Les feuilles sont radicales, étroites, longues de deux ou trois pieds; les tiges, d'un tiers plus grandes, se ramifient beaucoup et portent les fleurs. Les H. *à fleurs bleues* et *à fleurs blanches* demandent la terre de bruyère et une légère couverture. Multiplication facile de graines; mais alors elles ne fleurissent que la troisième année; c'est pourquoi on préfère le moyen de la séparation des tubercules qui terminent les racines et se portent quelquefois à de grandes distances. Même culture pour les H. *fulva*, à fleurs d'un rouge fauve; — H. *japonica*, à grandes fleurs blanches, odorantes; — H. *cærulea*, à fleurs d'un bleu violacé.

HÉRACLÉE *à larges feuilles* (heracleum panaces, L.); viv. En juillet et août; fleurs d'un blanc jaunâtre, en ombelle. Multipl. de semis aussitôt la maturité, et par éclats.

HÊTRE *commun* (fagus sylvatica, L.); lign. Bel arbre ayant fourni plusieurs variétés intéressantes que l'on multiplie par la greffe. Terre franche, profonde et fraîche. Multipl. de graines stratifiées. Variétés : pleureur, rouge, cuivré, panaché, à feuilles de fougère.

HORTENSIA (hortensia). Cette plante ne dépasse guère deux pieds. Ses tiges, presque herbacées, mais néanmoins assez fortes, pointillées de brun, sont pesamment chargées de grandes feuilles opposées, du plus beau vert, finement dentées, persistantes dans les serres. Pendant tout l'été, l'extrémité des rameaux donne naissance à de magnifiques bouquets de fleurs disposées en globules, qui passent du vert au rose, et du rose au blanc, quelquefois au violet, au rouge, et toujours au bleu quand la terre contient une assez grande quantité d'oxyde de fer. Cette plante demande la terre de bruyère, de fréquents arrosements et l'ombre. Il est bon de renouveler la terre et les pots chaque année. Multipl. très-aisément de rejetons, boutures et marcottes, qui fournissent promptement des racines, et fleurissent dès la première année. Mais il est bon de couper cette fleur pour ne pas énerver le plant et avoir un bon pied. Les hortensias passent l'hiver en pleine terre ; mais on risque quelquefois de les perdre si on ne les couvre fortement.

HOTTEGA *du Japon* (hottega japonica, L.); viv. En juin et juillet; fleurs blanches. Terre légère ; mulipl. d'éclats au printemps.

HOUX *commun* (ilex aquifolium, L.); lign. Toujours vert. En mai et juin ; fleurs verdâtres ; baies blanches, jaunes ou rouges ; tout terrain ; semis aussitôt la maturité des graines. Variétés à feuilles panachées de blanc, de rouge, de violet.

HYDRANGÉE *à feuilles de chêne* (hydrangea quercifolia, L.); lign. En été ; panicules de fleurs blanches. Terre légère et fraîche ; couverture l'hiver. Multipl. de marcottes, boutures et drageons. Même culture pour l'H. *arborescens*.

IBÉRIDE *de Perse*, thlaspi vivace (iberis sempervirens, L.); viv. En avril et mai ; corymbe de fleurs blanches ; terre franche, légère ; boutures et marcottes tout l'été.

IF *commun* (taxus baccata, L.) ; lign. Toujours vert, se prêtant très-bien à toutes les formes qu'on lui donne par la taille. Terre ordinaire ; multipl. de graines, marcottes et boutures.

IMMORTELLE *orientale* (gnaphalium orientale, L); viv. D'août en avril ; fleurs en corymbe, d'un beau jaune luisant, ainsi que le calice. Se renouvelle de boutures. I. *globuleuse*, fleurs d'un beau jaune, ayant le calice commun, rose foncé; tache carmin à l'extrémité des écailles. Culture en pots et en terre de bruyère ; mult. de graines sous châssis ; conservation en serre tempérée ; arrosements modérés. Cette plante se conserve très-difficilement après sa première floraison.

IPOMÉE *écarlate* (ipomea coccinea, L.); ann., grimpante. De juillet en septembre ; fleurs écarlates. Terre légère et chaude ; semis sur couches ; repiquer en avril et mai. Même culture pour les I. *quamoclit*, d'un rouge vif ; — I. *nil*, à fleurs bleues ; — I. *insignis*; fleurs roses en dedans et rouges en dehors ; — enfin le *volubilis* des jardiniers, ou I. *purpureus*, et ses nombreuses variétés blanches, bleues, roses, panachées.

Iris *d'Allemagne* (iris germanica, L.). On connaît plus de cinquante espèces d'iris, la plupart très-agréables et contribuant puissamment à l'ornement des jardins; les racines sont tubéreuses, bulbeuses, les feuilles souvent distiques, gladiées ou graminiformes, les branches simples ou rameuses, pleines ou fistuleuses, portant une ou plusieurs fleurs, souvent fort grandes, dont la forme est connue de tout le monde. Les iris se multiplient facilement par la séparation de leurs bulbes ou rhizomes, et par graines. Dans les parterres et les massifs, on en forme des touffes, et dans les jardins potagers. Ces plantes font un très-bel effet soit sur les bords des bosquets, soit dans les gazons, soit même sur les rochers, les cabanes et les murailles, où quelques espèces croissent sans difficulté. L'*iris germanique*, dit *flambe*, atteint un mètre de hauteur; chaque tige porte jusqu'à six fleurs, où le bleu violet domine, et qui ont sur les pétales ou les stigmates plusieurs nuances d'un effet charmant; leur forme est singulière. Les I. *sale, varié, jaunâtre*, ne diffèrent des premiers que par la couleur des fleurs; l'I. *des marais*, dit *glaïeul*, à racines entrelacées, à tiges rameuses, à fleurs jaunes; l'I. *des prés*, le plus élevé et l'un des plus remarquables; ses fleurs, bleues, nuancées, sont veinées de jaune et de blanc; i'I. *nain*, qui ne dépasse pas six pouces, à fleurs solitaires, offrant mille variétés de couleurs très-propres à former des bordures, des touffes, et à orner les gazons, ainsi que l'I *printanier*, qui lui ressemble beaucoup: toutes ces espèces sont fort rustiques, croissent partout sans aucun soin; il faut, au contraire, mettre des bornes à leur envahissement.

L'I. *de Suze*, dit l'I. *en deuil*, à fleurs brunes, rayées de pourpre, et l'I *de Florence*, à grandes fleurs blanches, craignent les gelées. On doit les couvrir l'hiver.

Tous les I., dont les fleurs sont légèrement odoriférantes, surtout quand le soleil les frappe, se multiplient de graines qui ne fleurissent qu'au bout de cinq ans; aussi préfère-t-on le mode de séparation des racines et des rejets, presque toujours abondants. Les espèces à *racines bulbeuses* sont: l'I. *bulbeux*, à grandes fleurs de couleurs très-variées, souvent panachées, et dont les stigmates sont divisés en deux; l'I *double bulbe*, ainsi nommé de sa racine double; ses fleurs sont violettes; l'I. *de Perse*, à feuilles linéaires, glauques; il se distingue par sa fleur sans pédoncule solitaire, presque posée sur la racine. Ces espèces sont délicates ; on les multiplie de caïeux, que l'on obtient en relevant les bulbes tous les trois ans.

ISOTOME *axillaire* (isotoma axillaris, L.); bisann. Tout l'été; fleurs blanches; multipl. de graines.

ITÉE *de Virginie* (itea virginica, L.); lign. En juin; grappe de fleurs blanches. Terre sablonneuse, ombragée; multipl. de rejetons et marcottes par strangulation.

JACINTHE, *hyacinthe* (hyacinthus orientalis, L.). Les variétés sont fort nombreuses; les Hollandais les ont poussées jusqu'à 2,000, parmi lesquelles il y en a au moins 500 faciles à distinguer. La jacinthe se multiplie de semence et de caïeux : par les semences, on se procure de nouvelles variétés que l'on propage par les caïeux.

Outre l'*espèce des fleuristes*, on cultive encore la J. *musquée*, agréable par son odeur, à épi serré de fleurs globuleuses, de couleur rougeâtre; la J. *paniculée*, assez élevée et d'un aspect charmant. On doit encore multiplier dans les bosquets la J. *des bois*, à feuilles linéaires étalées, à fleurs bleues, qui se multiplie facilement de graines sans aucun soin. Voici les principales qualités que les amateurs exigent des jacinthes. Il faut : 1° que la tige soit droite et soutienne les fleurs; 2° que les feuilles, d'un beau vert, ne s'étalent pas à terre; 3° que les fleurs soient à pétioles inégaux, d'autant moins longs qu'ils approchent davantage du sommet de la pyramide; 4° que les fleurs soient courtes, larges et bien garnies dans les espèces doubles; 5° enfin que les couleurs soient pures, vives et tranchées.

Quelques amateurs distinguent les jacinthes en *simples, semi-doubles*, qui sont fécondes; *doubles*, qui offrent comme deux fleurs simples l'une dans l'autre, et enfin *quadruples* ou *pleines*. Mais les Hollandais, qui sont passés maîtres dans l'art de cultiver les jacinthes, les divisent seulement, comme les tulipes, en *simples* et en *doubles*.

La jacinthe craignant la sécheresse et en même temps les arrosements, l'on a essayé plusieurs sortes de terre. On peut dire néanmoins que la jacinthe aime un sol très-meuble, léger et riche. L'expérience a démontré comme préférable un mélange de deux parties de terre de bruyère, trois de bouse de vache bien consommée, et une de tan ou de terreau de feuilles. On mélange bien le tout, dont on compose les planches destinées aux jacinthes. On plante les oignons vers le commencement de l'automne; ils ne craignent que les froids très-intenses, et l'on couvre les planches de feuilles, de litière, de paillassons, pour les en garantir. Au moment de la floraison, il faut encore abriter quelquefois avec des toiles ou des nattes tendues et soutenues par des piquets. Les rats et les souris attaquent souvent les bulbes, pendant que les limaces font, de leur côté, une rude guerre aux jeunes plantes.

Au moment de la floraison, il faut quelquefois soutenir les tiges avec des baguettes ; après la floraison, on dépose les oignons dans un casier ; on détache les feuilles, mais on conserve les racines, les caïeux et la terre qui y adhère. On les fait d'abord sécher à l'air libre, mais non au soleil, puis on les place dans une pièce sèche. Pendant l'hiver, on cultive les jacinthes dans des pots ou sur des carafes remplies d'eau légèrement salée ou charbonnée.

La multiplication des jacinthes a lieu par les semis pour obtenir de nouvelles variétés, et les caïeux pour conserver les anciennes. On sème au mois d'octobre dans des terrines ou sur des planches de terre préparée, qu'il faut, en tout cas, couvrir pendant l'hiver. Les deux premières années au moins, on laisse les jeunes plants en place ; des sarclages, des arrosements, des précautions contre le froid et le grand soleil sont les seuls soins qu'ils réclament. Après deux ans, on les lève, et, après le repos ordinaire, on les met en pépinière. Les uns les retirent chaque année pendant leur saison morte, comme les oignons faits ; les autres les y laissent deux ans, en renouvelant la terre. Enfin, au bout de quatre ans au plus, ces oignons donnent une tige a fleurs qu'on ne peut ordinairement juger qu'après la troisième fleuraison. En Hollande, les jacinthes conservent leur beauté pendant dix ans ; mais, chez nous, elles dégénèrent au bout de trois. Moins les oignons sont enterrés, plus les caïeux sont nombreux. D'ailleurs on en détermine la formation en faisant des blessures aux écailles ou tuniques et des incisions aux couronnes. On tire également partie d'un oignon gâté en lui faisant produire des caïeux. Les caïeux ne doivent se détacher que lorsqu'ils sont bien formés.

Jasmin. Il y a des jasmins de pleine terre et de serre chaude. Le mérite de leurs fleurs odoriférantes est connu et apprécié de tout le monde ; ils fournissent, en général, de nombreux rejets qui servent à les multiplier ; on le fait encore facilement par le moyen des marcottes et des boutures. Les espèces de jasmins de pleine terre sont : le J. *aune*, à tiges nombreuses, droites et faibles, à feuilles allongées, à divisions entières, à fleurs jaunes, petites, disséminées à l'extrémité des rameaux, se succédant pendant longtemps. Cette espèce est fort rustique, et doit être recherchée dans les massifs et les bosquets, à cause de ses belles touffes, qui cependant s'étalent trop. Elle croît dans les mauvais terrains.

Le J. *d'Italie* ressemble au précédent, mais il est plus petit ; de même que le précédent, ses fleurs jaunes sont inodores et ses feuilles persistantes.

Le J. *blanc* perd ses feuilles. C'est un arbrisseau sarmenteux très-recherché pour son élégance et l'odeur suave de ses innombrables fleurs. Il est assez rustique : cependant ses rameaux gèlent quelquefois. Ses fortes tiges sont grises, mais les jeunes branches sont d'un vert foncé ; les feuilles, également très-foncées, sont allongées, composées de sept folioles aiguës ; les fleurs, blanches, ont un tube et un limbe aplati.

Les principales espèces d'orangerie sont : le J. *d'Espagne*, originaire des Indes, comme le précédent. Il lui est semblable, mais plus petit ; ses rameaux, faibles, ne grimpent pas ; ses fleurs sont plus grandes et rougeâtres à l'extérieur ; elles sont aussi fort odoriférantes.

Le J. *à feuilles de troène* a les fleurs du dernier, mais il se distingue par ses feuilles simples et glauques.

Le J. *des Açores*, à longs rameaux pendants, sarmenteux, à feuilles ternées, luisantes et foncées ; à fleurs nombreuses, blanches, très-odorantes.

Le J. *jonquille*, à fleurs jaunes, d'un odeur suave ; à feuilles de forme variée, lisses, d'un beau vert, alternes. Cette espèce est celle qui soutient le mieux ses rameaux.

Toutes ces espèces conservent leurs feuilles pendant l'hiver.

JOUBARBE *des toits* (sempervivum tectorum, L.); viv. Tout l'été ; épi de fleurs rougeâtres Terre légère et sèche ; multipl. par la séparation des rosettes. De même pour le S. *arachnoideum.*

JULIENNE *des jardins* (hesperis matronalis, L.); bisann. De mai en juin ; fleurs simples ou doubles, blanches ou violettes. Terre franche, substantielle ; multipl. de boutures et d'éclats. — J. *de Mahon ;* ann.; fleurs rouges et lilas, puis blanches et violettes. Semis de mars en juillet.

KALMIA *à larges feuilles* (kalmia latifolia, L.); lign. En juin et quelquefois en septembre ; corymbe de fleurs rosées, carnées ou blanches. Terre de bruyère humide, demi-ombre ; multipl. de semis en terrines, de marcottes et de rejetons. Orangerie pendant les deux premières années des semis. Même culture pour les K. *glauca, angustifolia, oleifolia*.

KAULFUSSIE *amelloïde* (claricis heterophylla. L.); ann. Tout l'été; fleurs bleues; semis en place au printemps.

KETMIE *des jardins* (hybiscus syriacus, L.). C'est l'*althæa frutex* des jardiniers. D'août en septembre; fleurs grandes, simples ou doubles, blanches, rouges, violettes ou panachées. Terre franche, légère, un peu fraîche; multipl. de semis, boutures et marcottes.

KOELREUTERIA *paniculée* (Kœlreuteria paullinoïdes, L.); lign. En juin; fleurs jaunes. Terre franche, fraîche et légère; multipl. de semis, marcottes, boutures et rejetons. Abriter les jeunes sujets pendant les deux premières années.

LAMIER *orvale* (lamium orvalum, L.); viv. D'avril en juin; fleurs blanches tachées de rouge. Terre franche, humide, au soleil; multipl. d'éclats ou de semis au printemps, pour repiquer en automne.

LAURIER *commun* (laurus nobilis, L.); lign. A les feuilles lisses, fermes, d'un vert foncé; les fleurs peu apparentes, remplacées par des baies noires. Toutes les parties de cet arbuste sont très-aromatiques et servent à donner du goût aux sauces; les couronnes sont l'emblème de la victoire remportée dans les luttes guerrières ou académiques, et l'on croyait jadis que son feuillage préservait de la foudre.

Les L. *sassafras* et des *Indes* atteignent souvent 13 à 14 mètres; ils sont très-rameux, à grandes feuilles divisées en lobes dans la première espèce, et lancéolées dans la seconde; les fleurs sont petites, en grappes et remplacées par des baies de couleur bleue.

Les L. *camphrier* et *avocatier* sont encore deux espèces fort élevées et qui méritent l'attention: la dernière fournit un très-bon fruit violet, de la grosseur d'une poire; l'autre est un bel arbre, très-aromatique, à rameaux rougeâtres, à feuilles luisantes et vertes en dessus, pâles en dessous, et à fruits en baies rouges assez grosses. On en tire cette substance si employée en médecine, surtout dans la médecine Raspail, et connue sous le nom de camphre.

Le L. *rouge* ou *Bourbon* est encore un fort bel arbre; son bois est rose et recherché en ébénisterie; les feuilles sont fort épaisses, les fleurs jaunes et très-petites; son fruit est une baie bleue contenue dans une capsule rouge.

Parmi les espèces peu élevées, on distingue le L. *faux benjoin*, qui ne dépasse pas quatre pieds et forme buisson; il perd ses feuilles chaque année.

Ces arbustes se plaisent dans une bonne terre légère, mieux encore de bruyère, avec arrosements fréquents. On les multiplie de toutes façons; mais, pour les marcottes, il faut employer le procédé de l'incision.

LAURIER-ROSE (nerium, L.). Charmant arbrisseau des pays méridionaux de l'Europe, et fort répandu dans les jardins. On le recherche pour ses belles touffes et ses belles fleurs; le collet de la racine fournit le plus souvent de nombreuses tiges qui s'élèvent dans les caisses jusqu'à 7 ou 8 pieds, sont bien garnies de rameaux et de feuilles opposées le plus ordinairement trois à trois, lancéolées, fermes, entières, persistantes; les fleurs sont disposées en bouquets terminaux, de couleur rose ou blanche. On possède une variété à fleurs panachées et une à fleurs doubles; cette dernière, de la plus grande beauté, y réunit encore une odeur douce et suave. Les fleurs se succèdent fort longtemps. Le suc des rameaux de cet arbuste est vénéneux.

On doit les arroser fréquemment et les mettre en bonne terre. Leur multiplication est facile et se fait de toutes manières.

LAVATÈRE, *mauve fleurie* (lavatera trimestris, L.); ann. De juillet en septembre; fleurs blanches ou roses. Terre franche, légère, au midi; semis sur couche tiède.

LAVANDE *commune* (lavandula spica, L.): viv., aromatique, propre à faire des bordures. Terre sèche, légère et chaude; multipl. de graines et d'éclats profondément plantés.

LEDON, *thé de Labrador* (ledum latifolium, L.); lign., aromatique. En avril; fleurs blanches. Terre de bruyère ombragée; multipl. de boutures, marcottes et rejetons.

LEPTOSIPHON *androsace* (leptosiphon androsaceus, L.); ann. Tout l'été; fleurs bleues ou blanches. Terre légère; semis au printemps. Même culture pour le *L. densifolium*, à fleurs d'un rose clair.

LEYCESTERIA *élégante* (leycesteria formosa, L.); lign. Tout l'été; fleurs d'un blanc rosé. Terre légère; multipl. de marcottes et de boutures; couverture l'hiver.

LIATRIS *rude* (liatris squarrosa, L.); viv. D'août en octobre; épis de fleurs purpurines. Terre ordinaire; multipl. de graines aussitôt mûres, ou par éclats. Même culture pour les *L. odoratissima, spicata* et *elegans*, cette dernière à fleurs lilas.

LIERRE *d'Irlande* (hedera hibernica, L.); lign., à feuilles plus grandes que le lierre commun et croissant beaucoup

plus vite. Variété panachée. Multipl. de graines, de boutures ou de branches enracinées. Tout terrain.

LILAS (*syringa*, L.). Connu de tout le monde, dont les
fleurs sont malheureusement trop passagères. Les fleurs de
lilas sont très-odorantes, disposées en volumineux panicules terminaux. Ils se multiplient de toute manière, mais
surtout de rejetons.

Le L. *commun* forme taillis et arbre; c'est le plus élevé;
ses feuilles sont d'un beau vert, entières, en cœur; il offre
une variété à fleurs blanches et à fleurs panachées.

Le L. *varin* a les feuilles plus petites et plus pointues, les
rameaux plus flexibles et plus allongés que le précédent.

Le L. *de Perse*, à feuilles encore plus petites et plus
pointues

Le L. *lacinié* a les mêmes feuilles découpées profondément et d'une manière irrégulière. On pourrait dire que
toutes ces espèces ne sont que des variétés d'une seule.

LIN *vivace* (linum perenne, L.); viv. En août; fleurs
bleues. Tout terrain; multipl. de graines et d'éclats.

LINAIRE *à feuilles d'orchis* (linaria bipartita, L.); ann.
En été; jolies fleurs d'un bleu violacé. Terre ordinaire;
semis au printemps. L. *des Alpes;* bisann.; fleurs d'un
bleu pourpre, à palais orangé; même culture.

LIQUIDAMBAR *copal* (liquidambar styraciflua, L.); lign.
On en connaît deux espèces, toutes deux résineuses et aromatiques, dont la première fournit le baume de *copahu*, et
l'autre le parfum dit *styrax*. Ces arbres délicats se multiplient de semences en terre de bruyère, à exposition
chaude, et ne peuvent servir que comme ornement dans
les jardins paysagers.

Le L. *d'Amérique* est un arbre assez élevé, très-commun
dans les lieux aquatiques de cette partie du monde.

Le L. *d'Orient* a les feuilles sinuées et plus courtes que
celles du précédent; on peut le multiplier de marcottes.

LINNÉE *boréale* (linnæa borealis, L.); viv. En mai; fleurs
odorantes, roses à l'intérieur, blanchâtres en dehors. Terre
de bruyère fraîche et ombragée. Multipl. de marcottes ou
de rameaux enracinés; couverture l'hiver.

LIS *blanc* (lilium candidum, L.); viv. En juillet; fleurs
blanches. Terre franche, légère; multipl. par la séparation
des caïeux tous les deux ou trois ans. Même culture pour
tous.

Le L. *rouge* ou *tigré* en diffère peu, si ce n'est par ses
fleurs rouges mouchetées de noir.

Le **L.** *de la Chine*, à fleurs rouges tachées de brun; le *turban* ou de *Pomponne*, à feuilles linéaires et fleurs pendantes, peu nombreuses, de même couleur, ainsi que le **L.** *de Philadelphie*, sont les espèces les plus basses.

Les espèces dites *martagons* sont le **L.** *superbe*, qui atteint 5 pieds, à grandes fleurs jaunâtres, mouchetées de noir, très-nombreuses; le **L.** *du Canada*, à peu près semblable, mais moins remarquable; le **L.** *martagon*, à fleurs d'un rouge jaunâtre, à points noirs; enfin le **L.** *de Chalcédoine*, dont les fleurs sont du rouge le plus éclatant.

Liseron, *belle-de-jour* (convolvulus tricolor, L.); ann. De juin en septembre; fleurs bleues, blanches ou panachées. Terre légère et chaude; semis au printemps.

Loasa *orangée* (loasa aurantia, L.). Grimpante; en été; grandes fleurs jaunes. Terre ordinaire, midi; semis au printemps, ou multipl. de boutures. Orangerie.

Lobélie *cardinale* (lobelia cardinalis, L.); lign. De juillet en novembre; fleurs écarlates. Terre de bruyère; multipl. de marcottes et de boutures, ou de semis sur couche tiède. Couverture l'hiver, ou mieux orangerie. Même culture pour les **L.** *bellifolia, laurentia, inflata, erinus.* — Les **L.** *lævigata, syphilitica* et *purpurea* craignent moins le froid.

Lopézie *à grappe* (lopezia racemosa, L.); ann. De mai en décembre; fleurs d'un rose foncé. Terre franche, légère et chaude; semis sur couche chaude.

Lotier *rouge* (lotus tetragonolobus, L.); ann. En juin et juillet; fleurs d'un rouge foncé. Terre légère et chaude; semis sur couche. Même culture pour le **L.** *jacobæus*, à fleurs d'un brun foncé.

Lunaire *monnayère* (lunaria annua, L.); ann. En avril et mai; fleurs rouges ou pourpres. Terre ordinaire; semis.

Lupin *vivace* (lupinus perennis, L.). En mai et juillet; fleurs d'un bleu lilas. Terre légère et chaude; semis aussitôt la maturité des graines. Même culture pour le **L.** *luteus*, à fleurs jaunes.

Lychnide, *croix de Jérusalem* (lychnis chalcedonica, L.); viv. En juin et juillet; fleurs d'un rouge éclatant, en forme de croix de Malte. Variétés: *blanche, rose, safranée, écarlate, double.* Terre légère et fraîche; multipl. de graines, de boutures et d'éclats. De même pour les **L.** *fulgens, grandiflora.* Orangerie.

Lyciet *de la Chine* (lycium sinense, L.); lign. Tout l'été;

fleurs d'un violet pourpre. Tout terrain ; multipl. de drageons, comme les L. *jasminoïde,* L. *barbarum.*

Lysimachie *commune* (lysimachia vulgaris, L.); viv.
En juillet ; fleurs jaunes. Terre humide ; multipl. par
traces. Même culture pour la' L. *ephemerum,* à fleurs
blanches.

Maclure *épineux* (maclura aurantiaca, L.); lign. Bel
arbre. En juin et juillet ; fleurs verdâtres ; fruits de la grosseur d'une orange. Terre légère, ombragée ; multipl. de
marcottes et rejetons.

Madia *du Chili* (madia elegans, L.) ; ann. Tout l'été,
fleurs jaunes, à rayons rougeâtres à la base. Terre ordinaire ; semis au printemps.

Magnolier *à grandes fleurs* (magniola grandiflora, L.).
De juillet en novembre ; fleurs larges de 7 à 8 pouces,
blanches, odorantes. Terre franche, substantielle et profonde, au sud-ouest; multipl. de marcottes ou par la greffe.
Même culture pour les variétés suivantes :

Le M. *acuminé* ressemble au précédent, mais n'a pas
d'aussi belles fleurs ; elles sont d'un bleu verdâtre peu
apparent.

Le M. *glauque, de castor, bleu, de marais,* est un
arbrisseau formant buisson, qui ne dépasse pas 5 mètres.
Les feuilles ne sont glauques qu'en dessous, les fleurs
blanches, quelquefois pourpres et doubles. Il demande un
sol humide.

Le M. *auriculé* ressemble au premier pour les fleurs,
mais a les branches nombreuses, et n'atteint que la moitié
de sa taille.

Le M. *à grandes feuilles,* de même taille que le précédent, est très-remarquable par ses feuilles ovales, glauques
en dessous, longues de deux pieds.

Le M. *parasol* a les feuilles à peu près de même longueur, mais plus étroites.

Le M. *Yulan,* à rameaux et nervures de feuilles légèrement velus, exige l'orangerie, ainsi que celui à *feuilles
bordées,* arbrisseau en buisson, de hauteur d'homme,
à fleurs blanches, ornées d'une bande de couleur carmin.

Mahonie *à feuilles de houx* (mahonia aquifolia, L.);
viv. En avril et mai ; grappes de fleurs jaunes. Terre de
bruyère, et même culture que l'épine-vinette, sur laquelle
on peut la greffer. On cultive encore la M. *fascicularis,
aquifolia, glumacea, repens* et *tenuifolia.*

13*

MALOPE *à trois lobes* (malope trifida , L.); ann. Tout l'été ; fleurs d'un rose foncé ou blanches. Semis sur couche ou sur place. M. *grandiflora*, à fleurs plus rouges. Même culture, mais orangerie.

MARBONNIER *d'Inde* (æsculus hippocastanum, L.); lign. Bel arbre. En mai ; fleurs blanches panachées de rouge. Variétés à fleurs rouges, à feuilles panachées. Terre franche et profonde ; multiplication de graines stratifiées.

MATRICAIRE *mandiane* (matricaria mandiana, L.); viv. Toute l'année ; fleurs blanches, très-doubles. Terre légère ; multiplication de semis et d'éclats.

MAURANDIE *toujours fleurie* (maurandia semperflorens, L.); vég. grimpant. De mars en septembre ; grandes fleurs d'un rose pourpre.— M. *antirrhiniflora*; fleurs liliacées. —M. *barclayana*; fleurs très-grandes et bleues. Terre légère ou de bruyère, exposition chaude; multiplication de graines, boutures ou marcottes ; couverture l'hiver ou orangerie.

MAUVE *crépue* (malva crispa, L.); ann. En juillet ; fleurs blanches. Terre ordinaire ; semis dès la maturité des graines. Même culture pour la M. *creeana*, à fleurs roses ou d'un rouge de cinabre.

MÉLÈZE *d'Europe* (larix europæa, L); lign. Bel arbre résineux, à feuilles caduques. Terre franche, légère, exposition en plein nord ; multipl. de semis. Variété : *noir d'Amérique*, à rameaux pendants.

MÉLILOT *bleu* (melilotus cærulea, L.); ann. En août; fleurs bleues, en grappes. Terre légère, chaude ; semis au printemps.

MÉLISSE *à grandes fleurs* (melissa grandiflora, L.); aromatique. De juin en septembre ; fleurs rouges. Terre légère et chaude ; multipl. de graines et d'éclats. Même culture pour la M. *officinalis*.

MÉLITTE *à feuilles de mélisse* (melittis melissophyllum, L.); viv. En mai et juin ; fleurs blanches ou roses. Terre légère et fraîche ; multipl. de graines et d'éclats.

MÉNISPERME *du Canada* (menispermum canadense, L.); lign., grimpant. En juin et juillet; fleurs verdâtres. Terre ordinaire; multipl. de traces, d'éclats et de boutures. De même pour les M. *virginicum* et *carolinianum*.

MENTHE *poivrée* (mentha piperita, L.); viv., aromatique. Terre ordinaire; multipl. de drageons et d'éclats, comme pour la M. *sativa*.

MÉNYANTHE, *trèfle d'eau* (menyanthes trifoliata , L.); viv. En juillet; épis de fleurs blanches, à limbe couvert de cils blancs. Terre marécageuse ou inondée; multipl. par éclats.

MENZIÉZIE *à feuilles de poliium* (menziezia poliifolia, L.); lign. En été; fleurs pourpres. Terre de bruyère, demi-ombre; multipl. de marcottes.

MÉRENDÈRE *bulbocode* (merendera bulbocodium , L.); viv. En mars; fleurs blanches, puis purpurines. Terre légère; multipl. par caïeux qu'on replante de suite. Même culture pour le M. *tigrinum.*

MÉRATIER *du Japon* (meratia fragrans, L.); lign. Tout l'hiver; fleurs d'un blanc sale , très-odorantes. Terre légère et fraîche , à demi-ombre; multipl. de rejetons et marcottes.

MÉRISIER *à grappes* (cerasus padus, L.); lign. En mai; fleurs blanches, fruits noirs. Culture des cerisiers.

MICOCOULIER *de Provence* (celtis australis, L.); lign. Fleurs verdâtres; fruits d'un rouge noirâtre, comestibles. Terre profonde, franche et chaude : semis en pot aussitôt la maturité des graines ; le jeune plant en orangerie pendant les trois premières années. De même pour les C. *orientalis et occidentalis.*

MILLEPERTUIS *à grandes feuilles* (hypericum calycinum, L.); lign. De juin en septembre ; fleurs jaunes. Terre franche, légère, à demi-ombre ; multipl. de graines et de marcottes, de boutures et d'éclats. De même pour les H. *rosmarinifolium, macrocarpum, elegans, pyramidalum, hirsutum, olympicum.*

MIMULE *de Virginie* (mimulus ringens , L.); viv. De juillet en août ; fleurs bleues. Terre légère , humide, à demi-ombre ; multipl. d'éclats ou de graines aussitôt mûres. De même pour les M. *guttatus*, à fleurs ponctuées de rouge ; M. *viscosus*, mais couverture l'hiver ; M. *roseus;* fleurs roses, ponctuées ; M. *cardinalis;* fleurs écarlates ; M. *moschatus*, à fleurs jaunes, musquées comme toute la plante.

MOLÈNE *purpurine* (verbascum phœniceum, L.); bisann. De juin en juillet; fleurs d'un rouge bleuâtre. Variétés à fleurs pâles et à fleurs roses. Terre substantielle ; multipl. de graines aussitôt mûres. — V. *ferrugineum;* viv.; fleurs ferrugineuses; même culture.

MITCHELLA *rampante* (mitchella repens , L.); lign. En juin ; fleurs blanches, odorantes. Terre de bruyère humide; multiplication de marcottes et de rameaux enracinés.

MONARDE *fistuleuse* (monarda fistulosa, L.); lign. De juillet en août : fleurs d'un pourpre pâle ou blanches. Terre légère, substantielle, demi-ombre; multiplication d'éclats; couverture l'hiver. Même culture pour les M. *didyma* ; fleurs d'un rouge vif; M. *punctata*.

MORÉE *de la Chine* (morea sinensis, L.); viv. En juin et juillet; fleurs orangées, ponctuées de rouge. — M. *iridioïdes*; fleurs blanches, tachées et ponctuées de jaune. Terre franche, légère; multiplication de graines et d'éclats ; couverture l'hiver.

MORELLE *à feuilles de chêne* (solanum quercifolium, L.); viv. En juillet; fleurs d'un beau violet. — S. *dulcamara* ; viv., grimpante; fleurs violettes Terre légère et fraîche ; multipl. de drageons, éclats et boutures.

MORINE *à longues feuilles* (morina longifolia, L.); viv. En juin et juillet; fleurs d'un blanc rosé. Terre légère ; multipl. de graines et d'éclats.

MUFLIER *des jardins* (anthirrhinum majus, L.); bisann. En mai et juin ; fleurs pourpres, à palais jaune. Variétés : *bicolor*, *fulgens*, *tricolor*, etc. Terre ordinaire ; multipl. de graines, d'éclats et de boutures.

MUGUET *de mai* (convallaria maïalis, L.); viv. D'avril en juin; fleurs en grelot, odorantes. Variétés à fleurs doubles, à fleurs rouges, à feuilles panachées. Terre fraîche et ombragée; multiplication de drageons. Même culture pour le C. *japonica*.

MURIER *blanc* (morus alba, L.); lign. Cultivé, pour les vers à soie, comme le mûrier noir. Voir au mûrier, page 201.

MUSCARI *à grappe* (muscari racemosum, L.); viv. En avril; fleurs d'un bleu foncé. Terre ordinaire ; multipl. par caïeux levés tous les trois ans. Même culture, en terre légère, pour les M. *moschatum*, d'un jaune violâtre; M. *comosum*, à fleurs brunes à la base de l'épi, bleues au sommet ; M. *monstruosum*, d'un bleu violacé.

NAPÉE *lisse* (napæa lævis, L.); viv. En août et septembre; fleurs blanches. Terre profonde ; multipl. d'éclats et de semis. De même pour la N. *scabra*.

NARCISSE *des poëtes* (narcissus poeticus, L.); viv. En mai; fleurs blanches, odorantes, à godet bordé de rouge. Var. à fleurs doubles. Terre franche, un peu fraîche ; multipl. par la séparation des caïeux en juillet. JONQUILLE, N.

jonquilla; fleurs jaunes, odorantes, simples ou doubles. Même culture, mais terre composée d'un tiers terreau très-consommé, un tiers terreau de feuilles, et un tiers terre franche. Planter les oignons en septembre, et les lever lorsque les fanes sont sèches. — N. *pseudo-jonquilla;* jaune, sans odeur. Culture du narcisse des poëtes, ainsi que pour les suivants : N. *pseudo-narcissus;* fleurs jaunes, doubles ; N. *dubius;* fleurs blanches à couronne tronquée; N. *odorus, trilobus, orientalis,* etc. N. A BOUQUET, N. *tazetta ;* en mai ; fleurs jaunes, odorantes. Il a fourni un grand nombre de belles variétés, mais il craint nos gelées.

NÉFLIER *azerolier* (mespilus azerolus, L.); lign. En mai et juin ; fleurs blanches; fruits rouges ou jaunes. Terre ordinaire, mieux franche, légère ; multipl. de graines, de marcottes, ou par la greffe sur aubépine. Même culture pour les M. *crus-galli, corallina, japonica, linearis* ou *parasol, pyracantha* ou *buisson ardent.* — AUBÉPINE, M. *oxiacantha,* et ses variétés à fleurs doubles, à fleurs roses.

NÉMÉSIE *fleurie* (nemesia floribunda, L.); ann. Tout l'été; fleurs lilas, jaunes et blanches. Terre légère ; semis en place.

NÉMOPHILE *remarquable* (nemophila insignis, L.); ann. Tout l'été ; fleurs d'un beau bleu. Terre légère ; semis en place.

NÉNUPHAR *blanc* (nymphæa alba, L.); viv., aquatique, à feuilles flottantes ; l'espèce indigène les a taillées en cœur. Ses tiges sont terminées par de grandes fleurs blanches à nombreux pétales. Les étamines, très-apparentes, sont d'un beau jaune. Fleurit en juin et août. Ses grandes fleurs blanches surnagent à la surface des eaux. Multipl. de racines plantées dans la vase, ou de graines jetées dans une pièce d'eau. Même culture pour le N. JAUNE, N. *lutea.* D'autres espèces ont les fleurs rouges, bleues ; mais, toutes fort belles, elles méritent d'être recherchées.

NERPRUN *alaterne* (rhamnus alaternus, L.); lign. Toujours vert. En avril ; fleurs verdâtres. Variétés : *angustifolius, hispanicus, auro-variegatus, albus, albo-variegatus.* Terre ordinaire ; multipl. de graines, de rejetons, de boutures et marcottes.

NÉSÉE *à feuilles de saule* (nesea salicifolia, L.); viv. En été; fleurs jaunes, terre légère; couverture l'hiver; multipl. de graines et boutures.

NIGELLE *de Damas* (nigella damascena, L.); ann. De

juin en septembre; fleurs d'un bleu pâle; graines odorantes. Var. doubles, à fleurs bleues, à fleurs blanches. Terre légère et chaude; semis en place. De même pour les N. *hispanica, sativa, orientalis*.

NOLANE *à feuilles d'arroche* (nolana atriplicifolia, L.); ann. Tout l'été et l'automne; fleurs bleues. Semis au printemps.

NIVÉOLE *du printemps* (leucoium vernum, L.); viv. En mars; fleurs blanches, à bords verts. Terre fraîche, légère; séparation des caïeux tous les trois ans. Même culture pour les L. *tricophyllum, æstivum, autumnale*.

NOYER *noir* (juglans nigra, L.); lign. Bel arbre d'Amérique, cultivé comme le noyer commun, ainsi que les J. *olivæformis, cinerea, alba, fraxinifolia*, etc.

ŒILLET *des fleuristes* (dianthus caryophyllus, L.); viv. On fait quatre divisions de ses variétés : 1° celle du *grenadin*, ou *œillet à ratafia*, dont on parfume les liqueurs, essences, etc.; 2° l'*œillet prolifère* et *à carte*, car il faut soutenir les pétales et les arranger sur des cartes découpées; 3° l'*œillet jaune*, ordinairement piqueté ou panaché de cramoisi ou de rose, et dont les bords sont découpés; 4° l'*œillet flamand*, ainsi nommé parce que c'est en Flandre et surtout à Lille que cette plante a été cultivée avec le plus de succès.

Les Anglais divisent aussi les œillets en quatre classes, mais d'après d'autres considérations : 1° les *bizarres*, 2° les *flakes*, 3° les *picotés*, 4° et les *fardés*.

Pour qu'un œillet flamand soit estimé, il faut qu'il soit fond blanc pur, panaché de différentes couleurs, et que le calice ne crève pas, que les pétales soient arrondis, sans dentelures, réunissant 2 ou 3 couleurs en bandes longitudinales. On l'appelle *bicolore* lorsqu'il n'a qu'une couleur détachée sur son fond, *tricolore* quand il en a deux.

Quand le fond blanc des œillets commence à passer au rose, il faut les marcotter. On relève ensuite les marcottes pour passer l'hiver en pots et les rentrer, et au mois d'avril on les remet en pleine terre. Si à la première floraison ils ne reprennent pas leur éclat primitif, ils sont dégénérés, et on les réforme; cependant ils peuvent encore donner d'excellentes graines.

On sème les graines d'œillets doubles au printemps, en terrine et terre franche mêlée d'un tiers de terreau bien passé, ou en terre de bruyère. On lève le plant quand il a 6 à 8 feuilles. On le repique dans une planche de terre franche bien ameublie et fumée de l'année précédente, ou terreautée au moment du repiquage. On soigne cette plate-bande en binages et arrosements jusqu'à la fin d'automne.

Il ne faut pas oublier que les perce-oreilles sont très-friands d'œillets et qu'ils en devorent les tiges. Pour les détruire, on place au bout des tuteurs de ces tiges des ergots de moutons, de porcs ou de veaux, dans lesquels ils se retirent à la pointe du jour, et où l'on est sûr de les trouver.

Pour faire les boutures d'œillet, on coupe ordinairement les marcottes au milieu d'un nœud ; l'on fait ensuite au milieu de ce nœud une fente longitudinale de 9 à 12 millimètres seulement ; on ôte les feuilles jusqu'à 40 mill. de hauteur ; l'on ouvre la terre avec son doigt, et l'on y place la bouture, qu'on soigne et arrose jusqu'à ce qu'elle indique, en poussant, qu'elle a des racines. Ces boutures sont préférables aux marcottes, parce qu'elles conservent à la plante ses qualités et l'empêchent de dégénérer.

Les œillets ne se rentrent qu'aux gelées, qu'ils ne craignent même pas ; mais l'humidité leur est contraire. On les place ou sous un hangar ou en orangerie, près des jours, ou dans des chambres bien aérées. On ne les arrose pendant ce temps que pour ne pas les laisser mourir. On leur donne l'air et le soleil tant que l'on peut, quand la température est douce. On les préserve cependant du soleil de mars.

OEillet des bois. A beaucoup de rapport avec l'œillet des fleuristes ; panaché blanc et puce, ou unicolore. Même culture.

OEillet mignardise. Petites dimensions, touffes épaisses ; fleurs doubles ou simples, rouges, blanches ou rosées. On les emploie en bordures. Multipl. de graines ou par éclats. La variété blanche et la *mignardise couronnée*, plus grande et à circonférence pourpre foncé, sont plus délicates, se marcottent comme l'œillet flamand.

OEillet de mai. Tiges plus hautes et plus droites ; fleurs plus précoces, plus grosses, et constamment rouge vif. Même culture.

OEillet éclatant ; viv. Tout l'été ; fleurs éparses, moyennes, d'un rouge pourpre vif, doubles, à pétales dentés. Terre double, à demi-ombre ; multiplication de boutures.

OEillet superbe. Des Alpes ; fleurs blanches ou carnées,

dont les pétales, barbus à la base, ont le limbe frangé en filets déliés. Semis annuel.

OEillet à feuilles de pâquerette, œillet très-joli. De la Chine; tige terminée par une tête de fleurs agglomérées, d'un rouge vif, semblables à celles de l'œillet de poëte, dont elles semblent être une miniature. Il faut faire souvent la séparation des touffes, sans quoi la plante fond.

OEillet bouquet ou *de poëte*, œillet barbu, jalousie, bouquet parfait; trisannuel; fleurs petites, nombreuses, en ombelle plate, beau rouge, ou rosées, ou blanches, ou panachées, simples ou doubles. De graines au printemps pour repiquer en mars, ou de boutures, marcottes et éclats.

OEillet d'Espagne. Il a quelques rapports avec l'œillet de poëte; ses feuilles sont plus étroites et en touffe. En juin; fleurs moins nombreuses, plus doubles et plus grandes et odorantes, rouge pourpré; boutures, marcottes et éclats. Il craint la neige et l'humidité.

OEillet de la Chine. Fleurs en bouquet, très-jolies, doubles ou simples, veloutées, violet clair, rouge vif, pourprées, tachées, panachées ou ponctuées de blanc. Quoique bisannuel, il se cultive comme les plantes annuelles, parce qu'il craint le froid. Terre franche, légère; semis sur couche, repiquage en place.

ONOPORDE *d'Arabie* (onopordium arabicum, L.); bisann. En juillet et août; grosse tête de fleurs blanches ou purpurines. Terre ordinaire; semis au printemps.

ORIGAN *dictame* (origanum dictamus, L.); viv., aromatique. Tout l'été; fleurs purpurines. O. *Marjolaine*. Terre légère et chaude; multipl. de graines, boutures et éclats.

ORME *champêtre* (ulmus campestris, L.); lign. Bel arbre, dont on cultive les variétés: pyramidal, pleureur, ormille, tortillard, tilleul, etc., et les espèces: U. *americana, suberosa, integrifolia, pedunculata, rubra, alata* et *pumila*. Terre franche, légère, profonde. Multipl. de graines, de marcottes et par la greffe sur le *campestris*.

ORNITHOGALE, *dame d'onze heures* (ornithogalum umbellatum, L.); viv. En mars et avril; fleurs blanches, s'ouvrant à onze heures du matin; tout terrain. Multipl. de caïeux. Même culture pour l'O. *pyramidale*.

OROBE *printanier* (orobus vernus, L.); viv. En mars; fleurs purpurines. Terre ordinaire; multipl. de semis et d'éclats; de même pour l'O. *varius*.

PACHYSANDRE *couché* (pachysandra procumbens, L.);
viv. En mars et avril; épis de fleurs roses, odorantes.
Terre légère; multipl. d'éclats et de rejetons.

PALIURE *argaloup* (paliurus aculeatus, L.); lign. En
juin et juillet; fleurs jaunes. Terre sèche et chaude. Multipl. de rejetons.

PANCRATIER *maritime* (pancratium maritimum, L.);
viv. En juillet et août; fleurs blanches, odorantes. Terre
sablonneuse, chaude; culture des amaryllis; couverture
l'hiver.

PANICAUT *améthiste* (eryngium amethystinum, L.).
En juillet et août; fleurs bleues. Terre légère, chaude.
Multipl. de graines et de drageons. Même culture pour
l'E. *alpinum*.

PAQUERETTE, *marguerite* (bellis perennis, L.); viv.
Variétés doubles, blanches, roses, rouges, panachées,
prolifères. Tout terrain; multipl. d'éclats en les replantant tous les ans en automne.

PARNASSIE *des marais* (parnassia palustris, L.); viv.
En juin; fleur blanche, ciliée de jaune. Terre de bruyère
constamment humide; multipl. d'éclats.

PAULOUNIA *impérial* (paulownia imperialis); lign.;
du Japon. Arbre de pleine terre qui porte des feuilles en
cœur très-grandes, surtout quand il est jeune; ses fleurs
sont bleues, odorantes et larges de 55 mil., disposées en
panicule, rameuses et pyramidales au sommet des rameaux. Les boutons à fleurs se montrent dès le commencement de septembre et se conservent tout l'hiver sans
aucun abri. Multipl. très-facile de tronçons de racines,
boutures.

PAVIER *rouge* (pavia rubra, L.); bisann. En mai;
fleurs d'un rouge foncé. Terre légère et fraîche; multipl.
de graines en terrine, de marcottes, et par la greffe sur le
marronnier d'Inde. Même culture pour les P. *hybrida*,
macrostachys, *lutea*, *ohiotensis*, *scarlatina*, *discolor*.

PAVOT *des jardins* (papaver somniferum, L.); ann.
Atteint jusqu'à cinq pieds; à tiges fortes accompagnées de
grandes feuilles alternes, plissées, glauques et épaisses,
qui sortent des nœuds de la tige; les fleurs sont très-
grandes et en tête; elles doublent facilement, et sont alors
le plus souvent découpées profondément. Les pétales ont
toujours une tache noire à leur base. Quant à la couleur
des fleurs, elles varient beaucoup; elles sont souvent panachées. Les capsules, de formes singulières et comme

surmontées d'une couronne, contiennent plusieurs milliers de graines.

On cultive encore le P. *des Alpes* et le P. *du Levant*, dont la taille est moindre que celle du P. ordinaire. Le dernier a des fleurs rouges superbes; il est vivace, et on doit le rentrer l'hiver pour conserver ses racines. Les pavots conviennent à l'ornement des jardins paysagers.

Pavot coq ou COQUELICOT; indig., ann., plus petit; en juin et juillet. Variétés nombreuses à fleurs simples ou doubles, d'une seule couleur bordée d'une autre, blanc rose ou rouge écarlate. Toute terre. Il ne faut récolter que les graines des doubles, et de préférence la tête du milieu.

PELARGONIUM. Ce genre est composé de plus de 200 espèces, dont les variétés obtenues par la culture sont très-nombreuses. — Multipl. Ceux qui sont tuberculeux et herbacés se reproduisent de graines ou par la séparation des tubercules; mais la plus grande partie, étant des arbrisseaux à bois mou, très-aqueux dans la jeunesse, se multiplient plus communément de boutures. Ces *pelargonium*, que l'on désigne toujours sous le nom de *géranium*, ont besoin, pour atteindre toute leur beauté, d'être cultivés en serre tempérée et très-éclairée, depuis la mi-septembre jusqu'à la fin de mai. Il faut les mouiller avec prudence, ôter les feuilles qui jaunissent et les parties attaquées de moisissure, et renouveler l'air de la serre toutes les fois que le soleil et la température le permettent.

Les pelargonium fleurissent généralement du 15 avril au 15 juin. Il faut les tailler et les rempoter, si l'on veut qu'ils soient superbes. Cette double opération s'exécute simultanément en août ou à 15 jours d'intervalle.

Les pelargonium, cultivés pour leur beauté, ne donnent pas tous des graines, et ceux qui en produisent ne rendent pas toujours leur espèce par semis. Cependant il faut semer pour obtenir de nouvelles variétés. Le semis se fait à nu, sous châssis ou en terrines remplies de terre légère, que l'on place également sous un châssis entretenu dans une humidité convenable. On sème aussitôt la maturité des graines ou bien au printemps, et à mesure que les jeunes plantes se fortifient on les repique séparément dans de petits pots. Les pelargonium prennent bien de boutures sous châssis de juillet en septembre; en trois semaines, les boutures sont assez enracinées pour être repiquées en pots.

Voici la liste des pelargonium les plus recherchés et les plus nouveaux :

Abbé Leautier.
Achille Daniel.
Ada.
Adélaïde de Savoie.
Adrienne.
Adolphe, tardif.
Aglaé.
Agrippina.
Albani.
Albertine Pascal.
Alonzo.
Andrea.
Angèle.
Arabian.
Ariel.
Beauharnais.
Beauty of Winchester.
Belle d'Épernay.
Belle Gabrielle.
Bijou.
Calliope.
Caroline.
Charles Marceaux.
Chéri Poussin.
Chieflain.
Clara.
Clémence.
Cown.
Cocardeau.
Comet.
Comte de Cussy.
— de Pondennys.
— Luidji Sardi.
Comtesse Castelbajac.
— Léonide de Grille.
— Lucie d'Affry.
— Paul de Ségur.
De Falloux.
Desience.
Docteur Turrel.
— Yves.

Duchesse d'Aumale.
Edouard.
Edward Moseley.
Elien.
Emilie Caillot.
Emilie Moseley.
Eugénie.
Félicie Pascal.
Fernando.
Feu-de-joie.
Figaro.
Fire-fly.
Francisse.
Gabrielle Osy.
Gendry.
Général d'Astory.
Gilberte Treillet.
Gloire de Lille.
Gloire de Boulogne.
Harlequin.
Hercule.
Hyménée.
Hélène.
Hippolyte Albert.
Hippolyte Topin.
Irma.
Isabelle d'Aragon.
Jeanne de Caumtal.
Jenny Lind.
King of Saxoni.
La déesse.
Lady Flora.
Lady Margaret.
La Guarrani.
Le Phare.
Leucosie.
Louis Chaix.
Louise d'Estienne.
Mme Adèle Fraisinet.
— Clémence Fieth.
— Dehu.

Mme Dubocage.
— Gatinet.
— Girard.
— Grisi.
— Léon Bocker.
— Lambert.
— Rolle.
— Rolle Pascal.
— Turret.
Mlle Francisca.
— Renaust.
Marguerite Renaust.
Marmion.
Marquis d'Albion.
Mary Ann.
Mathilde Deville.
Melpomène.
Mercury.
Mignature.
Milo.
Minerva.
Mistriss Fitz-Gerald.
M. Abeille.
— Ceriola.
— d'Elivade.
— Loignon.
— Moyana.
— Murillo.
Négresse.
Némésis.
Nestor.
Ninon de Lenclos.
Norah.
Nosegay superbum.
Ocellum.
Ogive.
Ondine.
Oriflamme.

Orion.
Orpha.
Pandore.
Parangon.
Pisistrate Cakton.
Princesse Marie Galitzin.
Pro.
Procis
Protée.
Punch.
Queen Adélaïde.
Queen Victoria.
Radégonde.
Rameau.
Reine des Français.
Resing superbum.
Robert Fleury.
Rosalin.
St-Ernest.
Salamander.
Sapho.
Sir of West.
Sultan.
Susanne Albert.
Singaly.
Thaïs.
Thalie.
Théodorine.
Thunder.
Titania.
Trafalgar.
Tullie.
Uranie.
Urbain.
Valentine.
Victorine.
Zélia.

Malgré cette longue nomenclature, qui ne contient qu'une partie des pelargonium, il ne faut pas oublier quelques anciennes espèces qui se recommandent par quelque qualité. Ainsi les :

Pelargonium triste, recherché par la délicieuse odeur de ses fleurs pendant la nuit.

P. *odorantissimum*. Les feuilles répandent une odeur délicieuse quand on les touche.

P. *capitatum*. Odeur de rose ; cultivé en grand, on en tire une essence qui rivalise avec l'essence de rose qui vient de Constantinople.

P. *tricolor*, renommé par sa gentillesse et sa petite stature.

P. *zonale*, qui fleurit tout l'été et l'automne.

P. *zonale reginæ*, dont les fleurs ont un éclat éblouissant et une très-grande durée.

PENSEES (viola tricolor, L.). — (Voir *violette*.)

PENTAPÉTÈS *écarlate* (pentapetes phænicea, L.); ann. En août ; fleurs écarlates. Terre légère et chaude; semis sur couches chaudes et en pots; repiquer avec la motte.

PENTSTÉMON *à feuilles lisses* (pentstemon lævigatum, Willd.); viv. En juillet ; fleurs violettes. Terre légère; multipl. de graines et éclats. De même pour les P. *gentianoides*, *digitalis*.

PÉRIPLOCA, *arbre à soie* (periploca græca, L.); lign., grimpant. En août; fleurs purpurines bordées de vert. Tout terrain, à demi-ombre ; multipl. de graines, drageons, boutures et marcottes.

PERSICAIRE *d'Orient* (polygonum orientale, L.); ann. D'août en octobre ; épi de fleurs d'un beau rouge. Terre ordinaire; semis au printemps.

PERVENCHE *grande* (vinca major, L.): lign. De mai en septembre; fleurs blanches, bleu pâle, roses ou panachées. Terre fraîche, ombragée; multipl. de graines ou de rejetons. De même pour les V. *minor* et ses variétés à feuilles dorées, argentées, larges, à fleurs blanches, précoces, pleines, rouges.

PÉTUNIE *odorante* (petunia nyctaginiflora, L.); viv. En été et en automne; fleurs grandes, blanches, odorantes; multipl. de graines au printemps, ou de boutures en mars. Même culture pour le P. *violacea*.

PEUPLIER (populus, L.). Ces beaux arbres exigent une terre humide et légère ; on les multiplie de boutures, de marcottes et de rejetons. Variétés : le P. *tremble*, à feuilles presque rondes, dentées, d'un vert tendre, terne et grisâtre, à long pétiole aplati, que le moindre vent agite : son aspect est agréable; le P. *faux tremble* ou *ypréau*, à feuilles presque en cœur, aiguës, dentées, plus petites que celles du précédent.

Le P. *grisard* ressemble beaucoup au tremble, mais ses

feuilles sont d'un vert foncé en dessous, blanchâtres en dessus. Le P. *blanc*, dit *blanc de Hollande*, *aubinier*, a les feuilles grandes, en cœur, pointues, dentées, d'un vert brun en dessus, couvertes en dessous d'un duvet blanchâtre très-épais; son écorce est blanchâtre et crevassée; c'est un fort grand arbre, d'un port majestueux, d'un aspect très-pittoresque, qui croît très-rapidement. Le P. *d'Italie*, *pyramidal*, *fastigié*, se reconnaît sur-le-champ à sa forme pyramidale, ses rameaux s'élevant verticalement dans toute la longueur du tronc. Il est du plus grand effet dans les jardins, et peut servir à diriger comme à terminer une vue, à former une perspective. Le P. *noir* ou *commun* est le plus répandu dans les prairies sous la forme de têtards. Le P. *de la Caroline*; feuilles très-grandes et pétioles comprimés. P. *de la Virginie*, dit *suisse*, ne diffère du précédent que par ses feuilles un peu moins dentées, plus en cœur. P. *du Canada* ne diffère des précédents que par la disposition plus horizontale de ses rameaux et les stries blanches qui sillonnent ses branches. P. *argenté*; feuilles assez semblables à celles du précédent, mais toujours velues. P. *à grandes dents*, L., P. *baumier*, *tacamahaca*, qui est délicat et s'élève peu. P. *à feuilles vernissées*, *grand baumier*, *liard*.

PHALANGÈRE *rameuse* (phalangium ramosum, L.); viv. En juin; fleurs blanches. Terre légère, substantielle; multipl. de graines ou d'éclats. Même culture pour les P. *liliastrum*, à fleurs blanches; P. *bicolor*, P. *liliago*.

PHACÉLIE *à feuilles de tanaisie* (phacelia tanacetifolia, L.); ann. Tout l'été; fleurs d'un bleu pâle. Semis au printemps.

PHLOMIS *tubéreux* (phlomis tuberosa, L.); viv. De juin en septembre; fleurs rouges. Terre légère et chaude; multipl. par la séparation des tubercules tous les trois ans. P. *lichnitis*; lign. Fleurs jaunes; multipl. de graines, marcottes et boutures. Couverture l'hiver. P. *fruticosa*, *laciniata*, *alpina*, *herba venti*.

PHLOX (phlox, setacea L.); viv. Ce genre renferme un grand nombre de fleurs plus jolies les unes que les autres. Leur nom grec, qui signifie *flamme*, indique la vivacité de leurs couleurs; on les reconnaît à leurs fleurs en entonnoir, disposées en panicules terminaux bien garnis et très-éclatants. Nous ne parlerons que des principales espèces.

Phlox subulé. Fleurs à calice velu, vert foncé ou violet,

noirâtre ; corolle rose pourpre, avec une étoile d'un brun pourpre au centre.

P. *agréable*. Fleurs grandes, rose foncé, espèce délicate.

P. *printanier*. Fleurs grandes, rose violacé.

P. *velu*. Fleurs en corymbe, lilas pâle.

P. *rampant*. Hampe de 18 à 30 cent., droite, terminée par un large corymbe de grandes fleurs bleuâtres, odorantes.

P. *divariqué*. Fleurs en grappes et gris de lin.

P. *de Drummond*. Fleurs rose pourpre, plus foncées au centre que sur le limbe.

P. *à feuilles ovales*. Fleurs les plus grandes du genre, rouge vif, et large panicule.

P. *sous-ligneux*. Fleurs d'un rouge vif violacé, en corymbe, légèrement odorantes, en panicule ; plus précoce.

P. *blanc*. Fleurs odorantes, paniculées, blanc pur.

P. *omniflore*. Prodigieuse quantité de fleurs blanches.

P. *moyen* ou *glabre*. Fleurs en corymbe, pourpre clair.

P. *maculé*. Fleurs en grappes longues, bien faites et odorantes, lilas ou pourpres.

P. *paniculé*. Fleurs lilas, en panicule. Autre V. à fleurs blanches.

P. *de la Caroline*, ou *grand phlox*. Fleurs en corymbe fasciculé, pourpre foncé.

P. *en croix*. Fleurs lilas, un peu rouges au centre.

P. *à trois fleurs*. Fleurs grandes, rose pâle.

P. *pyramidal*. Fleurs en grappe pyramidale, d'un beau pourpre.

P. *à feuilles réfléchies*. Panicule compacte de grandes fleurs d'un pourpre violacé, plus vif et plus brillant que dans les autres espèces.

P. *rose*. Grandes fleurs rose pur.

P. *à fleurs de clarkie*. La corolle est divisée jusqu'à la base en cinq parties, et imite une fleur de clarkie.

P. *de Van Houtte*. Panicules formées de fleurs blanches, serrées, planes, ornées de cinq rubans amarantes posés sur la couleur blanche.

P. *princesse Marianne*. Fleurs blanches, rayées de rubans lilas.

P. *de Montjoy*. Corolle rubanée de lilas pâle.

Tous les *phlox*, excepté les variétés, sont de l'Amérique septentrionale, vivaces, infundibuliformes, et produisent beaucoup d'effet. Les dix premiers aiment la terre de bruyère et la mi-soleil. Tous les autres réussissent en terre ordinaire de jardin, et se multiplient par la division du pied, par boutures et par semis.

Phytolacca , *raisin d'ours* (phytolacca decandra , L.). En août et septembre ; fleurs rougeâtres et blanches, grappe de baies rouges. Terre franche et chaude ; multipl. de graines et d'éclats au printemps.

Picridie *tingitane* (picridium tingitanum , L.); ann. Tout l'été ; fleurs jaunes, à fond noir. Terre ordinaire ; semis au printemps.

Pigamon *à feuilles d'ancolie* (thalictrum aquilegifolium, L.); viv. En mai ; fleurs vertes, à étamines nombreuses, blanches ou rouges. Terre substantielle, légère ; multipl. de graines, drageons, éclats. De même pour les T. *flavum* et *glaucum*.

Pin (pinus, L.). Arbre résineux, d'un bel effet, renferme un grand nombre d'espèces, toutes fort remarquables et très-propres à décorer les grands jardins, mais qui sont encore plus précieuses en bois d'utilité. Leur croissance rapide, la facilité de les semer très-serrés et d'obtenir ainsi des produits annuels par l'abattis des pieds médiocres, depuis l'âge de huit ans jusqu'à l'entière destruction de la plantation, les nombreux usages et l'excellence de leur bois, la facilité avec laquelle ils croissent dans toute espèce de terrains, rendent inconcevable la négligence de la plupart des propriétaires, qui devraient s'empresser d'exploiter une mine aussi riche que facile.

Le pin, comme tous les arbres résineux, demande à n'être point touché dès qu'il est en place. Ses racines sont peu nombreuses et peu considérables, en sorte qu'il a souvent besoin, dans un terrain meuble, d'être défendu contre les vents. L'exposition du nord est celle qui lui convient davantage. Les fruits sont des cônes composés d'écailles imbriquées, épaisses et serrées au sommet, recouvrant deux graines ailées. Voici les principales variétés :

Le P. *d'Ecosse* se distingue par des feuilles très-glauques. Tout terrain ; ses boutons sont très-résineux ; ses cônes pointus, d'un vert tendre, mettent deux ans à parvenir à maturité.

Le P. *sylvestre, de Riga, de Russie,* diffère peu du précédent ; il a les boutons plus petits.

Le P. *de Genève, de Tarare* est sous tous les rapports

inférieur aux précédents ; ses feuilles, peu nombreuses, sont courtes et glauques.

Le P. *laricio, de Corse*, l'un des plus beaux du genre, à grandes feuilles d'un vert clair, à petits cônes recourbés, dont les écailles sont larges et rougeâtres.

Le P. *maritime*, pinastre, *de Bordeaux*, également fort beau, et remarquable par ses feuilles longues souvent d'un demi-pied, d'un vert tendre ; ses cônes sont fort grands, et ses jeunes pousses légèrement teintes de rouge : il recherche les terres sablonneuses et caillouteuses.

Le P. *d'Alep* ou *de Jérusalem*, à feuilles assez longues, très-fines, d'un vert foncé ; à jeunes pousses blanchâtres ; il est fort élégant.

Le P. *à pignon*, à feuilles courtes, très glauques ; à cônes fort gros, dont on mange les amandes comme les châtaignes ; elles sont entourées d'une enveloppe osseuse. Cette espèce craint les gelées dans sa jeunesse, et doit être rentrée en orangerie pendant quelques années.

Le P. *mugho* et le P. *nain*, s'élevant fort peu, et formant touffe par leurs rameaux traînants.

Le P. *d'encens*, à feuilles fort longues, d'un vert tendre, au nombre de trois dans une gaîne fort grande ; à cônes très-allongés.

Le P. *échiné* a, de même que le précédent, les cônes allongés et brunâtres, les écailles épineuses, et les feuilles au nombre de trois dans les gaînes, mais elles sont courtes et roides.

Le P. *Weymouth, du lord, blanc.* L'un des plus beaux, à écorce lisse et unie, à feuilles nombreuses, d'un beau vert, à raies blanches, longitudinales, au nombre de cinq dans les gaînes ; ses cônes allongés ont les écailles lâches : c'est un très-grand arbre qui croît très-rapidement et offre le plus bel aspect.

Le P. *cembro*, de forme peu élégante, à feuillage foncé. Ses cônes arrondis renferment des amandes que l'on mange et dont on tire de l'huile.

Enfin l'Amérique nous a fourni plusieurs espèces de pins qui commencent à devenir communs dans les jardins ; ce sont : le P. *austral* ou *de marais*, qui se plaît dans les sols humides, à croissance rapide, à grandes feuilles du plus bel effet ; le P. *jaune*, espèce également très-belle. Les P. *d'encens* et *échiné*, dont nous avons parlé plus haut, sont encore d'Amérique.

PINKNEYA *pubescent* (pinkneya pubescens, L.); lign.
Au printemps ; fleurs blanches, rayées de pourpre. Multipl. de graines sur couche chaude ou de boutures étouffées, ou de marcottes. Terre légère, fraîche; couverture
les premières années.

PISTACHIER *térébinthe* (pistacia terebinthus, L.); lign.
En juin et juillet ; fleurs purpurines. Terre franche, légère
et chaude ; multipl. de graines sur couche chaude ou de
marcottes. Même culture pour le *pistacia trifolia* ou *vera*.

PIVOINE (pæonia, L.), nom tiré de Péonie, pays situé au
nord de la Macédoine, où la première pivoine a été obser-
vée. L'espèce commune, vivace par les racines, fournit
du pied de gros pétioles presque ligneux, très-nombreux,
portant une fort grande feuille à nombreuses et inégales
divisions. Les tiges les plus fortes sont terminées par une
grosse fleur remplacée par trois capsules velues, allongées.
Avant son développement, cette fleur forme boule. Sa couleur varie du rouge foncé au rose blanc; elle double facilement et richement. On peut cultiver beaucoup d'autres
espèces plus rares, mais non plus belles, car les fleurs de
la précédente sont superbes au moment de leur épanouissement, et du plus grand effet. On les multiplie très-
promptement par la séparation des feuilles enracinées à
l'endroit de leur jonction, et qu'on enterre aussitôt en
place. Cette opération doit se faire à l'automne. Voici les
principales espèces : P. *officinalis* ; fleurs simples, d'un
très-beau rouge, qui a fourni les variétés suivantes : P.
albicans ; fleurs blanchâtres ou d'un rose très-pâle;
blanda ; fleurs d'un blanc pur; d'avril en mai; *canescens*;
fleurs d'un rose pâle ; *rosea*; fleurs d'un très-beau rose ;
rubra, d'un rouge brillant tirant sur l'écarlate; *atro-pur-
purea*; fleur d'un pourpre très-foncé; *foliis variegatis* ;
feuilles agréablement panachées de jaune.

P. *à petites feuilles*. Feuilles biparties, à folioles;
fleurs simples, d'un pourpre foncé, capsules cotonneuses;
les tiges sont plus basses que dans l'espèce précédente.

P. *femelle*. Au printemps; fleurs rouges, capsules poi-
lues.

P. *blanche*. En mai et juin; fleurs d'un blanc pur, à
pétales roses en dehors avant leur épanouissement, très-
grandes et très-belles ; capsules recourbées et glabres. On
en possède plusieurs variétés : *albiflora, candida*; fleurs
entièrement blanches. — *Fragrans*; fleurs comme la pré-

cédente, mais exhalant une légère odeur assez agréable.
— *Rubescens*; fleurs d'un brun rougeâtre.— *Sibirica*, *uni-flora*, *testalis* et *Whitlegi*.

P. *comestible*. En juin; fleurs très-doubles, grandes, d'un rouge pourpre, exhalant une assez agréable odeur de rose; capsule glabre.

P. *anomale*. Au printemps; fleurs assez grandes, d'un pourpre violet, simples ou semi-doubles.

P. *coraline*. Fleurs simples, rouges, pourpres ou violacées; grandes capsules recourbées, cotonneuses.

P. *stérile*. Fleurs très-grandes et très-doubles, d'un rose tendre.

P. *frangée*. Mai; fleurs petites, très-doubles, pourpres, fort jolies.

P. *de la Chine*. Juin; fleurs blanches, très-doubles, très-grandes, superbes.

P. *en arbre*, ou *moutan*. Fleurs presque simples, larges de 7 à 8 pouces, d'un blanc pur, à pétales ayant une grande tache pourpre à leur base.

P. *papaveracea rosea*, *arborea odorata*, *arborea rubra*, *moutan flore pleno*, *Andersonii*, *arietina*, *oxoniensis*, *daurica decora*, *decora elatior*, *decora Pallasii*, *mollis*, *lobata*, *byzantina*.

PLANÈRE *de Richard* (planera Richardi); lign. Bel arbre que l'on cultive comme l'orme, et que l'on greffe sur lui, ainsi que le P. *Gmelini*.

PLAQUEMINIER *d'Italie* (diospyros lotus. L.); lign. Fleurs insignifiantes; fruits d'une saveur agréable, de la grosseur d'une prune. Terre franche, fraîche; multipl. de graines, ou par la greffe en approche sur le suivant: D. *virginiana*. Même culture.

PLATANE *d'Orient* (platanus orientalis, L.). Très-bel arbre cultivé pour avenue, ainsi que les espèces *acerifolia*, *occidentalis*, *cuneata*, *laciniata*, *stellata*, *undulata*. Terre franche, légère; multipl. de marcottes, boutures à talon et de graines.

PODALYRE *à fleurs bleues* (podalyra); viv. En juillet; longues grappes de fleurs bleues. Terre légère et chaude; multipl. d'éclats et de graines.

PODOPHYLLE *en bouclier* (podophyllum peltatum, L.); viv. En mai; fleurs blanches. Terre fraîche, demi-ombre; multipl. de graines et d'éclats. Même culture pour le P. *palmatum*.

POLÉMOINE, *valériane grecque* (polemonium cæruleum,

L.); viv. De mai en juillet; fleurs blanches ou bleues. Terre ordinaire; multipl. d'éclats. Même culture pour le P. *reptans*.

PONTÉDERIE *cordiforme* (pontederia cordata, L.); viv. En mai; épi de fleurs d'un beau bleu. Terre humide; multipl. d'éclats; couverture l'hiver.

POPULAGE *des marais* (caltha palustris, L.); viv. En avril et en mai; fleurs d'un beau jaune, simples ou doubles. Terre humide; multipl. d'éclats.

POTENTILLE *frutiqueuse* (potentilla fruticosa, L.); lign. En juillet et août; fleurs blanches ou jaunes. Terre ordinaire; multipl. de graines et d'éclats. Même culture pour les P *alba, atrosanguinea, formosa*.

PRENANTHE *blanche* (prenanthes alba, L.); viv. En septembre; fleurs blanches, penchées. Terre fraîche, demi-ombre; multipl. de graines et d'éclats. Même culture pour la P. *purpurea*.

PRIMEVÈRE *commune* (primula elatior, L.); viv. Au printemps; fleurs simples ou doubles, dans toutes les nuances, selon les variétés, qui sont très-nombreuses. Toute terre fraîche; multipl. d'éclats ou de semis en automne, et peu recouvrir les graines.

P. *oreille-d'ours* (P. auricula). Renferme également un très-grand nombre de variétés que les amateurs ont divisées en : 1° *anglaises* ou *poudrées*; 2° *françaises* ou *flamandes*; 3° *doubles* ou *mordorées*.

Le semis se fait de septembre en mars en terrine et terre de bruyère; très-peu recouvrir la graine; exposition du nord ou du levant. On cultive de même les P. *cortusoides, integrifolia* et *farinosa*.

PRINOS *apalanchine* (prinos verticillatus, L.); lign. En juillet et août; grappes de fleurs blanches. Terre légère ou de bruyère; multipl. de graines, boutures et rejetons. Même culture pour les P. *lucidus, lanceolatus, prunifolius, glaber*.

PTÉLÉE *trifoliée* (ptelea trifoliata, L.); lign. En juin; fleurs verdâtres; graines aromatiques. Terre franche, légère; multipl. de graines et marcottes.

PTEROCARYA *à feuilles de frêne* (pterocarya fraxinifolia, L.); lign. Feuilles odorantes; fleurs verdâtres. Terre ordinaire; multipl. de marcottes.

PULMONAIRE *de Virginie* (pulmonaria virginica, L.); viv. De mars en mai; fleurs blanches, bleues ou rouges. Terre fraîche ; multipl. d'éclats. Même culture pour les P. *sibirica, angustifolia.*

PYROLE *à feuilles rondes* (pyrolla rotundifolia, L.); viv. En juin ; grappes de fleurs blanches et odorantes ; terre légère et humide, demi-ombre. Multipl. d'éclats et d'œilletons.

RAMONDE *des Pyrénées* (ramondia pyrenaica, L.); viv. En mai; fleurs d'un bleu purpurin ; multipl. de graines et d'éclats ; terre légère.

RENONCULE *des jardins* (ranunculus asiaticus, L.). L'un des genres les plus nombreux. Cette fleur, qui se cultive en collection, est un des plus beaux ornements des jardins. Beaucoup de renoncules se plaisent dans les lieux aquatiques, les prairies, les bords des eaux. Il existe un grand nombre de variétés à fleurs *simples*, *semi-doubles* et *doubles*. Ce sont ces dernières qui sont connues plus particulièrement sous le nom de *renoncules*. Elles demandent une terre franche et légère. L'exposition du levant est celle qui convient le mieux aux renoncules. On les multiplie de semences et de greffes. Les semences se conservent quatre ans. On sème au printemps, en pleine terre, dans le Nord ; à la fin de l'été dans les autres climats, et en tout temps dans les terrines. La terre pour semer doit être extrêmement ameublie et passée à une claie très-fine. On recouvre d'une très-légère couche de terre très-fine et mélangée de terreau ; on sème de même en terrine, mais on recouvre avec de la mousse : on arrose légèrement, et on place les terrines au levant, sur des planches élevées d'un mètre au-dessus du sol, pour empêcher les insectes d'y pénétrer. En pleine terre, il faut tenir toujours fraîche la terre du semis, et donner la chasse aux limaçons. Quand les jeunes plantes, que l'on nomme *pucelles*, commencent à prendre de la force, on enlève les claies ou les branches dont on avait couvert le semis, et on les traite comme des griffes formées. Il faut relever toujours les plantes de semis la première année, car elles prospéreront mieux replantées dans une terre nouvelle. Pour qu'une renoncule soit estimée, il faut que son feuillage soit élégamment découpé, que la tige le dépasse et détache la fleur à 15 ou 16 centimètres au moins, que la corolle soit pleine et complétement destituée de tout indice des organes de la génération, que la circonférence soit de 50 à 55 millimètres au moins de diamètre, et soit parfaitement arrondie. Sous les rapports des couleurs, les fleurs les plus estimées sont

unicolores, mais nuancées de teintes plus vives, ou sillon-
nées par diverses couleurs, toujours franches et tran-
chantes.

Quand on plante les griffes des renoncules, il faut avoir
soin de bien ameublir la terre et de la passer à la claie. On
a l'habitude, excepté au printemps, de tremper les renoncules pendant douze heures dans une décoction de suie,
dont l'amertume écarte les insectes. Les plantations des
griffes, ainsi que les semis, doivent être soigneusement
garanties des gelées ; et quand les feuilles des renoncules
sont sorties de terre, il ne faut plus que sarcler et arroser
de manière à conserver la terre toujours fraîche. Après la
floraison, on arrache les griffes, et, après avoir détaché les
feuilles et les tiges, on les place dans un crible fort clair
pour les laver et en ôter la terre ; ensuite, on les fait sécher
à l'ombre et on les serre. On peut, comme les anémones, les laisser se reposer pendant un an. Voici les principales espèces :

R. *d'Afrique* ; fleur très-double et prolifère. On ne possède pas la simple, mais on en a quatre variétés à fleurs
doubles : la *pivoine rouge*, ou *rouma* ; la *séraphique d'Alger*, couleur jonquille ; le *souci doré*, ou *merveilleuse*,
couleur de souci doré, cœur vert, et le *turban doré*, rouge
panaché de jaune. Même culture, mais moins sensible aux
gelées.

R. *à feuilles d'aconit*, *bouton d'argent*, nommée en
Angleterre *belle pucelle de France* ; fleurs nombreuses,
blanc pur, très-doubles, petites, jolies, en forme de
bouton dans la variété cultivée. Terre fraîche, un peu
ombragée.

R. *âcre, bassinet, bouton d'or*. Indigène ; fleur du plus
beau jaune, bombée, jolie. Changer de place tous les deux
ans.

R. *rampante, bassinet, pied-de-coq, bouton d'or*. Indigène. Fleurs d'un beau jaune, doubles dans la variété cultivée. Multipl. par les filets ou coulants. Changer de place
tous les trois ans.

R. *bulbeuse*. Indigène. Fleurs jaunes et moins luisantes, mais plus grandes que les trois qui précèdent.
Même culture.

RÉSÉDA *odorant* (reseda odorata, L.) ; lign. en Al-
gérie, viv. chez nous. De juin jusqu'en hiver ; fleurs jaunâtres, petites, odorantes ; terre ordinaire ; semis au printemps.

Rhexie *de Virginie* (rhexia virginica, L.); viv. En juin et juillet ; fleurs d'un rose vif, terre tourbeuse ou de bruyère humide. Multipl. de drageons, éclats ou graines. Même culture pour le R. *mariana*.

Rhodanthe *de Mangles* (rhodanthe Manglesii, Zindl.); ann. Tout l'été ; fleurs très-jolies, d'un rose foncé. Semis sur couche au printemps ; terre légère ou de bruyère ombragée.

Rhododendron, *ou rosage* (rhododendron , L.). Tous les rhododendrons , à deux exceptions près, se cultivent en pleine terre, en terre de bruyère, au nord ou au levant, et ils sont certainement le plus bel ornement d'un jardin en mai et juin. On les multiplie de greffes, de marcottes incisées ou non, et mieux par semis en terrine, que l'on pose dans l'eau de manière que, sans arroser, il y ait toujours de l'humidité. La seconde année, on repique le plant à 55 millimèt. de distance, et deux ans après on le replante à 35 centim., où il se fortifie jusqu'à ce qu'il soit bon à replanter en place. Voici les principales espèces :

R. *en arbre à fleurs rouges*. Bel arbre pyramidal , fleurs terminales écarlate rembrunie, au nombre de 20 à 30, formant une tête hémisphérique. Serre tempérée, terre de bruyère.

R. *en arbre à fleurs blanches*. Port du précédent. Fleurs blanches, campanulées , avec un nectaire violet pourpre dans le fond et quelques points pourpres , disposées en têtes hémisphériques.

R. *Mme Bertin*. A fleurs au nombre de 16 à 18 sur chaque tête, campanulées, larges de 55 millim., d'un rose violacé dans le fond, rose pourpre vif sur le limbe, et surtout le dehors.

R. *d'Amérique*. Arbrisseau superbe. Fleurs en corymbe convexe, roses, ou plus ou moins rouges. La variété à fleurs d'un blanc pur est très-jolie ; elle a des feuilles plus étroites.

R. *de Catawba*. Fleurs très-grandes, d'un rose tendre et extrêmement belles. Cette espèce résiste mieux que les autres aux gelées hâtives et tardives.

R. *de Catesby*. Il ressemble beaucoup au précédent.

R. *hybride*. Le plus beau de tous les rhododendrons de pleine terre. Sa fleur est grande, d'un rose plus foncé que celle du R. *Catawba*.

R. *pontique, ou à fleurs violettes*. Fleurs pourpre violacé, grandes, et dont les étamines sont plus longues que dans le R. *maximum*. Varie beaucoup dans la couleur et la grandeur de ses feuilles et de ses fleurs. On distingue surtout la superbe variété à fleurs blanches ; viennent ensuite : les R. *bullatum*, à fleurs ovales, courtes, très-rapprochées et boursouflées ; R. *undulatum*, à feuilles ondulées ; R. *salicifolium* ou *verticillatum*, à feuilles étroites, rapprochées par groupes : R. *variegatum*, à feuilles panachées de blanc et de jaune ; R. *semi-plenum*, à fleurs semi-doubles. Toutes ces variétés, obtenues de graines, ne se perpétuent que par couchage ou par greffe.

R. *azaloïde*. Fleurs nombreuses, roses, très-belles, à bord ondulé, non ponctuées en dedans, mais seulement jaunâtres à la place des points. Variétés : R. *azaloïde violacé ;* plus petit dans toutes ses parties ; fleurs violacées s'épanouissant un peu plus tard.

R. *ponctué*. Il y a des variétés à feuilles plus ou moins grandes, carnées, rose pâle, rose vif, et plus ou moins nombreuses.

R. *ferrugineux*. Fleurs petites, d'un rose vif, rejetées de côté, couvertes en dehors de points jaunes.

R. *velu*. Fleurs petites, campanulées, d'un rouge vif, marquées en dehors de points dorés.

R. *à petites feuilles*. Fleurs couleur de chair ou rouge vif, ponctuées de rouge plus foncé. On en récolte la graine en septembre. Difficile à cultiver.

R. *du Caucase*. Fleurs blanches ou rose pâle.

R. *de la Daourie*. Fleurs d'un rouge violacé, planes, peu nombreuses.

RHODORA *du Canada* (rhodora canadensis, L.); lign. De mars en avril ; fleurs purpurines, à odeur de rose. Culture des rhododendrons.

RICIN *commun* (ricinus communis, L.); lign. dans l'Inde, ann. chez nous. Beau feuillage. En juin; fleurs en grappes; terre légère et chaude ; multiplication de graines.

RINDÈRE *ailée* (rindera tetraspis, L.); viv. En mai et juin; fleurs jaunes, en girandoles. Terre légère, mi-soleil ; multiplication de semis et boutures.

ROBINIER, *faux acacia, acacia commun* (robinia pseudo-acacia, L.); lign. En mai et juin; grappes de fleurs blanches et odorantes. Variétés : *macrophylla, microphylla, macrocantha, crispa, spectabilis, inermis, monstruosa, perocra, striata, spiralis.* Terre franche, légère, un peu humide ; multipl. de graines au printemps. Les variétés se greffent sur leur type. Même culture pour les

espèces *viscosa* , *hispida* , ou acacia rose. De même .
pour les *caragana*, ou robiniers à feuilles pinnées sans
impaire.

ROMARIN *officinal* (rosmarinus officinalis , L.) ; lign.,
aromatique. De janvier en mai ; fleurs d'un bleu pâle ;
terre légère et chaude ; multiplication d'éclats , boutures
et marcottes.

RONCE *commune* (rubus fruticosus, L.); lign. On cultive
ses variétés à fleurs doubles, roses ou blanches ; à feuilles
laciniées, panachées ; à fruits blancs ; sans épines. Terre
franche ; multiplication de rejetons, marcottes et éclats.
Même culture pour le R. *odoratus*, à fleurs roses.

ROSEAU *à quenouille* (arundo donax, L.); viv. Tiges de
3 à 4 mètres ; en août ; fleurs pourpres. Terre franche,
substantielle, humide ; exposition chaude ; multipl. d'é-
clats. Var. à feuilles panachées.

ROSIER (rosa, L.); lign. Il y a bien longtemps qu'on l'a
dit, la rose est la reine des fleurs. Cela s'entend : il faut
le dire de la rose cent-feuilles, qui réunit tous les genres
de perfections. Ce qui n'empêche pas que cette espèce de
rose, quoique toujours la plus belle , la plus gracieuse, la
plus parfaite , ne soit souvent délaissée pour des nouveautés qui n'ont que le mérite d'être nouvelles, et qu'on
abandonne bientôt pour courir incessamment après
d'autres nouveautés. Telle est la nature humaine : la
jouissance éteint ses désirs, et comme elle désire toujours,
toujours il lui faut de nouvelles jouissances qu'elle pour-
suit avec acharnement.

La supériorité incontestable de la rose assurera certainement pour toujours son aimable royauté. Un des grands
avantages de la rose, c'est la simplicité de sa culture ; elle
n'exige pas des plantations à chaque saison ; un coup placé,
le rosier fournit abondamment, pendant plusieurs années,
ses suaves produits. Vous donc qui voulez chaque matin
jouir d'un plaisir sans cesse renaissant, vous qui n'êtes pas
insensible aux charmes de la beauté, vous qui voulez bannir l'ennui de votre jardin et réveiller l'attention distraite
des promeneurs, cultivez la rose, prodiguez-la en corbeilles, en touffes, dans les gazons, près de l'habitation ; jetez-
la avec abondance dans les massifs et les bosquets ; atta-
chez-la en palissades sur les murailles autour des fabriques ;
mariez-la avec les arbres les plus apparents ; formez-en
même des parcs particuliers. Elle plaît partout comme elle
pousse partout, et on la remarque toujours parmi toutes

14*

les autres fleurs, parce qu'elle en est la reine par ses parfums, sa grâce et sa beauté.

La culture des rosiers est fort simple, car ils sont en général très-rustiques; peu redoutent les gelées ou exigent un sol ou une exposition particulière. Tout terrain leur convient : cependant ils préfèrent celui qui est doux et un peu frais. Pour toute culture, il ne faut que retrancher les branches mortes et rapprocher les gourmands. Pour les rosiers francs de pieds et en buissons, quand on les taille chaque année, c'est une bonne méthode de tailler leurs rameaux à quelques pouces de terre, car les branches qui en poussent sont toujours vigoureuses et abondamment pourvues de fleurs.

L'éducation des rosiers pour toutes les saisons, et spécialement pour l'hiver, est la source d'un grand commerce pour les jardiniers fleuristes. C'est en coupant les premiers bourgeons, en plaçant les rosiers en pots à des expositions chaudes, ou bien sur couche sous châssis, dans les serres, que l'on parvient à obtenir à volonté ces charmantes fleurs.

Les rosiers se multiplient par tous les moyens naturels et artificiels, et en général avec facilité. Les rejets sont le plus souvent très-abondants, et c'est le moyen préféré, puisqu'on a par là des individus francs. Le semis s'emploie pour obtenir de nouvelles variétés. Il doit être fait aussitôt la maturité, en terre légère, à l'est, en lieu abrité; les graines ne lèvent que la deuxième année. On obtient des fleurs souvent au bout de deux ou trois ans. Certaines espèces, telles que les roses *mousseuse* et *musquée*, fournissent rarement des drageons; on les multiplie alors de marcottes ou de boutures; celles-ci demandent les couches et les cloches pour réussir sûrement. Enfin on se sert aussi de la greffe pour multiplier ces espèces, ainsi que pour obtenir des tiges droites et de hautes tiges; on greffe alors soit une, soit plusieurs espèces sur des sujets élevés à cet effet : ce sont ordinairement le *rosier des haies*, l'*églantier* et les rosiers *hérissé* et *turbiné* qui fournissent ces sujets.

Linné avait divisé les rosiers d'après la forme de leurs fruits :

1° ROSIERS A FRUITS RONDS : R. à feuilles simples ou à feuilles d'épine-vinette. — R. jaune. — R. jaune soufre. — R. de mai. — R. des champs. — R. très-épineux. — R. hispide. — R. hérisson. — R. glauque. — R. en corymbe ou de Virginie. — R. gallique, de Provins, rouge. — R. de Champagne. — R. de Provence.

2o Rosiers a fruits ovales : R. cent-feuilles. — R. de Hollande gaufré, ou vrai cent-feuilles. Variétés : R. des peintres, R. mousseuse, R. des quatre saisons, R. de Damas, R. de Belgique, R. des deux saisons. — R. gros pompon, dite de Bordeaux. Nombreuses variétés : R. petit pompon ou de Bourgogne, R. œillet, R. sans pétales, R. folié, R. à feuilles de chêne, R. crénelé, R. bipinné. — R. précoce ou multiflore, pompon — R. carné ou couleur de chair. — R. turbiné ou de Francfort. — R. muscade.— R. multiflore. — R. de Macartney. — R. à fleurs ternées.— R. de la Chine.— R. à fruits pendants.— R. blanc. — R. des haies.— R. à feuilles odorantes.—R. intermédiaire.— R. tomenteux. — R. du Bengale.

Les amateurs recherchent dans le rosier cultivé un beau feuillage, des fleurs bien rondes, les pétales bien coupés et disposés avec élégance et symétrie les uns sur les autres, et toujours diminuant de surface jusqu'au centre, comme dans la rose cent-feuilles, qui sera toujours un modèle pour les peintres de fleurs.

On détruit les pucerons qui envahissent quelquefois les rosiers au moyen de fumigations de tabac.

Pour se procurer de belles variétés dans les roses à fleurs doubles, il faut semer des graines récoltées sur les plus doubles qui auront pu en donner; à leur défaut, on sème des semi-doubles, dont les graines donnent des plantes à fleurs doubles, mais en moins grand nombre que les premières. Si l'on sème des simples, on aura, mais très-rarement, des roses semi-doubles, qui plus tard pourront donner des doubles d'une belle espèce. On recueille les graines quand elles sont bien mûres; on les sème de suite en terrine ou en plate-bande, près d'un mur, au levant. On couvre le semis l'hiver. Il ne faut pas enterrer les graines à plus de 12 à 15 millimètres de profondeur; elles lèveront presque toutes au printemps, et quelques-unes l'année suivante.

Nous allons donner ici la nomenclature et la description succincte des plus belles variétés de roses que l'on cultive dans les jardins, de celles que les amateurs recherchent avec le plus de soin.

SECTION Ire. — Roses de Provins.

R. *belle Herminie*. Semi-double, d'un pourpre vif ponctué de blanc.

R. *Mithridate*. Superbe, large, bien faite, d'un rouge brillant; les extrémités de ses rameaux sont rouges, caractère que l'on rencontre très-rarement dans les Provins.

R. *roi des pourpres*, ou *renoncule noirâtre*. Fleurs très-doubles, assez bien faites, d'un pourpre foncé.

R. *ourika*. Fleurs superbes, très-bien faites, très-doubles, d'un brun foncé; ses rameaux sont d'un violet noirâtre, et son feuillage d'un vert sombre.

R. *capricorne*. Fleurs belles, très-doubles, d'un pourpre velouté, foncé; pétales très-réguliers.

R. *Louis XIV*. Fleurs larges, belles, bien faites, très-doubles, d'un très-beau rose vif : cette variété ressemble à la Joséphine, mais ses couleurs sont beaucoup plus vives.

R. *Hervi*. Fleurs assez grandes, d'un beau pourpre nuancé de pourpre plus clair, surtout sur les bords des pétales.

R. *Archidamie*. Fleurs d'un rouge vif, larges, très-doubles, parfaitement faites, superbes.

R. *roi de France*. Fleurs très-grandes, belles, d'un pourpre foncé.

R. *temple d'Apollon*, ou *cramoisissima*. Fleurs semi-doubles, très-grandes, d'un pourpre cramoisi foncé, superbes.

R. *pourpre couronné*. Fleurs moyennes, doubles, d'un pourpre violet; au centre des fleurs, une petite couronne formée par les étamines; feuillage profondément denté.

R. *Rancourt*. Fleurs grandes, pourpres, à pétales irréguliers et comme chiffonnés.

R. *ornement des rouges*. Fleurs grandes, doubles, d'un rouge vif. Cette variété donne une très-grande quantité de fleurs qui s'épanouissent très-bien, ce qui rend l'arbrisseau d'un effet superbe.

R. *Pronville*. Fleurs grandes, très-doubles, d'un rouge carmin élégant; belle variété.

R. *Phénix*. Fleurs paraissant des premières, très-doubles, moyennes, d'un fort beau rose; c'est de toutes les roses de Provins celle qui fleurit la première.

R. *carmin brillant*. Fleurs de grandeur moyenne, d'un carmin vif dans le centre, et d'un pourpre clair à la circonférence.

R. *cocarde pourprée*. Fleurs grandes, d'un pourpre foncé, avec des pétales panachés de pourpre clair.

R. *Semonville à fleurs doubles*. Fleurs superbes, grandes, d'un rose cuivreux; du reste, elle ressemble à la rose Semonville ordinaire quant à la couleur de son bois et à ses autres caractères.

R. *belle Thérèse*. Fleurs grandes, assez bien faites, très-doubles, d'un pourpre un peu violacé.

R. *évêque* ou *bisops*. Fleurs grandes, d'un pourpre violet; assez belle variété, recherchée quoique ancienne.

R. *violette Crémer*. Fleurs grandes, très-doubles, à pétales très-serrés et bien disposés, d'un violet foncé.

R. *merveilleuse*. Fleurs moyennes, très-doubles, d'un pourpre violacé, nuancé de pourpre plus pâle.

R. *amande*. Fleurs régulières, très-nombreuses, très-doubles, d'un pourpre violacé et très-foncé.

R. *enfant de France*. Fleurs moyennes, très-doubles, d'un pourpre violacé, conservant leur fraîcheur et durant pendant longtemps.

R. *assemblage de beauté*. Fleurs moyennes, d'un cramoisi très-éclatant; la plus riche de toutes pour la vivacité des couleurs.

R. *Ninon de Lenclos*. Fleurs bien faites, très-grandes, d'un pourpre violacé et nuancé de pourpre plus clair.

R. *grand Alexandre*. Fleurs très-doubles, grandes, assez bien faites, violettes.

R. *bizarre flammée*. Fleurs moyennes; base des pétales d'un rouge de feu, se fondant et passant au violet clair à mesure qu'ils s'approchent du sommet.

R. *impératrice*. Fleurs moyennes, assez bien faites, très-doubles, d'un pourpre violacé très-foncé.

R. *belle équermoise*. Fleurs grandes, assez bien faites, belles, d'un pourpre violacé.

R. *grande ardoisée*. Fleurs grandes, très-doubles, violettes, avec quelques panaches blanchâtres.

R. *Nathalie Pionville*. Fleurs grandes, semi-doubles, roses, ponctuées de blanchâtre. Très-jolie variété.

R. *duc d'Angoulême*. Fleurs moyennes, doubles, assez bien faites, violettes, à pétales bordés de blanchâtre.

R. *ternée*. Fleurs grandes, d'un beau rose, ayant au centre une couronne formée par les étamines; feuillage très-dentelé.

R. *cramoisi brillant*. Fleurs doubles, très-grandes, d'un cramoisi vif et velouté.

R. *Léonidas*. Fleurs aussi grandes et de la même forme que la rose pivoine, mais d'un coloris beaucoup plus vif.

R. *Charlotte de Charme*. Fleurs moyennes, doubles, d'un rose purpurin, ponctuées de rose pâle.

R. *mort de Virginie*. Fleurs superbes, grandes, d'une belle forme, d'un violet foncé.

R. *beauté surprenante*. Fleurs moyennes, doubles, rose pâle dans le centre, d'un blanc pur à la circonférence.

R. *glacée*. Fleurs moyennes, très-doubles, d'un joli rose couleur de chair, à pétales très-minces et légèrement transparents.

R. *Dupuytren*. Fleurs grandes, doubles, belles, d'un violet foncé.

R. *duc de Bordeaux*. Fleurs moyennes, doubles, d'un pourpre cramoisi, uniforme et très-vif; très-belle variété.

R. *comtesse de Genlis*. Fleurs moyennes, quelquefois prolifères, variant beaucoup dans la forme et la couleur, d'un rose carné ou tirant un peu sur le gris de lin.

R. *pony pourpre*. Fleurs grandes, régulières, très-doubles, d'un cramoisi foncé, très-belles.

R. *sœur Joseph*. Fleurs très-doubles, moyennes, régulières, d'un beau rose nuancé de blanc.

R. *grand Apollon*. Fleurs très-grandes, doubles, moyennes.

R. *Clémentine*, ou *Provins sans épines*. Fleurs moyennes, belles, très-doubles, d'un rose foncé au centre, pâle à la circonférence.

R. *pompon basard*. Fleurs très-doubles, petites, fort jolies, d'un rose pâle, presque blanches.

R. *l'Espagnole*. Fleurs moyennes, doubles, grandes, à folioles crispées et ondulées.

R. *reine des cent-feuilles*. Fleurs doubles, très-grandes, fort belles, d'un rose clair; arbrisseau très-vigoureux.

R. *mousseuse double*. Fleurs doubles, roses doubles. Sous-variétés à fleurs simples, à feuilles glauques, à fleurs carnées.

R. *mousseuse blanche*. Fleurs blanches; sous-variétés à feuilles de sauge, à fleurs panachées.

R. *pompon mousseux*. Fleurs petites, mousseuses, doubles, couleur de chair.

R. *anémone*. Fleurs moyennes, semi-doubles, roses, régulières, ayant la forme d'une anémone.

R. *claire*. Variété hybride; fleurs doubles, moyennes,

ayant la forme des cent-feuilles ordinaires, mais un peu plus pleine ; charmante espèce.

R. *petite mignonne*. Fleurs petites, bien faites, doubles, pourpres, paraissant une variété hybride du pompon.

R. *constante*. Fleurs très-grandes, doubles, couleur de chair et nuancées de couleur pâle.

R. *sans pétales*. Fleurs remarquables par l'avortement constant de tous les pétales, et n'ayant point d'autre mérite que leur singularité.

R. *œillet*. Fleurs petites, roses, à pétales dentés et un peu laciniés ; variété estimée pour sa curiosité seulement.

R. *chamois* ou *à balai*. Fleurs moyennes, sphériques, semi-doubles, d'un rose vif ; rosiers peu épineux, dont on fait ordinairement de très-jolies bordures.

R. *petite hollandaise*. Fleurs moyennes, roses, très-doubles, quelquefois n'épanouissant que très-difficilement.

R. *Aglaé Adanson*. Fleurs grandes, purpurines, panachées de rose clair.

Les autres variétés de cette section sont : R. *belle sans-pareille*, R. *à feuilles de chêne vert*, R. *pompon de Kigston*, R. *foliée*, R. *Van Spondonek*, R. *Louis XVIII*, R. *belle d'Aulnay*, R. *de Comberland*.

SECTION II. — ROSES DE PROVENCE.

R. *Léocadie*. Fleurs superbes, larges, très-doubles, couleur de chair ; bois et feuillage d'un vert clair ; végétation vigoureuse.

R. *ornement de Caruse*. Fleurs moyennes, très-doubles, d'un beau pourpre.

R. *princesse*. Fleurs larges, très-doubles, d'un rose clair ; arbrisseau d'une végétation vigoureuse.

R. *provincialis*. A feuilles d'orme ; variété remarquable par son feuillage, imitant un peu celui de l'orme.

R. *de Messine*. Fleurs solitaires, larges, très-doubles, d'un rose couleur de chair.

R. *Agathe de Portugal*. Fleurs moyennes, sphériques, pourpres, ayant de l'analogie avec les cent-feuilles.

R. *grand palais*. Fleurs roses, les plus larges et les plus belles de cette section.

R. *Agathe royale* ou *à grandes fleurs*. Fleurs moyennes ou grandes, suivant la vigueur du rosier, nombreuses, doubles, d'un rose vif.

R. *Abeilard*. Fleurs moyennes, très-doubles, carnées,

superbes; elles ressemblent au pompon basard, mais leur couleur est plus tendre.

R. *duchesse d'Angoulême*, autrefois *Marie-Louise*. Fleurs nombreuses, moyennes, d'abord légèrement carnées, puis d'un blanc pur après leur épanouissement.

R. *princesse Éléonore*. Fleurs grandes, doubles, d'un rouge cramoisi; bois quelquefois sans aiguillons.

R. *Agathe favorite*, *prolifère*, *précieuse Agathe*. Fleurs belles, grandes, bien faites, souvent prolifères, c'est-à-dire produisant au centre de la fleur un bouton souvent stérile.

R. *beauté du jour*. Fleurs charmantes, doubles et grandes, à pétales d'un rose vif au centre, blancs à la circonférence.

R. *duc de Bavière*. Fleurs superbes, grandes, très-doubles, d'une couleur tendre, d'un pourpre velouté, nuancé de pourpre plus pâle.

R. *Vénus mère*. Fleurs grandes, très-belles, d'un rose pâle.

R. *Clara*. Fleurs assez grandes, doubles, d'un rose pâle.

R. *pivoine*. Fleurs moyennes, très-doubles, bien faites, d'un rose couleur de chair, panaché de rose pur.

R. *grosse hollandaise*, ou *Constance*. Fleurs très-grandes, doubles, belles, couleur de chair dans le centre, rose à la circonférence.

R. *princesse de Salm*. Fleurs moyennes, doubles, d'un pourpre violacé.

R. *reine des Pays-Bas*. Fleurs moyennes, belles, d'un cramoisi velouté.

R. *Dauphine*. Fleurs très-doubles, moyennes, bien faites, d'une couleur de chair pâle.

R. *Jeanne Maillotte*. Fleurs grandes, très-doubles, d'un cramoisi velouté et foncé.

R. *cocarde pourpre*. Fleurs grandes, doubles, d'un cramoisi foncé, panachées de pourpre plus pâle.

R. *rien ne me surpasse*. Fleurs très-grandes, de belles formes, superbes, d'un très-beau rouge.

R. *Fany Bias*. Fleurs grandes, très-doubles, couleur de chair.

R. *grand lilas*. Fleurs bien faites et très-belles, grandes et fort doubles, d'un rose lilas. Les rameaux sont peu garnis d'aiguillons.

R. *nouvelle duchesse d'Orléans*. Fleurs moyennes, doubles, violettes au centre, d'un rose pâle et carné à la circonférence.

R. *belle camellia*. Fleurs très-doubles, moyennes, d'un pourpre changeant.

R. *reine de Prusse*. Fleurs moyennes, doubles, d'un rouge éclatant.

R. *la triomphante*. Fleurs moyennes, doubles, belles, d'un rose carné.

R. *duchesse d'Angoulême*. Fleurs moyennes, très-doubles, régulières, bien faites, d'un rose léger, un peu plus foncé au centre.

R. *la convenable* Fleurs très-grandes, très-doubles, d'un fort beau rouge.

R. *ornement de parade*. Fleurs très-grandes, doubles, couleur de chair.

R. *gallica vermillon*. Fleurs très-petites, de la largeur d'une pièce de deux francs, très-doubles, d'un rose clair; bois et feuillage très-petits, ce qui fait de cette intéressante variété la miniature de l'espèce.

R. *Laodicé*. Fleurs très-grandes, assez irrégulières, doubles, d'un rose pâle maculé de rose plus foncé.

R. *verte blanche*. Fleurs grandes, fort belles, d'un vert blanchâtre; bois et feuillage d'un très-beau vert un peu luisant.

R. *cocarde jacobée*. Fleurs grandes, rouges, très-belles, ayant dans le centre une couronne formée par les étamines.

R. *ombre précieuse*. Fleurs moyennes, d'un brun très-foncé, velouté; fort jolie variété.

Telles sont les plus belles variétés des roses de Provence. Les bornes de cet ouvrage ne nous permettent pas d'énumérer en son entier la nomenclature complète de la section des Provence, qui contient encore une infinité de variétés.

SECTION III. — ROSES CENT-FEUILLES.

R. *cent-feuilles panachée*. Fleurs très-doubles, superbes, panachées comme les Provins, quoique véritables cent-feuilles.

R. *des peintres*, ou *souchet*. Fleurs grandes, semi-doubles, d'un rose extrêmement vif.

R. *à feuilles de laitue*, ou *bullata*. Fleurs doubles, régulières, peu nombreuses; feuilles grandes.

R. *courtin*. Fleurs grandes, très-doubles, couleur de chair; arbrisseau très-vigoureux.

R. *madame de Tressan*. Fleurs superbes, très-grandes, d'un rose pâle.

R. *Agathe pyramide*. Fleurs moyennes, très-doubles, d'une couleur de chair très-vive, quelquefois prolifères.

SECTION IV. — ROSES PIMPRENELLES.

R. *petite écossaise*. Fleurs petites, blanches, doubles.

R. *délice du printemps*. Fleurs petites, très-doubles, d'un rose tendre.

R. *Estelle*, ou *bifère*. Fleurs moyennes, semi-doubles, d'un blanc légèrement carné.

R. *pimprenelle du Luxembourg*. Fleurs larges, doubles, couleur de chair.

R. *camellia*. Fleurs moyennes, régulières, très-bien faites, semi-doubles, d'un blanc très-pur.

R. *bicolore*. Fleurs moyennes, doubles, à pétales pourpres à l'intérieur, d'un rose pâle en dehors.

R. *belle Laure*. Fleurs moyennes, blanches, à pétales tachés de pourpre à l'onglet.

R. *micrantha*. Fleurs petites, doubles, pourpres et nuancées de pourpre pâle.

R. *à fleurs jaunes*. Fleurs doubles, jaunâtres.

R. *Nankin*. Fleurs simples, d'un rose jaunâtre.

R. *iady Blush*. Fleurs grandes, régulières, très-bien faites, semi-doubles, couleur de chair.

SECTION V. — ROSES DE DAMAS ET DE BELGIQUE.

R. *du roi*. Fleurs très-grandes, très-doubles, pourpres; arbrisseau très-vigoureux.

R. *la précieuse*. Fleurs très-doubles, moyennes, roses; bois d'un vert pomme, à aiguillons gris.

R. *Belgique violette*. Fleurs extrêmement doubles, d'un violet pâle dans le centre, blanche à la circonférence.

R. *damas du Luxembourg*. Fleurs petites, en corymbe, très-doubles, charmantes, d'un rose pâle. L'arbrisseau fleurit abondamment.

R. *damas perpétuelle*. Fleurs assez grandes, semi-doubles, d'un rouge pâle et vif.

R. *gracieuse*. Fleurs grandes, bien faites, sphériques, très-doubles, couleur de chair.

R. *York* et *Lancastre*. Fleurs moyennes, doubles, blanches, panachées de rouge.

R. *cent-feuilles plate*. Cette fleur, qui est certainement
un damas malgré son nom, est assez grande, plate, d'un
rose liliacé; elle a dans le centre une couronne formée par
les étamines.

R. *Belgique à bouquet*, ou *damas argenté*. Fleurs
moyennes, doubles, couleur de chair, formant des bouquets très-fournis et nombreux.

R. *Belgique carnée*. Fleurs très-nombreuses, grandes,
doubles, couleur de chair.

R. *Vénus d'Italie*. Fleurs grandes, très-doubles, nombreuses, d'une couleur plus foncée que dans la précédente.

R. *perle d'Orient*. Fleurs moyennes, doubles, d'un
rouge tirant un peu sur l'orangé.

R. *belle couronne*. Fleurs très-grandes, semi-doubles,
d'un rose pâle.

Il y a plusieurs autres variétés.

SECTION VI. — Roses noisettes.

R. *noisette ordinaire*. Fleurs grandes, rouges.

R. *Cupidon*. Fleurs petites, doubles, d'un violet clair.

R. *cramoisie*. Fleurs petites, jolies, d'un rouge cramoisi.

Il faut ajouter à la liste des anciennes variétés les noisettes *rouge virginal*, *pourprée*, *Milton*, *Lœvis*, *Woods*,
corvisard, *hybride*, *mordante*, *Caroline*.

SECTION VII. — Roses agathes nouvelles.

R. *élégante*. Fleurs larges, très-doubles, d'un rose pâle;
jolie variété ; arbrisseau vigoureux.

R. *agathe rose*. Fleurs moyennes, d'un rose très-tendre.
Elle ressemble un peu à la *Marie-Louise*, mais elle est
d'une teinte plus foncée.

R. *Clarisse*. Fleurs superbes, grandes, d'un rose tendre.
Ces trois nouvelles et jolies variétés ont été gagnées au
Luxembourg.

SECTION VIII. — Roses blanches, ou alba.

R. *perle de France*. Fleurs moyennes, doubles, blanches, ayant la forme des cent-feuilles; bois et feuillage d'un vert jaunâtre ; feuilles très-dentelées.

R. *grosse cuisse de nymphe*. Fleurs grandes, très-doubles, d'un incarnat pâle.

R. *petite cuisse de nymphe*. Fleurs bien faites, régulières, très-doubles, moyennes, carnées.

R. *camellia*. Fleurs grandes, semi-doubles, d'un beau rose.

R *Clarisse*. Fleurs grandes, superbes, d'un rose tendre.

R. *à cœur vert*. Fleurs moyennes, doubles, d'un rose blanc verdâtre à la circonférence, presque vert au centre.

R. *Semonville*. Fleurs moyennes, d'un rose carné tirant un peu sur le jaune.

R. *belle aurore*. Fleurs moyennes, bien faites, très-doubles, d'un rose pâle un peu jaunâtre.

R. *céleste*. Fleurs moyennes, très-doubles, bien faites, d'un blanc pur, teintes de bleuâtre quand on les regarde dans un certain jour.

R. *la surprise*. Fleurs petites, très-doubles, d'un blanc pur ; bois sans aiguillons, de couleur d'acajou.

R. *précieuse blanche*. Fleurs grandes, bien faites, très-doubles, d'un blanc rosé ou un peu jaunâtre.

R. *à feuilles de chanvre*. Arbrisseau remarquable par son feuillage étroit et ressemblant un peu à celui du chanvre; fleurs moyennes, doubles, blanches.

R. *cocarde*. Fleurs moyennes, semi-doubles, blanches, et quelques-unes lavées de rouge.

R. *Elisa*. Fleurs moyennes, bien faites, très-doubles, blanches, avec la base des pétales d'un joli rose.

SECTION IX. — ROSES DE BENGALE.

R. *hybride de Bengale du Luxembourg*. Fleurs jolies, très-doubles, ayant la forme d'une renoncule, à pétales en spirale, d'une belle couleur violette.

R *hybride de Bengale à fleur de Junon*. Fleurs petites, roses, doubles, ressemblant beaucoup à la *Junon*.

R. *Bengale pivoine*. Fleurs très-larges, roses ; fruit en forme de poire, singulier et de la grosseur d'une forte noix ; feuillage très-grand, aiguillons rouges ; arbrisseau très-vigoureux.

R. *renoncule rose*. Fleurs roses, un peu prolifères, en forme de renoncule.

R. *renoncule noire*. Fleurs semblables à la précédente , mais d'un violet noir.

R. *georgienne*. Variété hybride ; fleurs très-doubles, grandes, d'un rose clair.

R. *extra de Gossard*, ou *violette de Vergny*. Variété hybride ; fleurs moyennes, très-doubles, d'un beau violet ; écorce et feuillage d'un très-beau vert ; bois très-mince.

R. *hybride de Bengale à fleurs roses*. Fleurs charmantes, ayant la grandeur, la forme et la couleur d'une belle cent-feuilles rose.

R. *Bengale Nini*. Fleurs roses , à odeur de thé.

R. *Etna*. Fleurs à peu près semblables aux précédentes, mais d'une couleur plus foncée.

Il y a encore parmi les variétés nouvelles : *Bengale à feuilles de pêcher, Ascanie, Catherine II, Caroline de Brunswick, Denon, Didon, Argus, lady Balcombe, le roi d'Yvetot, le roi de Prusse, le roi de Saxe, Lepides, lord Byron, Molière, Nabab, Narcisse, Ossian, Sevina, Thémis, Caroline Masson, duchesse de Montebello, Elisa Fanning, Jenner, la nubienne, Miaulis, Néron*.

Voici les anciennes variétés : bichonne, velours pourpre, Monza, duchesse de Parme, belle de Plaisance, belle chinoise, tendre japonaise, belle Villoresi, amarante, feu ardent velouté, Herminic, cent-feuilles, cent-feuilles pourpre, prince Eugène, de Florence, spectabilis, boulotte, Bengale blanc, Boursault, Thisbé, cerise éclatante, élégante, Ternaux, Anemating, inermis, à longues feuilles, mousseline, lie de vin, chamnagana.

SECTION X. — ROSES THÉ.

R. *Adam*. Très-grande , pleine , rose claire.

R. *bon Silène*. Rouge tendre.

R. *commun*. Carné.

R. *général Chassé*. Carmin clair.

R. *hyménée*. Grande , pleine , bombée , jaunâtre.

R. *la Renommée, moyenne* ou *grande*. Pleine , bien faite , blanche , centre légèrement jaunâtre.

R. *Marie de Médicis*. Roses à fond jaunâtre.

R. *Taglioni*. Blanche, plane.

R. *Thémistocle, moyenne* ou *grande*. Fleurs blanches , centre carné.

R. *Thouin*. Grande, pleine , carnée, nuancée de rose.

R. *triomphe du Luxembourg*. Fleurs très-grandes, fond aurore.

Enfin, dans les variétés nouvelles, on remarque : *petite indienne*, *belle Gabrielle*, *belle Elisa*, *belle Hélène*, *Zénobie*, *belle Bigottini*, *Telson*, *reine de Golconde*, *roi de Siam*, *le fakir*, *beauté pâle*, *Cornot*, *duc de Grammont*, *Elvinie*, *la nymphe*, *la beauté*.

RUDBÈQUE *lacinié* (rudbekia laciniata, L.); viv. En juillet; fleurs radiées, jaunes. Terre franche, légère ; multipl. de graines et d'éclats. Même culture pour les R. *purpurea*, *pinnata*, *hirsuta*, *Drummundii*, *digitata*.

RUELLIE *élastique* (ruellia strepens, L.) ; viv. En juillet et août; fleurs d'un lilas tendre. Terre légère; multipl. de boutures, ou semis sur couche.

SAINFOIN *à bouquet* (hedysarum coronarium, L.); viv. En juillet ; fleurs odorantes, d'un rouge foncé, à étendard rayé de blanc. Terre légère et chaude ; multipl. de graines au printemps ou par éclats. Même culture pour les H. *canadense* et *caucaseum*.

SALICAIRE *effilé* (lytrum virgatum, L.); viv. En juillet et août; fleurs purpurines. Terre humide ou marécageuse; multipl. de drageons. Même culture pour les L. *salicaria*, *verticillatum*.

SALPIGLOSSIS *pourpre* (salpiglossis atropurpurea, L.); ann. En juillet et août; fleurs d'un pourpre noirâtre. Terre légère ; semis sur couche au printemps. Même culture pour le S. *straminea*.

SANGUINAIRE *du Canada* (sanguinaria canadensis, L.); viv. Feuille unique, radicale ; fleur blanche, assez grande. Terre humide, légère, à demi-ombre ; multipl. d'éclats.

SANTOLINE *commune* (santolinus chamæcyparissus, L.); lign. En juillet et août; fleurs d'un beau jaune, odorantes. Terre légère, chaude ; multipl. d'éclats, marcottes, boutures. De même pour les S. *viridis*, *rosmarinifolia*.

SAPIN *commun* (abies taxifolia, L.); lign. Bel arbre résineux, très-propre à la décoration des grands jardins. Culture des pins, ainsi que les A. *picea*, *canadensis*, *nigra*, *alba*, *balsamea*.

SAPONAIRE *officinale* (saponaria officinalis, L.); viv. En juillet; gros bouquet de fleurs roses ou rouges, simples ou doubles. Terre ordinaire; multipl. de traces. Même culture pour la S. *acymoides*.

SARRACÉNIE *pourpre* (sarracenia purpurea, L.); viv. En juin et juillet; fleurs vertes à l'intérieur et pourpres à l'extérieur. Terre marécageuse ou de bruyère; multipl. de semences et d'éclats : couverture l'hiver.

Sabrète *ailée* (sarratula alata, L.); bisann. En août et septembre; fleurs d'un rose violacé. Terre légère; de graines semées aussitôt la maturité.

Sauge *de Crète* (salvia cretica, L.); lign. En été; fleurs d'un rose vif. Terre légère et chaude; multipl. d'éclats et de boutures. Même culture pour les espèces suivantes :

S. *canariensis*. D'un rose pourpre.

S. *indica*. Bleue, tachée de violet et bordée de blanc.

S. *formosa*. D'un rouge écarlate.

S. *bicolor*. Lèvre supérieure bleue, l'inférieure blanche.

S. *argentea*. Blanche.

S. *officinalis*, et ses variétés : *tricolore, panachée, à petites feuilles.*

S. *orminum*. Ann., ainsi que ses variétés à bractées violettes ou rouges. On la sème en place au printemps.

Saule *commun* (salix alba, L.); lign. Propre, comme tous ses congénères, à la décoration du bord des eaux; terre humide ou marécageuse; multipl. de boutures en plançons. Même culture pour le S. *pleureur*, S. *babylonica*, d'un effet très-pittoresque.

Saxifrage *pyramidale* (saxifraga pyramidalis, L.); viv. De mai en juillet; long panicule de fleurs blanches. Terre franche, à demi-ombre; multipl. de graines et par éclats des touffes et des rosettes. Même culture pour toutes S. *umbrosa, sarmentosa, hypnoides, hirsuta, furcata, granula, geranoides, crassifolia.*

Scabieuse, *fleur des veuves* (scabiosa atropurpurea); bisann. De juillet en octobre. C'est une charmante plante d'ornement pour les parterres. Elle fournit un grand nombre de tiges fines, légères, minces, accompagnées, surtout à la base, de feuilles très-composées, à nombreuses divisions dont plusieurs sont en filaments. Pendant tout l'été, les tiges qui se succèdent offrent à leur sommet des fleurs isolées, de couleur pourpre plus ou moins foncé et veloutées, à odeur très-agréable; elles offrent d'ailleurs beaucoup de variétés : on les multiplie de graines, qu'il est mieux de semer en place, en ayant soin, par prudence, de couvrir la jeune plante pendant les fortes gelées.

Schisandre *écarlate* (schisandra coccinea, L.); viv., grimpante. En juillet; fleurs petites, écarlates. Terre légère, avec couverture l'hiver; multipl. de graines et de drageons.

Schisanthe *à feuilles ailées* (schisanthus pinnatus, L.);

ann. Au printemps ; fleurs d'un lilas clair, à palais jaune, tigré de pourpre, entouré de quatre taches violettes. Terre substantielle, légère ; semis sur couche ; repiquer avec la motte.

Scille *agréable* (scilla amœna, L.) ; viv. En mars et avril ; fleurs bleues rayées de blanc. Terre sablonneuse ou au moins très-légère ; multipl. par la séparation des caïeux tous les quatre ans. Même culture pour les S. *maritima*, à oignons gros comme la tête d'un enfant ; S. *italica*, fleurs bleues, odorantes ; *undulata, præcox, autumnalis, campanulata* et *peruviana*. Ces deux dernières avec couverture l'hiver.

Scorpionne *des marais, souvenez-vous de moi* (myosotis scorpioides, With.) ; viv. Charmante miniature, rustique ; feuilles oblongues, étroites ; d'avril en août ; fleurs petites, bien ouvertes, avec des points jaunes, disposées en épi unilatéral. Terre humide ; multipl. facile de boutures, graines, éclats.

Sédum *orpin* (sedum telephium, L.) ; viv. En juillet et août ; fleurs purpurines ou blanchâtres. Terre ordinaire et sèche ; multipl. de graines, d'éclats ou de drageons. Même culture pour les S. *spurium, populifolium, rhodiala*.

Sélagine *bâtarde* (selago spuria, L.) ; viv. En juillet ; épi de fleurs violettes. Terre légère mêlée à un tiers de terreau ; midi ; semis sur couche chaude.

Seneçon *élégant* (senecio elegans, L.). Tiges et feuilles semblables à celles du seneçon commun, mais plus grandes ; en juin et août ; fleurs beaucoup plus grandes, à rayons d'un cramoisi clair superbe, disque d'un beau jaune doré. Variétés : cramoisi foncé, blanc rosé ; fleur double, cramoisie, fleur double, blanc rosé. Ces variétés doubles se multiplient de boutures et se conservent l'hiver sous châssis sec ; toutes se reproduisent parfaitement de graines ; on repique en planches pour les faire fortifier, et enfin on les met en place pour fleurir en automne ; et mieux semer sur couche pour replanter en motte.

Silène *divisé* (silene bipartita, L) ; ann. En été et en automne ; fleurs roses. Terre légère ; semis au printemps. On sème en automne la S. *virginica*, à fleurs écarlates. Couverture d'hiver.

Séringa *odorant* (philadelphus coronarius, L.) ; lign. En juin et en juillet ; fleurs blanches, odorantes. Variété : *nain*, à feuilles *panachées*, à fleurs *semi-doubles*. Tout terrain; multipl. par boutures, drageons et éclats. Même culture pour le P. *grandiflora*, sans odeur.

SILPHIUM *lacinié* (silphium laciniatum, L.); viv. Au printemps; fleurs jaunes, radiées; multipl. de semis et d'éclats. Terre profonde. Même culture pour les S. *terebinthinaceum, conatum, perfoliatum, trifoliatum, ternatum, integrifolium, atropurpureum.*

SMILACINE *à grappe* (smilacina racemosa, L.); viv. En juin; grappes de petites fleurs blanchâtres. Terre de bruyère ombragée; multipl. de drageons et d'éclats. Même culture pour la S. *stellata.*

SOLDANELLE *des Alpes* (soldanella alpina, L.); viv. En avril et mai; fleurs pendantes, rougeâtres, en cloche. Variétés à fleurs pourpres, à fleurs blanches. Terre légère ou de bruyère, demi-ombre; multipl. de graines ou d'éclats en octobre; couverture l'hiver.

SOLEIL *à grande fleur* (helianthus annuus, L.); ann. De juillet en septembre; fleurs jaunes, simples ou doubles. Terre ordinaire; semis. — S. *vivace*, H. *multiflorus*, viv. En août; fleurs simples ou doubles, jaunes; multipl. par éclats, de même pour les H. *atrorubens, giganteus, altissimus, mollis, diffusus.*

SOPHORA *du Japon* (sophora japonica, L.); lign. En juillet; fleurs blanches en grappe. Terre franche et chaude; multipl. de graines et rejetons. Même culture pour le S. *pendula.*

SORBIER *des oiseleurs* (sorbus ancuparia, L.); lign. Rameaux peu nombreux, allongés; les feuilles composées de folioles oblongues, dentées; les fleurs nombreuses, blanches, remplacées par des fruits ronds du plus beau rouge. Le S. *hybride*, à feuilles profondément divisées et la forme très-variée, mais très-velues en dessus; les fleurs sont également blanches, et les fruits d'un jaune rougeâtre. Le S. *d'Amérique* est un arbrisseau qui ne dépasse pas dix pieds; il a les rameaux très-étroits, ainsi que les fleurs, les feuilles plus pointues, les fruits d'un beau rouge.

SOUCI *commun* (calendula officinalis, L.). Cette plante, frappée de défaveur sans aucun motif, si ce n'est peut-être son odeur, fait un assez bon effet dans les jardins, mais en est à peu près bannie. Ses fleurs sont jaunes. On en possède deux ou trois espèces à peu près semblables dont les fleurs doublent facilement.

SPARTIUM *à fleurs blanches* (spartium album, L.); lign.

En mai et juin ; fleurs blanches ou roses, analogues à celles du genêt. Terre légère, chaude ; couverture l'hiver ; multipl. de graines.

Spigélie *du Maryland* (spigelia marylandica, L.); viv. En août ; fleurs jaunes en dedans, rouges en dehors, odorantes. Terre fraîche, légère, un peu ombragée : multipl. d'éclats ou de semences.

Spirée *ulmaire* (spiræa ulmaria, L.); viv. En juillet ; grand corymbe de fleurs blanches. Variétés à fleurs doubles, à feuilles panachées. Terre humide ou légère et fraîche ; multipl. de graines, d'éclats ou de rejetons.

S. *à feuilles lobées.* Superbe plante à racines traçantes, vivace, odorante; fleurs roses. On cultive une variété de cette espèce sous le nom de *venusta*, qui est plus grande dans toutes ses parties, et plus belle par ses fleurs, plus nombreuses et plus roses. Terrain frais.

S. *filipendule.* Indig. En juin et juillet ; une large cime de jolies fleurs blanches, petites, nombreuses. Var. à fleurs doubles. Même culture.

S. *barbe de bouc* ou *de chèvre.* Rustique et vivace; fleurs petites, nombreuses, à pétales blancs.

Même culture pour les S. *à feuilles de millepertuis,* S. *à feuilles crénelées,* S. *à feuilles d'orme,* S. *à feuilles de chamædrys,* S. *à feuilles d'obier,* S. *à feuilles lisses,* S. *à feuilles de saule,* S. *cotonneuse,* S. *à feuilles de sorbier,* S. *de l'Inde,* S. *à feuilles d'aria,* S. *à feuilles lancéolées,* S. *élégante,* S. *tombante.*

Staphylier, *faux pistachier* (staphylea pinnata, L.); lign. En avril et juin ; grappes de fleurs blanches. Terre ordinaire ; multipl. de graines, rejetons et marcottes. Même culture pour le S. *trifoliata.*

Statice, *gazon d'Olympe* (statice armeria, L.); viv., propre à faire de jolies bordures. De mai en août ; tête de fleurs blanches, lilas ou rouges. Terre ordinaire, fraîche; multipl. par éclats. Même culture pour les espèces *scoparia, limonium, tatarica, speciosa, articulata, lusitanica, purpurata, cordata, graminifolia.*

Sténactis *agréable* (stenactis speciosa, L.); viv. Tout l'été; fleurs d'un pourpre violacé, à disque jaune. Terre légère ; multipl. de graines ou par éclats.

Stévia *pourpre* (stevia purpurea, L.). En été ; fleurs pourpres, en corymbe. Terre légère, chaude ; couverture l'hiver; multipl. de semis sur couche ou par éclats. Même culture pour les S. *serrata*, *pedata*, *salicifolia*, *punctata*.

Stramoine *fastueux* (datura fastuosa, L.); ann. De juillet en novembre; fleurs en cloches, blanches en dedans, d'un rose violacé en dehors, ayant souvent deux ou trois corolles l'une sur l'autre. Semis sur couche chaude; repiquer au midi. Même culture pour les D. *ceratancola*, à fleurs odorantes; D. *tabula* et *ferox*.

Sumac *des vinaigriers* (rhus glabrum, L.); lign. En juillet; panicule de fleurs verdâtres; fruits d'un beau rouge. Terre ordinaire; multipl. de graines et de rejetons. R. *coriaria*, R. *cotinus*. Même culture.

Sureau *commun* (sambucus nigra, L.); lign. En juin; cime ombelliforme de fleurs blanches. Var. à fruits blancs ou verts, à fleurs panachées, à feuilles bipinnées, etc. Tout terrain; multipl. de graines et de boutures. Même culture pour les S. *racemosa*, *pubescens*.

Swertia *vivace* (swertia perennis, L.); viv. En juillet et juin; panicules de fleurs bleues en étoiles, rayées et ponctuées de verdâtre. Terre humide ou marécageuse; multipl. de drageons, ou de graines aussitôt leur maturité.

Symphorine *à grappes* (symphoricarpos racemosa, L.); lign. En août; fleurs très-petites, roses. Tout l'hiver; grappes de fruits blancs. Terre ordinaire; multipl. de marcottes et drageons. Même culture pour la S. *parviflora*.

Tagète, *œillet d'Inde* (tagetes erecta, L.); ann. De juillet en octobre; fleurs jaunes, plus ou moins mordorées, doubles ou simples, exhalant une odeur désagréable. Terre ordinaire ou franche, légère; semis au printemps. Même culture pour le T. *patula*, à fleurs orangées, rayées de jaune.

Tamarisc *de Narbonne* (tamaris gallica, L.); lign. De mai en octobre; fleurs d'un blanc pourpre; feuillage pitoresque. Terre humide, fraîche, ombragée; multipl. de boutures et de marcottes. Même culture pour le T. *germanica*.

Tanaisie *commune* (tanacetum vulgare, L.); viv., aromatique. En août; fleurs d'un beau jaune. Variétés à leurs crêpues. Terre franche ou sablonneuse, fraîche; multipl. de drageons et d'éclats. Même culture pour la T. *boréale*.

Thunbergie *ailée* (thumbergia alata, L.); viv., grimpante. Tout l'été; fleurs jaunes à centre pourpre. Variété à fleurs blanches. Terre légère et chaude; semis au printemps; orangerie si on veut la conserver l'hiver. **Cultiver de même le T.** *fragrans.*

Thuya *d'Occident* (thuya occidentalis, L.); lign. **Bel arbre résineux**, à cônes obovales. Terre fraîche, légère et substantielle, et culture des pins. De même pour le T. *orientalis* et sa variété à rameaux pendants.

Tigridie *panachée* (tigridia peronina, L.); viv. **Belles fleurs jaunâtres et écarlates**, ponctuées de rouge foncé. Terre substantielle et légère; multipl. de caïeux aussitôt replantés en avril.

Tilleul *d'Europe* (tilia europæa, L.); lign. **Bel arbre** propre à planter des promenades, ainsi que ses variétés: *platiphyllos*, *à feuilles panachées*, *à feuilles laciniées*, *corail*, *pleureur*, et les espèces *bohemica*, *carolina.* Terre ordinaire, mieux fraîche et profonde; multipl. de graines stratifiées et par la greffe.

Tourette *printanière* (turritis terna, L.); lign. De mars en mai; multipl. de semis et de traces. Même culture pour la T. *caucasiensis.*

Trille *sessile* (trillium sessile, L.); viv. En avril; fleurs d'un rouge brun, à pétales spatulés. Terre de bruyère, demi-ombre: multipl. de graines aussitôt mûres ou par séparation de racines.

Troène *commun* (ligustrum vulgare, L.); lign., propre à faire de jolies haies. Au printemps; panicule de fleurs blanches. Var. à fruits jaunes. Terre franche, légère; multipl. de rejetons, boutures et marcottes. Par un phénomène inconcevable, la greffe de l'olivier réussit très-bien sur cet arbrisseau. Même culture pour le *troène du Japon.*

Tournefort *couché* (tournefortia heliotropioides, Hoot); viv. Tout l'été; fleurs blanchâtres. Terre légère et chaude l'hiver; en automne, pour lui faire passer l'hiver en orangerie. Multipl. de graines et de boutures.

Trachélie *bleue* (trachelium cæruleum, L.); viv. Tout l'été; fleurs d'un bleu violacé. Terre légère; multipl. de graines et de boutures.

Trolle *d'Europe* (trollius europæus, L.); viv. En mai; fleurs grandes et jaunes. Terre franche, légère, midi; multipl. de graines et d'éclats. Même culture pour le T. *asiaticus*, à fleurs d'un jaune orangé.

Tubéreuse *des jardins* (polyanthes tuberosa, L.); viv., de l'Inde. Oignon brun, allongé. Epi de fleurs monopétales à 6 divisions, blanches, lavées de rose ; odeur très-suave et pénétrante ; fleurs simples, semi-doubles, doubles, solitaires ou deux à deux, plus ou moins grandes ; floraison en juin ou juillet. Terre franche, légère, substantielle. Plantation en mars et en pots de 20 à 25 cent., sur couche, sous châssis ou sous cloche. On couvre pendant les nuits froides. Arrosements fréquents quand le temps se réchauffe. Multipl. de caïeux qui ne portent fleurs que la 3e ou 4e année.

Tulipe *des fleuristes* (tulipa gesneriana, L.) ; du Levant. Tige nue dans le haut, glabre ; feuilles allongées, aiguës ; tous les pétales obtus. Les tulipes des fleuristes, suivant que le fond de la corolle est ou n'est pas coloré, se distinguent en *bizarres* et en tulipes *à fond blanc*. Celles-ci, dites flamandes, sont les seules admises dans les collections d'amateurs de tulipes.

Multipl. par caïeux et par semis. Le caïeux donne constamment une plante identique à celle dont il tire son origine. Sa première floraison s'opère de 1 à 4 ans, suivant son développement.

Les semences d'une tulipe n'en reproduisent pas la variété ; elles fournissent des fleurs qui diffèrent entre elles. Celles-ci n'apparaissent qu'à la 4e ou 5e année. Leurs teintes diverses sont d'abord vagues et comme confondues les unes dans les autres. Dans les floraisons ultérieures, ces couleurs se démêlent, se séparent, se prononcent de plus en plus, jusqu'à ce qu'elles aient toute leur perfection. Ce perfectionnement qu'avec le temps les tulipes acquièrent pour leurs couleurs ne s'étend pas aux autres qualités ; aussi faut-il regarder comme défectueuses celles dont la première floraison offre une corolle mal faite, une tige sinueuse et grêle. Le semis se fait au mois d'octobre et dans une terre douce et substantielle ; on les relève la seconde ou la troisième année.

Quand un oignon manque de fleurir une année, la tulipe n'en est que plus belle l'année suivante. Souvent une tulipe du premier mérite donne une fleur très mauvaise. Ce phénomène dépend d'un changement de pays, de culture, et surtout de terrain, quelquefois même d'un printemps froid et pluvieux. On en a même vu qui pendant plus d'une année ont ainsi donné des fleurs médiocres, mais sont toujours revenues à leur type primitif.

Les variétés de tulipes sont aujourd'hui presque infinies ; toutefois celles d'élite, dans les plus riches collections, ne dépassent pas huit cents.

Voici les qualités que doit avoir une tulipe du premier mérite : 1° tige droite et ferme; 2° fleur supportée verticalement et d'un cinquième plus longue que large ; 3° fond de la corolle d'un blanc éclatant ; 4° pétales étoffés et bien arrondis au sommet, offrant au moins trois couleurs bien tranchées. Les panachures nombreuses de couleurs très-opposées, semblables en dedans et en dehors, imitant des broderies, sont les qualités les plus recherchées; mais il n'est pas toujours facile de les obtenir, ni même de les conserver bien exactement.

Les tulipes se cultivent presque toujours en planches, dont les localités ou le nombre d'oignons limitent l'étendue. On les y place ordinairement en lignes parallèles, à six pouces de distance les uns des autres, et au nombre de sept dans le sens de la largeur de la planche. Le sol de ces planches est plat; mais on dispose les tulipes graduellement, d'après leur élévation, jusqu'à la ligne du milieu, où sont les plus hautes : ce caractère nous semble plus essentiel à noter que tout autre. En général, la tulipe n'est pas très-difficile sur la composition du terrain; il suffit qu'il soit un peu léger, et celui des jacinthes lui convient beaucoup. Les oignons et les fleurs craignent beaucoup moins la gelée.

Après la floraison, on retranche toutes les tiges en conservant les feuilles, et lorsque celles-ci jaunissent, on déplante les oignons par un temps sec, mais couvert, autant que possible. On laisse l'oignon sur terre et on le retourne le lendemain. Au bout de quelques jours, les racines fibreuses et les feuilles desséchées peuvent être détachées. Il faut les rentrer ensuite et les conserver dans un endroit sec On replante les oignons à la fin de l'automne, avant qu'il ne s'y manifeste aucun mouvement de végétation.

TULIPE *sauvage* (tulipa sylvestris, L.); viv. En avril et mai; fleurs jaunes, un peu penchées, à pétales pointus. Var. à fleurs doubles : — TULIPE TURQUE, T. *turcica*; — *calsiana*; — *biflora*; — *gallica*; — *compsopetala*; — *lusiana*; — *oculus solis*. Toutes ces jolies espèces aiment une terre légère, et se multiplient de caïeux qu'on sépare après la dessiccation de la fane.

TULIPIER *de Virginie* (liriodendrum tulipifera, L.); lign. En juin et juillet; fleurs d'un jaune verdâtre, tachées de rouge, en forme de tulipe. Variétés à fleurs jaunes, plus odorantes. Terre fraîche et franche. Multiplier de semis en terrine au printemps, et préserver le jeune plant du froid pendant ses premières années.

Tupélo *à feuilles entières* (nyssa villosa, L.); lign. Fleurs peu apparentes et fruits bleus, oliviformes. Terre humide ou marécageuse; semis au printemps en terrine. Même culture pour le N. *aquatica*.

Tussilage *odorant* (tussilago fragrans, L.); viv. De novembre en janvier; fleurs pourpres, à odeur d'héliotrope. Terre fraîche, légère; multipl. de drageons.

Valériane *rouge* (valeriana rubra, L); viv. De juin en juillet; panicule de fleurs blanches, rouges ou pourpres, suivant la variété. Terre ordinaire, mieux légère et chaude; multipl. d'éclats et de semis. Même culture pour les V. *phu, cornucopiæ, py. enaica, grandiflora.*

Varaire, *ellébore blanc* (veratrium album, L.); viv. De juin en août; grappes de fleurs blanchâtres. Terre franche et fraîche; multipl. d'œilletons ou de semis. De même pour le V. *nigrum.*

Vélab, *julienne jaune* (erysimum barbareum, L.); viv. En mai; fleurs jaunes; terre ordinaire; multipl. d'éclats ou de boutures.

Verge *d'or du Canada* (solidago canadensis, L.); viv. De juillet en septembre; panicules de fleurs d'un beau jaune. Terre franche et légère, bonne exposition; multipl. de graines aussitôt mûres, ou par éclats des pieds tous les trois ans. Même culture pour les S. *laterifolia, altissima, flexicaulis, bicolor, lævigata, gigantea.*

Véronie *élevée* (veronia præalta, L.). En octobre et novembre; corymbes et fleurs d'un violet pourpre. Terre ordinaire; multipl. d'éclats ou de drageons. Même culture pour les V. *novæboracensis*, à fleurs purpurines, et V. *anthelmintica.*

Véronique *de Sibérie* (veronica sibirica, L.); viv. En juin et juillet; bel épi de fleurs blanches. Multipl. de graines au printemps ou d'éclats. Terre légère, substantielle et fraîche. Même culture pour les V. *virginica, maritima*, et les variétés blanches, roses et bleuâtres : *gentianoides, elegans*, à fleurs roses, exigeant la terre de bruyère; *bellidioides, orientalis, austriaca, incarnata, pinnata.*

Verveine *de Miquelon* (verbena aubletia, L.); viv. Feuilles opposées, pinnatifides ou lancéolées, incisées et trifides. En juillet et novembre, première année, et en avril et juillet la seconde. Fleurs d'un violet pourpre, très-jolies, en épi qui s'allonge beaucoup. Terre légère, bien terreautée ; exposition chaude et sèche ; orangerie pour la conserver deux ans. Multipl. de semis sur couche au printemps ou de boutures et de marcottes. Semée et cultivée comme une plante annuelle, elle est beaucoup plus belle, donne des fleurs plus grandes, plus jolies et plus nombreuses.

V. *à feuilles de chamædrys ;* viv. Tige grêle et diffuse. Fleurs toute l'année, du rouge le plus vif. Multipl. de couchage et de boutures que l'on fait tous les deux ans en août, et que l'on entre en serre tempérée.

V. *gentille ;* viv. Fleurs nombreuses, d'un bleu clair, disposées en corymbe terminal, et se montrant depuis le printemps jusqu'à la fin de l'automne. Orangerie.

V. *veinée ;* viv. Tout l'été ; fleurs en épi capité, pourpre violacé, fort jolies. Multipl. de boutures, graines, racines.

V. *faux tenerium.* Fleurs blanches, grandes, rosées, à pétales ondulés, disposées en longues grappes.

VIGNE VIERGE *à cinq feuilles* (cissus quinquefolia, L.) ; lign., grimpante, propre à couvrir les murailles et les berceaux. Multipl. de graines, boutures et marcottes. Terre fraîche, demi-ombragée.

VIOLETTE (*viola odorata*, L.). Il est inutile de vanter la violette, qui dès les premiers jours du printemps nous fournit des bouquets aussi agréables par leur suave et douce odeur que leur beauté modeste, symbole de l'innocence et de la modestie. Qui n'a pas la violette à profusion dans son jardin? qui ne cherche pas à l'acclimater en pots sur ses fenêtres? Cette petite fleur, qui rampe à terre, qui se cache sous un feuillage épais, se fait chercher de tous; ce qui prouve que quelquefois en ce monde le mérite et la vertu qui se cachent sont quelquefois par hasard découverts et appréciés, ce qu'il faut avouer à la gloire de l'humanité.

L'espèce la plus connue, et dont le type a les fleurs violettes, présente beaucoup de variétés à fleurs blanches, jaunes, séparées en deux parties, doubles. Cette dernière variété, très-répandue, est charmante. Ses fleurs simulent de petits pompons du plus beau violet. Ces espèces ont les feuilles en cœur, sans divisions, mais dentées; elles sont radicales, ainsi que la plupart des pédoncules des fleurs; au moins leurs tiges sont-elles fort courtes; elles forment de charmantes touffes et de jolies bordures. Elles tapissent, avec la pervenche et quelques autres, le sol des bosquets.

La seconde espèce, bien tranchée, comprend celles qu'on désigne vulgairement sous le nom de *pensées*. Les tiges des plantes de cette espèce sont plus longues, moins feuillées, s'étalent, forment moins touffes que celles de la précédente; ses feuilles sont divisées. Elles fournissent aussi beaucoup de variétés dans la couleur des fleurs; mais elles sont toujours mélangées de plusieurs nuances. La plus remarquable est la variété à *grandes fleurs*, qui les a semblables à celles de la pensée ordinaire, mais la dimension est beaucoup plus vaste; leur couleur est violet velouté pour les deux pétales supérieurs, et jaune d'or avec une tache inférieure à l'extrémité pour les trois inférieurs.

Les violettes se plaisent partout, et se multiplient soit de graines, soit par la séparation des pieds; cependant celles dites *pensées* se reproduisent plus aisément de semences ou de boutures.

VILLARSIE *a feuilles de nénuphar* (villarsia nymphoides, L.), viv. En juillet; fleurs jaunes, en épi. Terre marécageuse ou inondée; multipl. par éclats.

VIORNE, *laurier-tin* (viburnum tinus, L.); lign. Toujours vert; en mars et avril; fleurs blanches. Var. à feuilles panachées. Terre franche, légère, à demi-ombre; couverture l'hiver; multipl. de boutures et drageons.

VIORNE *boule de neige* (V. opulus sterilis, L.); lign. En mai; fleurs blanches réunies en une seule boule. Terre fraîche et même culture.

VIRGILIER *a bois jaune* (virgilia lutea, L.); lign. Bel arbre à fleurs blanches, odorantes; en juin. Terre ordinaire; multipl. de graines et de marcottes difficiles à la reprise.

XÉRANTHÈME *annuel* (xeranthemum annuum, L.); ann. De juillet en octobre; fleurs blanches, gris de lin ou purpurines, simples ou doubles. De graines au printemps ou à l'automne; repiquer en terre légère et chaude.

XIMÉNESIE *à feuilles d'encélie* (ximenesia enceloides, L.); ann. De juin en novembre; fleurs jaunes; semis sur couche; repiquer en terre franche, légère et chaude.

YUCCA *nain* (yucca gloriosa, L.); lign. En août; panicule terminal de 150 à 200 fleurs blanches ressemblant à des tulipes. L'Y. *filamenteux* a les fleurs d'un blanc verdâtre, et les feuilles de filaments blancs. L'Y. *à feuilles*

15*

d'aloès atteint trois mètres; ses fleurs sont un peu rosées.

Les yuccas pourraient peut-être, à bonne exposition et avec une forte couverture, passer l'hiver en pleine terre; mais il est plus prudent de les rentrer. Ils ne demandent ni une bonne terre ni beaucoup d'eau. On les multiplie par le moyen des œilletons et des rejetons que fournit le pied, et aussi par le moyen des soboles en forme de rejetons qui poussent après la fleur au sommet des tiges. Ces rejetons, coupés et plantés en bonne terre, mais sur couche, quand la plaie commence à se dessécher, fournissent bientôt des racines.

Zanthoriza *à feuilles de persil* (zanthoriza apiifolia, L.); lign. En mars et avril; panicule de fleurs d'un brun violâtre. Terre ordinaire; multipl. de graines, d'éclats et de rejetons.

Zinnia *bresine* (zinnia multiflora, L.). En juillet et octobre; fleurs nombreuses, à disque jaune, rayons d'un rouge vif, qu'ils conservent jusqu'à la maturité de la graine, laquelle se sème souvent d'elle-même; quelquefois la fleur devient beaucoup plus grosse et comme semi-double.

Z. *élégant* ou *à fleurs violettes*. De juillet en novembre; fleurs grandes, à rayons d'un rose violacé, disque conique, d'un pourpre obscur. Cette espèce produit plusieurs variétés très-estimées.

Zoégée *d'Orient* (zoegea laptaurea, L.); ann. En juillet; fleurs jaunes, à involucre campanulé. Terre légère, substantielle, à exposition chaude; multipl. de semis sur couche au printemps.

TABLEAU DES PLANTES

Dans l'ordre de leur utilité spéciale pour la décoration des jardins.

NOTA. On n'indique ici que le nom de la plante avec ce qu'elle a de plus remarquable.

PLANTES PROPRES A LA DÉCORATION DES EAUX, BASSINS, MARES, ÉTANGS, ETC.

PLANTES QUI DOIVENT ÊTRE DANS L'EAU.

Alisma flottant.
Cornifle à fruit épineux.
Fléchière aquatique.
Iris faux-acore.
Macre flottante.
Massette à feuilles larges.
— à feuilles étroites.
Morrène grenouillette.
Ményante trèfle d'eau.
Naïade à feuilles lancéolées.
Nénuphar blanc.
— jaune.
— odorant.
Pesse d'eau.
Renouée amphibie.
Sparganium flottant.
Villarsie nymphoïde.

PLANTES CROISSANT SUR LE BORD DES EAUX.

1° *Arbres et arbustes.*

Airelle veinée.
— caneberge.
Aune commun.
— maritime.
— à grandes feuilles.
Céphalanthe occidentale.
Chionanthe de Virginie.
Cyprès chauve.
— faux-thuya.
Dirca des marais.
Galé de Pensylvanie.
— piment royal.
Hortensia à feuilles d'obier.
Hamamelis de Virginie.
Morelle grimpante.
Noyer noir.
Peupliers (tous).
Saules (tous).
Tamarise de Narbonne.
— d'Allemagne.
Taxodier distique.
Tupélo aquatique.
Viorne obier.

2° *Plantes herbacées.*

Acore odorant.	Phalaris rubané.
Alisma, plantain d'eau.	Populage des marais.
Berle blanche.	Renoncule flammette.
Butôme ombellé.	— à longues feuilles.
Cardamine des prés.	Renoué bistorte.
Linaigrette à graine.	Roseau à quenouille.
Lysimachie à feuilles de saule.	Salicaire épilée.
— ponctuée.	Scorpionne des marais.
— thyrsiflore.	Spergule noueuse.
Parnassie des marais.	Spirées (toutes les espèces).

PLANTES POUR LES BORDURES.

1° *Plantes ligneuses ou sous-ligneuses.*

Buis toujours vert.	Santoline.
— nain.	Romarin.
Citronelle.	Rosiers de Bourgogne.
Hyssope officinal.	— pompon.
Lavande	— de Lawrence.
Marjolaine origan.	Thym.

2° *Plantes annuelles.*

Balsamine.	Pied-d'alouette.
Dracocéphale d'Autriche.	Reine-marguerite.
Julienne de Mahon.	

3° *Plantes vivaces.*

Alysse saxatile.	Marguerite pâquerette.
Amaryllis jaune.	Narcisse des poëtes.
Anémone épatique.	— jaune.
Auricule ou oreille-d'ours.	OEillet de Chine.
Crocus printanier.	Oxalide de Dieppe.
Glaïeul commun.	Primevère.
Ibéride toujours verte.	Saxifrage.
Jacinthes.	Staticé gazon d'Espagne.
Linaire à feuilles d'orchis.	Violette.

PLANTES POUR CONTRE-BORDURÉS.

Collinsie bicolore.
Collomié écarlate.
Crepis rose.
Cynoglosse à feuilles de lin.
Kaulfusie améloïde.
Leptosiphon androsace.

Leptosiphon à feuilles serrées.
Némésie floribonde.
Némophile remarquable.
Reine-marguerite hâtive.
Schizanthe à feuilles ailées.
Silène à fleurs roses.

PLANTES POUR MASSIFS ET PLATES-BANDES.

1º *Annuelles et bisannuelles.*

Adonide d'été.
Agérate bleu.
Amarante à queue.
   — tricolore.
Améthyste bleue.
Argémone à grandes fleurs.
Athanasie annuelle.
Balsamine des jardins.
   — glanduleuse.
   — à trois cornes.
Bartonie dorée.
Belle-de-jour.
   — de-nuit.
Browalle élevée.
   — à tiges tombantes.
Cacalie hastée.
Calandrine en ombelle.
Campanule violette marine.
   — pyramidale.
   — miroir de Vénus.
Cantua piquetée.
Carthame des teinturiers.
Célosie à crête.
Centaurée odorante.
   — d'Amérique.
   — musquée.
   — bluet.
Chelidoine glaucienne.
   — fauve.

Chrysanthème des jardins.
   — à carène.
Clarkie à pétales découpés.
Cléome piquante.
Coquelourde des jardins.
   — rose du ciel.
Céréopside des teinturiers.
   — de Drummond.
Cosmos bipinné.
Cynoglosse argentée.
Daléa pourpre.
Dauphinelle des champs.
Digitale pourpre.
Disque bleu.
Dracocéphale de Moldavie.
Enothère odorant.
   — à longues fleurs.
   — à feuilles de pissenlit.
   — de Lindley.
   — agréable.
   — pourpre.
Escholtie de Californie.
Eutoca visqueuse.
Gaura bisannuelle.
Géranium musqué.
Gilie à fleurs en tête.
Giroflée jaune.
   — des jardins.
   — de kiris.

Giroflée quarantaine.
Gomphrène globuleuse.
Gypsophile élégant.
Héraclée à larges feuilles.
Immortelle puante.
Isotome axillaire.
Ketmie vésiculeuse
— d'Afrique.
Kitaibèle à feuilles de vigne.
Lavatère à grandes fleurs.
Lopézie à grappes.
Lotier rouge.
— Saint-Jacques.
Lunaire annuelle.
Lupin annuel.
Madia du Chili.
Malope à trois lobes.
— à grandes fleurs.
Mauve de Crète.
Mélilot bleu.
Muflier des jardins.
Nigelle de Damas.
— d'Espagne.
Nolane à feuilles d'arroche.
OEillet de Chine.
Onoporde acanthoïde.
Pavots.
— coquelicots.
Pentapétès pourpre.
Persicaire indigotier.
Pétunie odorante.
Picridie tingitane.

Prenanthe blanc.
Podolepsis carné.
Reine-marguerite.
Réséda odorant.
Rodanthe de Mangle.
Rose trémière de la Chine.
Sainfoin d'Espagne.
— capité.
Salpiglossis pourpre.
— variable.
Sarrète ailée.
Scabieuse fleur de veuve.
— étoilée.
Seneçon élégant.
Silène fasciculé.
— attrape-mouche.
Souci commun.
— de Trianon.
— pluvial.
Stramoine fastueuse.
— cornue.
Tagète étalé.
— élevé.
Thlaspi.
Tachélie bleu.
Valériane cornucopie.
Vélar de Petrowski.
Verveine de Miquelon.
Violette tricolore.
Xéranthème annuelle.
Ximénésie encéloïde.
Zinnia.

2° *Vivaces et bulbeuses.*

Achillée dorée.
— mille feuilles.
— rose.
— bouton d'argent.
— visqueuse.
— de Hongrie.
Aconit tue-loup.
— anthora.

Aconit Napel.
— panaché.
— à grandes fleurs.
Actéa des Alpes.
— à grappes.
Adonide printanière.
Æthionéma du Liban.
Ail doré.

Ail sphérique.
— rose.
— odorant.
— de Tartarie.
— azuré.
Alstroémière à fleurs tachées.
— perroquet.
Alysse deltoïde.
Amaryllis lis Saint-Jacques.
Ancolie commune.
— du Canada.
— de Sibérie.
Anémone des fleuristes.
— œil de paon.
— à fleurs bleues.
— en ombelle.
— pulsatille.
Anthémis des teinturiers.
Apocin gobe-mouche.
— maritime.
Arum attrape-mouche.
— serpentaire.
Asclépiade à la ouate.
— agréable.
— tubéreuse.
— à feuilles de saule.
— incarnate.
Asphodèle jaune.
— rameuse.
Astères (toutes les espèces).
Astragale queue de renard.
— esparcette.
— varié.
Astrance à larges feuilles.
— petite.
— hétérophylle.
Balisier canne d'Inde.
Belladone d'automne.
— à longues feuilles.
Benoîte écarlate.
— de Virginie.
— à feuilles de potentille.
— velue.
— à grandes fleurs.

Benoîte d'Orient.
Bocconier à feuilles en cœur.
Boltonne astéroïde.
— à feuilles de pastelle.
Buglosse toujours verte.
Bugranne élevée.
— à feuilles rondes.
— épineuse.
Buphthalme à grandes fleurs.
— à feuill. en cœur.
Campanules (toutes les espèc.).
Cardamine à fleurs doubles.
Centaurée jacée.
— de montagne.
— blanche.
— noire.
Chrysanthème des Indes.
Chrysocome à feuilles de lin.
Claytonie de Virginie.
— de Sibérie.
Colchique d'automne.
Coméline tubéreuse.
Consoude à feuilles rudes.
Coréope auriculé.
— à deux ailes.
Cortuse de Mathiole.
Corydale bulbeuse.
Cupidone bleue.
Cyclame d'Europe.
— à feuilles de lierre.
Cynoglosse printanière.
Dahlia.
Dauphinelle à grandes fleurs.
— élevée.
— azurée.
— de Barlow.
— à fleurs blanches.
— ponceau.
Dodécatéon de Virginie.
Doronic à feuilles en cœur.
Dracocéphale de Virginie.
— découpé.
— à feuill. linéaires
— gracieux.

Echinops boulette azurée.
— paniculé.
— à quatre ailes.
Enothère frutiqueux.
— pompeux.
Epervière orangée.
Ephémérine de Virginie.
— rose.
Epilobe à épi.
— à feuilles étroites.
Epimèdes (toutes les espèces).
Erigerons (toutes les espèces).
Erine des Alpes.
Erodium des Alpes.
Erythrine crête de coq.
— à feuilles de laurier.
Erythrone dent de chien.
Eucomis couronné.
ponctué.
Eupatoire (toutes les espèces).
Fabagelle commune.
Fraxinelle d'Europe.
Fritillaire damier.
— couronne impériale.
Fumeterre bulbeuse.
— jaune.
— odorante.
Gaillarde vivace (toutes les espèces).
Galane à épi (toutes les espèces).
Galanthe d'hiver.
Galéga officinal.
— oriental.
Gentiane (toutes les espèces).
Glaïeuls (toutes les espèces).
Gypsophile paniculé.
Hélénie d'automne.
Hellébore noire.
— d'hiver.
Hémérocalle (toutes les espèc.).
Hotteya du Japon.
Immortelle blanche.
Iris (toutes les espèces).

Jacinthe (toutes les espèces).
Julienne des jardins.
Ketmie des marais.
— rose.
— militaire.
— écarlate.
Lamier orvale.
Liatris en épi.
Lin vivace
Linaires (toutes les espèces).
Lis (toutes les espèces).
Lobélie cardinale.
— écarlate.
— ignescente.
— syphilitique.
Lupin polyphylle.
Lychnide (toutes les espèces).
Matricaire mandiane.
Mélisse à grandes fleurs.
Mélitte à feuilles de mélisse.
Menthe poivrée.
Marendère bulbocode.
Mimule (toutes les espèces).
Molène purpurine.
Monarde à fleurs rouges.
Morelle à fleurs de chêne.
Morine à longues feuilles.
Morée de la Chine.
Muguet (toutes les espèces).
Muscari monstrueux.
— odorant.
Narcisse (toutes les espèces).
OEillet (toutes les espèces).
Ornithogale pyramidale.
Orobe printanier.
— de deux couleurs.
— à feuilles de galega.
Pavot de Tournefort.
— à bractées.
Panicaut améthyste.
— des Alpes.
Pentstemon à feuilles lisses.
— à feuilles de gentiane.

Pentstemon à fleurs de digi-
tale.
Pétunie odorante.
— à fleurs violettes.
Phacélie à feuilles de tanaisie.
Phalangère liliacée.
Phlomis tubéreux.
— lacinié.
— herbe du vent.
— d'Ibérie.
— singe.
Phlox (toutes les espèces).
Pigamon à feuilles d'ancolie.
— des prés.
— glauque.
Pivoines (toutes les espèces).
Podophylle en bouclier.
— palmé.
Polémoine bleue.
Potentille agréable.
— du Népaul.
— pourpre noir.
— à grandes fleurs.
Pulmonaire de Virginie.
— de Sibérie.
Ramonde des Alpes.
Renoncules (toutes les espèces).
Rindère ailée.
Rose trémière.
Rudbeckia pourpre.
— laciniée.
— velue.
— de Drummond.
Ruellie élastique.
Sainfoin d'Espagne.
— du Canada.
— du Caucase.
Saponaire officinale.
Sauge éclatante.
— cardinale.
— à fleurs larges.
Saxifrage pyramidale.

Saxifrage de Sibérie.
Scabieuse du Caucase.
Scilles (toutes les espèces).
Scutellaire à grandes feuilles.
— élevée.
— du Levant.
— des Alpes.
Seneçon à feuilles d'adonide.
— du Levant.
— à larges feuilles.
Siléné de Virginie.
Siphocampilos bicolore.
Soleil multiflore.
— cotonneux.
— noir pourpre.
— élevé.
— très-élevé.
Spirées (toutes les espèces).
Spigélie du Maryland.
Stenactis agréable.
Stevia pourpre.
— à feuilles en scie.
Swertia vivace.
Tanaisie commune.
Tigridie à grandes fleurs.
Tournifortie couchée.
Trolle d'Europe.
— d'Asie.
Tulipes (toutes les espèces).
Tussilage odorant.
Valériane (toutes les espèces).
Vélar de Barbarie.
Varaire blanc.
— noir.
Verges d'or (toutes les espèces).
Véronie de New-York.
— élevée.
Véroniques (toutes les espèc.).
Verveine veinée.
— gentille.
— à fleurs chamædrys.
— teucrioïde.

PLANTES POUR DÉCORER LES ROCAILLES.

1° *Arbrisseaux et arbustes.*

Airelle myrtille.
Astragale adragant.
Baguenaudiers (toutes les es-
pèces).
Câprier commun.
Chêne au Kermès.
Cytis noirâtre.
Fontanésie à feuilles de filaria.
Groseillier stérile.
Jasmin jaune.
Lyciet d'Afrique.
— de la Chine.
— d'Europe.
Millepertuis à grandes fleurs.
Ronce commune.
— à fleurs roses.
— à fleurs blanch. doubl.
— à feuilles découpées.

2° *Plantes herbacées.*

Androsace rose.
— velue.
— lactée.
Drave des Pyrénées.
Erine des Alpes.
Gypsophile des murs.
Iris (toute espèce de terres
sèches).
Joubarbe des toits.
Linaire cimbalaire.
Lychnide des Alpes.
Pervenche (toutes espèces).
Sabline de montagne.
— à grandes fleurs.
Saxifrage sarmenteuse.
Scolopendre officinale.
Sédum à feuilles de peuplier.
— des rochers.
— de Siebold.

PLANTES GRIMPANTES POUR COUVRIR LES MURS, BERCEAUX ET TONNELLES.

1° *Arbrisseaux.*

Aristoloche siphon.
Astérie sarmenteuse.
Atragène des Alpes.
— de Sibérie.
— de l'Inde.
— à vrille.
Bignone à vrille.
— jasmin de Virginie.
— à grandes fleurs.
Calastre grimpant.
Chèvrefeuille des jardins.
— toujours vert.
— à fleurs rouges.
— à fleurs jaunes.
— à feuilles velues.
— des bois.
— de la Chine.
— du Japon.
Clématites (toutes les espèces).
Décumaire sarmenteux.

Gelsemier luisant.
Glycine de la Chine.
— frutescente.
Grenadille bleue.
— incarnate.
Jasmin bleu.
— triomphant.
Lierre grimpant.
— d'Irlande.
Linnée boréale.
Ménisperme du Canada.

Mitchelle rampante.
Périploca de la Grèce.
Rosier de Macartney.
— noisette.
— de Bancks.
— multiflore.
— sempervirens, etc.
Schizandre écarlate.
Vigne vierge.
— ordinaire.

2° Plantes herbacées.

Capucine (grande).
Cobée grimpante.
Gesse odorante.
— de Tanger.
— à larges feuilles.
Haricot d'Espagne.

Houblon cultivé.
Ipomée pourpre.
— nil.
— écarlate.
Thunbergia à pétioles ailés.

ARBRES ET ARBRISSEAUX POUR HAIES ET PALISSADES.

Argousier rhamnoïde.
Buis commun.
— de Mahon.
Charme commun, ou charmille.
— à feuilles de chêne.
— panaché.
— d'Italie.
— de Virginie.
Coronille des jardins.
Fontanésie à feuilles de filaria.
Groseilliers (toutes les espèc.).
Houx commun.
— d'Amérique.
— panaché.
— du Canada.
— de Minorque.
If commun.

Jasmin blanc.
— jaune.
Lilas commun.
— varin.
— de Marly.
— de Perse.
Lyciet jasminoïde.
— de l'Afrique.
— de l'Asie.
Néflier aubépine.
— de Mahon.
— à fruits jaunes.
— très-odorant.
— azerolier.
— petit corail.
— buisson ardent.
— à feuilles panachées.
— à feuilles de tanaisie.

Nerprun alaterne.
— panaché.
Philaria à feuilles étroites.
— à grandes feuilles.
— à feuilles moyennes.
Ronces (toutes les espèces).
Rosiers (toutes les espèces grandes et épineuses).

Spirée à feuilles de millepertuis.
Syringa pubescent.
— inodore.
— odorant.
Thuya occidental.
— de la Chine.
— du Japon.

ARBUSTES POUR MASSIFS DE TERRE DE BRUYÈRE.

Andromène caliculée.
— du Maryland.
— marginée.
— cotonneuse.
— pulvérulente.
— en arbre.
— à grappes.
— axillaire.
— luisante.
— à feuilles de cassiné.
— à feuilles de pouliot.
Arbousier commun.
— andrachné.
Azalées (toutes les espèces et variétés).
Badiane rouge.
Bruyère en arbre.
— de la Méditerranée.
— multiflore.
Céanothe d'Amérique.
Cléthra à feuilles d'aune.

Cnéorum des Alpes.
Comptonia à feuilles de cétérac.
Cornouiller soyeux.
— à rameaux.
Daphné des collines.
— pontique.
— dauphin.
Epigée rampante.
Fothergille à feuilles d'aune.
Gauthérie du Canada
Hortensia à feuilles d'obier.
Kalmia (toutes les espèces).
Lédon à larges feuilles.
— des marais.
— incliné.
Menziézia à feuilles de polium.
Polygala à feuilles de buis.
Prinos verticillé.
— glabre.
Rosages (toutes les espèces).
Rhodora du Canada.
Zanthoriz à feuilles de persil.

ARBRES ET ARBRISSEAUX TOUJOURS VERTS POUR LES BOSQUETS D'HIVER.

1° Arbres résineux ou conifères.

Cèdre de Virginie.
— du Liban.

Cyprès commun.
— faux thuya.

Genévrier commun.
—   d'Espagne.
—   cade.
—   de Phénicie.
—   sabine mâle.
—   sabine femelle.
If commun.
Pin sylvestre.
— d'Écosse.
— de Genève.
— de montagne.
— de la Tartarie.
— de la Russie.
— grand maritime.
— mugho.
— à feuilles divergentes.
— nain.
— de Mathiole.

Pin à trochets.
— à pignons.
— de Corse.
— doux.
— résineux d'Alep.
— de Virginie.
— blanc du Canada.
— d'encens.
— rude.
— cembro.
Sapin commun.
—   du Canada.
—   baumier.
—   noir.
—   picea.
—   blanc du Canada.
Thuya d'Occident.
—   de la Chine.

2º Arbres et arbustes non résineux.

Ajonc du Népaul.
Alisier luisant.
—   glauque.
—   de la Chine.
Arbousier commun.
—   busserole.
Bacchante de Virginie.
Badiane à petites fleurs.
—   unie.
Bruyère cendrée.
—   blanche.
—   multiflore blanche.
—   quaternée blanche.
—   cilicée.
—   de la Méditerranée.
—   commune.
—   à balai.
—   multiflore rouge.
Budléja globuleux.
Buis arborescent.
— de Mahon.
Buisson ardent.

Buplèvre oreille de lièvre.
Camélée à trois coques.
Caroubier à siliques.
Cerisier laurier de Portugal.
—   laurier-cerise.
—   laurier du Mississipi.
Chalef olivier de Bohême.
Chêne vert.
— de la Caroline.
— à feuilles panachées.
— coccifère.
— hétérophylle.
— liége.
— yeuse.
Chèvrefeuille toujours vert.
—   de Minorque.
Clématite toujours verte.
Fragon piquant.
—   laurier alexandrin.
Fusain toujours vert.
Filaria à larges feuilles.
Galé à feuilles en cœur.

Genêt blanchâtre.
Houx commun.
— à feuilles panachées.
— de Minorque.
— du Canada.
— jaune.
Lauréole commune.
Laurier franc.
— tin.
— grimpant.
Magnolier à grandes fleurs.
Mahonie à feuilles de houx.
Néflier buisson ardent.
— du Japon.
Nerprun alaterne.
— panaché.
Philaria à feuilles épineuses.
— à feuilles obliques.
— à feuilles de romarin.

Philaria à feuilles moyennes.
— à feuilles de buis.
— à feuilles d'olivier.
— à feuilles de troène.
— à grandes fleurs.
Phlomis frutescent.
Pommier toujours vert.
Romarin officinal.
— panaché.
Rosier sempervirens.
Rue de montagne.
— commune.
Santoline commune.
Seneçon en arbre.
Troène du Japon.
— à feuilles panachées.
— du Népaul.
Viorne laurier-tin.
Yucca nain.

ARBRISSEAUX POUR BOSQUETS ET MASSIFS D'ÉTÉ.

1° *Arbustes.*

Airelles (toutes les espèces).
Armoise citronelle.
Baguenaudier d'Ethiopie.
Bouleau nain.
Bruyères (toutes les espèces).
Bugrane frutescente.
Clématite droite.
Cytise à feuilles velues.
Dierville jaune.
Ephédra à un épi.
Germandrée odeur de pomme.
— arbrisseau.

Germandrée de Marseille.
— jaunâtre.
— maritime.
Lauréole mézéréon.
Phlomis lichnite.
— frutescent.
— de la Daourie.
— de la Chine.
— barbu.
Santoline commune.
Spirée à feuilles lisses.

2° *Arbrisseaux.*

A. Fleurs au printemps.

Amandier nain.
Amelanchier du Canada.
— à grappe.

Amelanchier à épi.
Arbousier des Pyrénées.
Argousier rhamnoïde.
— du Canada.

Assiminier de Virginie.
— à grandes fleurs.
— à petites fleurs.
Astragale adragant.
Atragène du Cap.
Aucuba du Japon.
Bibacier du Japon.
Bourgène.
— des Alpes.
— à feuilles étroites.
Bugrane frutescente.
Caragana arborescent.
— frutescent.
— argenté.
— de la Daourie.
— à grandes fleurs.
— de la Chine.
— pygmée.
— féroce.
— barbu.
Cerisier nain.
— odorant.
Chêne des teinturiers.
Chamecerisier xylostéon.
— de Tartarie.
— des Pyrénées.
Chèvrefeuille des bois.
— des jardins.
Clavalier à feuilles de frène.
Clématite à feuilles entières.
— odorante.
Cognassier de la Chine.
— du Japon.
Comptonie à feuilles de fougère.
Corète du Japon.
Coronille des jardins.
Cytise à feuilles sessiles.
Daphné à mezéréon.
— des Alpes.
Epine-vinette.
— à feuilles pourpres.
— panachées.
— d'Asie.

Epine-vinette du Canada.
— du Népaul.
Fusain commun.
Galé de Pensylvanie.
— cirier.
— piment royal.
— à feuilles de chêne.
Gattilier commun.
Groseillier doré.
— à fleurs rouges.
— pourpre noir.
— de Sibérie.
— des Alpes.
— du Canada.
— lacustre.
— remarquable.
— à feuilles de mauve.
Halésie à quatre ailes.
— à deux ailes.
Ketmie des jardins.
— à fleurs doubles.
— à fleurs panachées.
Lilas (toutes les espèces).
Magnolier discolor.
Merisier à grappe.
Néflier cotonneux.
— azerolier.
— ergot de coq.
— à feuilles de sorbier.
Orme nain.
Paliure épineux.
Pivoine en arbre (toutes les espèces).
Pavier de l'Ohio.
— hybride.
— nain.
Pêcher à fleurs doubles.
Pistachier térébinthe.
Robinier caragana.
— féroce.
— satiné.
Rosiers.
Spirée à feuilles de sorbier.
— cotonneuse.

Spirée à feuilles crénelées.
— à feuilles de milleper-
tuis.
— à feuilles d'orme.
— à feuilles d'obier.
— à feuilles de saule.
— à feuilles de german-
drée.
— à feuilles lisses.
Staphylée à feuilles ailées.
— à feuilles ternées.
Sureau à grappes.
Syringa odorant.
— pubescent.
— inodore.
Viorne obier.
— boule de neige.
— laurier-tin (et toutes
les espèces).
Zanthorhyze à feuilles de persil.

B. Fleurs en été.

Acacie de Farnèze.
Aliboufier glabre.
— officinal.
Amorpha frutiqueux.
— de Ludwig.
— à feuilles glabres.
Armoise en arbre.
— citronelle.
Azédarach bipinné.
Baguenaudier commun.
— d'Alep.
— du Levant.
Calycanthe de la Caroline.
— nain.
Céphalanthe occidental.
Cestreau à fruits noirs.
Ciste pourpre.
— ladanifère.
— à feuilles de laurier.
— d'halime.

Ciste de consoude.
Cléthra à feuilles d'aune.
Cornouiller sanguin.
Cytise à feuilles sessiles.
— noirâtre.
Deutsie crénelée.
— blanchâtre.
— en corymbe.
— grêle.
— ondulée.
Dierville jaune.
Ephedra à deux épis.
Genêt d'Espagne.
— à fleurs blanches.
— blanchâtre.
Gordonie pubescente.
Hydrangée glauque.
— de Virginie.
— à feuilles de chê
Itéa de Virginie.
— à grappes.
Ketmie des jardins.
Leycestérie élégante.
Magnolier glauque.
Millepertuis fétide.
Paliure porte-chapeau.
Potentille frutescente.
Ptéléa trifolié.
Rosier (diverses variétés).
Spirée à feuilles de saule.
— bella.
Sumac fustet.
Stewartia à cinq styles.
— à un style.
Sureau commun.
— du Canada.

C. Fleurs en automne.

Auralie épineuse.
Arbousier des Pyrénées.
Décumaire sarmenteuse.
Dierville jaune.
Ephédra à un épi.

Gordonia à feuilles glabres.
Gordonia pubescent.

D. Fleurs en hiver.

Calycanthe précoce.

ARBRES REMARQUABLES PAR LEURS FLEURS.

1° *De première grandeur pour avenue.*

Cerisier de Virginie.
Magnolier acuminé.
Marronnier d'Inde.
— rubicond.
Robinier, acacia des jardins.

Sorbier domestique.
Tilleul commun.
— de Hollande.
— du Canada.
Tulipier de Virginie.

2° *De seconde grandeur pour petites avenues.*

Bignone catalpa.
Bonduc ou chicot du Canada.
Cornouiller à grandes fleurs.
Magnolier à grandes fleurs.
Mérisier à fleurs doubles.

Plaqueminier de Virginie.
Paulownia impérial.
Robinier visqueux.
Tilleul argenté.

3° *De troisième grandeur pour bosquets.*

Alisier terminal.
— de Fontainebleau.
— alouchier.
Cerisier à fleurs doubles.
— odorant ou Mahaleb.
Chalef à feuilles étroites.
Cytise des Alpes.
Gaînier arbre de Judée.
— du Canada.
Laurier commun.
Magnolier parasol.

Mérisier à grappes.
Plaqueminier lotus.
Poirier cotonneux.
Pommier à fleurs doubles.
Prunier à fleurs doubles.
Ptéléa à trois feuilles.
Robinier acacia rose.
— sans épines.
Sophora du Japon.
Sorbier des oiseaux.
— hybride.

ARBRES A RAMEAUX PENDANTS.

Bouleau pleureur.
Frêne pleureur.

Saule pleureur.
Sophora pleureur.

16

ARBRISSEAUX REMARQUABLES PAR LEURS FRUITS.

Argalou épineux.
Assiminier de Virginie.
Badiane rouge.
Célastre grimpant.
Eccrémocarpe rude.
Fothergille à feuilles d'aune.

Fusain commun.
Galé cirier.
Ginkgo à deux lobes.
Halésie à quatre ailes.
Pistachier cultivé.
Staphillier à feuilles ailées.

TABLE DES MATIÈRES.

TROISIÈME DIVISION.

CONNAISSANCES ACCESSOIRES.

SECONDE PARTIE.

PREMIÈRE DIVISION.

DU POTAGER.

DEUXIÈME DIVISION.

JARDIN FRUITIER.

TROISIÈME DIVISION.

DU JARDIN D'AGRÉMENT.

FIN DES TABLES.

Poitiers. — Imp. de A. DUPRÉ, rue de la Mairie, 10.